수치해석

• MATLAB 활용 •

제2판

수치해석 • MATLAB 활용

| 김홍철 · 손성익 지음 |

Numerical Analysis

KM 경문사

머리말

수치해석은 컴퓨터의 눈부신 성장 및 이에 따른 문제해결 도구의 다변화에 따라 대두된 중요한 학문분야이며 자연과학뿐만 아니라, 공학 등의 교육 및 연구에 있어 필수 교육과정으로 자리하고 있다. 수치해석은 제반 과학적 탐구과정에서 제기되는 문제의 해결을 위한 수학적 모델링, 알고리즘의 설정, 수치실험, 오차 분석 등 전처리 과정을 통해 응용과학과 수학을 접맥하는 중요한 인터페이스가 되고 있다. 컴퓨터의 급속한 성장에 힘입어 예전에는 가능치 않았던 큰 계산이 가능해짐에 따라 새로운 도구를 써서 효율적으로 해의 계산과 분석 및 자료처리를 수행할 수 있는 새로운 수학적 방법론이 대두되었고, 이는 수학적 모델링과 시뮬레이터를 통한 실험의 대체 수행 등 물리, 화학, 유체역학, 우주항공, 재료공학 등 첨단 분야에서 주도적인 연구방법으로 자리잡았다. 또한 수학에서도 계산학, 최적화, 이산수학, 암호수학 등과 같이 시스템의 설계, 대규모 계산의 수행, 알고리즘의 개발, 효율적 자원의 운용 등 실용과 연계된 다양한 연구 분야를 태동시켰다.

이러한 시대적 변화와 필요에 따라 대학교 정규교육과정에서 수치해석을 체계적으로 지도할 전문서적의 개발이 시급히 요구되고 있다. 현재 유통되고 있는 수치해석용 대학교재는 외국서적에 단순 의존하거나 수치해석용 알고리즘이 잘 정리되어 있지 않은 경우가 많아 국내 실정에 맞는 적당한 교재를 찾기가 매우 어렵다. 또한 프로그래밍이 Fortran이나 C 언어 등에 단순 의존하여 기술진보에 따른 환경적 변화를 제대로 수용하지 못하고 있는 실정이다. 이러한 상황을 고려하여 이 책은 지식정보화 시대에 학생들의 컴퓨터 활용능력을 고취하고 다양한 수학적 소재에 대한 분석 및 수치실험 등의 학습기회를 제공함으로써 수학의 파급적인 여러 응용분야에 대한 이해를 돕고 체계적, 실효적인 지도를 통해 학생들의 수치해석에 대한 이해와 학습능력을 신장시키기 위한 목적으로 개발되었다. 이러한 목적에 충실하기 위해 가급적 추상적 진술을 지양하고 비교적 간결하고 구체적인 논리전개와 서술, 아울러 실용적인 알고리즘의 구성과 체계적으로 프로그램을 구축하는 방법을 익히게 함으로써 수치해석에 대한 통합적인 이해가 가능하도록 체제를 갖추었다.

본 교재에서는 수치해석 이론 및 알고리즘뿐만 아니라 구체적인 프로그램을 구현하기 위해 MATLAB 코드를 소개하였다. MATLAB은 미국의 응용수학자인 Cleve Moler에 의해 개발되어 세계적인 연구소나 대학에서 광범위하게 이용되고 있다. MATLAB은 다른 여타 프로그래밍 언어에 비해 쉬운 구문으로 되어 있어 학생들이 손쉽게 적응할 수 있으며, 빠른 수치계산, 기호연산, 수치해석용 루틴의 개발뿐만 아니라 기호처리 및 그래픽 기능이 탁월하여 자료 해석용으로도 강력한 도구로 인정받고 있다. 따라서 이 책은 수치실험 도구로서 MATLAB에 대한 체계적인 지도를 통해 수학적 문제해결에 대한 능력과 비전을 키우는데 큰 도움이 될 것이며, 나아가서 교육과 연구에 이를 활용함으로써 수학의 융합연구를 확충하고 여러 응용영역에서 통합 프로젝트의 가능성에 대한 기회와 능력을 키워줄 수 있으리라 생각된다.

이 책의 구성과 주요한 특징은 다음과 같다.

- 수학적 기초 소재들에 대한 수치해석적 방법론의 체계적 정비: 컴퓨터 연산과 오차 등 수치해석의 기초, MATLAB의 소개 및 프로그래밍 기법, 방정식 및 다항식의 수치해법, 선형 연립방정식의 해법, 행렬과 고유값, 보간법과 근사다항식, 수치미분과 수치적분, 곡선의 적합과 근사이론, 미분방정식의 수치해법 등을 중심으로 컴퓨터 자원을 최적화하는 능률적인 알고리즘을 설정하는 방법과 수치실험 도구인 MATLAB을 써서 이를 구현하는 과정을 체계화함으로써 학습자의 자율적인 학습능력을 신장할 수 있도록 충분한 자료를 제공하였다.
- 정규 교육과정으로서 수치해석을 체계적으로 지도할 전문서적의 개발을 목적으로 두 학기에 걸친 강의와 실습을 병행한 체계적이고도 실효적인 지도를 통해 수치해석의 방법론을 소화할 수 있도록 편제를 갖추었다.
- 강의록과 수업자료의 체계적 정비: 다년간 집적된 강의록과 수업자료를 중심으로 교재를 구안함으로써 수업과 직접적인 연계성을 두어 학습효과와 능률을 극대화할 수 있도록 내용을 정비하였다.
- 범용 알고리즘과 프로그램의 개발: 학생들이 쉽게 이해할 수 있도록 알고리즘을 소개하고 범용으로 전이가 가능하도록 프로그램을 체계화하였다.
- 풍부한 실습자료 배치: 교과목의 성격상 이론에 치중하기보다 수치실험도구인 MATLAB을 친숙하게 다루고 계산 및 프로그래밍 능력을 키워주기 위해 유용한 실습자료를 풍부히 배

치함으로서 개발 프로그램을 수치계산이나 실용적인 목적으로 직접 이용할 수 있도록 고려하였다.

- 교재의 일관성 유지: 공동개발자와의 긴밀한 협의를 거쳐 교재집필내용을 상호 교차 점검하고 철저한 편집과정을 거쳐 교과구성과 프로그램개발 내용이 일관성을 잃지 않도록 세심한 주의를 기울였다.

이 책은 미분적분학과 선형대수학 등을 이수한 자연계열이나 공학계열의 2~4학년 학생들을 대상으로 두 학기에 걸쳐 이수할 수 있도록 구성되었다. 학생들의 독자적인 학습의욕을 고취하기 위해 구체적 현상과 연계된 많은 예제를 소개하였고, 각 수치해석 방법론마다 최적의 알고리즘을 설계하고 이를 이용한 수치실험 결과를 제시하였다. 또한 각 절마다 적절한 연습문제와 프로그램 실습 문제를 배치함으로서 학생들의 문제해결과 프로그래밍 능력을 키워줄 수 있도록 세심하게 배려하였다. 수치해석은 컴퓨터의 구조적 계산과 고속연산처리 능력을 활용하여 자연적, 공학적 현상에서 발생하는 여러 문제를 수학적으로 모델링하여 이를 구조적으로 해결할 수 있는 방법을 제공함으로써 수학의 지평을 한 단계 높이고 응용범위를 크게 확장하였다. 이 책이 컴퓨터를 도구로 해서 과학적 계산을 이끌어내는 실용적 목적에서 뿐만 아니라 자연에 대한 인간의 사유를 확장하고자 하는 수치해석 본유의 특성을 파악하고 익히는데 작으나마 도움을 줄 수 있기를 바라 마지않는다.

수년간에 걸친 노력과 집필과정 끝에 마침내 책으로 출간이 되어 작은 보람을 느끼며, 끝으로 이 책을 꾸미는데 도움을 아끼지 않으신 동료교수들과 세심하게 편집하여 좋은 도서로 꾸며주신 도서출판 경문사 여러분께 깊은 감사를 드린다.

이번에 조판을 새로 꾸미고 용어를 표준화하여 정비함은 물론 여러 해에 걸친 수업과정 중에 발견된 소소한 오류들을 바로잡아 제2판을 발간하게 되어 더욱 뜻깊게 생각하며 음으로 양으로 도움을 준 학생들과 경문사 편집부 여러분의 노고에 거듭 감사드린다.

차례

제 1 장

수치해석의 기초

1.1 수학적 기초

수치해석에서 고려되는 함수들은 대부분의 경우에 연속이라고 가정한다. 구간 $[a, b]$에서 연속인 함수의 집합은 $C[a, b]$로 표기한다. 또한 구간 $[a, b]$에서 n차의 연속 도함수를 가지는 함수의 집합은 $C^n[a, b]$로 표기한다.

정리 1.1 중간값 정리

$f \in C[a, b]$이고 $f(a) \neq f(b)$이면, $f(a)$와 $f(b)$ 사이의 임의의 실수 K에 대하여 $f(\xi) = K$인 ξ가 구간 (a, b)에 존재한다.

예제 1.1 방정식 $x = e^{-x}$는 0과 1 사이에서 해를 가짐을 보여라.

풀이 $f(x) = x - e^{-x}$로 정의하면 함수 x는 구간 $[0, 1]$에서 연속이고 $f(0) = -1$, $f(1) = 1 - e^{-1}$이다. 따라서 $f(0) < 0 < f(1)$이므로 중간값 정리에 의하여 $f(\xi) = 0$을 만족하는 ξ가 0과 1 사이에서 존재한다. 즉, 방정식 $x = e^{-x}$는 0과 1 사이에서 해를 갖는다.

예제 1.1에서 보듯이 중간값 정리는 문제가 언제 해를 갖는지를 결정하는 데 도움을 준다. 그러나 해를 구하는 방법은 제공하지 않는다. 이 방법에 대해서는 제3장에서 학습한다.

정리 1.2 평균값 정리

$f \in C[a, b]$이고 $f(x)$가 개구간 (a, b)에서 미분가능하다면,

$$f'(\xi) = \frac{f(b) - f(a)}{b - a} \tag{1.1}$$

를 만족하는 ξ가 구간 (a, b) 내에 존재한다.

예제 1.2 함수 $f(x)=\sqrt{x}$에 대하여 구간 $[1,\ 4]$에서 평균값 정리를 만족하는 ξ를 구하라.

풀이 $f'(x)=1/(2\sqrt{x})$이므로 $f'(\xi)=1/(2\sqrt{\xi})$이고

$$\frac{f(b)-f(a)}{b-a}=\frac{f(4)-f(1)}{4-1}=\frac{\sqrt{4}-\sqrt{1}}{4-1}=\frac{1}{3}$$

이므로 $\xi=9/4$이다.

정리 1.3 적분에 관한 평균값 정리

$f\in C[a,\ b]$이면

$$\int_a^b f(x)\,dx=f(\xi)\,(b-a) \tag{1.2}$$

를 만족하는 ξ가 구간 $(a,\ b)$ 내에 존재한다.

정리 1.4 가중적분에 관한 평균값 정리

$f,\ g\in C[a,\ b]$이고 $g(x)\geq 0$이면

$$\int_a^b f(x)g(x)\,dx=f(\xi)\int_a^b g(x)\,dx \tag{1.3}$$

를 만족하는 ξ가 구간 $(a,\ b)$내에 존재한다.

정리 1.3의 $f(\xi)$는 구간 $[a,\ b]$에서 함수 $f(x)$의 평균값을 의미한다. 또한 정리 1.4는 $g(x)\leq 0$인 경우에도 성립한다.

다음은 Taylor 정리에 대해 알아보자. Taylor 정리는 직접 구하기 어려운 함수의 근사값을 구하는데 많이 사용되며, 수치해석에서는 정해와 수치해 사이의 오차를 측정할 때 매우 중요한 역할을 한다.

정리 1.5 Taylor 정리

$f \in C^n[a, b]$이고 구간 $[a, b]$에서 $f^{(n+1)}$이 존재하며, c가 구간 $[a, b]$ 내의 임의의 점이라 하면, 모든 $x \in [a, b]$에 대하여 다음 식을 만족하는 ξ가 x와 c 사이에 존재한다.

$$\begin{aligned} f(x) = f(c) + f'(c)(x-c) + \frac{f''(c)}{2!}(x-c)^2 + \cdots \\ + \frac{f^{(n)}}{n!}(x-c)^n + \frac{f^{(n+1)}(\xi)}{(n+1)!}(x-c)^{n+1} \end{aligned}$$

정리 1.5에서 다항식

$$p_n(x) = f(c) + f'(c)(x-c) + \frac{f''(c)}{2!}(x-c)^2 + \cdots + \frac{f^{(n)}(c)}{n!}(x-c)^n \tag{1.4}$$

를 c에서의 함수 $f(x)$의 n차 Taylor 다항식이라 하고,

$$R_n(x) = \frac{f^{(n+1)}(\xi)}{(n+1)!}(x-c)^{n+1} \tag{1.5}$$

를 $p_n(x)$에 대한 나머지항 또는 **절단오차**(truncation error)라고 한다.

수치해석에서 자주 사용되는 식은 $x = x+h$, $c = x$인 경우다. 이 경우 Taylor 전개식은

$$f(x+h) = f(x) + f'(x)h + \frac{f''(x)}{2!}h^2 + \cdots + \frac{f^{(n)}(x)}{n!}h^n + R_n(x)$$

이고 절단오차는 다음과 같다.

$$R_n(x) = \frac{f^{(n+1)}(\xi)}{(n+1)!}h^{n+1}$$

함수 $f^{(n+1)}(x)$가 유계이면 오차 $R_n(x)$는 h가 0으로 접근할 때 h^{n+1}이 0으로 접근하는 속도와 같은 정도로 0으로 수렴한다. 이것을 수학적 기호로

$$R_n(x) = O(h^{n+1}) \tag{1.6}$$

로 표시하고, $(n+1)$차 수렴한다고 한다.

예제 1.3 함수 $f(x) = e^x$에 대하여 $c = 0$에서 4차 Taylor 다항식 $p_4(x)$을 구하고 근사값 $p_4(0.1)$와 참값 $f(0.1) = e^{0.1}$을 비교하라.

풀이 $f^{(n)}(x) = e^x$, $f^{(n)}(0) = 1$이므로 4차 Taylor 다항식은 다음과 같다.

$$p_4(x) = 1 + x + \frac{1}{2!}x^2 + \frac{1}{3!}x^3 + \frac{1}{4!}x^4$$

따라서 $p_4(0.1) = 1.105170833$이고 $f(0.1) = e^{0.1} = 1.105170918$이므로 참값과 근사값의 오차는 8.5×10^{-8}이다. 절단오차 (1.5)를 적용해보면 오차한계를 추정할 수 있다.

$$R_4(0.1) = \frac{1}{5!}(0.1)^5 e^{\xi} \leq \frac{1}{5!}(0.1)^5 e^{0.1} = 9.2098 \times 10^{-8}$$

실제오차와 비교하면 매우 비슷한 오차를 추정하였다. 오차한계의 추정으로부터 참값을 모르더라도 4차 Taylor 다항식을 이용한 근사값이 적어도 소수 일곱째 자리까지 정확함을 알 수 있다. 위의 Taylor 다항식의 차수를 높일수록 더 정확한 근사값을 구할 수 있다.

예제 1.4 함수 $f(x) = \cos x$에 대해 $c = 0$에서 4차 Taylor 다항식 $p_4(x)$을 구하고 $x = 0.2$에서 $\cos x$와 $p_4(x)$를 비교하라.

풀이 함수 $f(x) = \cos x$ 에 대한 도함수는 다음과 같다.

$$\begin{aligned} f'(x) &= -\sin x, & f'(0) &= 0, \\ f''(x) &= -\cos x, & f''(0) &= -1, \\ f^{(3)}(x) &= \sin x, & f^{(3)}(0) &= 0, \\ f^{(4)}(x) &= \cos x, & f^{(4)}(0) &= 1. \end{aligned}$$

따라서 4차 Taylor 다항식은

$$p_4(x) = 1 - \frac{1}{2!}x^2 + \frac{1}{4!}x^4$$

이다.

$p_4(0.2) = 0.98006667$이고 $f(0.2) = \cos(0.2) = 0.98006658$이고, $x = 0.2$에서 4차 Taylor 다항식에 의한 근사값은 소수 여섯째 자리까지 정확하다.

예제 1.5 Taylor 다항식을 사용하여 오차가 10^{-5}보다 작은 e의 근사값을 구하려면 몇 차 Taylor 다항식을 사용해야 하는가?

풀이 Taylor 정리로부터 오차는 다음과 같다.

$$e - p_n(1) = R_n(1) = \frac{1}{(n+1)!}e^{\xi}, \quad 0 \leq \xi \leq 1$$

$|e^{\xi}| \le e \le 3$이므로 오차가 10^{-5}보다 작은 근사값을 구하기 위해서는 다음 식을 만족하는 n을 구하면 된다.

$$\frac{3}{(n+1)!} \le 10^{-5}$$

$n=8$은 위 식을 만족시킨다. 따라서 8차 Taylor 다항식을 사용하면 오차가 10^{-5}보다 작은 근사값 $p_8(1) = 2.7182787$을 얻는다. 참값은 $e = 2.7182818$이므로 오차는 3.06×10^{-6}이다.

연습문제 1.1 EXERCISE

1. 다항식 $p(x)=x^5-2x^3+3x^2-1$가 구간 $(0,\ 1)$에서 근을 가짐을 보여라.

2. 방정식 $\tan x = 1-x$가 구간 $(0,\ 1)$에서 적어도 하나의 해를 가짐을 보여라.

3. $f(x)=\sin x$ 에 대하여 구간 $[1,\ \pi]$에서 평균값 정리를 만족하는 ξ를 구하여라.

4. 적분에 관한 평균값 정리를 이용하여 다음 식을 만족하는 ξ를 구하여라.

(1) $\displaystyle\int_0^1 x^4\,dx=\xi^4$

(2) $\displaystyle\int_0^{\pi/2} x\sin x\,dx=\frac{\pi^2}{8}\sin\xi$

5. 적분에 관한 평균값 정리를 이용하여 다음 식이 성립함을 보여라.

(1) $\displaystyle\int_a^b (b-x)(x-a)f(x)\,dx=f(\xi)\frac{(b-a)^3}{6},\quad a\le\xi\le b$

(2) $\displaystyle\int_0^h x^2(x-h)^2g(x)\,dx=\frac{1}{30}h^5g(\xi),\quad 0\le\xi\le h$

6. 다음 함수의 4차 Taylor 다항식을 구하여라.

(1) $f(x)=\sin x,\quad c=0$

(2) $f(x)=\sqrt{x},\quad c=1$

(3) $f(x)=\ln x,\quad c=1$

(4) $f(x)=xe^x,\quad c=0$

7. 모든 $x\in[-1,\ 1]$에 대하여 $|\cos x-p_n(x)|\le 10^{-6}$을 만족하는 n차 Taylor 다항식을 구하여라.

8. $\sin x$의 5차 Talyor 다항식 $p_5(x)$를 구하라. 또, $|x|\le 1$이면 $\sin x$와 $p_5(x)$의 차이는 얼마가 되는가?

1.2 수의 표현

계산기나 컴퓨터가 수행하는 연산은 수학이론에서 사용되는 연산과는 다르다. $2+2=4$, $4^2=16$ 그리고 $(\sqrt{3})^2=3$과 같은 정확한 값을 기대하게 되는데 컴퓨터상에서는 처음 두 개의 연산은 정확한 값을 계산하지만 세 번째 연산은 그렇지 않다. 그 이유를 살펴보자.

수학이론에서는 무한개의 소수자리를 가진 수를 인정한다. $(\sqrt{3})^2$은 $\sqrt{3}$을 유일한 양수로 정의하고 그 자체를 서로 곱하여 3이라는 정수를 준다. 그러나 컴퓨터에서 표현가능한 수는 고정된 유한개의 자릿수만을 갖는다. $\sqrt{3}$은 유한개의 자릿수로만 나타나므로 기계 내에서 근사값으로 표현되고, 그 자체의 곱은 충분히 가까운 값이 되기는 하나 정확히 3이 되지는 않는다.

일상생활에서 대부분의 수는 십진법을 사용하지만, 컴퓨터는 내부적으로 십진법을 사용하지 않는다. 컴퓨터의 기억장치나 연산장치는 0과 1만을 구별할 수 있는 **비트**(bit; binary digit)로 구성되어 있다. 따라서 컴퓨터에서는 십진수보다는 2의 승수진법을 사용한다. 십진수를 컴퓨터에 입력시키면 컴퓨터는 이 수를 2진수, 8진수 또는 16진수 등으로 바꾸어 계산하고 그 결과를 다시 십진수로 바꾸어 출력한다.

십진수 205.37은

$$205.37 = 2\times 10^2 + 0\times 10^1 + 5\times 10^0 + 3\times 10^{-1} + 7\times 10^{-2}$$

을 의미한다. 일반적으로 실수 $a_n a_{n-1}\cdots a_1 a_0.b_1 b_2\cdots$는 다음을 의미한다.

$$\begin{aligned} a_n a_{n-1}\cdots a_1 a_0.b_1 b_2\cdots &= a_n\times 10^n + a_{n-1}\times 10^{n-1} + \cdots + a_1\times 10^1 + a_0\times 10^0 \\ &\quad + b_1\times 10^{-1} + b_2\times 10^{-2} + \cdots \end{aligned}$$

이진수 11011.11은

$$(11011.11)_2 = 1\times 2^4 + 1\times 2^3 + 0\times 2^2 + 1\times 2^1 + 1\times 2^0 + 1\times 2^{-1} + 1\times 2^{-2}$$

가 된다.

컴퓨터에서 수를 표시할 때 두 가지 표시법을 사용한다. **고정소수점**(fixed point) 표시법과 **부동소수점**(floating point) 표시법이다. 고정소수점 표시법은 수를 표시할 때 소수점 아래의 자리수가 고정되어 있게 표시한다. 예를 들어 4자리 고정소수점 표시법은 다음과 같다.

$$24589.2431,\qquad 0.0024,\qquad 53.0001$$

소수점을 항상 일정한 위치에 놓는 고정 소수점 표시법은 실수 계산에서도 사용될 수 있으나 프로그램 할 때 소수점 위치에 상당히 신경을 써야 하므로, 일반적으로는 소수점의 위치를 그 수의 오른쪽에 있다고 가정하여 정수계산에서만 사용하고 있다. 부동소수점 표시법에서는 고정된 유효자리(significant digit)로 수를 표시한다. 예를 들면 4자리 부동소수점 표시법은 다음과 같다.

$$0.4713 \times 10^{3}, \qquad 0.5793 \times 10^{-12}, \qquad -0.4000 \times 10^{3}$$

컴퓨터의 실수표현에는 부동소수점 표시법을 사용한다. 2진법 k자리 부동소수점 표시법은 다음과 같다.

$$x = \pm (0.d_1 d_2 \cdots d_k) \times 2^{n} \tag{1.7}$$

여기서 소수 $(0.d_1 d_2 \cdots d_k)$를 **가수**(mantissa)라 부르고, 정수 n을 **지수**(exponent)라 부른다. 예를 들어, PC용 연산장치는 하나의 실수를 표현하기 위해 2진법 자리수로 64비트를 이용한다. 첫 비트는 부호를 의미하고 그 다음 11비트는 지수를 나타내며 나머지 52비트는 가수를 나타낸다. 2진수 11자리수의 지수는 그 범위가 0에서 $2^{11}-1=2047$에 이른다. 그러나 지수에 대해 양의 정수만을 이용하는 것은 절대값이 작은 실수를 표시할 수 없다. 절대값이 작은 수도 적절하게 표현하기 위해 지수에 중간값 1023을 뺀다. 그러면 지수의 범위는 -1023에서 1024에 이른다.

컴퓨터에서 수를 기억시킬 때는 저장량을 줄이고 각 부동소수점 수에 대해 유일한 표현방법을 제공하기 위해 가수의 일의 자리가 1이 되도록 유효숫자를 변화시켜 기억시킨다. 이러한 부동소수점 표시법에 의해 표시된 수를 **정규화**(normalization)되었다고 한다. 부호수를 s, 지수를 c, 가수를 f라고 한다면 정규화표현은

$$(-1)^{s}\ 2^{c-1023}\ (1+f)$$

형태의 부동소수점 수를 준다.

예를 들어 다음의 기계수(machine number)를 생각해보자.

0100000000111011100100010000000000000000000000000000000000000000

왼쪽 첫 비트는 0이고 숫자가 양수임을 나타낸다. 다음 11비트 10000000011은 지수이고 10진수

$$(10000000011)_2 = 1 \times 2^{10} + 0 \times 2^{9} + \cdots + 0 \times 2^{2} + 1 \times 2^{1} + 1 \times 2^{0} = 1027$$

와 같다. 따라서 이 수의 지수부분은 $2^{1027-1023}=2^{4}$이다. 마지막 52비트는 가수가

$$1\times\left(\frac{1}{2}\right)^1+1\times\left(\frac{1}{2}\right)^3+1\times\left(\frac{1}{2}\right)^4+1\times\left(\frac{1}{2}\right)^5+1\times\left(\frac{1}{2}\right)^8+1\times\left(\frac{1}{2}\right)^{12}$$

임을 나타낸다. 따라서 이 기계수는 십진수

$$(-1)^0\cdot 2^4\cdot\left(1+\left(\frac{1}{2}+\frac{1}{8}+\frac{1}{16}+\frac{1}{32}+\frac{1}{256}+\frac{1}{4096}\right)\right)=27.56640625$$

를 나타낸다.

정규화된 가장 작은 양수는 가장 오른쪽이 1이고 나머지는 모두 0으로 표시되고

$$2^{-1023}\cdot(1+2^{-52})\approx 10^{-308}$$

이 된다. 또 정규화된 가장 큰 양수는 처음이 0이고 나머지는 모두 1로 표시되고

$$2^{1024}\cdot(2-2^{-52})\approx 10^{308}$$

이 된다. 컴퓨터 연산에서 최소 실수보다 더 작은 수가 나타나면 **언더플로우**(underflow)라고 하며, 일반적으로 0으로 처리된다. 또 최대실수보다 더 큰 수가 발생하면 **오버플로우**(overflow)라고 하며 연산을 중지하게 된다.

지금까지 부동소수점 표시에서 64비트를 한 단어로 사용하는 경우를 알아보았다. 이 경우를 **배정밀도**(double precision) 부동소수점 표시라고 한다. 실수표현에 32비트만을 사용할 수도 있으며 이를 **단순정밀도**(single precision) 부동소수점 표시라고 한다. 부동소수점 표현방식과 비트수는 컴퓨터 기종에 따라 다르다.

1.3 오차

참값과 근사값과의 차이를 오차라고 하며, 컴퓨터에서는 여러 가지 종류의 오차가 발생하게 된다. 이 절에서는 컴퓨터 연산과정에서 발생하는 마무리 오차, 절단오차 등을 다루며 특별한 형태의 연산과정에서 발생하는 유효숫자의 상실에 대하여 알아본다.

라운드오프 오차는 컴퓨터 내에서 실수가 유한개의 자리수에 의해 표현되기 때문에 발생하는 오차이다. 이 오차를 조사해보기 위하여 편의상 기계수가 정규화된 10진 부동소수점 형태

$$fl(x) = 0.d_1 d_2 \cdots d_k \times 10^n, \qquad d_1 \neq 0 \tag{1.8}$$

를 갖는다고 가정하자. 임의의 양의 실수

$$x = 0.d_1 d_2 \cdots d_k d_{k+1} \cdots \times 10^n \tag{1.9}$$

을 k자리 부동소수점 표시 (1.8)로 바꾸는 데에는 **버림**(chopping)과 **반올림**(rounding)의 두 가지 방법이 있다. 예를 들면, π가 다음과 같은 정규화 형태로 표시되었다고 하자.

$$\pi = 0.3141592653 \cdots \times 10$$

$k = 8$인 경우, 소수점 아래 아홉째 자리에서 반올림을 한다면

$$fl(\pi) = 0.31415927 \times 10$$

이고, 소수점 아래 아홉째 자리에서 버림을 한다면 다음과 같다.

$$fl(\pi) = 0.31415926 \times 10$$

이때, 주어진 실수 x와 $fl(x)$와의 차이를 **라운드오프 오차**(rounding-off error)라 한다. 따라서 라운드오프 오차는 반올림이나 버림에 생기는 오차이며, 산술연산을 수행함에 따라 이 오차도 전파된다. 라운드오프 오차를 줄이기 위해서는 가수부분 자리수를 더 많이 사용할 수 있는 배정밀도를 사용한다. 일반적으로 배정밀도를 사용할 경우 단순정밀도보다 마무리 오차는 줄일 수 있지만 약 두 배의 기억용량과 계산시간이 필요하다. 경우에 따라서 라운드오프 오차로 인해, 계산된 값이 정확한 값과는 아주 다른 결과가 나올 수 있기 때문에 마무리 오차에 대한 계산 프로그램을 분석하고 마무리 오차를 가능한 줄일 수 있는 계산 방법을 사용하는 것이 중요하다.

컴퓨터에서의 연산과정에서 마무리 오차 이외에 또 다른 종류의 오차가 발생한다. **절단오차**

(truncation error)는 Taylor 전개식에서와 같이 무한급수에서 일정한 항 이후를 버리고 유한급수를 취할 때 생기는 오차이다. 이것은 컴퓨터가 무한히 많은 항들을 더할 수 없어서 유한 번만 더하고 멈추어야 하기 때문에 발생한다.

오차를 측정하는 방법에는 **절대오차**(absolute error)와 **상대오차**(relative error)라는 두 가지 방법이 있다. 참값 p의 근사값을 p^*라 하면 절대오차와 상대오차는 다음과 같이 정의한다.

$$\text{절대오차} = |p - p^*|, \quad \text{상대오차} = \frac{|p - p^*|}{|p|}. \tag{1.10}$$

예제 1.6 $p = 1/3,\ p^* = 0.3333$ 이면 절대오차는 0.00003333이고 상대오차는 0.0000999이다.

어떤 수의 정확도를 고려할 때는 절대오차보다 상대오차가 의미가 있다.

정리 1.6

임의의 실수 x와 k자리 부동소수점으로 표시된 근사값 $fl(x)$와의 상대오차는 $\dfrac{(x - fl(x))}{x}$이며, 반올림을 하는 경우에 상대오차의 한계는 5×10^{-k}이고 버림을 하는 경우에 상대오차의 한계는 10^{-k+1}이다.

증명 실수 x와 그 수를 $(k+1)$자리에서 버림을 하여 얻은 근사값에 대해 다음과 같이 k자리 부동소수점 표시를 하면

$$x = 0.d_1 d_2 \cdots d_k d_{k+1} \cdots \times 10^n, \quad fl(x) = 0.d_1 d_2 \cdots d_k \times 10^n, \quad d_1 \neq 0$$

이므로 $(x - fl(x))/x$는 다음과 같다.

$$\frac{x - fl(x)}{x} = \frac{0.d_{k+1} d_{k+2} \cdots \times 10^{n-k}}{0.d_1 d_2 \cdots d_k \cdots \times 10^n} = \frac{0.d_{k+1} d_{k+2} \cdots}{0.d_1 d_2 \cdots d_k \cdots} \times 10^{-k}$$

$d_1 \neq 0$이므로 분모의 최소값은 0.1이고, 분자의 최대값은 1이므로

$$\left| \frac{x - fl(x)}{x} \right| \leq \frac{1}{0.1} \times 10^{-k} = 10^{-k+1}$$

이다. 마찬가지 방법으로 반올림하였을 경우에도 증명할 수 있다. ■

컴퓨터 연산과정에서 거의 같은 두 수끼리 뺄셈을 하거나, 아주 작은 수를 나누는 경우에 유효숫자의 자리수를 상실할 수 있다. 예를들어 11개의 자리수를 갖는 거의 비슷한 두 수 $p = 3.1415926536$와 $q = 3.1415957341$를 생각해보자. 두 수의 차를 계산하면 $p - q = -0.0000030805$이므로 단지 5개의 유효숫자만을 갖는다. 즉, 6개의 유효숫자가 상실된 것인데, 그 이유는 거의 같은 두 수의 뺄셈에 기인한다. 이와 같은 현상을 **유효숫자상실**(loss of significant digit)이라고 하는데, 이는 일종의 라운드오프 오차이다.

라운드오프 오차에 의한 유효숫자상실은 연산에 주의를 기울이거나 문제를 재구성하면 피할 수 있다. 다음 예제를 보자.

예제 1.7 $f(x) = x(\sqrt{x+1} - \sqrt{x})$와 $g(x) = x/(\sqrt{x+1} + \sqrt{x})$에 대하여 여섯 자리 반올림연산을 사용하여 $f(500)$과 $g(500)$의 계산결과를 비교하여라.

풀이 $f(x)$와 $g(x)$는 대수적으로 같음을 쉽게 확인할 수 있다.

$$\begin{aligned} f(500) &= 500(\sqrt{501} - \sqrt{500}) \\ &= 500(22.3830 - 22.3607) = 500(0.0223) = 11.1500, \end{aligned}$$

$$g(500) = \frac{500}{\sqrt{501} + \sqrt{500}} = \frac{500}{22.3830 + 22.3607} = \frac{500}{44.7437} = 11.1748.$$

참값은 $11.17475530074\cdots$이므로 $g(500)$의 오차가 더 적으며 여섯자리까지 정확하다.

다음 예제는 Taylor 다항식이 유효숫자상실을 줄이는데 도움이 될 수 있다는 것을 보여준다.

예제 1.8 함수 $f(x)$와 $g(x)$가 아래와 같을 때 여섯 자리 반올림 연산을 사용하여 $f(0.01)$과 $g(0.01)$의 계산결과를 비교하여라.

$$f(x) = \frac{e^x - 1 - x}{x^2}, \qquad g(x) = \frac{1}{2} + \frac{x}{6} + \frac{x^2}{24}.$$

$g(x)$는 $f(x)$에 대한 $x = 0$에서 2차 Taylor 다항식이다.

풀이 $$f(0.01) = \frac{e^{0.01} - 1 - 0.01}{(0.01)^2} = \frac{1.010050 - 1 - 0.01}{0.0001} = 0.5,$$

$$g(0.01) = \frac{1}{2} + \frac{0.01}{6} + \frac{0.001}{24} = 0.5 + 0.001667 + 0.0000004 = 0.501671.$$

참값은 $0.50167098416\cdots$이므로 $g(0.01)$의 오차가 더 적으며 여섯 자리까지 정확하다.

연습문제 1.3 EXERCISE

1. 다음에 대하여 절대오차와 상대오차를 구하여라.

(1) $p = 256.4545,\ p^* = 256.45517$　　(2) $p = 0.028254,\ p^* = 0.0282537$

2. 정리 1.6의 반올림의 경우 오차의 한계가 5×10^{-k}임을 보여라.

3. 함수 $f(x) = e^x$의 9차 Taylor 다항식과 $k = 3$(버림)인 컴퓨터를 사용하여 e^{-5}의 근사값을 다음 두 가지 방법으로 구하여라.

(1) $e^{-5} \doteq \sum_{n=0}^{9} \frac{(-5)^n}{n!}$　　(2) $e^{-5} = \frac{1}{e^5} \doteq \frac{1}{\sum_{n=0}^{9} (5^n / n!)}$

$f(-5) = e^{-5}$의 근사값은 $6.73794699909 \times 10^{-3}$이다. (1)과 (2)의 방법 중에서 어느 것이 더 정확한 값을 주는가? 그 이유를 설명하여라.

4. 유효숫자가 여섯 자리인 컴퓨터를 사용하여 다음 함수 $f(x)$의 값을 계산하고자 한다. 유효숫자상실을 피하기 위해 적절히 식을 변형하여라.

(1) $f(x) = \sqrt[3]{1+x} - 1,\qquad x \approx 0$

(2) $f(x) = \ln(x+1) - \ln x,\qquad x > 1$

(3) $f(x) = \frac{1 - \cos x}{x^2},\qquad x \approx 0$

5. 다음 방정식의 근을 네 자리 반올림연산을 사용하여 구하려고 한다.

$$x^2 + 62.10x + 1 = 0$$

(1) 근의 공식을 사용하여 근을 구하여라.

$$x_1 = \frac{-b + \sqrt{b^2 - 4ac}}{2a}, \qquad x_2 = \frac{-b - \sqrt{b^2 - 4ac}}{2a}$$

(2) 다음 식을 사용하여 근을 구하여라.

$$x_1 = \frac{-2a}{b + \sqrt{b^2 - 4ac}}, \qquad x_2 = \frac{-2a}{b - \sqrt{b^2 - 4ac}}$$

(3) 상대오차를 구하고 위의 두 가지 방법을 사용하여 구한 근이 서로 다른 이유를 설명하여라.

제2장

MATLAB

2.1 기본명령어

MATLAB은 행렬을 기본으로 하여 구성되어 있다. MATLAB에서 행렬은 실수나 복소수로 이루어진 사각행렬이며, 문자 사용도 가능하다. 행렬은 1×1의 스칼라와 하나의 행$(1 \times n)$ 또는 하나의 열$(n \times 1)$ 만으로 구성된 벡터도 포함한다.

행렬은 여러 가지 방법으로 입력할 수 있는데, 가장 쉬운 방법은 행렬원소를 명시적으로 나타내는 방법이다. 행렬원소들은 공백(blank)이나 쉼표(comma)로 구분하고, 행의 구분은 세미콜론이나 Enter키를 이용하며, 전체 원소들은 대괄호([ ])로 둘러싼다. 예를 들면 다음과 같다.

```
>> A = [1 2 3; 4 5 6; 7 8 9]
A =
        1   2   3
        4   5   6
        7   8   9
>> B = [1 2
        3 4]
B =
      1  2
      3  4
```

행렬의 원소는 수식이어도 괜찮다. 예를 들면,

```
>> x = [-1.3   sqrt(3)   (1+2+3)*4/5]
x =
     -1.3000     1.7321     4.8000
```

MATLAB은 입력된 명령문을 해석하여 계산을 수행하는 언어이다. MATLAB에서 명령문은 주로 다음과 같은 형태이다.

```
>> 변수 = 수식
```

또는,

```
>> 수식
```

수식은 연산자, 함수, 변수 등으로 구성될 수 있으며, 이 수식을 계산한 결과가 행렬로 생성된다. 변수를 지정하지 않았을 경우에는 수식의 결과가 ans라는 변수에 할당된다. 수식 뒤에 세미콜론(;)을 붙이지 않으면 수식의 결과가 변수에 할당되면서 화면에 표시된다. 세미콜론을 사용하면 결과를 화면에 출력하지 않지만, 이 변수와 값은 기억된다. 예를 들어 보자.

```
>> 1900/81
ans =
       23.4568
>> x = 1900/81
x =
      23.4568
>> y = log(2);
>> y
y =
      0.6931
```

하나의 수식이 너무 길어서 한 줄에 모두 나타낼 수 없을 경우에는 여러 줄에 표시해야 하는데, 이때에는 각 줄의 마지막에 하나 이상의 공백과 생략 기호('...')를 붙인다. 예를 들어 급수

$$S = \sum_{n=1}^{15} \frac{(-1)^{n+1}}{n}$$

을 계산하려면 다음과 같이 입력하면 된다.

```
>> S = 1  -  1/2  + 1/3  -  1/4  + 1/5  -  1/6  + 1/7  -  1/8 ...
      +  1/9  -  1/10  +  1/11  -  1/12  +1/13  -  1/14  +  1/15;
```

MATLAB에서는 영문자 및 숫자(특수 기호들을 제외한 '_'같은 기호 포함)를 사용하여 변수 또는 함수의 이름으로 지정할 수 있다. MATLAB에서는 대문자와 소문자를 구별한다. 따라서 x와 X는 서로 다른 변수로 인식된다. 또한 내장 함수의 이름은 항상 소문자이다. 즉, eig(A)는 행렬 A의 고유값을 의미하지만 EIG(A)는 사용자가 만들지 않는 한 정의되지 않는 함수로 취급한다.

입력된 변수의 값을 다른 변수로 할당하는 방법은 다음과 같다.

변수 이름 = 입력된 변수 이름

이 명령의 실행 후에는 입력된 변수와 새로운 변수는 같은 값을 갖는다.

```
>> x = 2;
>> y = x
y =
     2
```

정의한 변수를 제거하려면 MATLAB 작업창에서 삭제하거나 명령어 clear를 사용한다.

```
>> clear 변수명
```

작업한 모든 변수를 제거하려면 변수명 대신 all을 쓰면 된다.

```
>> clear all
```

출력형식

MATLAB에서 산술문의 결과가 화면에 출력되며, 이때 출력되는 수치의 자릿수는 MATLAB

의 소수점 아래 4자리로 기본 설정되어 있다. MATLAB 내장변수 pi를 보자.

```
>> pi                                      % 원주율 π
pi =
      3.1416
```

사용자가 화면에 출력하는 형식을 변경하기 위해서는 format이라는 명령어를 사용한다.

```
>> format long                             % 소수점 아래 14자리
>> pi
ans =
      3.14159265358979
>> format short e                          % 부동 소수점 4자리
>> pi
ans =
      3.1416e+00
>> format long e                           % 부동 소수점 15자리
>> pi
ans =
      3.141592653589793e+000
>> format rat                              % 분수 형태
>> pi
ans =
      355/113
```

명령어 format은 단지 화면상에 출력되는 수치의 표현 형식만을 변경시킬 뿐이며, 변수값 자체의 정밀도를 바꾸는 것은 아니다.

작업과정의 저장

작업 중에 사용한 모든 변수를 fname1.mat라는 파일에 저장하고 싶으면 다음과 같이 명령어 save를 사용한다.

```
>> save fname1
```

또한 작업 중에 사용한 특정한 변수, 예를 들어 변수 x, y를 fname2.mat라는 파일에 저장하려면 아래와 같이 입력하면 된다.

```
>> save fname2 x y
```

명령어 save를 사용하여 저장된 파일은 MATLAB에서 사용하는 파일 형식인 mat 파일형식으로 저장되며 특별히 확장자를 쓰지 않으면 지정된 파일에 '.mat'라는 확장자를 사용하여 저장된다.

저장되어 있는 변수를 MATLAB 명령창으로 불러오기 위해서는 명령어 load를 사용한다. load도 save와 마찬가지로 확장자를 쓰지 않으면 파일의 확장자는 mat로 인식한다.

```
>> load 파일명
```

save를 사용하여 저장한 파일은 MATLAB 파일형식이기 때문에 문서편집기로 편집이 불가능하다. 만약 편집이 가능한 ASCII 형식으로 변수 또는 자료를 저장하고 싶으면 명령어 ascii를 사용한다. 이 경우 자료는 8자리로 저장된다. 사용 형식은 다음과 같다.

```
>> save 파일명 /ascii
```

자료를 16자리로 저장하고 싶으면 다음과 같이 하면 된다.

```
>> save 파일명 /ascii /double
```

함수

MATLAB의 강력한 파워는 다양한 함수의 기능에 있다. MATLAB에는 수많은 함수가 있으며, 수학함수, 행렬함수, 그래픽, 다항식, 미분방정식, 데이터분석 등 다양한 종류의 함수가 있다. abs, sqrt, log, sin, cos, tan, rem 등은 자주 사용되는 기본수학함수들이다. rem은 나머지 연산자이다.

함수는 MATLAB에 내장된 것도 있고 툴박스와 함께 외부의 M-파일 라이브러리에 속한 것도 있다. 또한 사용자가 새로운 함수를 만들 수도 있으며, 사용자함수는 MATLAB 내장함수와 같은 방법으로 실행된다. 사용자함수는 2.5절에서 자세히 설명한다.

연습문제 2.1 EXERCISE

1. MATLAB을 사용하여 다음을 계산하여라.

(1) $\dfrac{35.7\times 64-7^3}{45+5^2}$

(2) $\dfrac{5}{4}\times 7\times 6^2+\dfrac{3^7}{9^3-652}$

2. 다음을 계산하여라.

(1) $\dfrac{3^7\ln 76}{7^3+546}+910^{1/3}$

(2) $\cos^2\left(\dfrac{5\pi}{6}\right)\sin^2\left(\dfrac{7\pi}{8}\right)+\dfrac{\tan\left(\dfrac{\pi}{6}\ln 8\right)}{\sqrt{7}}$

3. $x=9.6,\ z=8.1$로써 변수 x, z를 정의하고 다음을 구하여라.

(1) $xz^2-\left(\dfrac{2z}{3x}\right)^{\frac{3}{5}}$

(2) $\dfrac{443z}{2x^3}+\dfrac{e^{-xz}}{x+z}$

4. 다음의 급수를 계산하여라: $\displaystyle\sum_{n=1}^{20}\frac{1}{n^2}$

5. save와 load에 대해 실습해 보라.

2.2 행렬연산

특수문자 프라임 '은 행렬의 전치를 나타낸다.

```
>> A = [1 2 3; 4 5 6; 7 8 9];
>> B = A'
B =
        1    4    7
        2    5    8
        3    6    9
>> x = [-1 0 2]'
x =
       -1
        0
        2
```

행렬의 덧셈 및 뺄셈에는 +와 −기호를 사용하며, 같은 크기의 행렬에 대해서만 덧셈과 뺄셈이 정의된다.

```
>> A = [1 2 3; 4 5 6];
>> B = [1 3 5; 7 9 11];
>> C = A + B
C =
        2     5     8
       11    14    17
>> D = A - B
D =
        0    -1    -2
       -3    -4    -5
```

1×1행렬인 스칼라의 경우에는 어떠한 행렬과도 덧셈과 뺄셈연산이 가능하다. 이 경우 행렬의 모든 원소에 스칼라를 더하거나 뺀다.

```
>> E = C - 5
E =
    -3    0    3
     6    9   12
```

행렬 A가 $m \times p$이고 행렬 B가 $q \times n$이면 행렬 A와 B의 곱셈은 $p = q$일 때 가능하며 두 행렬의 곱 AB는 $m \times n$행렬이며, MATLAB에서는 *를 사용한다.

```
>> A = [1 2 3; 4 5 6];
>> B = [1 2; 3 4; 5 6];
>> A*B
ans =
    22    28
    49    64
```

행렬의 스칼라 곱은 행렬의 모든 원소에 대한 스칼라 배이다.

```
>> C = 2*A
C =
     2     4     6
     8    10    12
```

MATLAB에서 행렬의 나눗셈은 사용 용도가 다른 왼쪽 나눗셈(left division)과 오른쪽 나눗셈(right division) 두 가지가 있다. 행렬 A가 역행렬을 갖는 정방행렬이면 선형방정식 $A\mathrm{x} = \mathrm{b}$의 해 x를 구하기 위해 왼쪽 나눗셈을 사용하며, 오른쪽 나눗셈은 $\mathrm{x}A = \mathrm{b}$의 해를 구하기 위해 사용한다. 즉,

$$A^*\mathrm{x} = \mathrm{b}\text{의 해} : \mathrm{x} = \mathrm{A} \setminus \mathrm{b}$$

$$\mathrm{x}^*\mathrm{A} = \mathrm{b}\text{의 해} : \mathrm{x} = \mathrm{b} \setminus \mathrm{A}$$

MATLAB 나눗셈을 이용하여 다음 선형 방정식의 해를 구해보자.

$$\begin{aligned} 3x + 5y - 3z &= 8 \\ 5x + 3y + 2z &= 22 \\ 2x + y - 3z &= 1 \end{aligned}$$

이 방정식은 $A^*\mathrm{x} = \mathrm{b}$의 형태이므로 왼쪽 나눗셈을 사용해야 한다. 왼쪽 나눗셈은 키보드에서는 ₩로 표시되어 있다.

```
>> A = [3 5 -3; 5 3 2; 2 1 -3];
>> b = [8 22 1]';
>> x = A\b
x =
        3
        1
        2
```

행렬 A와 자연수 n에 대하여 MATLAB 명령 A^n은 행렬 A의 n거듭제곱, 즉 A를 n번 곱한 것을 의미한다.

```
>> A = [1 2; 3 4];
>> A^3
ans =
        37     54
        81    118
```

배열연산

배열연산자 . 를 연산자 앞에 사용하면 일반적인 행렬연산이 아닌 행렬원소와 원소 사이의 산술연산을 할 수 있다.

크기가 같은 두 행렬에 대하여 MATLAB 배열곱셈 .*는 각 행렬의 같은 위치에 있는 원소들끼리의 곱셈을 나타낸다.

```
>> A = [1 2 3; 4 5 6];
>> B = [1 3 5; 2 4 6];
>> A.*B
ans =
     1     6    15
     8    20    36
```

배열곱셈과 마찬가지로 배열나눗셈 ./는 각 행렬의 같은 위치에 있는 원소들끼리의 나눗셈을 나타낸다. 위의 행렬 A와 B에 대한 배열나눗셈의 결과는 다음과 같다.

```
>> A./B
ans =
     1    0.6667    0.6
     2    1.2500      1
```

연산자 .^ 는 같은 위치에 있는 원소들끼리의 거듭제곱을 나타낸다.

```
>> C = A.^B
C =
     1      8      243
    16    625    46656
```

자연수 n에 대하여 $A.^\wedge n$은 행렬 A의 각 원소의 n거듭제곱을 의미하며, 베이스를 스칼라로 해도 정의된다.

```
>> D = A.^2
D =
      1     4     9
     16    25    36
>> E = 2.^A
E =
      2     4     8
     16    32    64
```

수학함수 abs, sqrt, log, sin, cos, tan 등을 행렬에 대해 적용하면 행렬의 각 원소들에 대해 적용한 결과가 된다.

```
>> A = [0 1 2; 3 4 5]
>> C = cos(pi*B/2)
C =
     -1     1    -1
      1    -1     1
```

내장 행렬

MATLAB에서 다음 명령어를 사용하여 단위행렬과 영행렬을 생성할 수 있다.

eye(n) : $n \times n$ 단위행렬
eye(n, m) : $n \times m$ 단위행렬
zeros(n) : $n \times n$ 영행렬
zeros(n, m) : $n \times m$ 영행렬

모든 원소가 1인 행렬은 ones 명령을 이용하여 만들 수 있으며, 용법은 eye나 zeros와 유사하다.

```
>> eye(2,3)
ans =
        1     0     0
        0     1     0
>> zeros(1,3)
ans =
        0     0     0
>> ones(2)
ans =
        1     1
        1     1
```

벡터와 행렬의 조작

원소들이 일정한 간격을 가진 벡터를 한 번에 만들고자 하면 a:h:b의 형식으로 입력하면 된다. 여기서 a는 시작값, h는 증가분, c는 최종값을 의미한다. 증가분을 지정하지 않고 a:b의 형식으로 입력하면 자동적으로 증가분이 1로 지정된다. 다음의 예를 보자.

```
>> x = 1:10
x =
     1   2   3   4   5   6   7   8   9   10
>> y = -5:1:5
y =
    -5   -4   -3   -2   -1   0   1   2   3   4   5
```

위와 같이 생성된 벡터는 기본적으로 행(row)벡터가 된다. 만약에 열(column)벡터를 만들고자 한다면 프라임을 사용하여 열벡터로 전환시키면 된다.

벡터를 생성하는 또 다른 명령어로 linspace가 있다. linspace(a, b, n)는 a와 b 사이에 등간격의 n개의 원소를 갖는 벡터를 생성한다. 만약 n을 생략하면 100개의 원소를 생성하도록 기본 지정되어 있다.

```
>> linspace(-1,1,5)
ans =
      -1.0000    -0.5000    0    0.5000    1.000
```

MATLAB에서는 두 행렬을 합성할 수 있다. 행렬 A에 새로운 행을 추가하고 싶으면 세미콜론(;)을 사용하며, 새로운 열을 추가하고 싶으면 A 뒤에 행의 크기가 같은 벡터를 그냥 적어주면 된다.

```
>> A = [1 2; 3 4];
>> x = [5 6];
>> B = [A; x]
B =
     1   2
     3   4
     5   6
>> y = x';
>> C = [A y]
C =
     1   2   5
     3   4   6
```

MATLAB에서는 괄호를 이용하여 행렬의 원소를 참조할 수 있다. 위의 행렬 A에 대해 예를 들어보자.

```
>> A(2,2) + 3
ans =
       7
>> A(1,2) = A(1,1) + A(2,2);
>> A
A =
       1   5
       3   4
```

또한 콜론(:)을 이용하여 행이나 열의 모든 또는 일부 원소들을 선택하여 부행렬(submatrix)을 구성할 수 있으며, 이는 그래프, 데이터분석 등에서 매우 유용하게 사용된다.

A(i,:) : 행렬 A의 i번째 행

A(:,j) : 행렬 A의 j번째 열

A(j:k,:) : 행렬 A의 j번째 행부터 k번째 행

A(:,j:k) : 행렬 A의 j번째 열부터 k번째 열

A(j:k,q:r) : 행렬 A의 j부터 k번째까지 행과 q부터 r번째 열

다음 예를 보자.

```
>> A = [1 2 3 4; 5 6 7 8; 9 10 11 12];
>> A(2,:)
ans =
      5    6    7    8
>> A(:,3)
ans =
      3
      7
     11
>> B = A(:,2:4)
B =
      2    3    4
      6    7    8
     10   11   12
```

배열을 위한 내장함수

MATLAB에서는 배열과 관련된 많은 내장함수를 가지고 있다. 수치해석에서 자주 사용되는 함수는 length와 size이다. length는 벡터의 크기를 계산하며, size는 행렬의 행과 열의 개수를 반환한다.

```
>> v = [5 9 2 4];
>> length(v)
ans =
     4
>> A = [6 1 4 0 12; 5 19 6 8 2];
>> size(A)
ans =
     2  5
```

또한 max, min, sum도 유용하게 사용되며, 각각 벡터나 행렬의 최대값, 최소값, 합을 계산하며, 최대값이나 최소값의 위치도 구할 수 있다. 행렬일 경우에는 각 열에 대한 최대값, 최소값 및 합을 계산한다.

```
>> A = [5 9 2 4 11 6 7];
>> C = max(A)
C =
    11
>> [d, n] = max(A)
d =
    11
n =
    5
>> sum(A)
ans =
    44
```

연습문제 2.2 EXERCISE

1. 다음 MATLAB 명령어를 실행하고, 어떤 값들을 출력하는지 알아 보아라.

```
>> x = 0:0.1:2
>> y = cos(x)
>> [x' y']
```

2. 다음 벡터를 만들어 보시오.

(1) 첫 번째 원소는 1, 마지막 원소는 33이고, 원소들 사이에서 2씩 증가하는 행벡터

(2) 첫 번째 원소가 15이고 원소들은 −5씩 감소하여 마지막 원소는 −25가 되는 열벡터

3. 다음 행렬 A가 정의되어 있다.

$$A = \begin{bmatrix} 6 & 3 & 2 & 11 & 7 \\ 3 & 6 & 3 & 0 & 5 \\ 10 & 8 & 7 & 20 & 8 \end{bmatrix}$$

(1) A의 두 번째 행을 포함하는 행벡터를 만들어라.

(2) A의 네 번째 열을 포함하는 열벡터를 만들어라.

(3) A의 두 번째 열에서 네 번째 열을 포함하는 소행렬을 만들어라.

(4) 10개의 원소를 가지면서 A의 첫 번째 행과 두 번째 행을 포함하는 행벡터를 만들어라.

4. MATLAB 명령어 eye와 ones를 사용하여 다음 행렬들을 생성하여라.

$$A = \begin{bmatrix} 1 & 5 & 5 \\ 5 & 1 & 5 \\ 5 & 5 & 1 \end{bmatrix}, \qquad B = \begin{bmatrix} -2 & 2 & 2 \\ 2 & -2 & 2 \\ 2 & 2 & -2 \end{bmatrix}$$

5. 다음 MATLAB 명령어를 실행하여 보아라.

```
>> x = 2;   y = 3;   z = 4;
>> A = [ones(1, 3);   x  y  z;   x^2   y^2   z^3]
```

6. MATLAB의 나눗셈 명령어를 사용하여 다음 선형방정식의 해를 구하여라.

$$
\begin{aligned}
x + 2y + 3z + 4w &= 11 \\
3x - y + 2z - 5w &= 12 \\
2x - 2y + z + 7w &= 2 \\
4x + y + 7z - 2w &= -7
\end{aligned}
$$

7. 다음 두 행렬을 입력하여라.

$$
A = \begin{bmatrix} 5 & -2 & 5 \\ 3 & -3 & 2 \\ 7 & 9 & 8 \end{bmatrix}, \qquad B = \begin{bmatrix} -2 & -7 & 5 \\ 3 & 8 & 8 \\ -1 & 21 & 9 \end{bmatrix}
$$

(1) 다음을 계산하여라: $A+B$, $A-B$, A', A^2, $2A-3B$

(2) 다음 MATLAB 명령을 실행하고 결과를 설명하여라.

① A.*B ② A./B ③ A.\B

④ 2.^A ⑤ A.^4 ⑥ A.^B

8. 함수 $y = (x^2+1)^3 x^3$ 에 대하여 주어진 x값에서 y값을 배열연산을 이용하여 계산하여라.

$$x = -2.5,\ -2,\ -1.5,\ -1,\ -0.5,\ 0,\ 0.5,\ 1,\ 1.5,\ 2$$

2.3 그래픽

MATLAB을 이용하면 쉽게 2차원 및 3차원 그래프를 그릴 수 있다. MATLAB 명령창에서 demo를 이용하면 MATLAB의 다양한 그래픽 기능을 볼 수 있다. 여기서는 간단한 2차원 그래프를 그리는 방법에 대하여 알아 본다.

MATLAB 명령어 plot은 기본적인 그래프를 그리는 데 사용되며, 입력 자료에 따라 자동적으로 축의 배율을 설정하여 그래프를 그려 준다. 구간 $[0,\ 4\pi]$에서 함수 $y = \sin x$의 그래프를 그리기 위해서는 다음 명령어를 사용하면 된다.

```
>> x = 0:0.05:4*pi;
>> y = sin(x);
>> plot(x,y)
```

위에서 본 바와 같이 plot(x,y)는 같은 길이의 두 개의 벡터 x, y에 대하여 앞의 인수를 x축으로, 뒤의 인수를 y축으로 지정하여 그래프를 그린다.

plot을 사용하여 그래프를 작성한 후 다음 명령어들을 사용하면 그래프의 제목, 축의 이름, 격자 등을 추가할 수 있다.

```
>> title('y=sin(x)')
>> xlabel('X');     ylabel('Y')
>> grid
```

격자를 다시 없애려면 grid off라고 입력하면 되고, 좌표축의 범위를 조정하려면 axis 명령을 이용한다.

```
>> grid off
>> axis([0 12 -2 2])
```

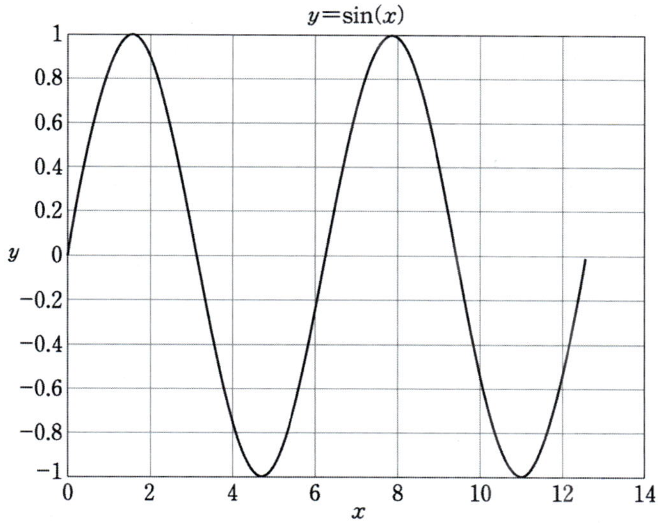

그림 2.1 $y = \sin x$의 그래프

다중곡선 그리기

MATLAB에서 한 그래프에 여러 개의 곡선을 그리기 위해서는 두 가지 방법이 있다. 첫 번째 방법은 plot 명령을 이용하여 각각의 곡선을 그리고 그래프의 곡선들을 그대로 유지하기 위하여 hold on 명령어를 이용한다. 예를 들어 구간 $[0, 4\pi]$에서 $y_1 = \sin x$와 $y_2 = 0.5\cos 2x$를 그려보자.

```
>> x = 0:0.05:4*pi;
>> y1 = sin(x);
>> plot(x,y1)
>> hold on
>> y2 = 0.5*cos(2*x);
>> plot(x,y2)
```

만약 위에서 hold on을 사용하지 않으면 $y_1 = \sin x$ 곡선이 지워지게 된다. hold on을 중지하는 명령은 hold off이다.

두 번째 방법은 n개의 x, y벡터를 차례로 plot 인수로 취하는 방법이다. 즉,

plot(x1,y1,x2,y2, ... ,xn,yn)

와 같이 입력한다. $y_1 = \sin x$와 $y_2 = 0.5\cos 2x$를 이 방법으로 그려보자.

```
>> x = 0:0.05:4*pi;
>> y1 = sin(x);
>> y2 = 0.5*cos(2*x);
>> plot(x,y1,x,y2)
```

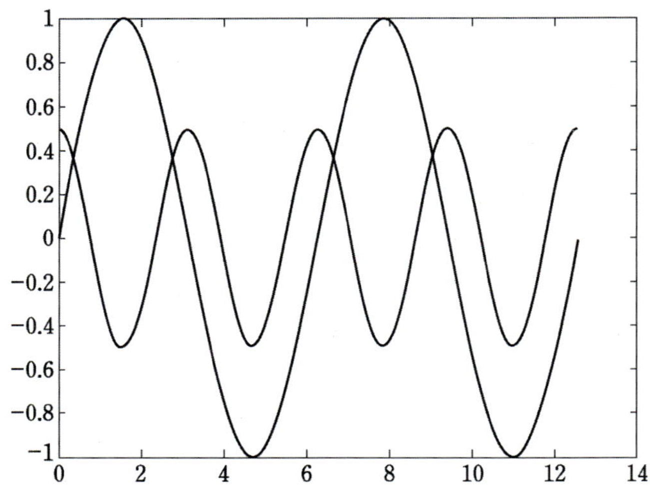

그림 2.2 $y_1 = \sin x$와 $y_2 = 0.5\cos 2x$의 그래프

라인 스타일과 색

MATLAB은 여러 개의 선들을 서로 다른 스타일과 색으로 구별하는데, 스타일과 색은 기본 지정된 값을 따른다. 때로는 선의 스타일과 색을 바꾸어야 할 때도 있다. 예를 들어 첫 번째 곡선은 점선으로 표시하고 두 번째 곡선을 심볼 o로 표시하려면 다음과 같다.

```
>> plot(x,y1,':',x,y2,'o')
```

다른 형태의 라인과 점은 다음과 같다.

표 2.1 라인과 점의 스타일

라인 스타일		점 스타일 p_n	
		.	점
–	실선(solid)	+	덧셈기호
--	단선(dash)	*	별표
:	점선(dot)	o	원
–.	일점쇄선(dash dot)	x	x-표시

색깔은 라인 스타일과 비슷한 방법으로 변경할 수 있다. 다음 예는 두 곡선에 대해 빨강색과 연두색을 지정한 예이다.

```
>> plot(x,y1,'r',x,y2,'g')
```

이 외에 b는 파랑색(blue), y는 노랑(yellow), c는 청록(cyan)을 의미한다. 또한 라인 스타일과 색을 동시에 지정할 수도 있다.

```
>> plot(x,y1,'r-',x,y2,'g+')
```

이 절에서 설명한 그래프의 제목, 축의 이름, 라인 스타일과 색 등의 지정은 MATLAB 명령창에서 입력하는 방법이지만, MATLAB 최신 버전에서는 명령창에서 입력하는 대신 그래프 창에서 이와 같은 작업을 할 수 있다. 곡선의 스타일과 색을 바꾸고 싶으면 곡선을 더블클릭하고 좌표축에 관계된 사항을 바꾸고 싶으면 그래프의 박스를 더블클릭하면 속성변경창이 나타나므로 이를 통하여 원하는 부분을 변경할 수 있다.

연습문제 2.3 EXERCISE

1. 다음 그래프를 그려라.

(1) $y = \sin x\, e^{-0.4x}, \quad 0 \leqq x \leqq 10$

(2) $y = (x^2 + 3x + 1)\cos x, \quad 0 \leqq x \leqq 10$

(3) $y = x \sin\dfrac{1}{x}, \quad -0.1 \leqq x \leqq 0.1$

2. 그림 2.2에 대해 다음 사항을 변경해 보아라.

(1) $y_1 = \sin x$의 그래프를 두껍게 조정

(2) $y_2 = 0.5\cos 2x$의 그래프를 빨강색의 단선으로 변경

(3) 좌표축의 숫자를 크게 조정

(4) x축의 tick을 1씩 증가, y축의 tick을 0.5씩 증가하도록 조정

(5) 화살표와 문자입력을 사용하여 각 곡선의 설명을 추가

3. 그림 2.2를 MATLAB 형식으로 저장해보아라. 또, 다양한 파일 형태로 저장해보아라.

4. 다음을 실행하여 보아라.

```
>> x = linspace(0,30);
>> subplot(2,2,1), plot(x,sin(x))
>> subplot(2,2,2), plot(x,x.*sin(x))
>> subplot(2,2,3), plot(x,x.*sin(x).^2)
>> subplot(2,2,4), plot(x,x.^2.*sin(x).^2)
```

2.4 프로그래밍

MATLAB은 대부분의 프로그래밍 언어들과 마찬가지로 흐름제어문(flow control)을 갖고 있다. 흐름제어문은 MATLAB이 단순 계산기의 수준을 넘어서 완전한 행렬언어로써의 활용을 가능하게 한다.

FOR 반복문

MATLAB에서 for 반복문은 하나 이상의 문장을 미리 정해진 회수만큼 반복 수행하도록 하는 명령어이며, 기본구조는 다음과 같다.

```
for 변수 = 수식
    수행문
    ....
    수행문
end
```

수식은 대개 m:n 또는 m:i:n의 형태로 주어진다. m:n은 변수가 m에서 n까지 1씩 증가함을 의미하고, m:i:n은 변수가 m에서 n까지 변하며 증가값은 i임을 뜻한다. for문은 변수가 초기값에서 최종값까지 변하는 동안 계속해서 반복적으로 수행문을 이행한다.

예제 2.1 함수 $f(x)=e^x$에 대하여 $x=0, 0.5, 1, 1.5, 2$에서 함수값을 계산하기 위해서 다음과 같은 명령어를 사용하면 된다.

```
>> for x = 0:0.5:2
       y = exp(x);
       [x y]
   end
```

다음 예제는 다중 반복문을 사용할 수 있다는 것을 보여준다.

예제 2.2 크기가 4인 Hilbert 행렬을 구해보자(4.5절).

```
>> format rat
>> for i=1:4
     for j=1:4
          A(i,j)=1/(i+j-1);
     end
   end
>> A
A =
      1       1/2     1/3     1/4
     1/2      1/3     1/4     1/5
     1/3      1/4     1/5     1/6
     1/4      1/5     1/6     1/7
```

예제 2.2에서 보는 바와 같이 for는 반드시 end와 대응되어야 한다.

WHILE 반복문

while문도 반복문의 일종인데, for문이 지정된 횟수만큼 반복하는 데 반하여 while문은 논리식을 만족하는 동안 계속해서 반복을 수행한다.

```
while 논리식
      수행문
        ....
      수행문
end
```

논리식에는 두 원소간의 비교를 위해 <, <=, >, >=, ==, ~= 등의 관계연산자를 이용한다.

A < B	A가 B보다 작다
A <= B	A가 B보다 작거나 같다
A > B	A가 B보다 크다
A >= B	A가 B보다 크거나 같다
A == B	A가 B와 같다
A ~= B	A가 B와 같지 않다

또한 논리식에 논리곱, 논리합, 부정 등을 표현할 수 있으며, 이는 다음과 같다.

A & B	논리곱 (and)
A | B	논리합 (or)
~A	논리부정 (not)

예제 2.3 $n!$의 값이 100000보다 커지는 n의 값을 구해보자.

```
>> n=1;
>> while prod(1:n) <= 100000
        n = n+1;
   end
>> n
```

위의 prod(1:n)은 1부터 n가지의 곱을 나타내는 MATLAB 명령어이다.

예제 2.4 함수 $f(x)=\ln(x+1)$의 Maclaurin 급수는 다음과 같다.

$$\ln(x+1)=\sum_{n=1}^{\infty}\frac{(-1)^{n+1}x^n}{n}=x-\frac{1}{2}x^2+\frac{1}{3}x^3-\frac{1}{4}x^4+\frac{1}{5}x^5+\cdots$$

$x=0.5$에서 뒤의 항의 절대값이 10^{-10}보다 작게 될 때까지 위 급수의 합을 구해보자.

```
>> format long
>> s=0;  x=0.5;  n=1;
>> while (x^n)/n >=10^(-10)
        s=s+((-1)^(n+1))*(x^n)/n;
        n=n+1;
   end
>> n, s
```

IF문

IF문은 프로그램의 흐름을 제어하는 기본적인 형태로 조건적으로 문장을 실행하는 명령어이다. 가장 간단한 IF문은 다음과 같다.

```
if  논리식
    수행문
end
```

논리식이 참이면 수행문을 실행되고, 그렇지 않으면 무시된다.
IF-ELSE문은 두 그룹의 수행문의 선택을 할 수 있게 해준다.

```
if   조건식
     수행문 1 (statement group 1)
else
     수행문 2 (statement group 2)
end
```

논리식이 사실이면 수행문 1번을 실행하고, 그렇지 않으면 수행문 2를 실행한다.

예제 2.5 주어진 행렬 A에 대하여 $\det A \neq 0$이면 행렬 A의 역행렬을 구하고, 그렇지 않으면 A^2을 계산하는 프로그램은 다음과 같다.

```
>> if det(A)~=0
      inv(A)
   else
      A^2
   end
```

ELSEIF를 사용하면 ELSE문에 또 다른 조건을 위한 논리식을 넣을 수 있다.

```
if        논리식 a
          수행문 1 (statement group 1)
elseif    논리식 b
          수행문 2 (statement group 2)
end
```

논리식 a가 사실이면 수행문 1을 실행하고, 논리식 a가 거짓이고 논리식 b가 사실이면 수행문 2를 실행한다. 다음 예를 보자.

예제 2.6 다음 행렬을 생성하는 프로그램을 작성해보자.

$$A = \begin{bmatrix} 5 & 1 & 0 & 0 \\ 1 & 5 & 1 & 0 \\ 0 & 1 & 5 & 1 \\ 0 & 0 & 1 & 5 \end{bmatrix}$$

```
>> A=zeros(4);
>> for i=1:4
      for j=1:4
         if i==j
            A(i, i)=5;
         elseif abs(i-j)==1
                  A(i, j)=1;
         end
      end
   end
```

ELSEIF는 다음과 같이 자신의 ELSE 절을 가질 수 있다.

```
if        논리식 a
          수행문 1 (statement group 1)
elseif    논리식 b
          수행문 2 (statement group 2)
else
          수행문 3 (statement group 3)
end
```

이 경우 논리식 a와 b가 모두 거짓이면 수행문 3을 실행한다.

예제 2.7 다음 행렬을 생성하는 프로그램을 작성해보자.

$$A = \begin{bmatrix} 5 & 1 & 3 & 3 & 3 \\ 1 & 5 & 1 & 3 & 3 \\ 3 & 1 & 5 & 1 & 3 \\ 3 & 3 & 1 & 5 & 1 \\ 3 & 3 & 3 & 1 & 5 \end{bmatrix}$$

```
>> for i=1:5
       for j=1:5
          if i==j
             A(i, i)=5;
          elseif abs(i-j)==1
             A(i, j)=1;
          else
             A(i, j)=3;
          end
       end
   end
```

연습문제 2.4 EXERCISE

1. 예제 2.1을 while문을 사용한 명령어로 바꾸어라.

2. for 루프와 while 루프를 각각 사용하여 10!를 계산하여라.

3. while 루프를 사용하여 $3^n \geq 10^{10}$을 만족하는 최소 자연수 n을 구하여라.

4. $a = [\ 3 \quad 4 \quad -6 \quad 10 \quad -2 \quad 7 \quad 14 \quad 52 \quad -13 \quad 16 \quad 10 \quad 40\ ]$일 때, $0 < a(i) \leq 20$인 성분들의 합을 계산하는 프로그램을 작성하여라.

5. 함수 $f(x) = \tan^{-1} x$의 Maclaurin 급수는 다음과 같다.

$$\tan^{-1} x = \frac{\pi}{2} + \sum_{n=1}^{\infty} \frac{(-1)^n}{(2n-1)x^{2n-1}} = \frac{\pi}{2} - \frac{1}{x} + \frac{1}{3x^3} - \frac{1}{5x^5} + \cdots$$

(1) $x = 1.8$에서 뒤의 항의 절대값이 10^{-12}보다 작게 될 때까지 위 급수의 합을 구하여라.
(2) MATLAB 명령어 atan(1.8)을 사용하여 앞의 결과와 비교하여라.

6. MATLAB 명령어를 사용하여 다음 행렬을 생성하라.

$$A = \begin{bmatrix} 2 & -1 & 3 & -1 \\ 0 & 2 & -1 & 3 \\ -4 & 0 & 2 & -1 \\ 0 & -4 & 0 & 2 \end{bmatrix}$$

2.5 M-파일: 스크립트와 함수

MATLAB 명령창에서 사용자가 한 줄짜리 명령을 입력하면 MATLAB은 그 명령을 처리하여 결과를 모니터 화면에 표시한다. MATLAB은 순차적인 여러 줄의 명령들을 파일에 저장하여 한꺼번에 실행할 수 있다. 이러한 파일을 M-파일이라고 하며, 파일의 확장자는 '.m'이어야 한다.

M-파일에는 두 종류가 있다. 첫 번째는 연속된 명령문들로 구성된 파일이며, 이 파일을 스크립트(script) 파일이라고 한다. 두 번째 형태는 MATLAB에 보다 큰 확장성을 주는 것으로써 함수(function)라고 부른다. 이러한 M-파일들은 일반적인 ASCII 텍스트 파일이므로, MATLAB에 내장된 문서 편집기나 일반적인 워드프로세서를 사용하여 작성할 수 있다.

스크립트 파일

스크립트 파일은 어떤 문제에 대한 해석을 위해 많은 명령어들을 입력해야 하는 경우에 명령창에 한 줄씩 명령어를 입력하는 번거로움을 피할 수 있다.

스크립트 파일의 간단한 예를 보자. 다음과 같은 내용의 파일 sinplot.m이 MATLAB 경로에 있는 디렉토리에 저장되어 있다고 하자.

```
% An M-file to plot sine graph
t = 0:0.05:1;
y = sin(20*t);
plot(t,y)
grid
xlabel('Time'), ylabel('y(t)')
```

MATLAB 명령창에서 파일명 sinplot을 입력하면 MATLAB은 위의 명령을 순차적으로 모두 실행하여 그래프를 출력한다. 파일의 실행이 종료된 후에도 변수 t와 y는 작업공간에 그대로 존재한다.

함수

M-파일의 첫 번째 줄에 "function"이라는 단어가 있다면 이 파일은 함수 파일이다. 함수가 스크립트 파일과 다른 점은 인수가 전달된다는 것과 함수 내에 정의된 변수들은 함수 내에서만 사용될 수 있고 작업공간에서 쓰일 수 없다는 것이다. 함수는 MATLAB의 기능을 확장할 때, 즉 새로운 MATLAB 함수를 만들 때 유용하다.

다음과 같은 내용의 파일 mean.m을 작성했다고 가정하자.

```
function x = mean(A)
% For vector, MEAN(A) returns the mean value.
% For matrix, MEAN(A) returns a row vector containing
% the mean value of each column.
[m n] = size(A);
if m==1
   m=n;
end
x = sum(A)/m;
```

함수 mean.m을 이용하여 1부터 99까지의 정수로 구성된 벡터의 평균값을 구해보자. MATLAB 명령창에서 다음과 같이 입력한다.

```
>> U = 1:99;
>> mean(U)
ans =
      50
```

함수 mean.m을 자세히 살펴보자.

- 첫 번째 줄에서는 함수의 이름, 입력 인수, 출력 인수를 선언한다. 이 줄이 없으면 파일은 함수 파일이 아니고 스크립트 파일이다.
- 함수의 파일이름은 파일 내에 선언된 함수의 이름과 같아야 한다.
- 변수 m, n, x는 함수 내에서만 사용되는 지역변수이다. 즉, mean이 종료된 이후에 MATLAB 작업공간에 존재하지 않는다.

- 함수의 입력값을 위해 MATLAB 명령창에서 정의하는 1부터 99까지의 정수를 x로 정의할 필요는 없다. 실제로 위 예에서는 U라는 변수를 가지고 함수 mean를 이용하였다. 벡터 U는 함수 mean으로 전달되어 지역변수 x에 복사된다.

여러 개의 출력인수를 반환하는 것도 가능하다. 다음 예는 평균값뿐만 아니라 표준편차도 계산하여 출력한다.

```
function [mean, stdev] = stat(A)
[m n] = size(A);
if m==1
    m=n;                % Handle row vector
end
mean = sum(A)/m;
stdev = sqrt(sum(A.^2)/m - mean.^2);
```

eval과 feval

명령어 eval은 함수 이름을 인수로 사용하여 문자 매크로 기능을 수행하는 함수이다. eval(f)라고 입력하면 f에 해당하는 함수를 실행한다. 다음은 Hilbert 행렬을 만드는 예이다.

```
>> t = '1/(i+j-1)';
>> for i=1:4
        for j=1:4
            a(i,j) = eval(t);
        end
    end
```

명령어 feval은 함수를 계산하는 데 사용되며, 형식은 다음과 같다.

feval('함수명', x1, ..., xn)

fun.m이라는 함수가 있다고 가정할 때, feval('fun', x1, ..., xn)은 fun(x1, ..., xn)의 결과와

같다. feval의 기능은 eval과 비슷하지만 함수명을 다른 값을 입력할 수 있으므로 더 다양한 응용이 가능하다. 다음 예를 보자.

```
function plotf(fun, x)
y = feval(fun, x)
plot(x, y)
```

이 함수는 임의의 기본함수 또는 사용자가 정의한 함수의 그래프를 그리는 데 사용될 수 있다.

```
>> x = 0:0.1:10;
>> plotf('sin', x), hold on, plotf('cos', x)
```

연습문제 2.5 EXERCISE

1. 구간 $[-10, 10]$에서 다음의 그래프를 그리기 위한 스크립트 파일을 작성하여라.

$$y_1 = \sin x, \quad y_2 = \frac{1}{2}\cos 2x, \quad y_3 = \frac{1}{x^2+1}$$

y_1은 실선, y_2는 단선, y_3는 점선으로 각각 그려라.

2. 피보나치 수열은 다음과 같다.

$$x_{i+1} = x_i + x_{i-1}; \ x_1 = 1, \ x_2 = 1.$$

(1) 100 이하의 피보나치 수열을 출력하는 스크립트 파일을 작성하여라.

(2) 임의의 자연수 n 이하의 피보나치 수열을 출력하는 함수를 작성하여라.

3. 임의의 벡터의 양의 원소들의 합과 음의 원소들의 곱을 계산하여 출력하는 함수를 작성하여라.

4. MATLAB 명령어 eval을 사용하여 주어진 점에서 다음 함수값을 계산하여라.

(1) $e^a \ln x$; $a = -2, \ x = 5$

(2) $\cos^2 x + a \tan x, \ a = 7, \ x = -3$

5. 위 4번을 feval을 사용하여 계산하여라.

제3장

비선형방정식의 해법

방정식 $f(x)=0$를 만족하는 해를 구하는 것은 자연과학과 공학에서 가장 흔히 등장하는 문제 중의 하나이다. 이 장에서는 $p(x)=x^5-5x^3+1$과 같은 다항식의 근과 $x=\cos x$와 같은 초월함수에 대한 방정식 등 비선형방정식의 해를 구하는 여러 가지 방법에 대해 알아본다.

3.1 이분법

임의의 구간 $[a, b]$에서 연속인 함수 $f(x)$가 점 a, b에서 부호가 반대인 값을 가진다고 가정하자. 즉,

$$f(a)f(b)<0 \tag{3.1}$$

이면 중간값 정리에 의해 방정식 $f(p)=0$를 만족하는 p가 구간 (a, b)에 적어도 하나 존재한다는 사실을 이용하여 해를 구하는 방법을 **이분법**(bisection method)이라고 한다. 더 자세히 설명하면, 구간 $[a, b]$의 중간값 $(a+b)/2$에서 함수값의 부호를 조사하여 해가 존재하는 구간을 반으로 줄이고, 이 과정을 계속적으로 반복수행하여 구간을 줄여 나감으로써 원하는 정확도로 근사해를 구할 수 있다. 원하는 오차를 ϵ이라 하면, 이분법의 알고리즘은 다음과 같다.

이분법 알고리즘

$f(a_1)f(b_1)<0$을 만족하는 구간 $[a_1, b_1]$을 취한다.

For $n=1, 2, \cdots$

(1) $p_n=\dfrac{a_n+b_n}{2}$

(2) 만약 $b_n-p_n\le\epsilon$이면 반복을 중지한다.

(3) $f(a_n)f(p_n)\le 0$이면 $a_{n+1}=a_n,\ b_{n+1}=p_n$로 정한다.

$f(a_n)f(p_n)>0$이면 $a_{n+1}=p_n,\ b_{n+1}=b_n$로 정한다.

앞의 알고리즘의 스텝 (2)에서 b_n-p_n는 절대오차를 의미하며, 절대오차 대신 상대오차 $(b_n-p_n)/|p_n|$를 이용해도 된다.

예제 3.1 오차한계 $\epsilon = 0.001$ 에 대해 이분법을 적용하여 다음 방정식의 근을 구하라.

$$x^5 + 3x - 1 = 0$$

풀이 $f(x) = x^5 + 3x - 1$ 로 하면 $f(0)f(1) = -3 < 0$이므로 초기구간 $[a_1, b_1]$은 $[0, 1]$로 선택할 수 있고 $p_1 = 0.5$ 이다.

$b_1 - c_1 = 0.5 > 0.001$ 이고

$$f(a_1)f(p_1) < 0$$

이므로 $f(x)$의 근은 0과 0.5 사이에 있다.

따라서 $a_2 = a_1 = 0$, $b_2 = c_1 = 0.5$, 즉 다음 구간은 $[a_2, b_2] = [0, 0.5]$이며, 중간값은 $p_2 = 0.25$이다.

$$b_2 - c_2 = 0.25 > 0.001 \text{ 이고}$$
$$f(a_2)f(p_2) > 0$$

이므로 방정식의 근은 0.25과 0.5 사이에 있다. 따라서 $a_3 = p_2 = 0.25$, $b_3 = b_2 = 0.5$ 가 된다. 알고리즘을 계속 적용하면 표 3.1과 같이 10번 반복에서 오차한계 0.001보다 작은 근사해 0.331055를 얻는다.

표 3.1 이분법

n	a_n	b_n	p_n	$b_n - p_n$
1	0.000000	1.000000	0.500000	$5.0000e-1$
2	0.000000	0.500000	0.250000	$2.5000e-1$
3	0.250000	0.500000	0.375000	$1.2500e-1$
4	0.250000	0.375000	0.312500	$6.2500e-2$
5	0.312500	0.375000	0.343750	$3.1250e-2$
6	0.312500	0.343750	0.328125	$1.5625e-2$
7	0.328125	0.343750	0.335938	$7.8125e-3$
8	0.328125	0.335938	0.332031	$3.9063e-3$
9	0.328125	0.332031	0.330078	$1.9531e-3$
10	0.330078	0.332031	0.331055	$9.7656e-4$

이분법 알고리즘을 구현한 MATLAB 프로그램 bisect.m은 다음과 같다.

```
function p = bisect(f, a, b)
tol = 0.001;
disp('        n          a          b          p          error')
for n=1:100
    p = (a+b)/2;
    error = b - p;
    out = [n    a    b    p    error];
    disp(out)

    if error <= tol
        break
    end

    fa = feval(f, a);
    fp = feval(f, p);
    if  fa*fp <= 0
        b = p;
    else
        a = p;
    end
 end
```

위 프로그램 bisect.m을 이용하여 해를 구하기 위해서는 방정식 내용을 입력할 별도의 파일이 필요하다. 예를 들면 예제 3.1에 대해서는 다음과 같은 파일을 작성해야 한다.

```
function y = example1(x)
y = x^5 + 3*x - 1;
```

위 파일 example1.m과 bisect.m을 같은 디렉토리에 두고 MATLAB 명령창에서 아래와 같이 입력하면 결과를 얻을 수 있다.

```
>> a=0;
>> b=1;
>> p = bisect('example1', a, b)
n       a       b       p       error
.....
```

이분법은 수렴속도가 느리지만 개념적으로 쉽고 해로의 수렴을 보장한다.

정리 3.1

함수 $f(x)$가 구간 $[a, b]$에서 연속이고 $f(a)f(b) < 0$이면 이분법에 의해 구한 근사해는 반드시 $f(x)$의 근 p^*로 수렴한다.

증명 이분법은 한 번 반복할 때마다 구간의 길이가 절반씩 줄어듦을 쉽게 알 수 있다. 따라서

$$b_n - a_n = \frac{1}{2}(b_{n-1} - a_{n-1}) = \cdots = \frac{1}{2^{n-1}}(b-a), \qquad n = 1, 2, 3, \cdots$$

참값 p^*는 구간 $[a_n, p_n]$ 또는 $[p_n, b_n]$에 속하므로 다음이 성립한다.

$$|p^* - p_n| \le p_n - a_n = \frac{1}{2}(b_n - a_n) = \frac{1}{2^n}(b-a) \tag{3.2}$$

이 식은 $n \to \infty$일 때 근사값 p_n이 참값 p^*로 수렴함을 보여준다. ■

식 (3.2)로부터 허용오차 ϵ의 근사해를 얻기 위해 필요한 최소반복횟수를 구할 수 있으며 이는 다음과 같다.

$$n \ge \frac{\ln(b-a) - \ln \epsilon}{\ln 2} \tag{3.3}$$

예제 3.2 방정식 $x^5 + 3x - 1 = 0$에 대해 구간 $[0, 1]$에서 허용오차 $\epsilon = 10^{-5}$인 근사해를 구하기 위한 이분법의 최소반복횟수를 구하라.

풀이 $a = 0, b = 1$이므로 식 (3.3)에 의해 $n \ge 16.6$이다.

따라서 허용오차 $\epsilon = 10^{-5}$인 근사해를 구하기 위해서는 최소 17회의 반복이 필요하다.

연습문제 3.1 EXERCISE

1. 이분법을 사용하여 구간 $[4,\ 4.5]$에서 방정식 $x = \tan x$에 대해 0.001까지 정확한 해를 구하라.

2. 이분법을 사용하여 $\sqrt{5}$ 의 근사값을 소수점 아래 네 자리까지 구하라.

3. 구간 $[1,\ 2]$에서 $x^3 - x - 1 = 0$ 의 해가 존재함을 보이고, 반복법에 의해 허용오차 10^{-4}으로 해를 구하는데 필요한 반복횟수를 구하라.

4. 이분법을 사용하여 다음 함수 $f(x)$의 근을 구간 $[0,\ 2]$에서 10^{-5}까지 정확하게 구하라.
   (1) $f(x) = x - e^{-x}$
   (2) $f(x) = e^x - x^2 + 3x - 2$
   (3) $f(x) = \cos x - x$

3.2 Newton 방법

Newton 방법은 방정식 $f(x)=0$의 근을 구하는 가장 강력한 수치해법 중 하나로 잘 알려져 있다. Newton 방법은 여러가지 방식으로 도입할 수 있으며, 가장 쉬운 방식은 그래프를 이용하여 유도하는 방법이다. 함수 $f(x)$가 연속인 도함수를 가지면 곡선 $y=f(x)$의 접선의 방정식을 구할 수 있다. 이 접선의 방정식을 이용하여 방정식의 수치해를 구하는 것이 Newton 방법이다.

초기 근사값 p_0가 근 p의 부근에 있다고 가정하자. 즉 그래프 $y=f(x)$는 x축과 점 $(p,\ 0)$에서 만나고, 점 $(p_0,\ f(p_0))$는 곡선 위에 놓여 있다. 점 $(p_0,\ f(p_0))$에서 곡선의 접선이 x축과 만나는 점을 p_1이라 하자. 그림 3.1에서 보는 바와 같이 p_1은 초기값 p_0보다 근에 가까이 있다. 점 $(p_0,\ f(p_0))$에서의 접선의 방정식이

$$y=f'(p_0)(x-p_0)+f(p_0)$$

이므로 이 식에 $(p_1,0)$을 대입하고 p_1에 대해 풀면 다음과 같다.

$$p_1=p_0-\frac{f(p_0)}{f'(p_0)}$$

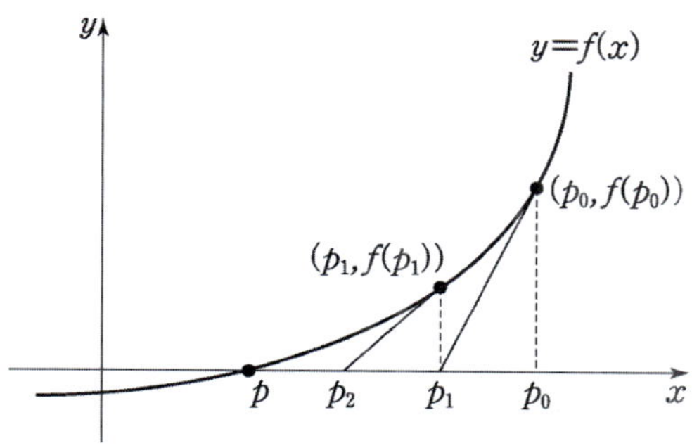

그림 3.1 Newton 방법

점 $(p_1,\ f(p_1))$에서 곡선의 접선의 방정식이 x축과 만나는 점을 p_2라 하면

$$p_2=p_1-\frac{f(p_1)}{f'(p_1)}$$

이다. 따라서 이 과정을 계속 반복하면 근 p로 수렴하는 수열 p_2을 생성하는 식이 다음과 같

이 된다.

$$p_{n+1} = p_n - \frac{f(p_n)}{f'(p_n)}, \qquad n = 0,\ 1,\ 2,\ \cdots \tag{3.4}$$

이 반복알고리즘이 방정식 $f(x) = 0$의 근사해를 구하는 **Newton 방법**이다.

예제 3.3 Newton 방법을 이용하여 다음 방정식의 해를 구하여라.

$$x^5 + 3x - 1 = 0$$

풀이 $f(x)$의 도함수는 $f'(x) = 5x^4 + 3$ 이므로 Newton 방법은 다음과 같다.

$$\begin{aligned} p_{n+1} &= p_n - \frac{p_n^5 + 3p_n - 1}{5p_n^4 + 3} \\ &= \frac{4p_n^5 + 1}{5p_n^4 + 3}, \qquad n \geq 0. \end{aligned}$$

초기값 $p_0 = 1$를 택하고 위의 반복과정을 시행하면 표 3.2를 얻는다. $|p_n - p_{n-1}|$은 오차 $|p - p_n|$에 대한 근사값이며, 표 3.2는 $|p_n - p_{n-1}| < 10^{-5}$을 만족할 때 반복을 중지한 결과이다. 이분법을 이용하여 구한 표 3.1과 비교하여 보면 이분법이 10^{-3}의 오차 내의 근사해를 얻기 위해 10번의 반복을 하였으나 Newton 방법은 4번째 반복에서 같은 오차범위의 해를 구하였다. 따라서 Newton 방법이 훨씬 빨리 정해에 수렴함을 알 수 있다. 실제근은 0.33198902958451이므로 5번의 반복으로 상당히 정확한 근사해를 구하였다. 또한, 표 3.2를 보면 처음에는 느린 속도로 수렴하지만 수치해 p_n이 근에 접근함에 따라 빠르게 수렴함을 알 수 있다.

표 3.2 Newton 방법

n	p_n	$f(p_n)$	$\lvert p_n - p_{n-1}\rvert$
1	0.6250000000	$9.7037e-1$	$3.7500e-1$
2	0.3671251541	$1.0804e-1$	$2.5787e-1$
3	0.3321686422	$5.4976e-4$	$3.4956e-2$
4	0.3319890334	$1.1817e-8$	$1.7961e-4$
5	0.3319890296	$0.0000e+0$	$3.8607e-9$

Newton 방법에 대한 MATLAB 프로그램은 다음과 같다.

```
function p = newton(f, df, p)
tol = 1.0e-05;
disp('  k          p          error')
for k=1:100
    y = feval(f, p);
    dy = feval(df, p);
    p = p - y/dy;
    error = abs(y/dy);
    out = [k    p     error];
    disp(out)

    if  error < tol
        break
    end
end
```

Newton 방법에 대한 다음의 수렴정리는 초기값의 선택이 이론적으로 중요함을 보여준다.

정리 3.2

$f \in C^2[a,\ b]$라 하자. 만일 $p \in [a,\ b]$가 $f(p) = 0$와 $f'(p) \neq 0$를 만족시킨다면, $p_0 \in [p - \delta,\ p + \delta]$인 임의의 초기값 p_0에 대해 Newton 방법으로 만든 수열 $\{p_n\}_{n=0}^{\infty}$가 p로 수렴하는 $\delta > 0$가 존재한다.

증명 이 정리의 증명은 다음 식을 가지고 함수반복기법인 $p_n = g(p_{n-1})$로서 Newton 방법을 분석하는데 기반을 두고 있다.

$$g(x) = x - \frac{f(x)}{f'(x)}$$

$g'(x)$를 구해보자.

$$g'(x) = 1 - \frac{f'(x)f'(x) - f(x)f''(x)}{[f'(x)]^2} = \frac{f(x)f''(x)}{[f'(x)]^2}$$

가정 $f(p)=0$에 의해 $g'(p)=0$이다. $g'(x)$가 연속이고 $g'(p)=0$이므로 모든 $x \in [p-\delta, p+\delta]$에 대해 $g'(x)<1$인 $\delta > 0$가 존재한다. 앞으로 배울 정리 3.5에 의해 $p_0 \in [p-\delta, p+\delta]$인 임의의 초기값에 대해 수열 $\{p_n\}_{n=0}^{\infty}$은 $f(x)=0$의 근으로 수렴한다. ■

정리 3.2는 초기값이 근에 충분히 가까이 있다면 Newton 방법이 항상 수렴한다는 것을 의미한다. 만약 초기값이 근에 멀리 떨어져 있다면 Newton 방법은 근으로의 수렴이 보장되지 않으며 생성된 수열은 발산하거나 진동할 수도 있다. 그러므로 Newton 방법을 사용할 때에는 초기값의 선택에 주의해야만 한다.

Newton 방법이 대단히 강력한 방법이기는 하지만 초기값 선택 이외에 또 한 가지 어려운 점이 있는데, 이는 각 근사값마다 $f(x)$의 도함수를 알아야 한다는 것이다. 대개 $f'(x)$는 $f(x)$보다 결정하기가 어렵고 계산하는데 많은 산술적 단계가 필요하다.

수렴속도

이제 Newton 방법이 이분법보다 훨씬 더 빠르게 정해에 수렴하는 이유를 알아보자.

수열 $\{p_n\}_{n=0}^{\infty}$가 p로 수렴하고 n번째 근사값의 오차를 $e_n = p - p_n$이라 하자. 다음 식을 만족하는 수 $K \neq 0$와 $r > 0$이 존재한다면

$$\lim_{n\to\infty} \frac{|p - p_{n+1}|}{|p - p_n|^r} = \lim_{n\to\infty} \frac{|e_{n+1}|}{|e_n|^r} = K \tag{3.5}$$

수열의 **수렴차수**(order of convergence)는 r이고, K를 **점근오차상수**(asymptotic error constant)라고 한다. 특히 $r=1$인 경우를 **1차수렴**(linear convergence), $r=2$인 경우를 **2차수렴**(quadratic convergence)이라고 한다.

수렴차수 r이 클수록 수열 $\{p_n\}$이 p로 더 빨리 수렴한다. 이분법은 반복실행할 때마다 오차가 반씩 줄어들기 때문에 수렴속도가 1차이다. 다음 정리는 Newton 방법이 이차수렴함을 의미한다. 2차수렴은 오차가 전 단계의 오차의 제곱에 비례해서 줄어들기 때문에 Newton 방법이 이분법보다 빠르게 정해에 수렴하게 된다.

정리 3.3

Newton 방법이 만든 수열 $\{p_n\}_{n=0}^{\infty}$이 $f(x)=0$의 근 p로 수렴한다고 하자. 만약 $f'(p)\neq 0$이면 다음 식이 성립한다.

$$\lim_{n\to\infty}\frac{|p-p_{n+1}|}{|p-p_n|^2}=\frac{|f''(p)|}{2|f'(p)|} \tag{3.6}$$

증명 Taylor 정리에 의해 다음 식을 만족하는 ξ_n이 p와 p_n 사이에 존재한다.

$$f(p)=f(p_n)+(p-p_n)f'(p_n)+\frac{1}{2}(p-p_n)^2 f''(\xi_n)$$

$f'(p_n)$으로 위 식의 양변을 나누고 $f(p)=0$임을 이용하면

$$0=\frac{f(p_n)}{f'(p_n)}+p-p_n+(p-p_n)^2\frac{f''(\xi_n)}{2f'(p_n)}$$

을 얻는다. Newton 방법의 알고리즘은

$$p_{n+1}=p_n-\frac{f(p_n)}{f'(p_n)}$$

이므로

$$0=p_n-p_{n+1}+p-p_n+(p-p_n)^2\frac{f''(\xi_n)}{2f'(p_n)}$$

이다. p_n이 p로 접근함에 따라 ξ_n도 p로 접근한다. 따라서 구하고자 하는 식 (3.6)을 얻는다. ■

중근을 구하는 방법

Newton 방법을 $f(x)=x^4-3x^3-6x^2+28x-24=(x-2)^3(x+3)$와 같이 중근을 갖는 경우에 대해 적용해보면 수렴속도가 매우 느리다. 그 이유를 알아보자.

함수 $h(x)$가 $x=p$에서 연속이고 $h(x)\neq 0$이면, 방정식

$$f(x)=(x-p)^m h(x)=0 \tag{3.7}$$

은 중복도(multiplicity) $m > 1$인 근 p를 갖는다고 한다. 함수 $f(x)$가 $x = p$에서 m번 미분 가능하면 중복도 m인 근 p는 다음을 의미한다.

$$f(p) = f'(p) = \cdots = f^{(m-1)}(p) = 0, \qquad f^{(m)}(p) \neq 0 \tag{3.8}$$

특히 $m = 1$인 근 p를 **단순근**(simple root)이라고 한다.

식 (3.7)을 만족하는 $f(x)$에 대해 Newton 방법을 적용하여 보자.

$$x_{n+1} = g(x_n), \quad g(x) = x - \frac{f(x)}{f'(x)} \tag{3.9}$$

$f(x) = (x-p)^m h(x)$ 이므로

$$f'(x) = (x-p)^m h'(x) + m(x-p)^{m-1} h(x)$$

이고

$$g(x) = x - \frac{(x-p)h(x)}{mh(x) + (x-p)h'(x)}$$

가 된다. 함수 $g'(p)$를 계산하면

$$g'(p) = 1 - \frac{1}{m} \neq 0, \qquad m > 1 \tag{3.10}$$

이다. 따라서 중복도 $m > 1$를 갖는 방정식의 근을 구하기 위해 Newton 방법을 적용하면 충분히 큰 n에 대해 $|p - p_{n+1}| \approx g'(p)|p - p_n|$이 성립하고

$$\lim_{n\to\infty} \frac{|p - p_{n+1}|}{|p - p_n|} = g'(p) = \frac{m-1}{m}$$

을 얻는다. 즉, 수렴차수는 1차가 된다.

중복도가 m인 방정식의 수렴속도를 향상시키는 방법에 대하여 알아보자. 함수 $g(x)$를 다음과 같이 택하면

$$g(x) = x - m\frac{f(x)}{f'(x)} \tag{3.11}$$

Newton 방법의 수렴속도는 2차가 된다. 2차 수렴을 보이기 위해서는 $g'(p) = 0$임을 확인하면 되며 이는 쉽게 계산할 수 있다.

연습문제 3.2 EXERCISE

1. 다음 방정식은 구간 [0, 1]에서 근을 갖는다. Newton 방법을 사용하여 소수점 아래 열 자리까지 정확한 근을 구하여라.

(1) $x = \cos x$　　　　(2) $e^{2x} - e^{x} - 2 = 0$

2. 임의의 실수 $\alpha > 0$의 제곱근을 구하는 반복공식은 다음과 같다.

$$p_{n+1} = \frac{1}{2}\left(p_n + \frac{\alpha}{p_n}\right)$$

(1) Newton 방법을 이용하여 위 식을 유도하여라.

(2) $\sqrt{5}$ 의 근사값을 소수점 아래 열 자리까지 구하여라.

3. Newton 방법을 사용하여 $\alpha > 0$의 세제곱근을 구하는 반복법을 구하라. 반복법을 사용하여 $\sqrt[3]{50}$ 의 근사값을 소수점 아래 여섯 자리까지 구하여라. 단 초기값은 $p_0 = 1$를 사용하여라.

4. Newton 방법을 이용하여 다음 방정식의 수치해를 소수점 아래 열 자리까지 정확하게 구하여라.

(1) $f(x) = x^6 - x - 1 = 0, \quad p_0 = 1.5$

(2) $f(x) = \sin x - e^{-x} = 0, \quad p_0 = 1$

(3) $f(x) = x - e^{-x} = 0, \quad p_0 = 2.5$

5. 방정식 $f(x) = b - 1/x = 0$, $b > 0$의 수치해를 Newton 방법을 이용하여 구하고자 한다.

(1) 반복과정수열 p_{n+1}을 구하여라.

(2) α가 $f(x) = 0$의 근이면 모든 n에 대하여 다음이 성립함을 보여라.

$$\frac{\alpha - p_{n+1}}{\alpha} = \left(\frac{\alpha - p_n}{\alpha}\right)^2$$

(3) Newton 방법이 수렴하기 위해서는 초기값 p_0가 $0 < p_0 < \frac{2}{b}$을 만족해야 함을 보여라.

6. Newton 방법을 이용하여 방정식 $x = \tan x$의 정해 중 100에 가장 가까운 수치해를 구하여라. (초기값을 적절히 택하지 않으면 수렴하지 않는다.)

7. 다항식 $f(x) = x^3 - 3x + 2$는 이중근 $x = 1$를 갖는다. Newton 방법 (3.4)와 (3.11)을 각각 적용하여 근을 소수점 여섯째 자리까지 구하고 점근오차상수를 비교하라.

8. 식 (3.11)의 수렴속도가 2차임을 증명하여라.

3.3 할선법

Newton 방법은 방정식 $f(x)=0$의 근을 구하는 강력한 수치해법이지만 매 스텝마다 $f(x)$의 도함수를 구해야만 한다. Newton 방법에서 도함수를 계산하는 부담을 피하기 위해 도함수 $f'(p_n)$ 대신 p_n과 p_{n-1}의 평균변화율을 이용할 수 있다. 즉,

$$f'(p_n) \approx \frac{f(p_n)-f(p_{n-1})}{p_n - p_{n-1}}$$

을 사용하여 수치해를 구하는 방법을 **할선법**(secant method)이라고 한다. 따라서 할선법은 다음 반복알고리즘을 사용한다.

$$p_{n+1} = p_n - f(p_n)\frac{p_n - p_{n-1}}{f(p_n)-f(p_{n-1})}, \qquad n=1,\ 2,\ 3,\ \cdots \tag{3.12}$$

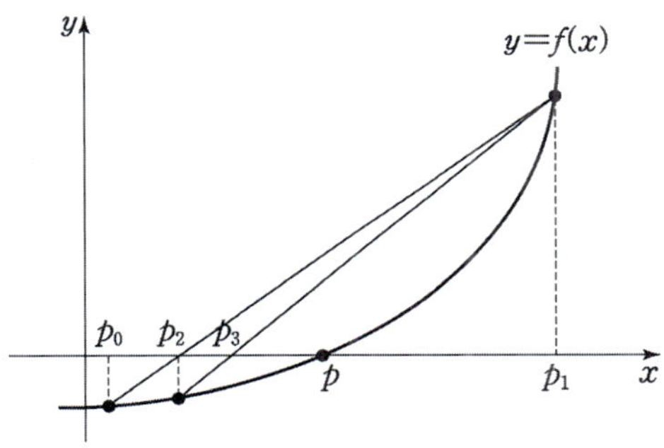

그림 3.2 할선법

기하학적으로, Newton 방법에서 p_{n+1}은 p_n에서의 접선의 방정식이 x축과 만나는 점이고, 그림 3.2에서 보는 바와 같이 할선법에서 p_{n+1}은 점 p_{n-1}과 p_n을 연결하는 직선이 x축과 만나는 점이다. 할선법은 미분값을 구할 필요는 없지만, 두 개의 초기값 p_0와 p_1이 필요하며 Newton 방법에 비해 수렴속도가 약간 느린 단점이 있다. 또한 Newton 방법과 마찬가지로 초기값이 근에 가까이 있지 않다면 수렴이 보장되지 않는다.

예제 3.4 할선법을 이용하여 다음 방정식의 해를 구하여라.

$$x^5+3x-1=0$$

풀이 식 (3.12)를 적용하면 반복식은 다음과 같다.

$$p_{n+1} = p_n - (p_n^5 + 3p_n - 1) \cdot \frac{p_n - p_{n-1}}{p_n^5 - p_{n-1}^5 + 3(p_n - p_{n-1})}$$

초기값 $p_0 = 0$, $p_1 = 1$를 이용하면 결과는 표 3.3과 같다. 위의 반복과정을 시행하면 표 3.2를 얻는다. 표 3.3의 결과를 표 3.1, 표 3.2와 비교해보면 할선법이 Newton 방법보다 수렴속도가 느리지만 이분법보다는 속도가 빠름을 알 수 있다.

표 3.3 할선법

n	p_n	$f(p_n)$	$\lvert p_n - p_{n-1}\rvert$
2	0.2500000000	$-2.4902e-00$	$7.5000e-1$
3	0.3074842200	$-7.4799e-01$	$5.7484e-2$
4	0.3321635331	$5.3412e-04$	$2.4679e-2$
5	0.3319885532	$-1.4581e-08$	$1.7498e-4$
6	0.3319890296	$-3.0434e-11$	$4.7639e-7$

할선법의 수렴차수는 $p = (1+\sqrt{5})/2 \approx 1.618$이다. (황금비와 같다!) 할선법의 수렴차수에 대한 증명은 Newton 방법의 경우보다 다소 어려우며 고등수치해석교재를 참조하기 바란다.

연습문제 3.3 EXERCISE

1. 할선법에 대한 MATLAB 함수 프로그램을 작성하라.

2. $\ln x = x - 2$의 근을 할선법으로 구하여라. 초기값 $p_0 = 1$, $p_1 = 5$를 사용하여라.

3. 할선법을 사용하여 다음 방정식의 수치해를 소수점 아래 여섯 자리까지 정확하게 구하여라.
   (1) $x - 0.3\cos x + 1 = 0$, $p_0 = 0$, $p_1 = 2$
   (2) $x^3 - x^2 - x - 1 = 0$, $p_0 = 0$, $p_1 = 2$

4. 연습문제 3.2의 1번을 할선법으로 다시 풀어라.

5. 연습문제 3.2의 4번을 할선법으로 다시 풀어라.

6. 할선법을 사용하여 $x\sin x = 1$의 근 중 구간 $[0, 2]$에 있는 근을 구하여라.

3.4 고정점 반복

$g(p)=p$가 되는 p를 함수 $g(x)$의 **고정점**(fixed point)이라 한다. 방정식의 근을 구하는 문제와 고정점 문제는 동등한 부류로 간주할 수 있다. 즉 $f(x)=0$의 근을 구하는 문제는 여러 가지 방법으로 적당한 함수 $g(x)$를 택하여 $x=g(x)$의 해를 찾는 문제로 바꿀 수 있다.

예를 들면, $f(x)=x^3+4x^2-10$일 때 $g(x)$는 다음과 같이 택할 수 있다.

(1) $g_1(x) = -x^3-4x^2+x+10$

(2) $g_2(x) = \left(\dfrac{10}{x}-4x\right)^{\frac{1}{2}}$

(3) $g_3(x) = \left(\dfrac{10}{4+x}\right)^{\frac{1}{2}}$

(4) $g_4(x) = x-\dfrac{x^3+4x^2-10}{3x^2+8x}$

p가 $f(x)=0$의 근이면 (1)~(4) 식 모두 $p=g(p)$를 만족한다. 반대로 $g(x)$가 p에서 고정점을 가지면 $f(p)=0$를 만족한다.

함수 $g(x)$와 초기값 p_0가 주어지면

$$p_{n+1}=g(p_n),\quad n=0,\ 1,\ 2,\ \cdots \tag{3.13}$$

을 반복 수행하는 방법을 **고정점 반복법**(fixed point iteration)이라 한다. 고정점 반복에 의해 얻은 수열이 p로 수렴하고 $g(x)$가 연속이면,

$$g(p)=g(\lim_{n\to\infty}p_n)=\lim_{n\to\infty}g(p_n)=\lim_{n\to\infty}p_{n+1}=p$$

가 되어 $x=g(x)$에 대한 해를 얻게 된다.

위의 (1)~(4) 식에 초기값을 $p_0=1.5$로 두고 고정점 반복법을 적용하면 표 3.4를 얻는다. 이 결과에서 (3)과 (4)의 경우는 방정식 $x^3+4x^2-10=0$의 근 1.365230013으로 수렴하며 (4)가 (3)보다 빠르게 수렴함을 알 수 있다. 또한 (1)은 발산하고 (2)의 경우는 정의되지 않는 값이 나와서 계산이 중단된다. 이 보기는 함수 $g(x)$의 선택에 따라 고정점 반복법의 결과가 다르게 나온다는 사실을 보여준다. 고정함수 $g(x)$를 어떻게 택하여야만 고정점 반복법에 의해

정해에 수렴하는 해를 구할 수 있는가를 알아보자.

표 3.4 고정점 반복법에 의한 수열 p_n

n	방법 (1)	방법 (2)	방법 (3)	방법 (4)
1	-0.875	0.8165	1.348399725	1.373333333
2	6.732	2.9969	1.367376372	1.365262015
3	-469.7	$(-8.65)^{\frac{1}{2}}$	1.364957015	1.365230014
4	$1.03+e08$		1.365264748	1.365230013
5			1.365225594	
6			1.365230576	
7			1.365229942	
8			1.365230022	
9			1.365230012	
10			1.365230014	

고정점은 여러 개 있을 수도 있고 없을 수도 있다. 다음 두 정리는 어떤 조건하에서 고정점을 가지며, 또 어떤 조건하에서 유일한 고정점을 갖는지를 알려준다.

정리 3.4

$g \in C[a, b]$이고 모든 $x \in [a, b]$에 대해 $g(x) \in [a, b]$이면, $g(x)$는 $[a, b]$에서 고정점을 갖는다.

증명 만일 $a = g(a)$, 또는 $b = g(b)$이면 a 또는 b가 고정점이다.
그렇지 않을 경우 $f(x) = g(x) - x$라고 정의하면, 가정에 의하여

$$f(a)\,f(b) = (g(a) - a)(g(b) - b) < 0$$

이다. 따라서 중간값 정리에 의하여 구간 $[a, b]$에 $f(x) = g(x) - x = 0$인 근 p가 존재한다. ■

정리 3.5

$g \in C^1[a, b]$이라 하자. 모든 $x \in [a, b]$에 대해 $g(x) \in [a, b]$이고

$$|g'(x)| \le K < 1$$

인 양수 K가 존재하면 $g(x)$는 $[a, b]$에서 유일한 고정점을 갖는다.

증명 함수 $g(x)$의 고정점이 두 개라고 가정하고 이를 p_1, p_2라 하면 $p_1 = g(p_1)$, $p_2 = g(p_2)$이다. 평균값 정리에 의하여

$$g(p_1) - g(p_2) = g'(\xi)(p_1 - p_2)$$

를 만족하는 ξ가 p_1과 p_2 사이에 있다. 따라서

$$|p_1 - p_2| = |g(p_1) - g(p_2)| = |g'(\xi)|\,|p_1 - p_2| \le K|p_1 - p_2| < |p_1 - p_2|$$

가 되어 모순이다. 이 가정은 고정점이 두 개라는 가정에서 비롯되었으므로, 고정점 p는 유일하게 존재한다. ■

이제 고정점 반복법이 어떤 조건하에서 수렴하는지를 알아보자.

정리 3.6

$g(x)$가 정리 3.5의 가정을 만족한다고 하면, $[a, b]$에 있는 초기값 p_0에 대해 고정점 반복 $p_n = g(p_{n-1})$에 의한 수열 $\{p_n\}_{n=0}^{\infty}$은 유일한 고정점 p에 수렴한다.

증명 정리 3.5에 의하여 함수 $g(x)$는 유일한 고정점 $p \in [a, b]$를 갖는다.

$$\begin{aligned} |p - p_n| &= |g(p) - g(p_{n-1})| = |g'(\xi_n)|\,|p - p_{n-1}| \\ &\le K|p - p_{n-1}| \le K^2|p - p_{n-2}| \le \cdots \le K^n|p - p_0| \end{aligned}$$

이고, $0 \le K < 1$이므로 $n \to \infty$이면 수열 $\{p_n\}$은 p에 수렴한다. ■

정리 3.6의 역으로 모든 $x \in [a, b]$에 대해 $g'(x) > 1$이면 고정점 반복법은 수렴하지 않는다.

따름정리 3.7

$g(x)$가 정리 3.5의 가정을 만족한다고 하면, 오차는 다음 식을 만족한다.

$$|p-p_n| \le \frac{K^n}{1-K}|p_1-p_0| \tag{3.14}$$

증명 정리 3.6의 증명에서

$$|p-p_n| \le K^n|p-p_0| \tag{3.15}$$

임을 보였다. 한편,

$$|p-p_0| \le |p-p_1|+|p_1-p_0| \le K|p-p_0|+|p_1-p_0|$$

이므로

$$|p-p_0| \le \frac{1}{1-K}|p_1-p_0|$$

이다. 이 식과 (3.15)에 의해 식 (3.14)를 얻는다. ■

따름정리의 부등식 (3.14)는 수열 $\{p_n\}_{n=0}^{\infty}$의 수렴속도가 1차 도함수의 한계 K와 관련이 있음을 의미한다. 다시 말해서, K가 작을수록 수렴이 빨라지고, 만약 K가 1에 가깝다면 수렴은 느려질 수가 있다.

예제 3.5 정리 3.6을 (1) ~ (4) 식에 적용하여라.

풀이 위의 보기에서 해는 $p \approx 1.365$이므로 편의상 구간 $[1, 2]$에 대해 고찰해보자.

(1) $g_1(x) = -x^3-4x^2+x+10$이므로 $g_1'(x) = -3x^2-8x+1$가 된다. 구간 $[1, 2]$에서 $|g_1'(x)| > 1$ 이므로 수렴하지 않는다.

(2) $g_2(x) = (10/x-4x)^{1/2}$ 이므로 $g_2(x)$는 $x > \sqrt{2.5} \approx 1.581$에서 정의되지 않는다. 더구나 구간 $[1, \sqrt{2.5})$에서 $|g_2'(x)| > 1$ 이다.

(3) $g_3(x) = (10/(4+x))^{1/2}$ 이므로 구간 $[1, 2]$에서 $g_3(x)$는 단조감소하며

$$1.29 \approx g_3(2) \le g_3(x) \le g_3(1) \approx 1.41$$

이다. 따라서 $g_3(x) \in [1, 2]$이며,

$$|g_3'(x)| = \left| \frac{-5}{\sqrt{10}\,(x+4)^{3/2}} \right| \le \frac{5}{\sqrt{10}\,(5)^{3/2}} < 0.15$$

이다. 그러므로 정리 3.6에 의해 수렴한다.

(4) $g_4(x) = x - \dfrac{x^3 + 4x^2 - 10}{3x^2 + 8x}$은 $g_3'(p) = 0$이므로 고정점 p에 빠르게 수렴한다. 사실은 이 고정점 반복법은 앞서 배운 Newton 방법이다.

고정점 반복법 $p_{n+1} = g(p_n)$의 수렴을 기하학적으로 알아보자. 그림 3.3(a)는 $|g'(x)| < 1$인 경우이고 $g(x)$의 고정점 p는 두 그래프 $y = x$와 $y = g(x)$가 만나는 점의 x좌표이다. $y = g(x)$ 그래프 위의 점 $(p_0,\ g(p_0))$에서 출발하자. $p_1 = g(p_0)$이므로 $(p_0,\ g(p_0))$에서 x축과 평행한 직선을 그으면 그 직선이 직선 $y = x$와 만나는 점의 좌표는 $(p_1,\ p_1)$이 된다. 점 $(p_1,\ p_1)$에서 x축에 수직인 직선을 그으면 그 직선이 곡선 $y = g(x)$와 만나는 점의 좌표는 $(p_1,\ g(p_1))$이 된다. 이와 같은 과정을 계속하면 고정점 $(p,\ p)$에 수렴하게 된다. 그림 3.3(a)를 보면 고정점 반복법의 수렴성은 함수 $g(x)$의 기울기와 관계가 있다. 더 자세히 말하면, 그림 3.3(a)는 $-1 < g'(x) < 0$인 경우이고 이 조건하에서 고정점 반복은 진동수렴하며, $0 < g'(x) < 1$인 경우에는 단조수렴하게 된다. $0 < g'(x) < 1$의 그래프에 대해 직접 그려보면 쉽게 확인할 수 있다. $|g'(p)| > 1$이면 그림 3.3(b)와 같이 고정점 반복법에 의한 수열 $\{p_n\}$은 고정점으로부터 점점 멀어지면서 발산한다.

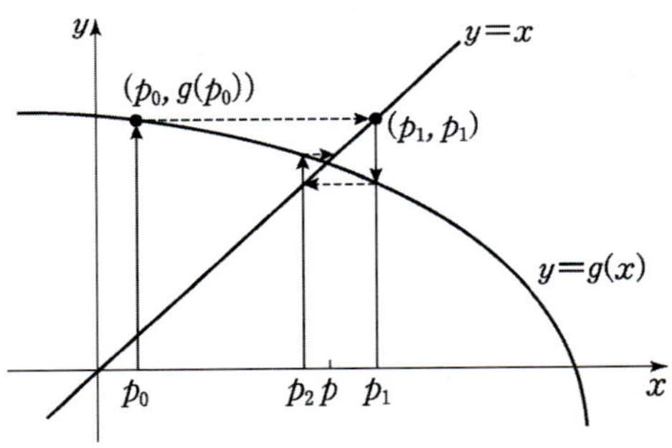

(a) 수렴

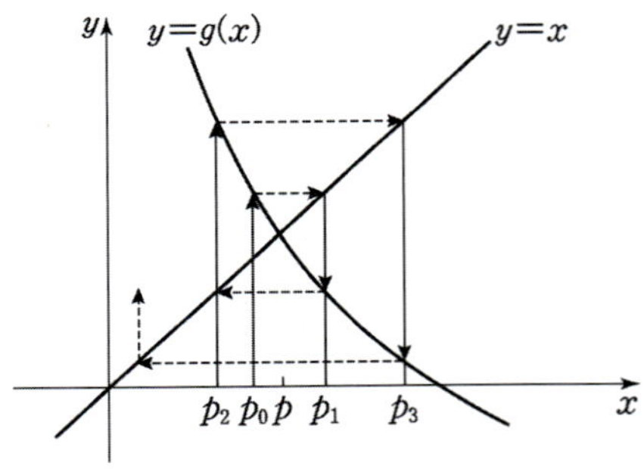

(b) 발산

그림 3.3 고정점 반복법

연습문제 3.4 EXERCISE

1. 다음 함수가 주어진 구간에서 유일한 고정점을 갖는지를 확인하여라.

(1) $g(x) = 1 - x^2,\ x \in [0,\ 1]$ (2) $g(x) = 1/2^x,\quad x \in [0,\ 1]$

(3) $g(x) = 1/x,\quad x \in [0.5,\ 5.2]$ (4) $g(x) = \cos x,\ x \in [0,\ 1]$

2. $f(x) = x^4 + 2x^2 - x - 3$ 이라 하자. 다음 각각의 함수들은 $f(p) = 0$일 때 p에서 고정점을 갖는다는 것을 보여라.

(1) $g_1(x) = (-2x^2 + x + 3)^{1/4}$ (2) $g_2(x) = \left(\dfrac{x + 3 - x^4}{2}\right)^{1/2}$

(3) $g_3(x) = \left(\dfrac{x+3}{x^2+2}\right)^{1/2}$ (4) $g_4(x) = \dfrac{3x^4 + 2x^2 + 3}{4x^3 + 4x - 1}$

3. 연습문제 2에서 정의된 함수 $g(x)$에 대하여 가능하다면 네 번까지 고정점 반복을 수행하여라. (초기값은 $p_0 = 1$을 사용하라.) 어느 함수가 정해에 가장 좋은 근사값을 주는가?

4. $21^{1/3}$을 계산하기 위하여 네 가지 방법들이 제공되었다. $p_0 = 1$에 대해 고정점 반복을 수행하고, 수렴속도에 따라 순위를 정하라.

(1) $p_n = \dfrac{20p_{n-1} + 21/p_{n-1}^2}{21}$ (2) $p_n = p_{n-1} - \dfrac{p_{n-1}^3 - 21}{3p_{n-1}^2}$

(3) $p_n = p_{n-1} - \dfrac{p_{n-1}^4 - 21p_{n-1}}{p_{n-1}^2 - 21}$ (4) $p_n = \left(\dfrac{21}{p_{n-1}}\right)^{1/2}$

5. 고정점 반복법을 사용하여 다음의 값을 계산하여라.

$$\sqrt[3]{5 + \sqrt[3]{5 + \sqrt[3]{5 + \cdots}}}$$

6. 방정식 $x = e^{-x}$을 만족하는 근의 개수를 구하고, 어떤 초기값 p_0에 대하여 고정점 반복법 $p_{n+1} = e^{-p_n}$이 수렴하는가? 또 초기값 $p_0 = 0$을 가지고 여섯 번 반복과정을 시행하여 해를 구하여라.

7. 어떤 값 a에 대해 반복법 $p_{n+1} = 2-(1+a)p_n + ap_n^3$ 이 $p = 1$에 수렴하는가?

8. 다음 각 방정식에 대해 고정점 반복이 수렴하는 구간 $[a, b]$를 결정하여라. 또한 10^{-5}까지 정확한 해를 구하여라.

(1) $x = \dfrac{2-e^x+x^2}{3}$

(2) $x = \dfrac{5}{x^2}+2$

(3) $x = \left(\dfrac{e^x}{3}\right)^{1/2}$

(4) $x = 0.5(\sin x + \cos x)$

9. 다음 각 방정식에 대하여 고정점 반복이 방정식의 양의 근으로 수렴하는 함수 $g(x)$와 구간 $[a, b]$를 결정하여라. 또한 10^{-5}까지 정확한 해를 구하여라.

(1) $x = \cos x$

(2) $3x^2 - e^x = 0$

3.5 다항식의 근

n차 다항식은 다음과 같이 표현된다.

$$p(x) = a_n x^n + a_{n-1} x^{n-1} + \cdots + a_1 x + a_0, \qquad a_n \neq 0 \tag{3.16}$$

여기서 계수 a_i는 모두 실수라고 가정한다. 다항식 $p(x)$는 대수학의 기본정리에 의해 다음과 같은 성질을 갖는다.

정리 3.8

다항식 $p(x)$의 차수가 $n \geq 1$이면 $p(x)$는 다음과 같이 쓸 수 있다.

$$p(x) = a_n (x - x_1)^{m_1} (x - x_2)^{m_2} \cdots (x - x_k)^{m_k}$$

여기서, m_i는 자연수이고 $\sum_{i=1}^{k} m_i = n$이며, $x_1, x_2, \cdots, x_k$는 복소수도 가능하다.

다항식 (3.16)의 근을 구하기 위해 Newton 방법을 사용하려면 임의의 α에 대하여 방정식 $p(\alpha)$와 $p'(\alpha)$를 계산해야 한다. $p(x)$와 $p'(x)$에 α를 직접 대입하여 계산하는 것은 매우 비효율적이다. 조립제법을 이용한 다항식의 효율적인 계산방법을 알아보자.

$x = \alpha$에서 $p(x)$의 값을 계산하기 위해 $n-1$차 다항식 $q(x)$를

$$q(x) = b_n x^{n-1} + b_{n-1} x^{n-2} + \cdots + b_2 x + b_1$$

라 정의하면,

$$\begin{aligned} p(x) &= (x - \alpha) q(x) + b_0 \\ &= (x - \alpha)(b_n x^{n-1} + b_{n-1} x^{n-2} + \cdots + b_2 x + b_1) + b_0 \\ &= b_n x^n + (b_{n-1} - \alpha b_n) x^{n-1} + \cdots + (b_1 - \alpha b_2) x + (b_0 - \alpha b_1) \end{aligned} \tag{3.17}$$

이다. 따라서 $b_n = a_n$이고 $b_k - \alpha b_{k+1} = a_k$가 되며, 다시 정리하면

$$\begin{aligned} b_n &= a_n \\ b_k &= a_k + \alpha b_{k+1}, \qquad k = n-1, \cdots, 1 \end{aligned} \tag{3.18}$$

가 된다. 식 (3.17)로부터

$$p(\alpha) = b_0$$

임을 알 수 있고, 이 값은 알고리즘 (3.18)에 의해 구할 수 있다. 이와 같은 방법을 **Horner 방법**이라 부르며, 조립제법(synthetic division)과 관련되어 있다. Horner 방법에 의해 $p(\alpha)$의 값을 계산하기 위해서는 n번의 덧셈과 n번의 곱셈만이 요구된다. 이것은 다항식 (3.16)에서 $p(\alpha)$를 계산하기 위해 n번의 덧셈과 $n(n+1)/2$번의 곱셈이 필요한 것과 비교하면 대단히 효율적이다.

조립제법은 $p(\alpha)$의 계산뿐만 아니라 $p'(\alpha)$를 계산하는 데도 사용된다. 식 (3.17)의 $q(x)$에 대해 위의 알고리즘을 적용하면

$$q(x) = (x-\alpha)r(x) + c_1, \qquad c_1 = q(\alpha) \tag{3.19}$$

여기서 $r(x)$는 $n-2$차 다항식이고

$$r(x) = c_n x^{n-2} + c_{n-1}x^{n-3} + \cdots + c_3 x + c_2$$

로 정의할 수 있다. 식 (3.19)를 식 (3.17)에 대입하면,

$$p(x) = (x-\alpha)^2 r(x) + c_1(x-\alpha) + b_0 \tag{3.20}$$

이다. 식 (3.20)을 미분하고 $x = \alpha$를 대입하면

$$p'(\alpha) = c_1 = q(\alpha)$$

임을 알 수 있다. $r(x)$의 계수는 $q(x)$의 계수로부터 조립제법에 의해 구할 수 있으며, 두 다항식의 계수는 동시에 계산해 나갈 수 있다. 이 과정을 정리해보자.

Horner 방법 알고리즘

$b_n = c_n = a_n$으로 정한다.

For $k = n-1, \cdots, 1$

(1) $b_k = a_k + \alpha\, b_{k+1}$를 계산한다.

(2) $c_k = b_k + \alpha\, c_{k+1}$를 계산한다.

$b_0 = a_0 + \alpha\, b_1$를 계산한다.

예제 3.6 다음의 다항식에 대해 조립제법을 사용하여 $p(2)$와 $p'(2)$를 구하라.

$$p(x) = x^6 + 5x^5 + 4x^4 + 3x^3 + 2x^2 + x + 1$$

풀이 $p(x)$에 대해 조립제법을 적용하여 $q(x)$를 얻고, $q(x)$에 대해 다시 적용하여 $r(x)$를 구한다. $q(x)$와 $r(x)$의 계수는 표 3.5와 같다. 각 행의 마지막에 있는 수가 $p(2)$와 $p'(2)$이다. 즉, $p(2) = 323$, $p'(2) = 765$이다.

표 3.5 조립제법

$p(x)$	1	5	4	3	2	1	1
$q(x)$	1	7	18	39	80	161	323
$r(x)$	1	9	36	111	302	765	

다항식 $p(x) = 0$의 근을 구하는 Newton 방법에 위의 알고리즘을 적용하여 보자. Newton 방법의 매 단계에서 $x_n = \alpha$라 하고, 예제 3.6에서 사용한 것과 같은 방법으로

$$p(x_n) = b_0, \qquad p'(x_n) = c_1$$

을 구하여 Newton 알고리즘

$$x_{n+1} = x_n - \frac{p(x_n)}{p'(x_n)}$$

에 사용하면 된다.

이제 다항식 $p(x)$의 모든 근을 찾는 것이 목적이라고 하자. Newton 방법에 의해 하나의 근을 찾을 수 있을 것이고, 이 근을 $\hat{x}_1$으로 두자. 다항식 $p(x)$는

$$p(x) = (x - \hat{x}_1)p_1(x)$$

로 쓸 수 있고, $n-1$차 다항식 $p_1(x)$의 근은 모두 $p(x)$의 근이 된다. 다음은 다항식 $p_1(x)$의 하나의 근을 찾고 이를 $\hat{x}_2$라 하자. $p_1(x)$도 $p_1(x) = (x - \hat{x}_2)p_2(x)$로 쓸 수 있다. 이 과정을 계속하면

$$p(x) = (x - \hat{x}_1)(x - \hat{x}_2)\cdots(x - \hat{x}_k)p_k(x)$$

가 되며, 이 방법을 **다항식의 축소**(polynomial deflation)라고 한다. 축소기법은 주의해서 사용해야 하는데, 이는 k가 증가함에 따라 오차가 증가하기 때문이다. 조립제법에 의해 구한 다항

식의 계수는 라운드오프 오차를 갖는데, 계수에 대해서는 오차가 작더라도 다항식의 근에 대해서는 큰 오차를 야기할 수 있다. 이 어려움을 제거하는 한 가지 방법은 축소다항식에 의해 구한 근들을 초기값으로 원래 다항식 $p(x)$에 Newton 방법을 적용하여 더 나은 근사값을 얻는 것이다.

연습문제 3.5 EXERCISE

1. $p(x) = 2x^4 - 3x^2 + 3x + 4$ 에 대하여 조립제법을 사용하여 $p(2)$와 $p'(2)$를 구하여라.

2. $p(x) = x^6 + 5x^5 + 4x^4 + 3x^3 + 2x^2 + x + 1$ 일 때, 조립제법을 사용하여 다음 식의 계수를 구하여라.

$$p(x) = c_0 + c_1(x+2) + c_2(x+2)^2 + c_3(x+2)^3 + c_4(x+2)^4 + c_5(x+2)^5 + c_6(x+2)^6$$

3. Newton 방법으로 다음 다항식의 모든 실근들을 10^{-4}의 오차범위 내에서 구하라.
   (1) $f(x) = x^3 - 2x^2 - 5$
   (2) $f(x) = x^4 + 2x^2 - x - 3$
   (3) $f(x) = x^3 + 4.001x^2 + 4.002x + 1.101$
   (4) $f(x) = x^5 - x^4 + 2x^3 - 3x^2 + x - 4$

4. $p(x) = x^3 - 3x^2 + 4$는 이중근 $x = 2$를 갖는다. 초기값 $x_0 = 1.5$를 사용하여 Newton 방법을 적용하여라. 수렴속도와 보정항 $p(x_i)/p'(x_i)$를 관찰하여라.

5. $p(x) = x^5 + x^4 - 9x^3 - x^2 + 20x - 12$는 단일근 $x = -2,\ 2,\ -3$과 이중근 $x = 1$을 갖는다. 오차범위는 10^{-5} 내에서 초기값 $x_0 = 0.5$를 사용하여 하나의 근을 구하고, 축소기법을 적용하여 나머지 근들을 구하여라. 축소기법으로 구한 해들은 얼마나 정확한지를 관찰하여라.

6. $p(x) = x^4 - 4x^3 + 6x^2 - 4x + 1$ 는 4 중근 $x = 1$을 갖는다. 오차범의 10^{-5} 내에서 축소기법을 적용하여 근을 구하여라. 수렴여부를 관찰하고, 정해와 오차를 비교하라.

3.6 비선형 연립방정식

비선형 연립방정식은 단일 비선형방정식보다 고려해야 할 사항이 많고 해를 구하기가 훨씬 어렵다. 비선형 연립방정식의 수치해법은 아직도 많은 연구가 진행되고 있으며 다양한 방법들이 개발되었다. 여기서는 1절의 Newton 방법을 확장한 방법을 소개한다.

2변수에 대한 다음 비선형 연립방정식을 보자.

$$f(x,\ y) = 0, \qquad g(x,\ y) = 0 \tag{3.21}$$

방정식 $f(x,\ y) = 0$의 해 $(x,\ y)$의 기하학적 의미는 xyz-공간에서 xy-평면과 함수 $z = f(x,\ y)$의 그래프가 만나는 선이다. 이 교선을 함수 $f(x,\ y)$의 영곡선(zero curve)이라고 한다. 따라서 비선형 연립방정식 (3.21)의 해는 두 함수 f, g의 영곡선의 교점이다. $(x_0,\ y_0)$를 초기값이라 하고, 이변수 함수 $f(x,\ y)$에 Taylor 정리를 적용하면,

$$f(x,\ y) \approx f(x_0,\ y_0) + f_x(x_0,\ y_0)(x - x_0) + f_y(x_0,\ y_0)(y - y_0) \tag{3.22}$$

$$f_x(x,\ y) = \frac{\partial f(x, y)}{\partial x},\ f_y(x,\ y) = \frac{\partial f(x,\ y)}{\partial y}$$

가 된다. 식 (3.22)의 오른쪽은 함수 $f(x,\ y)$의 접평면(tangent plane)의 방정식이다. 두 함수 f와 g의 접평면의 xy-평면에서의 교선의 교점을 구하면 이 값은 초기값보다 해에 가깝게 될 것이다. f와 g의 접평면의 xy-평면에서의 교선의 교점 $(x_1,\ y_1)$는 다음 식을 만족한다.

$$\begin{aligned} f(x_0,\ y_0) + f_x(x_0,\ y_0)(x_1 - x_0) + f_y(x_0,\ y_0)(y_1 - y_0) = 0 \\ g(x_0,\ y_0) + g_x(x_0,\ y_0)(x_1 - x_0) + g_y(x_0,\ y_0)(y_1 - y_0) = 0 \end{aligned} \tag{3.23}$$

식 (3.23)의 행렬형태는

$$\begin{bmatrix} f_x(x_0,\ y_0) & f_y(x_0,\ y_0) \\ g_x(x_0,\ y_0) & g_y(x_0,\ y_0) \end{bmatrix} \begin{bmatrix} x_1 - x_0 \\ y_1 - y_0 \end{bmatrix} = - \begin{bmatrix} f(x_0,\ y_0) \\ g(x_0,\ y_0) \end{bmatrix}$$

이고, 점 $(x_1,\ y_1)$에 대해 나타내면 다음과 같다.

$$\begin{bmatrix} x_1 \\ y_1 \end{bmatrix} = \begin{bmatrix} x_0 \\ y_0 \end{bmatrix} - \begin{bmatrix} f_x(x_0, y_0) & f_y(x_0, y_0) \\ g_x(x_0, y_0) & g_y(x_0, y_0) \end{bmatrix}^{-1} \begin{bmatrix} f(x_0,\ y_0) \\ g(x_0,\ y_0) \end{bmatrix}$$

새로운 초기값으로서 $(x_1,\ y_1)$을 사용하여 개선된 근사해 $(x_2,\ y_2)$를 얻기 위해 이 과정을 다시 적용하고, 필요한 정확도를 갖는 해가 나올 때까지 계속 반복한다. 따라서 비선형 연립방

정식 (3.21)을 풀기 위한 Newton 방법은 다음과 같다.

$$\begin{bmatrix} x_{n+1} \\ y_{n+1} \end{bmatrix} = \begin{bmatrix} x_n \\ y_n \end{bmatrix} - \begin{bmatrix} f_x(x_n, y_n) & f_y(x_n, y_n) \\ g_x(x_n, y_n) & g_y(x_n, y_n) \end{bmatrix}^{-1} \begin{bmatrix} f(x_n, y_n) \\ g(x_n, y_n) \end{bmatrix} \tag{3.24}$$

예제 3.7 Newton 방법 (3.24)를 이용하여 다음 비선형 연립방정식의 해를 구하라.

$$f(x,\ y) = x^2 + y^2 - 1 = 0$$
$$g(x,\ y) = 2x^3 + x - 2y + 1 = 0$$

풀이 함수 $f(x,\ y)$와 $g(x,\ y)$의 편미분은

$$f_x(x,\ y) = 2x,\ \ f_y(x,\ y) = 2y,$$
$$g_x(x,\ y) = 6x^2 + 1,\ \ g_y(x,\ y) = -2.$$

이다. 따라서 Newton 방법은

$$\begin{bmatrix} x_{n+1} \\ y_{n+1} \end{bmatrix} = \begin{bmatrix} x_n \\ y_n \end{bmatrix} - \begin{bmatrix} 2x_n & 2y_n \\ 6x_n^2 + 1 & -2 \end{bmatrix}^{-1} \begin{bmatrix} x_n^2 + y_n^2 - 1 \\ 2x_n^3 + x_n - 2y_n + 1 \end{bmatrix}$$

이다. 초기값 $(x_0,\ y_0) = (1,\ 1)$을 반복알고리즘에 적용하여 결과는 표 3.6과 같다. 표 3.6의 오차는 다음을 의미한다.

$$\text{오차} = |(x_n,\ y_n) - (x_{n-1},\ y_{n-1})| \equiv \max\{|x_n - x_{n-1}|,\ |y_n - y_{n-1}|\}$$

위 비선형 연립방정식의 실제근은

$$x = 0.4950585068580412, \quad y = 0.8688596404411284$$

이다.

표 3.6 비선형 연립방정식에 대한 Newton 방법

n	x_n	y_n	오 차
1	0.6666666667	0.8333333333	$3.3333e-1$
2	0.5225035167	0.8653305204	$1.4416e-1$
3	0.4958918762	0.8687988581	$2.6612e-2$
4	0.4950593000	0.8688595895	$8.3258e-4$
5	0.4950585069	0.8688596404	$7.9316e-7$

```
function  x = newton_sys(f, df, x)
tol = 1.0e-06;
disp('     k            x            error');
for k=1:100
    y = feval(df, x) \ feval(f, x);
    x = x - y;
    error = norm(y);
    disp([k   x'   error]);

    if error < tol
        break
    end
end
```

일반적 Newton 방법

다음은 n개의 비선형 연립방정식의 해법에 대하여 알아보자.

$$\begin{aligned} f_1(x_1,\ \cdots,\ x_n) &= 0 \\ &\vdots \\ f_n(x_1,\ \cdots,\ x_n) &= 0 \end{aligned} \tag{3.25}$$

알고리즘을 행렬 형태로 표시하기 위해 벡터 $\mathbf{x}$, $F(\mathbf{x})$와 행렬 $J(\mathbf{x})$를 정의하자.

$$\mathbf{x} = \begin{bmatrix} x_1 \\ \vdots \\ x_n \end{bmatrix},\quad F(\mathbf{x}) = \begin{bmatrix} f_1 \\ \vdots \\ f_n \end{bmatrix},\quad J(\mathbf{x}) = \begin{bmatrix} \dfrac{\partial f_1}{\partial x_1} & \dfrac{\partial f_1}{\partial x_2} & \cdots & \dfrac{\partial f_1}{\partial x_n} \\ \dfrac{\partial f_2}{\partial x_1} & \dfrac{\partial f_2}{\partial x_2} & \cdots & \dfrac{\partial f_2}{\partial x_n} \\ \vdots & \vdots & & \vdots \\ \dfrac{\partial f_n}{\partial x_1} & \dfrac{\partial f_n}{\partial x_2} & \cdots & \dfrac{\partial f_n}{\partial x_n} \end{bmatrix}.$$

여기서 $J(\mathbf{x})$를 $F(\mathbf{x})$의 **자코비안 행렬**(Jacobian matrix)이라 부른다. 이것은 일변수함수의 도함수를 다변수함수의 경우로 일반화한 것이다.

연립방정식 (3.25)는

$$F(\mathbf{x}) = 0 \tag{3.26}$$

으로 쓸 수 있고, 초기값 $\mathbf{x}^{(0)}$을 사용한 알고리즘은

$$\mathbf{x}^{(k+1)} = \mathbf{x}^{(k)} - \left[J(\mathbf{x}^{(k)})\right]^{-1} F(\mathbf{x}^{(k)}), \quad k = 0, 1, 2, \cdots \tag{3.27}$$

이다. 이 알고리즘을 비선형시스템에 대한 Newton 방법이라 한다.

Newton 방법은 일반적으로 해에 충분히 가까운 초기값을 알고 $J(\mathbf{x})$의 역행렬이 존재하면 수렴지수 2차로 빠르게 근사해를 얻을 수 있다. 그러나 해 근방에 있는 초기값을 얻는 것이 항상 쉬운 것은 아니며, 이 방법을 실제 적용하기 위해서는 많은 대가를 요구한다.

Newton 방법의 약점은 매 단계마다 자코비안 행렬 $J(\mathbf{x})$을 계산해야 하는데 있다. 미지수의 개수가 많다면 자코비안 행렬을 계산하는 데에 많은 시간이 걸리게 된다.

알고리즘 (3.27)을 실제 적용할 때 자코비안 행렬을 구한 후 $J(\mathbf{x})^{-1}$를 직접 계산할 필요는 없다. 역행렬을 명시적으로 계산하는 것은 많은 계산량을 요구한다. 역행렬을 구하는 대신 선형방정식 $J(\mathbf{x})\,\boldsymbol{y} = F(\mathbf{x})$를 풀어서 $\boldsymbol{y}$를 구함으로써 효율적으로 $J(\mathbf{x})^{-1}F(\mathbf{x})$의 값을 얻을 수 있다. 선형방정식의 해법은 다음 장에서 자세히 소개한다.

연습문제 3.6 EXERCISE

1. Newton 방법을 사용하여 다음 비선형 연립방정식의 해를 구하여라.

(1) $x^2 - 3xy^2 = 4,\quad 3x^2y - y^3 = 2;\qquad x_0 = -0.7,\quad y_0 = 0.8$

(2) $x^2 + 4y^2 = 9,\quad 14x^2 - 18y = 45;\qquad x_0 = 1,\quad y_0 = -1$

(3) $\sin(4\pi xy) - x - 2y = 0,\quad \dfrac{4\pi - 1}{4\pi}(e^{2y} - e) + 4e\,y^2 - 2e\,x = 0;\qquad x_0 = y_0 = 0$

2. 이변수함수 $F(x,\ y) = x^4 + xy + (y+1)^2$ 의 최소값을 구하여라.
최소값을 구하는 문제를 2개의 비선형 연립방정식으로 바꾸어 다양한 초기값을 사용하여라.

3. Newton 방법을 사용하여 다음 비선형 연립방정식의 해를 구하여라.
초기값은 $(x_0,\ y_0,\ z_0) = (0,\ 0,\ 0)$을 사용하여라.

(1)
$$x^2 + y - 37 = 0$$
$$x - y^2 - 5 = 0$$
$$x + y + z = 3$$

(2)
$$3x - \cos(yz) - 0.5 = 0x$$
$$4x^2 - 625y^2 + 2y = 1$$
$$e^{-xy} + 20z + \frac{10\pi - 3}{3} = 0$$

제4장

선형 연립방정식의 수치해법

이 장에서는 선형 연립방정식의 해를 구하는 방법에 대해 알아본다. 자연과학이나 공학의 문제들을 수리적으로 모델링하면 선형 연립방정식으로 기술되는 경우가 많다. 연립방정식의 미지수가 적을 때는 역행렬 또는 Cramer 공식 등을 사용하여 해를 쉽게 구할 수 있으나, 미지수가 많고 크기가 커지면 수치해석적인 방법을 이용해야 한다. 선형 연립방정식의 수치해법은 크게 직접적인 방법과 반복적인 방법으로 구분할 수 있으며, 직접해법은 Gauss 소거법, LU분해 등이 있고, 간접해법에는 Jacobi법, Gauss-Seidel법 등이 있다.

4.1 Gauss 소거법

n개의 미지수를 갖는 선형 연립방정식

$$\begin{aligned} a_{11}x_1 + a_{12}x_2 + \cdots + a_{1n}x_n &= b_1 \\ a_{21}x_1 + a_{22}x_2 + \cdots + a_{2n}x_n &= b_2 \\ &\vdots \\ a_{n1}x_1 + a_{n2}x_2 + \cdots + a_{nn}x_n &= b_n \end{aligned} \tag{4.1}$$

은 다음과 같이 행렬형태로 바꾸어 쓸 수 있다:

$$A\,\mathrm{x} = \mathrm{b} \tag{4.2}$$

여기서 A, b, x는 다음과 같다.

$$A = \begin{bmatrix} a_{11} & a_{12} & \cdots & a_{1n} \\ a_{21} & a_{22} & \cdots & a_{2n} \\ \vdots & \vdots & \ddots & \vdots \\ a_{n1} & a_{n2} & \cdots & a_{nn} \end{bmatrix}, \quad \mathrm{b} = \begin{bmatrix} b_1 \\ b_2 \\ \vdots \\ b_n \end{bmatrix}, \quad \mathrm{x} = \begin{bmatrix} x_1 \\ x_2 \\ \vdots \\ x_n \end{bmatrix}.$$

n차 정방행렬 $A = (a_{ij})$와 주어진 벡터 b에 대하여, 선형 연립방정식 $A\,\mathrm{x} = \mathrm{b}$는 행렬 A가 역행렬을 가지면 유일한 해 x가 존재하고 해는

$$\mathrm{x} = \mathrm{A}^{-1}\mathrm{b}$$

가 됨을 알고 있다. 선형방정식의 해를 구하기 위해서 역행렬 A^{-1}을 구하여 계산하면 역행렬을 구하는데 대략 n^3번의 곱셈(나눗셈)이 요구된다. 이는 다음의 Gauss 소거법을 사용하여 해

를 구하는 것보다 약 세 배의 연산횟수가 필요한 것이다.

예제 4.1 다음 연립방정식의 해를 구해보자.

$$x_1 + x_2 + 2x_3 = 9 \qquad ①$$
$$2x_1 + 4x_2 - 3x_3 = 1 \qquad ②$$
$$3x_1 + 6x_2 - 5x_3 = 0 \qquad ③$$

풀이 첫째 단계로 식 ②와 ③에서 미지수 x_1을 소거하기 위하여, $-2\times$①$+$②, $-3\times$①$+$③을 하면 다음을 얻는다.

$$x_1 + x_2 + 2x_3 = 9 \qquad ④$$
$$2x_2 - 7x_3 = -17 \qquad ⑤$$
$$3x_2 - 11x_3 = -27 \qquad ⑥$$

둘째 단계로 식 ⑥의 미지수 x_2를 소거하기 위하여 $-\frac{3}{2}\times$⑤$+$⑥을 하면

$$x_1 + x_2 + 2x_3 = 9 \qquad ⑦$$
$$2x_2 - 7x_3 = -17 \qquad ⑧$$
$$-\frac{1}{2}x_3 = -\frac{3}{2} \qquad ⑨$$

셋째 단계는, 식 ⑨에서 $x_3 = 3$을 구하고, 이것을 식 ⑧에 대입하면

$$x_2 = \frac{1}{2}(-17 + 7x_3) = \frac{1}{2}(-17 + 21) = 2$$

이다. 또 $x_2 = 2$와 $x_3 = 3$을 식 ⑦에 대입하면

$$x_1 = 9 - x_2 - 2x_3 = 9 - 2 - 6 = 1$$

을 얻는다. 따라서 해는 다음과 같다.

$$x_1 = 1, \quad x_2 = 2, \quad x_3 = 3.$$

위 예제의 첫째와 둘째 단계를 **소거단계**(elimination step)라 하고 셋째 단계를 **후치법**(backward substitution)이라 하며, 위의 전체 과정을 **Gauss 소거법**(Gaussian elimination)이라 부른다.

정방행렬 $A = (a_{ij})$의 원소 a_{ij}에 대하여

$$a_{ij} = 0, \qquad i > j$$

이면 행렬 A를 **상삼각행렬**(upper triangular matrix)이라 하고

$$a_{ij} = 0, \qquad i < j$$

이면 행렬 A를 **하삼각행렬**(lower triangular matrix)이라 한다. Gauss 소거법은 선형 연립방정식 $A\,\mathbf{x} = \mathbf{b}$에 대해 계수행렬 A가 상삼각행렬이 되도록 바꾸고 후치법을 사용하여 해를 구하는 과정이다.

Gauss 소거법에 대하여 좀 더 자세히 알아보자. 선형 연립방정식 (4.1)을 다음과 같이 쓰자.

$$\begin{aligned} a_{11}^{(1)}x_1 + a_{12}^{(1)}x_2 + \cdots + a_{1n}^{(1)}x_n &= b_1^{(1)} \\ a_{21}^{(1)}x_1 + a_{22}^{(1)}x_2 + \cdots + a_{2n}^{(1)}x_n &= b_2^{(1)} \\ &\vdots \\ a_{n1}^{(1)}x_1 + a_{n2}^{(1)}x_2 + \cdots + a_{nn}^{(1)}x_n &= b_n^{(1)}. \end{aligned} \tag{4.3}$$

이 식은 행렬식 $A\,\mathbf{x} = \mathbf{b}$로 쓸 수 있으며, 이를 더 줄여서 $[\,A \mid \mathbf{b}\,]$로 표현하자. 즉,

$$[\,A \mid \mathbf{b}\,] = \left[\begin{array}{cccc|c} a_{11}^{(1)} & a_{12}^{(1)} & \cdots & a_{1n}^{(1)} & b_1^{(1)} \\ a_{21}^{(1)} & a_{22}^{(1)} & \cdots & a_{2n}^{(1)} & b_2^{(1)} \\ \vdots & \vdots & \ddots & \vdots & \vdots \\ a_{n1}^{(1)} & a_{n2}^{(1)} & \cdots & a_{nn}^{(1)} & b_n^{(1)} \end{array}\right] \tag{4.4}$$

위와 같이 정의된 행렬 $[\,A \mid \mathbf{b}\,]$를 선형 연립방정식 $A\mathbf{x} = \mathbf{b}$에 대한 **확대행렬**(augmented matrix)이라 한다. 예제 4.1에서 보는 바와 같이 해를 구하는 과정에서 x_i는 그대로 있고 a_{ij}와 b_i만 바뀌므로 확대행렬을 이용하는 것이 간편한 표현이다.

Gauss 소거법은 확대행렬 $[\,A \mid \mathbf{b}\,]$에 대하여 다음 연산을 사용한다.

(1) 한 행에 0이 아닌 상수를 곱한다.
(2) 한 행에 0이 아닌 상수를 곱하여 다른 행에 더한다.
(3) 두 행을 서로 바꾼다.

이 세 가지 연산을 **기본행연산(elementary row operation)**이라 하며, 이를 확대행렬 $[\,A \mid \mathbf{b}\,]$에 적용시켜보자. $a_{11}^{(1)} \neq 0$라고 가정하자. 만일 $a_{11}^{(1)} = 0$이면 $a_{i1}^{(1)} \neq 0$인 i가 존재하므로 첫 번째 행과 i번째 행을 서로 교환한다. 확대행렬 $[\,A \mid \mathbf{b}\,]$의 첫 번째 행에 $-a_{i1}^{(1)}/a_{11}^{(1)}$을 곱하여 i번째 행$(2 \le i \le n)$에 더하면 확대행렬 $[\,A \mid \mathbf{b}\,]$는 다음과 같다.

$$\begin{bmatrix} a_{11}^{(1)} & a_{12}^{(1)} & \cdots & a_{1n}^{(1)} & | & b_1^{(1)} \\ 0 & a_{22}^{(2)} & \cdots & a_{2n}^{(2)} & | & b_2^{(2)} \\ \vdots & \vdots & \ddots & \vdots & | & \vdots \\ 0 & a_{n2}^{(2)} & \cdots & a_{nn}^{(2)} & | & b_n^{(2)} \end{bmatrix}$$

$$a_{ij}^{(2)} = a_{ij}^{(1)} - \frac{a_{i1}^{(1)}}{a_{11}^{(1)}} a_{1j}^{(1)}, \qquad b_i^{(2)} = b_i^{(1)} - \frac{a_{i1}^{(1)}}{a_{11}^{(1)}} b_1^{(1)}, \qquad 2 \le i,\ j \le n$$

위의 과정을 $(k-1)$번 반복하면 확대행렬 $[A \mid \mathrm{b}]$는 다음과 같다.

$$\begin{bmatrix} a_{11}^{(1)} & a_{12}^{(1)} & & \cdots\cdots & & a_{1n}^{(1)} & | & b_1^{(1)} \\ 0 & a_{22}^{(2)} & & \cdots\cdots & & a_{2n}^{(2)} & | & b_2^{(2)} \\ 0 & 0 & \ddots & & & \vdots & | & \vdots \\ 0 & 0 & \cdots & a_{kk}^{(k)} & \cdots & a_{kn}^{(k)} & | & b_k^{(k)} \\ \vdots & & & \vdots & \ddots & \vdots & | & \vdots \\ 0 & 0 & \cdots & a_{nk}^{(k)} & \cdots & a_{nn}^{(k)} & | & b_n^{(k)} \end{bmatrix} \tag{4.5}$$

다시 $a_{kk}^{(k)} \neq 0$이면 $i = k+1,\ k+2,\ \cdots,\ n$에 대하여

$$m_{ik} = \frac{a_{ik}^{(k)}}{a_{kk}^{(k)}}$$

이라 정의하고 행렬 (4.4)의 k번째 행에 m_{ik}를 곱하여 i번째 행$(k+1 \le i \le n)$에서 빼면 $(k+1)$번째 행부터 n번째 행까지 다음과 같은 새로운 계수를 가진 행렬을 얻는다.

$$\begin{aligned} a_{ij}^{(k+1)} &= a_{ij}^{(k)} - m_{ik} a_{kj}^{(k)},\ \ i,\ j = k+1, \cdots,\ n \\ b_i^{(k+1)} &= b_i^{(k)} - m_{ik} b_k^{(k)},\ \ i = k+1, \cdots,\ n. \end{aligned} \tag{4.6}$$

위의 모든 과정이 $n-1$번 시행되면 확대행렬 $[A \mid \mathrm{b}]$는 다음과 같다.

$$\begin{bmatrix} a_{11}^{(1)} & a_{12}^{(1)} & \cdots & a_{1n}^{(1)} & | & b_1^{(1)} \\ 0 & a_{22}^{(2)} & \cdots & a_{2n}^{(2)} & | & b_2^{(2)} \\ 0 & 0 & \ddots & \vdots & | & \vdots \\ 0 & 0 & \cdots & a_{nn}^{(n)} & | & b_n^{(n)} \end{bmatrix} \tag{4.7}$$

위의 새로운 확대행렬을 이용하여 후치법으로 선형 연립방정식 $A\mathbf{x} = \mathrm{b}$의 해를 구하면 다음과 같다.

$$\begin{aligned} x_n &= b_n^{(n)} / a_{nn}^{(n)}, \\ x_i &= \frac{\left(b_i^{(i)} - \Sigma_{j=i+1}^{n} a_{ij}^{(i)} x_j\right)}{a_{ii}^{(i)}}, \qquad i = n-1,\ n-2,\ \cdots,\ 1. \end{aligned} \tag{4.8}$$

예제 4.2 다음 선형 연립방정식의 해를 Gauss 소거법을 사용하여 구하여라.

$$\begin{aligned} x_1 - x_2 + 2x_3 - x_4 &= -8 \\ 2x_1 - 2x_2 + 3x_3 - 3x_4 &= -20 \\ x_1 + x_2 + x_3 \quad\quad &= -2 \\ x_1 - x_2 + 4x_3 + 3x_4 &= 4 \end{aligned}$$

풀이 확대행렬에 Gauss 소거법을 사용하면 다음과 같다.

$$\left[\begin{array}{cccc|c} 1 & -1 & 2 & -1 & -8 \\ 2 & -2 & 3 & -3 & -20 \\ 1 & 1 & 1 & 0 & -2 \\ 1 & -1 & 4 & 3 & 4 \end{array}\right]$$

$$\begin{array}{r} \rightarrow \\ m_{21} = 2 \\ m_{31} = 1 \\ m_{41} = 1 \end{array} \left[\begin{array}{cccc|c} 1 & -1 & 2 & -1 & -8 \\ 0 & 0 & -1 & -1 & -4 \\ 0 & 2 & -1 & 1 & 6 \\ 0 & 0 & 2 & 4 & 12 \end{array}\right]$$

$a_{22}^{(2)}$가 0이기 때문에 지금의 형태로는 소거과정을 진행할 수가 없다. 아래 행에서 0이 아닌 원소가 $a_{32}^{(2)}$이므로 2행과 3행을 교환하면,

$$\left[\begin{array}{cccc|c} 1 & -1 & 2 & -1 & -8 \\ 0 & 2 & -1 & 1 & 6 \\ 0 & 0 & -1 & -1 & -4 \\ 0 & 0 & 2 & 4 & 12 \end{array}\right]$$

가 된다. 계속해서

$$\begin{array}{r} \rightarrow \\ m_{43} = -2 \end{array} \left[\begin{array}{cccc|c} 1 & -1 & 2 & -1 & -8 \\ 0 & 2 & -1 & 1 & 6 \\ 0 & 0 & -1 & -1 & -4 \\ 0 & 0 & 0 & 2 & 4 \end{array}\right]$$

를 얻는다. 후치법 (4.8)을 사용하면 연립방정식의 해가 다음과 같이 구해진다.

$$\begin{aligned} &x_4 = 2, \quad x_3 = 4 - x_4 = 2, \\ &x_2 = \frac{1}{2}(6 - x_4 - (-1)x_3) = 3, \\ &x_1 = -8 - (-1)x_4 - 2x_3 - (-1)x_2 = -7 \end{aligned}$$

MATLAB 프로그램

```
function   x = gauss_elim(A, b)
[m, n] = size(A);
x = zeros(n,1);
for i=1:n-1
     gm = A(i+1:n,i)/A(i,i);
     A(i+1:n,:) = A(i+1:n,:) - gm*A(i,:);
     b(i+1:n) = b(i+1:n) - gm*b(i);
end

x(n) = b(n)/A(n,n);
for   i=n-1:-1:1
     x(i) = (b(i) - A(i,i+1:n)*x(i+1:n)) / A(i,i);
end
```

선형방정식의 해법을 서로 비교할 때 고려되는 사항은 계산을 마치기까지 소요되는 시간, 필요한 자료를 저장하기 위한 장소의 크기, 오차의 영향 등이다. 계산에 소요되는 시간은 방정식을 푸는데 필요한 산술적인 연산횟수에 의해 결정된다. 일반적으로 컴퓨터의 CPU에서 곱셈과 나눗셈의 계산시간은 서로 비슷하나 덧셈이나 뺄셈의 계산시간보다 더 많다.

n차 정방행렬 A에 대하여 선형 연립방정식 $A\,\mathrm{x} = \mathrm{b}$를 Gauss 소거법을 사용하여 푸는데 필요한 연산횟수를 조사하여 보자. 위에서 말한 바와 같이 연산시간의 차이 때문에 곱셈(나눗셈)의 수와 덧셈(뺄셈)의 수를 따로따로 알아보자. Gauss 소거법의 소거단계 중 $m_{i\,k}$를 구하기 위해서 $(n-k)$번의 나눗셈이 필요하고 $a_{i\,j}^{(k+1)}$을 계산하기 위해서 $(n-k)^2$번의 곱셈과 $(n-k)^2$번의 덧셈이 필요하다. 또 $b_i^{(k+1)}$을 계산하기 위해서는 $(n-k)$번의 곱셈과 $(n-k)$번의 덧셈이 필요하므로, Gauss 소거 단계에서 필요한 연산횟수는 곱셈(나눗셈)의 횟수가

$$\sum_{k=1}^{n-1}(n-k)+\sum_{k=1}^{n-1}(n-k)^2+\sum_{k=1}^{n-1}(n-k)=\frac{2n^3+3n^2-5n}{6}$$

이고 덧셈(뺄셈)의 횟수는 다음과 같다.

$$\sum_{k=1}^{n-1}(n-k)^2+\sum_{k=1}^{n-1}(n-k)=\frac{n^3-n}{3}$$

후치법 (4.8)에 필요한 곱셈(나눗셈)의 횟수는

$$1+2+\cdots+n=\frac{n(n+1)}{2}$$

이고, 덧셈(뺄셈)의 횟수는 다음과 같다.

$$0+1+\cdots+(n-1)=\frac{n(n-1)}{2}$$

따라서 Gauss 소거법을 사용하여 해를 구하는데 필요한 연산횟수는 다음과 같다.

곱셈(나눗셈)의 연산횟수 :

$$\frac{2n^3+2n^2-5n}{6}+\frac{n(n+1)}{2}=\frac{n^3+3n^2-n}{3} \tag{4.9}$$

덧셈(뺄셈)의 연산횟수 :

$$\frac{n^3-n}{3}+\frac{n(n-1)}{2}=\frac{2n^3+3n^2-5n}{6} \tag{4.10}$$

Gauss 소거법에서 필요한 전체 곱셈(나눗셈)의 연산횟수와 덧셈(뺄셈)의 연산횟수는 각각 약 $n^3/3$이므로, n이 커짐에 따라 요구되는 계산시간은 n^3에 비례한다.

연습문제 4.1 EXERCISE

1. 선형방정식 $A\mathbf{x} = \mathbf{b}$의 해를 Gauss 소거법을 사용하여 구하여라.

(1) $A = \begin{bmatrix} 3 & 5 & -3 \\ 5 & 3 & 2 \\ 2 & 1 & -3 \end{bmatrix}, \quad \mathbf{b} = \begin{bmatrix} 2 \\ 4 \\ 1 \end{bmatrix}$

(2) $A = \begin{bmatrix} 1 & -1 & 3 \\ 2 & -3 & 1 \\ 1 & 1 & 0 \end{bmatrix}, \quad \mathbf{b} = \begin{bmatrix} 2 \\ -1 \\ 3 \end{bmatrix}$

(3) $A = \begin{bmatrix} 1 & 1 & 0 & 3 \\ 2 & 1 & -1 & 1 \\ 3 & -1 & -1 & 2 \\ -1 & 2 & 3 & -1 \end{bmatrix}, \quad \mathbf{b} = \begin{bmatrix} 4 \\ 1 \\ -3 \\ 4 \end{bmatrix}$

(4) $A = \begin{bmatrix} 1 & 1 & 0 & 1 \\ 2 & 1 & -1 & 1 \\ -1 & 2 & 3 & -1 \\ 3 & -1 & -1 & 2 \end{bmatrix}, \quad \mathbf{b} = \begin{bmatrix} 2 \\ 1 \\ 4 \\ -3 \end{bmatrix}$

2. 다음 선형방정식에 대해 아래 물음에 답하여라.

$$\begin{bmatrix} 1 & -1 & \alpha \\ -1 & 2 & -\alpha \\ \alpha & 1 & 1 \end{bmatrix} \begin{bmatrix} x_1 \\ x_2 \\ x_3 \end{bmatrix} = \begin{bmatrix} -2 \\ 3 \\ 2 \end{bmatrix}$$

(1) 연립방정식이 해를 갖지 못하는 α를 구하라.

(2) 연립방정식이 무한개의 해를 갖는 α를 구하라.

(3) 주어진 α에 대하여 연립방정식이 유일해를 갖는다고 가정할 때, 그 해를 구하라.

4.2 피봇팅 전략

Gauss 소거법은 비교적 쉽게 프로그램을 작성할 수 있으나 라운드오프 오차의 영향을 줄여야만 한다. 라운드오프 오차의 어려움을 설명하기 위해 다음 예제를 보자.

예제 4.3 유효숫자 세자리를 가정하여 다음 연립방정식의 해를 구해보자.

$$\begin{aligned} 0.0001x_1 + 1.00x_2 &= 1.00 \\ 1.00x_1 + 1.00x_2 &= 2.00 \end{aligned}$$

풀이 만약 유효숫자 다섯 자리를 이용하면, 이 연립방정식의 해는 $x_1 = 1.00010$, $x_2 = 0.99990$ 이다. 이 방정식의 순서를 바꾸지 않고 Gauss 소거법을 적용하면 $m_{21} = 1.00/0.0001 = 10000$ 이고 두 번째 행에서 x_1을 소거한 식은

$$\begin{aligned} 0.0001x_1 + 1.00x_2 &= 1.00 \\ -9999x_2 &= -9998 \end{aligned}$$

이지만 유효숫자 넷째 자리에서의 반올림 후에는

$$\begin{aligned} 0.0001x_1 + 1.00x_2 &= 1.00 \\ -10000x_2 &= -10000 \end{aligned}$$

가 된다. 후치법으로 해를 구하면, $x_2 = 1.00$, $x_1 = 0.00$이 되어 실제 해와는 전혀 다른 값을 얻게 된다.
그러나 위 연립방정식을 다음과 같이 순서를 바꾸어

$$\begin{aligned} 1.00x_1 + 1.00x_2 &= 2.00 \\ 0.0001x_1 + 1.00x_2 &= 1.00 \end{aligned}$$

에 대해 Gauss 소거법을 적용하면

$$\begin{aligned} 0.0001x_1 + 1.00x_2 &= 1.00 \\ 1.00x_2 &= 1.00 \end{aligned}$$

이 된다. 따라서 실제 해와 거의 같은 해 $x_1 = 1.00$, $x_2 = 1.00$를 얻는다.

위의 예제 4.3에서 보는 바와 같이 Gauss 소거법을 사용하여 해를 구하기 위해서는 미지수를 소거하는 순서가 매우 중요하다. 미지수를 소거할 때 중심이 되는 방정식을 **피봇방정식**(pivot equation)이라 부르며, k번째 소거단계에서 식 (4.5)의 $a_{kk}^{(k)}$를 **피봇원소**(pivot element)라 한다. 위의 예제 4.3에서와 같이 피봇방정식을 잘 택해야만 정확한 해를 구할 수 있다. 예제 4.3의 첫째 방법으로 구한 해가 큰 오차를 갖게 된 이유는 기준원소 $a_{11}=0.0001$이 $a_{21}=1.0$에 비해 상대적으로 너무 작은 값이어서 승수 m_{21}이 커지게 되고 소거단계 [(2행) $-m_{21}\times$(1행)]이 작은 값에서 큰 값을 빼는 연산이 되어 작은 값의 유효숫자를 잃어버리기 때문이다. 따라서 기준원소를 절대값이 큰 값을 취하면 승수 m_{ik}가 절대값이 작은 값이 되어 오차를 줄일 수 있다. 따라서 대각원소가 0이 아니더라도 라운드오프 오차를 줄이기 위해 행을 교환할 필요가 있으며, 이 기법을 피봇팅 전략이라고 부른다. 여기서는 세 가지 피봇팅 전략을 소개한다.

(1) **부분 피봇팅**(partial pivoting)

가장 간단한 기법이며, 최대열 피봇팅(maximum column pivoting)]이라고도 한다. 이 기법은 피봇방정식으로 대각원소 아래에 있는 절대값이 가장 큰 원소를 갖는 행을 택하는 방법이다. 즉

$$a_{pk}^{(k)} = \max_{k \le i \le n} |a_{ik}^{(k)}| \tag{4.11}$$

가 되는 가장 작은 p를 결정하여 k번째 행과 p번째 행을 교환하는 것이다.

(2) **비율부분 피봇팅**(scaled-partial pivoting)

이 기법은 비율열 피봇팅(scaled-column pivoting)이라고도 하며, 피봇원소를 구하기 위해 절대값을 직접 비교하는 대신 각 행의 최대값으로 나눈 값을 비교하는 방법이다. 우선 각 행의 스케일 인자(scale factor) s_i를

$$s_i = \max_{1 \le j \le n} |a_{ij}|$$

와 같이 정의한 후, Gauss 소거법의 k단계 소거에서

$$\frac{a_{pk}^{(k)}}{s_p} = \max_{k \le i \le n} \frac{|a_{ik}^{(k)}|}{s_i} \tag{4.12}$$

인 최소의 정수 p를 결정하고 만약 $p>k$이면 k번째 행과 p번째 행을 교환한다.

(3) **완전 피봇팅**(complete pivoting)

Gauss 소거법의 k단계에서 (4.5)식의 부분행렬 a_{ij}, $k \le i \le n$, $k \le j \le n$에서 절대값이 가장 큰 원소 a_{ij}를 피봇원소로 사용하는 방법이다. 이 방법은 부분 피봇팅화보다 라운드오프 오차를 더 줄일 수 있지만 연산횟수가 훨씬 많아서 자주 사용되지는 않는다. 다시 말해서, 완전 피봇팅은 연산시간이 길더라도 높은 정확도를 요구하는 연립방정식에 대해서만 추천되는 기법이다.

예제 4.4 다음 연립방정식을 비율부분 피봇팅을 사용하여 해를 구하여라.

$$\begin{aligned} 3x_1 - 4x_2 + 5x_3 &= -1 \\ -3x_1 + 2x_2 + \ \ x_3 &= 1 \\ 6x_1 + 8x_2 - \ \ x_3 &= 35 \end{aligned}$$

풀이 $s_1 = 5,\ s_2 = 3,\ s_3 = 8$이므로

$$\frac{|a_{11}^{(1)}|}{s_1} = \frac{3}{5},\qquad \frac{|a_{21}^{(1)}|}{s_2} = \frac{3}{3} = 1,\qquad \frac{|a_{31}^{(1)}|}{s_3} = \frac{6}{8} = \frac{3}{4}$$

이다. 따라서 둘째 방정식을 피봇방정식으로 사용하여 x_1을 소거하면

$$\begin{aligned} -3x_1 + 2x_2 + \ \ x_3 &= 1 \\ -2x_2 + 6x_3 &= 0 \\ 12x_2 + \ \ x_3 &= 37 \end{aligned}$$

을 얻는다. 이때 $s_1 \leftrightarrow s_2$이고

$$\frac{|a_{22}^{(2)}|}{s_2} = \frac{2}{5},\qquad \frac{|a_{32}^{(2)}|}{s_3} = \frac{12}{8} = \frac{3}{2}$$

이므로, 마지막 방정식을 피봇방정식으로 선택하여 Gauss 소거법을 적용하면, 다음과 같은 상삼각형태의 연립방정식을 얻는다.

$$\begin{aligned} -3x_1 + 2x_2 + x_3 &= 1 \\ 12x_2 + x_3 &= 37 \\ \frac{37}{6}x_3 &= \frac{37}{6} \end{aligned}$$

후치법을 이용하면 해는 $x_3 = 1,\ x_2 = 3,\ x_1 = 2$이다.

다음은 비율부분 피봇팅을 적용한 Gauss 소거법에 대한 프로그램이다.

```
function x = gauss_spp(A, b)
[n, m] = size(A);
x = zeros(n,1);
for i=1:n
    s(i) = max(abs(A(i,:)));
end
s = s';

for  i=1:n-1
     [pivot, p] = max(abs(A(i:n,i))./s(i:n));
     p = p+(i-1);

     if p > i
        temp1 = A(i,:);      A(i,:) = A(p,:);      A(p,:) = temp1;
        temp2 = b(i);        b(i) = b(p);          b(p) = temp2;
        temp2 = s(i);        s(i) = s(p);          s(p) = temp2;
     end

     gm = A(i+1:n,i)/A(i,i);
     A(i+1:n,:) = A(i+1:n,:) - gm*A(i,:);
     b(i+1:n) = b(i+1:n) - gm*b(i);
end

x(n) = b(n)/A(n,n);
for  i=n-1:-1:1
     x(i) = (b(i) - A(i,i+1:n)*x(i+1:n)) / A(i,i);
end
```

연습문제 4.2 EXERCISE

1. 선형방정식 $A\mathbf{x} = \mathbf{b}$의 해를 부분 피봇팅을 사용하여 구하여라.

(1) $A = \begin{bmatrix} 1 & -5 & 1 \\ 10 & 0 & 20 \\ 5 & 0 & -1 \end{bmatrix}, \quad \mathbf{b} = \begin{bmatrix} 7 \\ 6 \\ 4 \end{bmatrix}$

(2) $A = \begin{bmatrix} 1 & 1 & -1 \\ 1 & 1 & 4 \\ 2 & -1 & 2 \end{bmatrix}, \quad \mathbf{b} = \begin{bmatrix} 1 \\ 2 \\ 3 \end{bmatrix}$

(3) $A = \begin{bmatrix} 1 & 2 & 3 & -2 \\ 2 & 4 & 1 & 0 \\ 3 & 3 & 2 & 5 \\ -1 & 0 & 2 & 1 \end{bmatrix}, \quad \mathbf{b} = \begin{bmatrix} 5 \\ 0 \\ 4 \\ 3 \end{bmatrix}$

2. 비율부분 피봇팅을 이용하여 연습문제 1을 다시 풀어라.

3. 다음 선형방정식 $A\mathbf{x} = \mathbf{b}$의 해를 유효숫자 네 자리 연산과 부분 피봇팅을 이용하여 구하여라.

(1) $A = \begin{bmatrix} 2 & -3 & 100 \\ 1 & 10 & -0.001 \\ 3 & -100 & 0.01 \end{bmatrix}, \quad \mathbf{b} = \begin{bmatrix} 1 \\ 0 \\ 0 \end{bmatrix}$

(2) $A = \begin{bmatrix} 1 & 20 & -1 & 0.001 \\ 2 & -5 & 30 & -0.1 \\ 5 & 1 & -100 & -10 \\ 2 & -100 & -1 & 1 \end{bmatrix}, \quad \mathbf{b} = \begin{bmatrix} 5 \\ 0 \\ 4 \\ 3 \end{bmatrix}$

4. 비율부분 피봇팅을 이용하여 연습문제 3을 다시 풀어라.

5. Hilbert 행렬은 널리 알려진 불량조건행렬이다.

(1) 크기 4인 Hilbert 행렬을 계수행렬로 갖는 다음 선형방정식 $A\mathbf{x} = \mathbf{b}$의 정해를 구하여라. (도움말: 모든 수를 분수로 하여 계산)

$$A = \begin{bmatrix} 1 & \frac{1}{2} & \frac{1}{3} & \frac{1}{4} \\ \frac{1}{2} & \frac{1}{3} & \frac{1}{4} & \frac{1}{5} \\ \frac{1}{3} & \frac{1}{4} & \frac{1}{5} & \frac{1}{6} \\ \frac{1}{4} & \frac{1}{5} & \frac{1}{6} & \frac{1}{7} \end{bmatrix}, \quad \mathbf{b} = \begin{bmatrix} 1 \\ 0 \\ 0 \\ 0 \end{bmatrix}$$

(2) 선형방정식 $A\mathbf{x} = \mathbf{b}$를 유효숫자 네 자리 연산을 사용하여 계산하라.

$$A = \begin{bmatrix} 1.0000 & 0.5000 & 0.3333 & 0.2500 \\ 0.5000 & 0.3333 & 0.2500 & 0.2000 \\ 0.3333 & 0.2500 & 0.2000 & 0.1667 \\ 0.2500 & 0.2000 & 0.1667 & 0.1429 \end{bmatrix}, \quad \mathbf{b} = \begin{bmatrix} 1 \\ 0 \\ 0 \\ 0 \end{bmatrix}$$

4.3 LU 분해

선형 연립방정식 $A\mathbf{x} = \mathbf{b}$를 Gauss 소거법을 이용하여 풀 때 계수행렬 A가 삼각행렬이면 소거단계없이 후치법을 곧바로 적용하여 해를 쉽게 구할 수 있음을 알 수 있다. 이 절에서는 행렬 A를 하삼각행렬과 상삼각행렬의 곱으로 분해하여 선형 연립방정식을 푸는 법을 소개한다.

정방행렬 A가 다음과 같이 하삼각행렬 L과 상삼각행렬 U의 곱

$$A = \begin{bmatrix} a_{11} & a_{12} & \cdots & a_{1n} \\ a_{21} & a_{22} & \cdots & a_{2n} \\ \vdots & \vdots & \ddots & \vdots \\ a_{n1} & a_{n2} & \cdots & a_{nn} \end{bmatrix} = \begin{bmatrix} l_{11} & 0 & \cdots & 0 \\ l_{21} & l_{22} & \cdots & 0 \\ \vdots & \vdots & \ddots & \vdots \\ l_{n1} & l_{n2} & \cdots & l_{nn} \end{bmatrix} \begin{bmatrix} u_{11} & u_{12} & \cdots & u_{1n} \\ 0 & u_{22} & \cdots & u_{2n} \\ \vdots & \vdots & \ddots & \vdots \\ 0 & 0 & \cdots & u_{nn} \end{bmatrix} \tag{4.13}$$

으로 표현되면 이를 정방행렬 A의 LU 분해라고 한다. 행렬 A가 $A = LU$의 형태로 분해된다고 가정하면, 임의의 선형 연립방정식 $A\mathbf{x} = \mathbf{b}$는 두 단계의 과정으로 해를 구할 수 있다. 주어진 방정식 $A\mathbf{x} = \mathbf{b}$는 $LU\mathbf{x} = \mathbf{b}$가 되고 $U\mathbf{x}$를 $\mathbf{y}$로 정의하면 다음 2개의 선형방정식의 해를 차례로 구하면 된다.

(1) $L\mathbf{y} = \mathbf{b}$의 해 $\mathbf{y}$를 구한 후,
(2) $U\mathbf{x} = \mathbf{y}$의 해 $\mathbf{x}$를 구한다.

연립방정식 $L\mathbf{y} = \mathbf{b}$는 전치법을 사용하고 $U\mathbf{x} = \mathbf{y}$는 후치법을 사용한다.

예제 4.5 행렬 A는 다음과 같이 분해된다.

$$A = \begin{bmatrix} 1 & 2 & 4 & 1 \\ 2 & 8 & 6 & 4 \\ 3 & 10 & 8 & 8 \\ 4 & 12 & 10 & 6 \end{bmatrix} = \begin{bmatrix} 1 & 0 & 0 & 0 \\ 2 & 1 & 0 & 0 \\ 3 & 1 & 1 & 0 \\ 4 & 1 & 2 & 1 \end{bmatrix} \begin{bmatrix} 1 & 2 & 4 & 1 \\ 0 & 4 & -2 & 2 \\ 0 & 0 & -2 & 3 \\ 0 & 0 & 0 & -6 \end{bmatrix}$$

이를 이용하여 다음 선형 연립방정식의 해를 구하여라.

$$\begin{aligned} x_1 + 2x_2 + 4x_3 + x_4 &= 21 \\ 2x_1 + 8x_2 + 6x_3 + 4x_4 &= 52 \\ 3x_1 + 10x_2 + 8x_3 + 8x_4 &= 79 \\ 4x_1 + 12x_2 + 10x_3 + 6x_4 &= 82. \end{aligned}$$

풀이 $L\mathbf{y} = \mathbf{b}$ 는 다음과 같다.

$$\begin{aligned} y_1 \qquad\qquad\quad &= 21 \\ 2y_1 + y_2 \qquad\quad &= 52 \\ 3y_1 + y_2 + \quad y_3 \quad &= 79 \\ 4y_1 + y_2 + 2y_3 + y_4 &= 82 \end{aligned}$$

전치법을 적용하면, $y_1 = 21$, $y_2 = 52 - 2(21) = 10$, $y_3 = 79 - 3(21) - 10 = 6$, $y_4 = 82 - 4(21) - 10 - 2(6) = -24$ 를 얻는다. $U\mathbf{x} = \mathbf{y}$는

$$\begin{aligned} x_1 + 2x_2 + 4x_3 + \quad x_4 &= \ 21 \\ 4x_2 - 2x_3 + 2x_4 &= \ 10 \\ -2x_3 + 3x_4 &= \ 6 \\ -6x_4 &= -24 \end{aligned}$$

가 되며, 후치법을 이용하면 $x_4 = -24/(-6) = 4$, $x_3 = (6 - 3(4))/(-2) = 3$, $x_2 = (10 - 2(4) + 2(3))/4 = 2$, $x_1 = 21 - 4 - 4(3) - 2(2) = 1$을 얻는다.

이제 $A = LU$가 되는 하삼각행렬 L과 상삼각행렬 U을 구하는 방법을 알아보자. Gauss 소거법에서 소거단계는 행렬의 곱으로 표현가능하며, 이를 이용하면 LU 분해를 얻을 수 있다. L과 U를 구하는 과정을 설명하기 위해 아래 예제를 보자.

예제 4.6 Gauss 소거법을 이용하여 다음 행렬 A의 LU 분해를 구하라.

$$A = \begin{bmatrix} 4 & 3 & -1 \\ -2 & -4 & 5 \\ 1 & 2 & 6 \end{bmatrix}$$

풀이 행렬 A의 첫 번째 열에 대해 Gauss 소거법을 적용하면, 승수는 $m_{21} = -0.5$, $m_{31} = 0.25$이다. 소거 후의 결과는 다음과 같이 쓸 수 있다.

$$A = \begin{bmatrix} 1 & 0 & 0 \\ -0.5 & 1 & 0 \\ 0.25 & 0 & 1 \end{bmatrix} \begin{bmatrix} 4 & 3 & -1 \\ 0 & -2.5 & 4.5 \\ 0 & 1.25 & 6.25 \end{bmatrix}$$

두 번째 열에 대한 승수는 $m_{32} = -0.5$이고, 소거를 진행하면

$$A = \begin{bmatrix} 1 & 0 & 0 \\ -0.5 & 1 & 0 \\ 0.25 & -0.5 & 1 \end{bmatrix} \begin{bmatrix} 4 & 3 & -1 \\ 0 & -2.5 & 4.5 \\ 0 & 0 & 8.5 \end{bmatrix}$$

가 되며, 원하는 행렬 L과 U를 얻게 된다.

위 예제에서 보는 바와 같이 Gauss 소거법을 적용할 때 행교환이 없다면 소거단계를 거쳐 얻은 상삼각행렬(식 (4.7)의 계수행렬)이 U가 되며, L의 대각원소는 모두 1이고 L의 대각원소 아래의 성분은 소거 단계의 승수 m_{ij}로 구성됨을 알 수 있다.

정리 4.1

임의의 행렬 A에 대해 행교환없이 Gauss 소거법이 수행될 수 있다면 행렬 A를 다음과 같은 하삼각행렬 L과 상삼각행렬 U로 분해할 수 있다.

$$A=\begin{bmatrix} 1 & 0 & \cdots & 0 \\ m_{21} & 1 & \cdots & 0 \\ \vdots & \vdots & \ddots & \vdots \\ m_{n1} & m_{n2} & \cdots & 1 \end{bmatrix}\begin{bmatrix} u_{11} & u_{12} & \cdots & u_{1n} \\ 0 & u_{22} & \cdots & u_{2n} \\ \vdots & \vdots & \ddots & \vdots \\ 0 & 0 & \cdots & u_{nn} \end{bmatrix} \tag{4.14}$$

예제 4.7 다음 연립방정식에 대하여 위 정리 4.1을 확인하고 식 (4.14)를 사용하여 해를 구하여라.

$$\begin{aligned} x_1+x_2\qquad\quad+3x_4&=4 \\ 2x_1+x_2-x_3+x_4&=1 \\ 3x_1-x_2-x_3+2x_4&=-3 \\ -x_1+2x_2+3x_3-x_4&=4 \end{aligned}$$

풀이 계수행렬 A에 Gauss 소거법을 적용하면 다음과 같다.

$$\begin{bmatrix} 1 & 1 & 0 & 3 \\ 2 & 1 & -1 & 1 \\ 3 & -1 & -1 & 2 \\ -1 & 2 & 3 & -1 \end{bmatrix} \quad \begin{matrix} \rightarrow \\ m_{21}=2 \\ m_{31}=3 \\ m_{41}=-1 \end{matrix} \quad \begin{bmatrix} 1 & 1 & 0 & 3 \\ 0 & -1 & -1 & -5 \\ 0 & -4 & -1 & -7 \\ 0 & 3 & 3 & 2 \end{bmatrix}$$

$$\begin{matrix} \rightarrow \\ m_{32}=4 \\ m_{42}=-3 \end{matrix} \quad \begin{bmatrix} 1 & 1 & 0 & 3 \\ 0 & -1 & -1 & -5 \\ 0 & 0 & 3 & 13 \\ 0 & 0 & 0 & -13 \end{bmatrix}$$

따라서 행렬 L과 U는

$$L = \begin{bmatrix} 1 & 0 & 0 & 0 \\ 2 & 1 & 0 & 0 \\ 3 & 4 & 1 & 0 \\ -1 & -3 & 0 & 1 \end{bmatrix}, \quad U = \begin{bmatrix} 1 & 1 & 0 & 3 \\ 0 & -1 & -1 & -5 \\ 0 & 0 & 3 & 13 \\ 0 & 0 & 0 & -13 \end{bmatrix}$$

이고, 행렬의 곱셈계산에 의하여 $LU = A$ 임을 확인할 수 있다.
$L\mathbf{y} = \mathbf{b}$에 전치법을 사용하면

$$y_1 = 4, \quad y_2 = -7, \quad y_3 = 13, \quad y_4 = -13$$

이고, 계속해서 $U\mathbf{x} = \mathbf{y}$에 후치법을 적용하면 해는

$$x_1 = -1, \quad x_2 = 2, \quad x_3 = 0, \quad x_4 = 1$$

이다.

임의의 행렬에 LU 분해를 구하는 방법은 Gauss 소거법을 이용하는 방법 이외에도 여러 가지 방법이 있다. 식 (4.13)에서

$$l_{11} = l_{22} = \cdots = l_{nn} = 1 \tag{4.15}$$

또는

$$l_{11} = u_{11}, \ l_{22} = u_{22}, \ \cdots, \ l_{nn} = u_{nn} \tag{4.16}$$

로 둘 수도 있는데, 조건 (4.15)를 이용하여 LU 분해를 구하는 방법을 **Doolittle 방법**이라 하며, 조건 (4.16)을 이용한 방법을 **Cholesky 분해**라 한다.

다음 정리는 행렬의 LU 분해가 여러 가지로 표현될 수 있음을 보여준다.

정리 4.2

정방행렬 A의 LU 분해는 유일하지 않다.

증명 행렬 A가 하삼각행렬 L과 상삼각행렬 U의 곱 $A = LU$로 표시되면, 임의의 가역인 대각행렬 D에 대해 다음과 같이 새로운 행렬을 정의하자.

$$L_1 = LD, \qquad U_1 = D^{-1}U$$

행렬 L은 하삼각행렬이고 행렬 D는 대각행렬이므로 행렬 $L_1 = LD$는 하삼각행렬이다. 마찬가지로 역행렬 D^{-1}은 대각행렬이고 행렬 U는 상삼각행렬이므로 행렬 $U_1 =$

$D^{-1}U$는 상삼각행렬이다. 또, 행렬 L_1과 U_1은

$$L_1U_1 = LD(D^{-1}U) = L(DD^{-1})U = LU = A$$

를 만족하므로 $A = L_1U_1$은 또 다른 LU 분해이다. ■

행교환을 동반한 LU 분해

앞에서 선형 연립방정식 $A\mathrm{x} = \mathrm{b}$에 대해 LU 분해를 이용한 Gauss 소거법을 소개하였다. Gauss 소거법은 행이 교체될 가능성을 갖고 있다. 행렬 A에 행교환을 적용하여 LU 분해가 된다면 다음 식이 성립하는 치환행렬 P가 존재한다.

$$PA = LU \tag{4.17}$$

치환행렬은 단위행렬에 행교환을 적용한 행렬을 의미한다.

예제 4.8 다음 행렬 A에 대해 Gauss 소거법을 적용하고 식 (4.17)을 만족하는 치환행렬 P와 LU 분해를 구하라.

$$A = \begin{bmatrix} 0 & 1 & -1 & 1 \\ 1 & 1 & -1 & 2 \\ -1 & -1 & 1 & 0 \\ 1 & 2 & 0 & 2 \end{bmatrix}$$

풀이 1행과 2행을 교환한 후 3행에 1행을 더하고, 1행에 -1을 곱하여 4행에 더하면,

$$\begin{bmatrix} 1 & 1 & -1 & 2 \\ 0 & 1 & -1 & 1 \\ 0 & 0 & 0 & 2 \\ 0 & 1 & 1 & 0 \end{bmatrix}$$

이 된다. 3행과 4행을 교환한 후 2행에 -1을 곱하여 3행에 더하면 L과 U를 얻는다.

$$L = \begin{bmatrix} 1 & 0 & 0 & 0 \\ 0 & 1 & 0 & 0 \\ 1 & 1 & 1 & 0 \\ -1 & 0 & 0 & 1 \end{bmatrix}, \quad U = \begin{bmatrix} 1 & 1 & -1 & 2 \\ 0 & 1 & -1 & 1 \\ 0 & 0 & 2 & -1 \\ 0 & 0 & 0 & 2 \end{bmatrix}$$

1행과 2행의 교환과 3행과 4행의 교환에 대한 치환행렬은 다음과 같다.

$$P = \begin{bmatrix} 0 & 1 & 0 & 0 \\ 1 & 0 & 0 & 0 \\ 0 & 0 & 0 & 1 \\ 0 & 0 & 1 & 0 \end{bmatrix}$$

$PA = LU$를 쉽게 확인할 수 있다.

행교환을 동반한 LU 분해를 이용한 Gauss 소거법의 과정은 다음과 같다.

(1) 행렬 L, U와 P를 구한다.
(2) $P\mathbf{b}$를 계산한다.
(3) $L\mathbf{y} = P\mathbf{b}$의 해 $\mathbf{y}$를 구한다.
(4) $U\mathbf{x} = \mathbf{y}$의 해 $\mathbf{x}$를 구한다.

연습문제 4.3 EXERCISE

1. 다음 선형 연립방정식을 풀어라.

(1) $$\begin{bmatrix} 1 & 0 & 0 \\ 2 & 1 & 0 \\ -1 & 0 & 1 \end{bmatrix} \begin{bmatrix} 2 & 3 & -1 \\ 0 & -2 & 1 \\ 0 & 0 & 3 \end{bmatrix} \begin{bmatrix} x_1 \\ x_2 \\ x_3 \end{bmatrix} = \begin{bmatrix} 2 \\ -1 \\ 1 \end{bmatrix}$$

(2) $$\begin{bmatrix} 2 & 0 & 0 \\ -1 & 1 & 0 \\ 3 & 2 & -1 \end{bmatrix} \begin{bmatrix} 1 & 1 & 1 \\ 0 & 1 & 2 \\ 0 & 0 & 1 \end{bmatrix} \begin{bmatrix} x_1 \\ x_2 \\ x_3 \end{bmatrix} = \begin{bmatrix} -1 \\ 3 \\ 0 \end{bmatrix}$$

2. 연습문제 4.2의 문제 1의 각 행렬에 대해 LU 분해를 구하고 해를 구하여라.

3. 주어진 행렬에 대하여 PA가 곱 LU로 분해되게 하는 치환행렬 P를 구하여라.

(1) $$A = \begin{bmatrix} 1 & 1 & -1 & 0 \\ 1 & 1 & 4 & 3 \\ 2 & -1 & 2 & 4 \\ 2 & -1 & 2 & 3 \end{bmatrix}$$

(2) $$A = \begin{bmatrix} 0 & 1 & 1 & 2 \\ 0 & 1 & 1 & -1 \\ 1 & 2 & -1 & 3 \\ 1 & 1 & 2 & 0 \end{bmatrix}$$

4.4 특수한 형태의 LU 분해

특별한 형태의 행렬에 조건 (4.16)을 사용한 LU 분해에 대해 알아본다. 행렬 A의 전치행렬을 A^t로 나타낸다.

다음 조건을 만족하는 대칭행렬 $A = (a_{ij})$를 **양정치 행렬**(positive-definite matrix)이라 부른다.

$$\mathrm{x}^t A\,\mathrm{x} > 0, \qquad \mathrm{x} \in \mathbb{R}^n, \qquad \mathrm{x} \neq 0 \tag{4.18}$$

예제 4.9 다음 행렬 A는 양정치 행렬임을 보여라.

$$A = \begin{bmatrix} 2 & -1 & 0 \\ -1 & 4 & 2 \\ 0 & 2 & 2 \end{bmatrix}$$

풀이

$$\begin{aligned} \mathrm{x}^t A \mathrm{x} &= [x_1, x_2, x_3] \begin{bmatrix} 2 & -1 & 0 \\ -1 & 4 & 2 \\ 0 & 2 & 2 \end{bmatrix} \begin{bmatrix} x_1 \\ x_2 \\ x_3 \end{bmatrix} \\ &= [x_1, x_2, x_3] \begin{bmatrix} 2x_1 - x_2 \\ -x_1 + 4x_2 + 2x_3 \\ 2x_2 + 2x_3 \end{bmatrix} \\ &= 2x^2{}_1 - x_1x_2 - x_1x_2 + 4x^2{}_2 + 2x_2x_3 + 2x_2x_3 + 2x^2{}_3 \\ &= x^2{}_1 + (x_1 - x_2)^2 + 2(x_2 + x_3)^2 + x^2{}_2 \end{aligned}$$

이므로 $\mathrm{x} \neq 0$이면 $\mathrm{x}^t A\,\mathrm{x} > 0$이다.

A가 양정치 행렬이면

$$A = LL^t \tag{4.19}$$

가 되는 하삼각행렬 L을 구할 수 있다. 이 방법을 **Cholesky 분해**라고 한다. 행렬 L을 구하는 방법에 대하여 알아보자. 행렬 L을 다음과 같이 정의하고

$$L = (l_{ij}), \qquad l_{ij} = 0, \qquad i < j \tag{4.20}$$

L의 첫째 행과 L^t의 첫째 열을 곱하여 행렬 A와 비교하면

$$l_{11}^2 = a_{11}$$

이다. 행렬 A가 양정치 행렬이므로, $a_{11} > 0$이다. 따라서 $l_{11} = \sqrt{a_{11}}$이다. 행렬 L의 둘째 행과 행렬 L^t의 처음 두 열을 곱하여 행렬 A와 비교하면

$$l_{21}l_{11} = a_{21}, \qquad l_{21}^2 + l_{22}^2 = a_{22}$$

이다. 위 식을 풀면

$$l_{21} = \frac{a_{21}}{l_{11}}, \qquad l_{22} = (a_{22} - l_{21}^2)^{1/2}$$

이다. 위와 같은 방법으로 구한 Cholesky의 알고리즘은 다음과 같다.

$$l_{11} = \sqrt{a_{11}}$$

$$l_{i1} = \frac{a_{i1}}{l_{11}}, \qquad i = 2, 3, \cdots, n$$

$$l_{jj} = \left(a_{jj} - \sum_{k=1}^{j-1} l_{jk}^2\right)^{1/2}, \qquad j = 2, 3, \cdots, n$$

$$l_{ij} = \frac{1}{l_{jj}}\left(a_{ij} - \sum_{k=1}^{j-1} l_{ik}l_{jk}\right), \quad j = 2, 3, \cdots, n, \quad i = j+1, \cdots, n$$

Cholesky 알고리즘에 의한 행렬 L과 L^t를 이용한 전치법, 후치법을 사용하여 선형방정식의 해를 구할 때 필요한 연산횟수는 n제곱근과

$$\frac{n^3 + 9n^2 + 2n}{6} \text{번의 곱셈(나눗셈)}$$

$$\frac{n^3 + 6n^2 - 7n}{6} \text{번의 덧셈(뺄셈)}$$

이다. 이것은 Gauss 소거법을 사용할 때 필요한 연산횟수의 약 반이다.

예제 4.10 다음 행렬 A에 대해 Cholesky 분해를 이용하여 LU 분해를 구하여라.

$$A = \begin{bmatrix} 2.25 & -3 & 4.5 \\ -3 & 5 & -10 \\ 4.5 & -10 & 34 \end{bmatrix}$$

풀이 Cholesky 알고리즘을 적용하면 하삼각행렬 L의 원소는

$$l_{11} = \sqrt{a_{11}} = \sqrt{2.25} = 1.5$$

$$l_{21} = \frac{a_{21}}{l_{11}} = \frac{-3}{1.5} = -2, \quad l_{31} = \frac{a_{31}}{l_{11}} = \frac{4.5}{1.5} = 3$$

$$l_{22} = (a_{22} - l_{21}^2)^{1/2} = (5-(-2)^2)^{1/2} = 1$$
$$l_{32} = (a_{32} - l_{31}l_{21})/l_{22} = (-10-3\cdot(-2)) = -4$$
$$l_{33} = (a_{33} - l_{31}^2 - l_{32}^2)^{1/2} = (34-3^2-(-4)^2)^{1/2} = 3$$
$$l_{12} = l_{13} = l_{23} = 0$$

이다. L이 하삼각행렬이며 $U = L^t$이므로 A의 LU 분해는 다음과 같다.

$$L = \begin{bmatrix} 1.5 & 0 & 0 \\ -2 & 1 & 0 \\ 3 & -4 & 3 \end{bmatrix}, \quad U = \begin{bmatrix} 1.5 & -2 & 3 \\ 0 & 1 & -4 \\ 0 & 0 & 3 \end{bmatrix}$$

3중 대각행렬의 LU 분해

연립방정식 $A\mathrm{x} = \mathrm{b}$를 풀 때 A가 특수한 형태의 행렬이면 계산과정을 상당히 줄일 수 있다. 이러한 예의 하나가 3중 대각행렬인 경우이다. 정방행렬 $A = (a_{ij})$의 원소 a_{ij}에 대하여

$$a_{ij} = 0, \quad |i-j| > 1 \tag{4.21}$$

이면 행렬 A를 **3중 대각행렬**(tridiagonal matrix)이라 한다. 즉, 행렬 A는 다음과 같은 형태를 갖는다.

$$\begin{bmatrix} a_{11} & a_{12} & 0 & 0 & \cdots & 0 \\ a_{21} & a_{22} & a_{23} & 0 & \cdots & 0 \\ 0 & a_{32} & a_{33} & a_{34} & & 0 \\ \vdots & & \ddots & \ddots & \ddots & \vdots \\ 0 & \cdots & 0 & a_{n-1,n-2} & a_{n-1,n-1} & a_{n-1,n} \\ 0 & \cdots & 0 & 0 & a_{n,n-1} & a_{nn} \end{bmatrix}$$

3중 대각행렬의 LU 분해에 대하여 알아보자. 행렬의 정의 (4.21)에 의하여 행렬 A는 $(3n-2)$개의 0이 아닌 원소를 갖기 때문에 LU 분해의 행렬 L과 U의 원소들을 결정하기 위하여 적용될 수 있는 조건은 $(3n-2)$개밖에 없다. 따라서 LU 분해는 다음과 같은 형태를 갖는다.

$$L = \begin{bmatrix} 1 & 0 & 0 & \cdots & 0 \\ l_{21} & 1 & 0 & \cdots & 0 \\ 0 & l_{32} & 1 & & 0 \\ \vdots & & \ddots & \ddots & \\ 0 & 0 & 0 & l_{n,n-1} & 1 \end{bmatrix}, \quad U = \begin{bmatrix} u_{11} & u_{12} & 0 & \cdots & 0 \\ 0 & u_{22} & u_{23} & & 0 \\ 0 & 0 & u_{33} & \ddots & \\ \vdots & \vdots & & \ddots & u_{n-1,n} \\ 0 & 0 & \cdots & 0 & u_{n,n} \end{bmatrix}$$

이러한 형태에는 행렬 L의 $(n-1)$개의 미지의 원소와 행렬 U의 $(2n-1)$개의 미지의 원소들이 있다. 따라서 총 미지의 원소의 개수 $(3n-2)$개는 위에서 언급된 조건의 총 개수와 같다.

L의 각각의 행에 U의 열들을 곱하는 과정으로 행렬의 곱셈을 해서 행렬 A의 대응되는 원소와 동치가 되도록 하면 다음과 같다.

$$\begin{aligned}
&a_{11} = u_{11} \\
&a_{i,i+1} = u_{i,i+1}, && i = 1,\ 2,\ \cdots,\ n-1 \\
&a_{i,i-1} = l_{i,i-1}u_{i-1,i-1}, && i = 2,\ 3,\ \cdots,\ n \\
&a_{ii} = l_{i,i-1}u_{i-1,i} + u_{ii}, && i = 2,\ 3,\ \cdots,\ n
\end{aligned} \tag{4.22}$$

LU 분해를 이용하여 해를 구하기 위하여 먼저 $L\mathrm{y} = \mathrm{b}$에 전치법을 사용하면

$$\begin{aligned}
&y_1 = b_1 \\
&y_i = b_i - l_{i,i-1}y_{i-1}, && i = 2,\ 3,\ \cdots,\ n
\end{aligned} \tag{4.23}$$

이고, $U\mathrm{x} = \mathrm{y}$에 후치법을 적용하면 해는

$$x_n = y_n / u_{nn} \tag{4.24}$$

$$x_{n-i} = \frac{y_{n-i} - a_{n-i,n+1-i}\, x_{n+1-i}}{u_{n-i,n-i}}, \qquad i = 1,\ 2,\ \cdots,\ n-1$$

이다.

3중 대각행렬의 LU 분해를 구하기 위해서 $(2n-2)$번의 곱셈(나눗셈)과 $(n-1)$번의 덧셈(뺄셈)이 필요하며, 2개의 선형방정식 $L\mathrm{y} = \mathrm{b}$와 $U\mathrm{x} = \mathrm{y}$를 풀기 위해서 $(3n-2)$번의 곱셈(나눗셈)과 $(2n-2)$번의 덧셈(뺄셈)이 필요하다. 따라서 총 $(5n-4)$번의 곱셈(나눗셈)과 $(3n-3)$번의 덧셈(뺄셈)이 필요하다. 이는 일반적인 행렬의 Gauss 소거법과 비교하여 보면 대단히 적은 연산횟수이다.

예제 4.11 다음 3중 대각 연립방정식 $A\mathrm{x} = \mathrm{b}$를 풀어라.

$$A = \begin{bmatrix} 4 & -2 & 0 & 0 \\ -2 & 4 & -2 & 0 \\ 0 & -2 & 4 & -2 \\ 0 & 0 & -2 & 4 \end{bmatrix}, \qquad \mathrm{b} = \begin{bmatrix} 6 \\ -6 \\ -2 \\ 8 \end{bmatrix}$$

풀이 3중 대각행렬의 LU 분해 (4.22)를 적용하면

$$u_{11} = 4$$

$$u_{12} = a_{12} = -2, \quad u_{23} = a_{23} = -2, \quad u_{34} = a_{34} = -2$$

$$l_{21} = a_{21}/u_{11} = -\frac{1}{2}$$

$$u_{22} = a_{22} - l_{21}u_{12} = 4-(-\frac{1}{2})(-2) = 3$$

$$l_{32} = a_{32}/u_{22} = -\frac{2}{3}$$

$$u_{33} = a_{33} - l_{32}u_{23} = 4-(-\frac{2}{3})(-2) = \frac{8}{3}$$

$$l_{43} = a_{43}/u_{33} = -\frac{3}{4}$$

$$u_{44} = a_{44} - l_{43}u_{34} = 4-(-\frac{3}{4})(-2) = \frac{5}{2}$$

이다. 따라서 행렬 A의 LU 분해는 다음과 같다.

$$L = \begin{bmatrix} 1 & 0 & 0 & 0 \\ -1/2 & 1 & 0 & 0 \\ 0 & -2/3 & 1 & 0 \\ 0 & 0 & -3/4 & 1 \end{bmatrix}, \quad U = \begin{bmatrix} 4 & -2 & 0 & 0 \\ 0 & 3 & -2 & 0 \\ 0 & 0 & 8/3 & -2 \\ 0 & 0 & 0 & 5/2 \end{bmatrix}$$

$L\mathrm{y} = \mathrm{b}$에 전치법 (4.23)를 사용하면

$$y_1 = 6, \quad y_2 = -3, \quad y_3 = -4, \quad y_4 = 5$$

이고, $U\mathrm{x} = \mathrm{y}$에 후치법 (4.24)을 적용하면 해는

$$x_1 = 1, \quad x_2 = -1, \quad x_3 = 0, \quad x_4 = 2$$

이다.

연습문제 4.4 EXERCISE

1. 다음 행렬이 양정치 행렬인지를 결정하여라.

(1) $\begin{bmatrix} 2 & 1 \\ 1 & -3 \end{bmatrix}$　　(2) $\begin{bmatrix} 2 & -1 & 0 \\ -1 & 2 & -1 \\ 0 & -1 & 2 \end{bmatrix}$

2. Cholesky 분해를 사용하여 다음 행렬의 LU 분해를 구하여라.

(1) $\begin{bmatrix} 4 & -1 & 1 \\ -1 & 4.25 & 2.75 \\ 1 & 2.75 & 3.5 \end{bmatrix}$　　(2) $\begin{bmatrix} 4 & 1 & 1 & 1 \\ 1 & 3 & -1 & 1 \\ 1 & -1 & 2 & 0 \\ 1 & 1 & 0 & 2 \end{bmatrix}$

3. 3중 대각행렬을 푸는 방법으로 다음 연립방정식의 해를 구하여라.

(1) $\begin{bmatrix} 1 & -1 & 0 \\ -2 & 4 & -2 \\ 0 & -1 & 2 \end{bmatrix}\begin{bmatrix} x_1 \\ x_2 \\ x_3 \end{bmatrix} = \begin{bmatrix} 0 \\ -1 \\ 1.5 \end{bmatrix}$

(2) $\begin{bmatrix} 4 & 1 & -1 & 0 \\ 1 & 3 & -1 & 0 \\ -1 & -1 & 5 & 2 \\ 0 & 0 & 2 & 4 \end{bmatrix}\begin{bmatrix} x_1 \\ x_2 \\ x_3 \\ x_4 \end{bmatrix} = \begin{bmatrix} 7 \\ 8 \\ -4 \\ 6 \end{bmatrix}$

4. 다음 물음에 답하여라.

(1) n차 3중 대각행렬 A의 LU 분해에 요구되는 연산횟수는?

(2) 3중 대각행렬의 LU 분해를 이용할 때 선형방정식 $L\mathbf{y} = \mathbf{b}$와 $U\mathbf{x} = \mathbf{y}$을 풀기 위한 연산횟수는?

4.5 선형방정식의 안정성

벡터나 행렬의 크기를 표현하는 데 사용하는 것이 **노옴**(norm)이다. **벡터노옴**(vector norm)은 임의의 n차원 벡터

$$\mathbf{x} = (x_1,\ x_2,\ \cdots,\ x_n), \qquad \mathbf{y} = (y_1,\ y_2,\ \cdots,\ y_n)$$

에 대하여, 다음 세 가지 조건을 만족하는 실수함수 $\|\cdot\|$이다.

(1) $\|\mathbf{x}\| \ge 0$이고, $\|\mathbf{x}\| = 0 \Leftrightarrow \mathbf{x} = 0$
(2) $\|\alpha\mathbf{x}\| = |\alpha|\ \|\mathbf{x}\|$, $\alpha \in \mathbb{R}$ 또는 $\mathbb{C}$
(3) $\|\mathbf{x}+\mathbf{y}\| \le \|\mathbf{x}\| + \|\mathbf{y}\|$

주로 사용되는 벡터노옴은 다음과 같다.

$$\|\mathbf{x}\|_1 = |x_1| + |x_2| + \cdots + |x_n|$$
$$\|\mathbf{x}\|_2 = \sqrt{x_1^2 + x_2^2 + \cdots + x_n^2}$$
$$\|\mathbf{x}\|_\infty = \max\{|x_1|,\ |x_2|,\ \cdots,\ |x_n|\}$$

위 벡터노옴은 위 조건 (1)~(3)을 만족한다.

예제 4.12 벡터 $\mathbf{x} = (-1,\ 2,\ -2,\ 3)$의 노옴을 계산하여라.

풀이 벡터노옴의 정의를 사용하면

$$\|\mathbf{x}\|_1 = |-1| + |2| + |-2| + |3| = 8$$
$$\|\mathbf{x}\|_2 = \sqrt{(-1)^2 + 2^2 + (-2)^2 + 3^2} = \sqrt{18} = 4.2426$$
$$\|\mathbf{x}\|_\infty = \max\{|-1|,\ |2|,\ |-2|,\ |3|\} = 3$$

이다. ■

행렬노옴(matrix norm)은 n차 정방행렬 A, B에 대하여, 다음 네 가지 조건을 만족하는 실수함수 $\|\cdot\|$이다.

(1) $\|A\| \ge 0$이고, $\|A\| = 0 \ \Leftrightarrow\ A = 0$

(2) $\| \alpha A \| = | \alpha | \, \| A \|$, $\alpha \in \mathbb{R}$ 또는 $\mathbb{C}$

(3) $\| AB \| \leq \| A \| \, \| B \|$

(4) $\| A + B \| \leq \| A \| + \| B \|$

행렬노옴을 정의하는 방법에는 여러 가지가 있으나 다음 세 가지가 주로 사용된다. 임의의 n차 정방행렬 A에 대하여

$$\| A \|_1 = \max_{1 \leq j \leq n} \sum_{i=1}^{n} | a_{ij} | \quad : \text{각 열의 절대값의 합 중에서 최대}$$

$$\| A \|_\infty = \max_{1 \leq i \leq n} \sum_{j=1}^{n} | a_{ij} | \quad : \text{각 행의 절대값의 합 중에서 최대}$$

$$\| A \|_F = \sqrt{\sum_{i=1}^{n} \sum_{j=1}^{n} (a_{ij})^2} \quad : \text{Frobenius 노옴}$$

위와 같이 정의된 노옴은 위 조건 (1) ~ (4)를 만족함을 쉽게 보일 수 있다.

예제 4.13 다음 행렬 A의 노옴을 계산하여라.

$$A = \begin{bmatrix} 2 & -3 & 1 \\ 6 & 2 & 0 \\ -1 & 3 & 2 \end{bmatrix}$$

풀이 행렬노옴의 정의에 의해

$$\begin{aligned} \| A \|_1 &= \max\{ |2| + |6| + |-1|, \ |-3| + |2| + |3|, \ |1| + |0| + |2| \} \\ &= \max\{9, 8, 3\} = 9 \\ \| A \|_\infty &= \max\{ |2| + |-3| + |1|, \ |6| + |2| + |0|, \ |-1| + |3| + |2| \} \\ &= \max\{6, 8, 6\} = 8 \\ \| A \|_F &= \sqrt{68} = 8.2462 \end{aligned}$$

이다. ■

앞으로 노옴에 특별한 첨자가 없는 경우 임의의 노옴을 의미한다. 행렬노옴과 벡터노옴을 사용하면 다음이 성립한다.

$$\| A\mathbf{x} \| \leq \| A \| \, \| \mathbf{x} \| \tag{4.25}$$

위에서 정의한 노옴을 이용하여 선형방정식 $A\mathbf{x} = \mathbf{b}$의 오차 변화에 대하여 알아보자. $\hat{\mathbf{b}}$를 $\mathbf{b}$의 약간 변화시킨 값이라고 하고

$$A\hat{\mathrm{x}} = \hat{\mathrm{b}} \tag{4.26}$$

의 해를 $\hat{\mathrm{x}}$라 하자. x의 오차 $\mathrm{x}-\hat{\mathrm{x}}$는 대개 알려지지 않은 값이지만 **레지듀얼 오차** $\mathrm{r}=A\mathrm{x}-A\hat{\mathrm{x}}$는 항상 계산할 수 있다. 레지듀얼 오차는 근사해 $\hat{\mathrm{x}}$이 선형방정식 $A\mathrm{x}=\mathrm{b}$를 잘 만족하는지를 가늠하게 한다. 그러나 다음 정리는 레지듀얼 오차 $\mathrm{r}=\mathrm{b}-A\hat{\mathrm{x}}$가 오차 $\mathrm{x}-\hat{\mathrm{x}}$에 대한 믿을만한 척도가 항상 되지는 않음을 보여준다.

정리 4.3

가역행렬 A에 대한 선형방정식 $A\mathrm{x}=\mathrm{b}$와 $A\hat{\mathrm{x}}=\hat{\mathrm{b}}$의 해는 다음을 만족한다.

$$\frac{1}{\|A\|\|A^{-1}\|}\frac{\|\mathrm{b}-\hat{\mathrm{b}}\|}{\|\mathrm{b}\|} \le \frac{\|\mathrm{x}-\hat{\mathrm{x}}\|}{\|\mathrm{x}\|} \le \|A\|\|A^{-1}\|\frac{\|\mathrm{b}-\hat{\mathrm{b}}\|}{\|\mathrm{b}\|}$$

증명 선형방정식 $A\mathrm{x}=\mathrm{b}$에서 변형된 선형방정식 $A\hat{\mathrm{x}}=\hat{\mathrm{b}}$를 빼면

$$A(\mathrm{x}-\hat{\mathrm{x}}) = (\mathrm{b}-\hat{\mathrm{b}})$$
$$\mathrm{x}-\hat{\mathrm{x}} = A^{-1}(\mathrm{b}-\hat{\mathrm{b}})$$

이다. 행렬과 벡터노옴의 관계식 (4.25)를 사용하면

$$\|\mathrm{x}-\hat{\mathrm{x}}\| = \|A^{-1}(\mathrm{b}-\hat{\mathrm{b}})\| \le \|A^{-1}\|\|\mathrm{b}-\hat{\mathrm{b}}\|$$

를 얻는다. 이것을 $\|\mathrm{x}\|$로 나누면

$$\frac{\|\mathrm{x}-\hat{\mathrm{x}}\|}{\|\mathrm{x}\|} \le \frac{\|A^{-1}\|\|\mathrm{b}-\hat{\mathrm{b}}\|}{\|\mathrm{x}\|} = \|A\|\|A^{-1}\|\frac{\|\mathrm{b}-\hat{\mathrm{b}}\|}{\|A\|\|\mathrm{x}\|}$$

이다. $A\mathrm{x}=\mathrm{b}$이므로

$$\|\mathrm{b}\| = \|A\mathrm{x}\| \le \|A\|\|\mathrm{x}\|$$

이다. 따라서

$$\frac{\|\mathrm{x}-\hat{\mathrm{x}}\|}{\|\mathrm{x}\|} \le \|A\|\|A^{-1}\|\frac{\|\mathrm{b}-\hat{\mathrm{b}}\|}{\|\mathrm{b}\|} \tag{4.27}$$

이다. 비슷한 방법으로

$$\frac{1}{\|A\|\|A^{-1}\|}\frac{\|\mathrm{b}-\hat{\mathrm{b}}\|}{\|\mathrm{b}\|} \le \frac{\|\mathrm{x}-\hat{\mathrm{x}}\|}{\|\mathrm{x}\|} \tag{4.28}$$

임을 보일 수 있다. ■

식 (4.27)을 이용하여 $\hat{\mathbf{x}}$의 상대오차 $\|\mathbf{x}-\hat{\mathbf{x}}\|/\|\mathbf{x}\|$와 상대레지듀얼 오차 $\|\mathbf{b}-\hat{\mathbf{b}}\|/\|\mathbf{b}\|$를 비교할 수 있다. 만일 $\|A\|\|A^{-1}\|$의 값이 1에 가깝다면 상대오차와 상대레지듀얼은 거의 같은 크기이고 따라서 상대레지듀얼은 상대오차에 대한 척도가 될 수 있을 것이다. 그러나, $\|A\|\|A^{-1}\|$의 값이 상당히 크면 $\hat{\mathbf{x}}$의 상대오차에 대한 정보를 상대레지듀얼로부터 얻을 수 없으며, 상대오차는 상대레지듀얼오차보다 매우 클 수가 있다.

다음 수

$$\kappa(A)=\|A\|\|A^{-1}\| \tag{4.29}$$

를 행렬 A의 **조건수**(condition number)라고 부른다. 조건수가 매우 커지면 선형방정식 $A\mathbf{x}=\mathbf{b}$의 해는 $\mathbf{b}$의 작은 변화에 매우 민감해질 것이다. 이렇게 큰 조건수를 갖는 선형방정식을 불량조건(ill-conditioned)을 가진다고 하고, 작은 조건수를 갖는 선형방정식을 안정적(well-posed)이라고 한다.

널리 알려진 불량조건행렬의 예는 Hilbert 행렬 $H_n=(a_{ij})$이다:

$$a_{ij}=\frac{1}{i+j-1}, \quad 1\le i,\ j\le n$$

예를 들면 H_3는

$$H_3=\begin{bmatrix} 1 & \frac{1}{2} & \frac{1}{3} \\ \frac{1}{2} & \frac{1}{3} & \frac{1}{4} \\ \frac{1}{3} & \frac{1}{4} & \frac{1}{5} \end{bmatrix}$$

와 같고, H_3의 역행렬은 다음과 같다.

$$H_3^{-1}=\begin{bmatrix} 9 & -36 & 30 \\ -36 & 192 & -180 \\ 30 & -180 & 180 \end{bmatrix}$$

H_3의 조건수를 구해보면

$$\kappa(H_3)=\|H_3\|_1\|H_3^{-1}\|_1=\frac{11}{6}\cdot 408=748$$

이다.

Hilbert 행렬 H_n의 $n \geq 3$에 대한 조건수는 다음과 같다.

표 4.1 Hilbert 행렬의 조건수 ($\|\cdot\|_1$)

n	H_n의 조건수
3	$7.4800e+02$
4	$2.8375e+04$
5	$9.4366e+05$
6	$2.9070e+07$
7	$9.0000e+09$
8	$3.3873e+10$
9	$1.0996e+12$
10	$3.5353e+13$

연습문제 4.5 EXERCISE

1. 행렬노옴의 정의를 이용하여 $\|A\|\,\|A^{-1}\| \geq 1$가 성립함을 보여라.

2. 다음 행렬들의 역행렬과 조건수를 구하여라.

(1) $A_n = \begin{bmatrix} 1 & 1 \\ 1 & \dfrac{n-1}{n} \end{bmatrix}$

(2) $B_n = \begin{bmatrix} 1 & 2 \\ 2 & 4 + \dfrac{1}{n^2} \end{bmatrix}$

3. 정리 4.3의 왼쪽 부등식을 증명하여라.

4. 다음 행렬 A에 대하여

$$A = \begin{bmatrix} 6 & 6 & 3.00001 \\ 10 & 8 & 4.00003 \\ 6 & 4 & 2.00002 \end{bmatrix}$$

(1) 행렬 A의 조건수를 구하여라.

(2) $\mathbf{b} = [30, 42, 22]^t$일 때 선형방정식 $A\mathbf{x} = \mathbf{b}$의 해를 구하여라.

(3) 다음 $\hat{\mathbf{b}}$에 대한 변형된 선형방정식 $A\hat{\mathbf{x}} = \hat{\mathbf{b}}$의 해를 구하여라.

$$\hat{\mathbf{b}} = [30.00002,\ \ 42.00006,\ \ 22.00004]^t$$

(4) 실제 상대오차 $\|\mathbf{x} - \hat{\mathbf{x}}\| / \|\mathbf{x}\|$와 정리 4.3의 예측된 상대오차를 구하여 서로 비교하여라.

5. 다음의 Hilbert 행렬에 대한 선형방정식을 보자. (이 방정식의 정해는 모두 1임을 쉽게 알 수 있다)

$$\begin{bmatrix} 1 & \frac{1}{2} & \frac{1}{3} & \cdots & \frac{1}{n} \\ \frac{1}{2} & \frac{1}{3} & \frac{1}{4} & \cdots & \frac{1}{n+1} \\ \frac{1}{3} & \frac{1}{4} & \frac{1}{5} & \cdots & \frac{1}{n+2} \\ \vdots & \vdots & \vdots & \vdots & \vdots \\ \frac{1}{n} & \frac{1}{n+1} & \frac{1}{n+2} & \cdots & \frac{1}{2n-1} \end{bmatrix} \begin{bmatrix} x_1 \\ x_2 \\ x_3 \\ \vdots \\ x_n \end{bmatrix} = \begin{bmatrix} 1+\frac{1}{2}+\ldots+\frac{1}{n} \\ \frac{1}{2}+\frac{1}{3}+\ldots+\frac{1}{n+1} \\ \frac{1}{3}+\frac{1}{4}+\ldots+\frac{1}{n+2} \\ \vdots \\ \frac{1}{n}+\frac{1}{n+1}+\ldots+\frac{1}{2n-1} \end{bmatrix}$$

(1) 4.1절의 MATLAB 프로그램을 이용하여 $n=10$, $n=20$, $n=40$인 경우에 대해 각각 해를 구하여라.

(2) $n=10$, $n=20$, $n=40$인 경우에 대해 각각 상대레지듀얼 오차를 구하여라.

4.6 반복법

앞에서 배운 Gauss 소거법이나 LU 분해를 사용하여 선형방정식의 해를 구하는 방법을 직접해법이라 한다. 직접해법은 행렬의 크기가 매우 크면 많은 계산횟수와 저장량이 요구된다. 반면, 반복시행에 의해 점차 정확한 해를 구하는 방법을 **반복법**(iterative method)이라 하며, 대규모 행렬에 대해 주로 사용된다. 특히 행렬의 원소가 대부분 0인 **희박행렬**(sparce matrix)의 경우에 저장량과 계산횟수를 크게 줄일 수 있는 장점이 있으며, 희박행렬은 편미분방정식 등의 수치해법에서 흔히 등장한다. 여기서는 다양한 반복법 중에서 Jacobi 방법, Gauss-Seidel 방법, SOR 방법을 소개한다.

Jacobi 방법

선형방정식 $A\mathbf{x} = \mathbf{b}$를 푸는 반복기법은 해에 대한 초기 근사값 $\mathbf{x}^{(0)}$로 시작하여 해에 수렴하는 수열 $\{\mathbf{x}^{(k)}\}_{k=0}^{\infty}$을 생성한다. 반복기법은 연립방정식 $A\mathbf{x} = \mathbf{b}$를 동치인 식 $\mathbf{x} = T\mathbf{x} + \mathbf{c}$로 전환하는 과정이다. 즉, 초기값 $\mathbf{x}^{(0)}$를 선택한 후에

$$\mathbf{x}^{(k+1)} = T\mathbf{x}^{(k)} + \mathbf{c}, \qquad k = 0,\ 1,\ 2,\ \cdots$$

를 계산하여 근사해를 생성한다.

예제 4.14 다음 선형방정식은 해 $\mathbf{x} = (1,\ 2,\ -1,\ 1)$을 갖는다. 초기값을 $\mathbf{x}^{(0)} = (0,\ 0,\ 0,\ 0)$로 하여 Jacobi법을 적용해보자.

$$\begin{aligned}
10x_1 - x_2 + 2x_3 \qquad &= 6 \\
-x_1 + 11x_2 - x_3 + 3x_4 &= 25 \\
2x_1 - x_2 + 10x_3 - x_4 &= -11 \\
3x_2 - x_3 + 8x_4 &= 15
\end{aligned}$$

풀이 방정식을 다음과 같이 변형해보자.

$$x_1 = \frac{1}{10}x_2 - \frac{1}{5}x_3 + \frac{3}{5}$$

$$x_2 = \frac{1}{11}x_1 + \frac{1}{11}x_3 - \frac{3}{11}x_4 + \frac{25}{11}$$

$$x_3 = -\frac{1}{5}x_1 + \frac{1}{10}x_2 + \frac{1}{10}x_4 - \frac{11}{10}$$

$$x_4 = -\frac{3}{8}x_2 + \frac{1}{8}x_3 + \frac{15}{8}$$

이 식의 좌변의 미지수에는 윗 첨자 $k+1$을 붙이고 우변의 미지수에는 k를 붙이자.

$$x_1^{(k+1)} = \frac{1}{10}x_2^{(k)} - \frac{1}{5}x_3^{(k)} + \frac{3}{5}$$

$$x_2^{(k+1)} = \frac{1}{11}x_1^{(k)} + \frac{1}{11}x_3^{(k)} - \frac{3}{11}x_4^{(k)} + \frac{25}{11}$$

$$x_3^{(k+1)} = -\frac{1}{5}x_1^{(k)} + \frac{1}{10}x_2^{(k)} + \frac{1}{10}x_4^{(k)} - \frac{11}{10}$$

$$x_4^{(k+1)} = -\frac{3}{8}x_2^{(k)} + \frac{1}{8}x_3^{(k)} + \frac{15}{8}$$

이를 행렬로 표현하면

$$\begin{bmatrix} x_1^{(k+1)} \\ x_2^{(k+1)} \\ x_3^{(k+1)} \\ x_4^{(k+1)} \end{bmatrix} = \begin{bmatrix} 0 & \frac{1}{10} & -\frac{2}{5} & 0 \\ \frac{1}{11} & 0 & \frac{1}{11} & -\frac{3}{11} \\ -\frac{1}{5} & \frac{1}{10} & 0 & \frac{1}{10} \\ 0 & -\frac{3}{8} & \frac{1}{8} & 0 \end{bmatrix} \begin{bmatrix} x_1^{(k)} \\ x_2^{(k)} \\ x_3^{(k)} \\ x_4^{(k)} \end{bmatrix} + \begin{bmatrix} \frac{3}{5} \\ \frac{25}{11} \\ -\frac{11}{10} \\ \frac{15}{8} \end{bmatrix}$$

이고, 우변의 계수행렬이 T이고 벡터는 $\mathbf{c}$가 된다. 초기값을 대입한 후 반복적으로 계산하면 결과는 표 4.2와 같다.

10번 반복 후에 정지를 결정하는 것은

$$\frac{\|\mathbf{x}^{(10)} - \mathbf{x}^{(9)}\|_\infty}{\|\mathbf{x}^{(10)}\|_\infty} = \frac{8.0 \times 10^{-4}}{1.9998} < 10^{-3}$$

이다.

표 4.2 Jacobi 방법

k	$x_1^{(k)}$	$x_2^{(k)}$	$x_3^{(k)}$	$x_4^{(k)}$
1	0.6000	2.2727	−1.1000	1.8750
2	1.4073	1.7159	−0.8052	0.8852
3	0.9326	2.0530	−1.0493	1.1309
4	1.1052	1.9537	−0.9681	0.9739
5	0.9890	2.0114	−1.0103	1.0214
6	1.0032	1.9922	−0.9945	0.9944
7	0.9981	2.0023	−1.0020	1.0036
8	1.0006	1.9987	−0.9990	0.9989
9	0.9997	2.0004	−1.0004	1.0006
10	1.0001	1.9998	−0.9998	0.9998

선형방정식 $A\mathrm{x} = \mathrm{b}$에 대한 Jacobi 방법의 반복알고리즘은 다음과 같이 쓸 수 있다.

$$x_i^{(k+1)} = \frac{1}{a_{ii}}\left(b_i - \sum_{\substack{j=1 \\ j \neq n}}^{n} a_{ij} x_j^{(k)}\right), \qquad k = 0,\ 1,\ 2,\ \cdots \tag{4.30}$$

선형방정식 $A\mathrm{x} = \mathrm{b}$와 동치인 식 $\mathrm{x} = T\mathrm{x} + \mathrm{c}$를 자세히 알아보자. 행렬 A를 대각행렬 D, 하삼각행렬 L, 상삼각행렬 U로 분리하여 표현하면 다음과 같다.

$$\begin{aligned} A &= \begin{bmatrix} a_{11} & a_{12} & \cdots & a_{1n} \\ a_{21} & a_{22} & \cdots & a_{2n} \\ \vdots & \vdots & \ddots & \vdots \\ a_{n1} & a_{n2} & \cdots & a_{nn} \end{bmatrix} = \begin{bmatrix} a_{11} & 0 & \cdots & 0 \\ 0 & a_{22} & \ddots & \vdots \\ \vdots & \ddots & \ddots & 0 \\ 0 & \cdots & 0 & a_{nn} \end{bmatrix} + \begin{bmatrix} 0 & 0 & \cdots & 0 \\ a_{21} & 0 & \cdots & 0 \\ \vdots & \ddots & \ddots & \vdots \\ a_{n1} & \cdots & a_{n,n-1} & 0 \end{bmatrix} + \begin{bmatrix} 0 & a_{12} & \cdots & a_{1n} \\ 0 & 0 & \ddots & \vdots \\ \vdots & \vdots & \ddots & a_{n,n-1} \\ 0 & 0 & \cdots & 0 \end{bmatrix} \\ &= D + L + U \end{aligned}$$

방정식 $A\mathrm{x} = \mathrm{b}$는 $(D+L+U)\mathrm{x} = \mathrm{b}$이므로

$$D\mathrm{x} = -(L+U)\mathrm{x} + \mathrm{b}$$

로 쓸 수 있고

$$\mathrm{x} = -D^{-1}(L+U)\mathrm{x} + D^{-1}\mathrm{b} \tag{4.31}$$

가 된다. 이것은 Jacobi 반복법의 행렬형태가 된다. 즉,

$$\mathrm{x}^{(k+1)} = -D^{-1}(L+U)\mathrm{x}^{(k)} + D^{-1}\mathrm{b}, \qquad k = 0,\ 1,\ 2,\ \cdots \tag{4.32}$$

이고, $T = D^{-1}(L+U)$, $\mathrm{c} = D^{-1}\mathrm{b}$이다. 식 (4.30)은 계산 목적으로, 식 (4.32)는 이론적 목적으로 사용된다.

```
function x = jacobi(A, b, x)
tol = 0.0001;
[n m] = size(A);

T = -A;
for i=1:n
    T(i,i) = 0;
end
for i=1:n
    T(i,:) = T(i,:)/A(i,i);
end
for i=1:n
    C(i,1) = b(i)/A(i,i);
end

disp('        k          x1          x2          x3          x4')
for i=1:100
    xnew = T*x + C;

    if norm(xnew-x) < tol
      break
    end

  x = xnew;
  disp([i        xnew'])
end
x = xnew;
```

Gauss-Seidel 방법

Gauss-Seidel 방법은 Jacobi 방법에서 $x_i^{(k+1)}$를 계산하기 위해 가장 최근에 계산한 값을 이용하는 방법이다. 즉, 알고리즘 (4.30)에서 $x_i^{(k+1)}$를 계산하기 위해 $x_1^{(k+1)}, \cdots, x_{i-1}^{(k+1)}$은 이미

계산되었고, 또 실제해에 대해 $x_1^{(k)}$, $\cdots$, $x_{i-1}^{(k)}$보다 더 좋은 근사값이 될 것이므로 이 값을 이용하는 것이 보다 나은 방법이다. Gauss-Seidel 방법의 알고리즘은 다음과 같다.

$$x_i^{(k+1)} = \frac{1}{a_{ii}}\left(b_i - \sum_{j=1}^{i-1} a_{ij} x_j^{(k+1)} - \sum_{j=i+1}^{n} a_{ij} x_j^{(k)}\right), \qquad k = 0,\ 1,\ 2,\ \cdots \tag{4.33}$$

예제 4.15 예제 4.14의 선형방정식에 Gauss-Seidel 방법을 적용해보자.

풀이

$$x_1^{(k+1)} = \frac{1}{10}x_2^{(k)} - \frac{1}{5}x_3^{(k)} + \frac{3}{5}$$

$$x_2^{(k+1)} = \frac{1}{11}x_1^{(k+1)} + \frac{1}{11}x_3^{(k)} - \frac{3}{11}x_4^{(k)} + \frac{25}{11}$$

$$x_3^{(k+1)} = -\frac{1}{5}x_1^{(k+1)} + \frac{1}{10}x_2^{(k+1)} + \frac{1}{10}x_4^{(k)} - \frac{11}{10}$$

$$x_4^{(k+1)} = -\frac{3}{8}x_2^{(k+1)} + \frac{1}{8}x_3^{(k+1)} + \frac{15}{8}$$

초기값을 $(x_1^{(0)},\ x_2^{(0)},\ x_3^{(0)},\ x_4^{(0)}) = (0,\ 0,\ 0,\ 0)$로 택하고 반복계산한 결과는 표 4.3과 같다. 표 4.3에서 예제 4.14와 같은 정지판정기준이 적용되었으며, Jacobi 방법보다 Gauss-Seidel 방법이 훨씬 빠르게 수렴함을 알 수 있다.

표 4.3 Gauss-Seidel 방법

k	$x_1^{(k)}$	$x_2^{(k)}$	$x_3^{(k)}$	$x_4^{(k)}$
1	0.6000	2.3272	−0.9873	0.8789
2	1.0300	2.0037	−1.0140	0.9844
3	1.0065	2.0036	−1.0025	0.9983
4	1.0009	2.0003	−1.0003	0.9999
5	1.0001	2.0000	−1.0000	1.0000

Gauss-Seidel 방법을 행렬로 표현하면

$$D\,\mathrm{x}^{(k+1)} = -L\,\mathrm{x}^{(k+1)} - U\mathrm{x}^{(k)} + \mathrm{b}$$

또는

$$(D+L)\,\mathrm{x}^{(k+1)} = -U\mathrm{x}^{(k)} + \mathrm{b}$$

이므로

$$\mathbf{x}^{(k+1)} = -(D+L)^{-1}U\mathbf{x}^{(k)} + (D+L)^{-1}\mathbf{b} \tag{4.34}$$

를 얻는다.

```
function x = gs(A, b, x)
tol = 0.0001;
[n m] = size(A);

T = -A;
for i=1:n
    T(i,i) = 0;
end
for i=1:n
    T(i,:) = T(i,:)/A(i,i);
end
for i=1:n
    C(i,1) = b(i)/A(i,i);
end

disp('      k          x1         x2          x3          x4')
for i=1:100
    xold = x;

    for j=1:n
        x(j) = T(j,:)*x + C(j);
    end

    disp([i     x'])
    if norm(x-xold) < tol
      break
    end
end
```

이제 Jacobi 방법과 Gauss-Seidel 방법의 수렴성에 대해 조사해 보자. 특별한 형태의 형렬에 대해 두 반복기법의 수렴을 보장할 수 있다.

다음 조건을 만족하는 n차 정방행렬 $A = (a_{ij})$를 **대각지배행렬**(diagonally dominant matrix)

이라 부른다.

$$\sum_{\substack{j=1 \\ j \neq i}}^{n} |a_{ij}| < |a_{ii}|, \quad 1 \le i \le n$$

정리 4.4

행렬 A가 대각지배행렬이면 어떤 초기값 $\mathbf{x}^{(0)}$에 대해서도 Jacobi 방법과 Gauss-Seidel 방법은 수렴한다.

증명 Jacobi 방법에 대해 증명하여 보자. Jacobi 방법을 k번 반복시행했을 때의 오차를

$$\mathbf{e}^{(k)} = \mathbf{x} - \mathbf{x}^{(k)}$$

라 두면 식 (4.31)과 (4.32)로부터 다음을 얻는다.

$$\mathbf{e}^{(k)} = -D^{-1}(L+U)\mathbf{e}^{(k-1)}.$$

행렬노옴의 성질에 의해

$$\|\mathbf{e}^{(k)}\| \le \|D^{-1}(L+U)\|\,\|\mathbf{e}^{(k-1)}\|$$

가 되고 귀납법을 적용하면 다음과 같다.

$$\|\mathbf{e}^{(k)}\| \le \|D^{-1}(L+U)\|^k\,\|\mathbf{e}^{(0)}\|.$$

A가 대각지배행렬이므로 다음을 만족한다.

$$\|D^{-1}(L+U)\|_\infty = \max_{1 \le i \le n} \sum_{\substack{j=1 \\ j \neq n}}^{n} \left| \frac{a_{ij}}{a_{ii}} \right| < 1$$

따라서 오차는

$$\lim_{k \to \infty} \|\mathbf{e}^{(k)}\| = 0$$

이고 Jacobi 방법에 의한 수치해는 정해에 수렴한다. Gauss-Seidel 방법도 비슷한 방법으로 증명할 수 있다. ■

일반적으로 Gauss-Seidel 방법이 Jacobi 방법보다 빨리 수렴하지만, 그렇지 않은 경우도 있다. Jacobi 방법이 수렴하고 Gauss-Seidel 방법이 수렴하지 않는 선형방정식이 있고 반대의 경우인 방정식도 있다(연습문제 6, 7 참조).

SOR 방법

SOR 방법은 Gauss-Seidel 방법을 이용하여 수렴속도를 더 빠르게 개선한 방법이다.

Gauss-Seidel 알고리즘 (4.33)을 다음과 같이 쓸 수 있다.

$$x_i^{(k+1)} = x_i^{(k)} + \frac{1}{a_{ii}}\left(b_i - \sum_{j=1}^{i-1} a_{ij} x_j^{(k+1)} - \sum_{j=i}^{n} a_{ij} x_j^{(k)}\right) \tag{4.35}$$

이 식의 우변의 두 번째 항은 $x_i^{(k)}$에 대한 보정 또는 잔여항으로 볼 수 있다. 잔여항을 조절하기 위하여 매개변수 ω를 도입하면

$$x_i^{(k+1)} = x_i^{(k)} + \frac{\omega}{a_{ii}}\left(b_i - \sum_{j=1}^{i-1} a_{ij} x_j^{(k+1)} - \sum_{j=i}^{n} a_{ij} x_j^{(k)}\right) \tag{4.36}$$

가 된다. 이를 다시 쓰면

$$x_i^{(k+1)} = (1-\omega) x_i^{(k)} + \frac{\omega}{a_{ii}}\left(b_i - \sum_{j=1}^{i-1} a_{ij} x_j^{(k+1)} - \sum_{j=i+1}^{n} a_{ij} x_j^{(k)}\right) \tag{4.37}$$

이다. 행렬을 이용하여 나타내면

$$\mathbf{x}^{(k+1)} = (1-\omega)\mathbf{x}^{(k)} + \omega D^{-1}(-L\mathbf{x}^{(k+1)} - U\mathbf{x}^{(k)} + \mathbf{b}) \tag{4.38}$$

또는

$$(D+\omega L)\mathbf{x}^{(k+1)} = [(1-\omega)D - \omega U]\mathbf{x}^{(k)} + \omega\mathbf{b} \tag{4.39}$$

이다.

반복법 (4.36)에서 ω가 $0 < \omega < 1$인 경우를 **successive under-relaxation 방법**이라 하며 Gauss-Seidel 방법으로 수렴하지 않는 선형방정식의 해를 구하는 데 사용된다. 그리고 $\omega > 1$인 경우를 **successive over-relaxation(SOR) 방법**이라 하며 이는 Gauss-Seidel 방법으로 수렴하는 연립방정식의 수렴을 가속화시키는데 사용된다. ω를 **이완매개변수**(relaxation parameter)라고 부르며, 일반적으로 $0 < \omega < 2$를 선택한다.

정리 4.5

선형방정식 $A\mathbf{x}=\mathbf{b}$의 행렬 A가 양정치 행렬이면, 어떤 초기값 $\mathbf{x}^{(0)}$에 대해서도 $0<\omega<2$를 택한 SOR 방법은 수렴한다.

SOR 방법에서 가장 좋은 수렴성을 갖는 이완매개변수 ω의 값을 구하기는 쉽지 않지만, 특별한 형태의 행렬에 대해서는 알려져 있다. 먼저 행렬 A의 고유값 λ_i에 대해 **스펙트럼 반지름**(spectral radius)을 다음과 같이 정의하자.

$$\rho(A)=\max|\lambda_i| \tag{4.40}$$

정리 4.6

선형방정식 $A\mathbf{x}=\mathbf{b}$의 행렬 A가 3중 대각이고 양정치 행렬이면, SOR 방법에 대한 최적의 ω는

$$\omega=\frac{2}{1+\sqrt{1-\rho(T)^2}} \tag{4.41}$$

이다. 여기서 행렬 T는 $T=D^{-1}(L+U)$이다.

예제 4.16 다음 선형방정식에 대하여 최적의 이완매개변수 ω를 구하고 SOR 방법을 적용해보자.

$$\begin{aligned} 4x_1+3x_2 \quad\quad &=24 \\ 3x_1+4x_2-x_3 &=30 \\ -x_2+4x_3 &=-24 \end{aligned}$$

풀이 선형방정식의 계수행렬이 3중 대각이면서 양정치 행렬이다. 따라서 정리 4.6을 적용할 수 있다.

$$\begin{aligned} T=D^{-1}(L+U) &= \begin{bmatrix} 1/4 & 0 & 0 \\ 0 & 1/4 & 0 \\ 0 & 0 & 1/4 \end{bmatrix}\begin{bmatrix} 0 & 3 & 0 \\ 3 & 0 & -1 \\ 0 & -1 & 0 \end{bmatrix} \\ &= \begin{bmatrix} 0 & -3/4 & 0 \\ -3/4 & 0 & 1/4 \\ 0 & 1/4 & 0 \end{bmatrix} \end{aligned}$$

T의 고유값에 대한 특성방정식은

$$\det(T-\lambda I) = -\lambda(\lambda^2 - 0.625) = 0$$

이므로 $\rho(T) = \sqrt{0.625}$ 이고

$$\omega = \frac{2}{1+\sqrt{1-\rho(T)^2}} = \frac{2}{1+\sqrt{1-0.625}} \approx 1.24$$

가 된다.

초기값을 $\mathbf{x}^{(0)} = (1,1,1)$로 택하고 $\omega = 1.24$을 이용한 SOR 방법의 결과는 표 4.4와 같다(방정식의 정해는 $(3, 4, -5)$이다). 반복정지를 위한 상대오차기준은 10^{-5}이다.

표 4.4 SOR 방법

k	$x_1^{(k)}$	$x_2^{(k)}$	$x_3^{(k)}$
1	6.2700000	3.5389000	−6.5829410
2	2.6440230	3.9510109	−4.6352808
3	3.1309943	4.0029956	−5.0866040
4	2.9657755	4.0042627	−4.9778936
5	3.0042496	4.0018778	−5.0047234
6	2.9972234	4.0006577	−4.9986625
7	3.0000523	4.0002082	−5.0002565
8	2.9997939	4.0006226	−4.9999191
9	2.9999916	4.0001795	−5.0000138
10	2.9999853	4.0000050	−4.9999951
11	2.9999988	4.0000014	−5.0000007
12	2.9999990	4.0000004	−4.9999997

위 방정식에 대해 같은 초기값을 사용하여 Gauss-Seidel 방법을 적용하면 결과는 표 4.5와 같다. 같은 정확도를 얻기 위해 Gauss-Seidel 방법이 훨씬 많은 반복이 필요함을 알 수 있다.

표 4.5 Gauss-Seidel 방법

k	$x_1^{(k)}$	$x_2^{(k)}$	$x_3^{(k)}$
1	5.2500000	3.8125000	−5.0468750
2	3.1406250	3.8828125	−5.0292969
3	3.0878906	3.9267578	−5.0183105
4	3.0549316	3.9542236	−5.0114441
5	3.0343323	3.9713898	−5.0071526
6	3.0214577	3.9821186	−5.0044703
7	3.0134110	3.9888241	−5.0027940
⋮	⋮	⋮	⋮
20	3.0000298	3.9999752	−5.0000062
21	3.0000186	3.9999845	−5.0000039
22	3.0000116	3.9999903	−5.0000024

```
function x = sor(A, b, x)
tol = 1.0e-05;
w = 1.24;
[n m] = size(A);

T = -A;
for i=1:n
    T(i,i) = 0;
end
for i=1:n
    T(i,:) = T(i,:)/A(i,i);
end
for i=1:n
    C(i,1) = b(i)/A(i,i);
end

disp('        k            x1          x2           x3          x4')
for i=1:100
    xold = x;

    for j=1:n
```

```
            x(j) = (1-w)*xold(j) + w*(T(j,:)*x + C(j));
        end

        disp([i         x'])
        if norm(x-xold) < tol
          break
        end
    end
```

연습문제 4.6 EXERCISE

1. 다음 선형방정식 $A\mathbf{x} = \mathbf{b}$의 해를 $\mathbf{x}^{(0)} = 0$으로 하여 Jacobi 방법, Gauss-Seidel 방법을 사용하여 구하고 수렴속도를 비교하여라.

(1) $A = \begin{bmatrix} 7 & 3 & 2 \\ 2 & 6 & 4 \\ 4 & 1 & 7 \end{bmatrix}, \quad \mathbf{b} = \begin{bmatrix} 6 \\ 0 \\ -9 \end{bmatrix}$

(2) $A = \begin{bmatrix} 4 & 1 & -1 & 1 \\ 1 & 4 & -1 & -1 \\ -1 & -1 & 5 & 1 \\ 1 & -1 & 1 & 3 \end{bmatrix}, \quad \mathbf{b} = \begin{bmatrix} -2 \\ -1 \\ 0 \\ 1 \end{bmatrix}$

(3) $A = \begin{bmatrix} 4 & -1 & 0 & -1 & 0 & 0 \\ -1 & 4 & -1 & 0 & -1 & 0 \\ 0 & -1 & 4 & 0 & 0 & -1 \\ -1 & 0 & 0 & 4 & -1 & 0 \\ 0 & -1 & 0 & -1 & 4 & -1 \\ 0 & 0 & -1 & 0 & -1 & 4 \end{bmatrix}, \quad \mathbf{b} = \begin{bmatrix} 0 \\ 5 \\ 0 \\ 6 \\ -2 \\ 6 \end{bmatrix}$

2. 다음 행렬에 대하여 Jacobi 방법이 수렴하기 위한 충분조건을 구하여라.

$$A = \begin{bmatrix} 1 & a & a \\ a & 1 & a \\ a & a & 1 \end{bmatrix}$$

3. 연습문제 1을 $\omega = 1.1,\ 1.3,\ 1.5$을 이용하여 SOR 방법으로 다시 풀어라.

4. 다음 선형방정식 $A\mathbf{x} = \mathbf{b}$에 대하여 SOR 방법을 사용하기 위한 최적의 이완매개변수 ω를 구하고, Gauss-Seidel 방법과 SOR 방법의 수렴속도를 비교하여라.

(1) $A = \begin{bmatrix} 2 & 1 & 0 \\ 1 & 2 & 1 \\ 0 & 1 & 2 \end{bmatrix}, \quad \mathbf{b} = \begin{bmatrix} 7 \\ 12 \\ 11 \end{bmatrix}$

(2) $A = \begin{bmatrix} 10 & 5 & 0 & 0 \\ 5 & 10 & -4 & 0 \\ 0 & -4 & 8 & -1 \\ 0 & 0 & -1 & 5 \end{bmatrix}, \quad \mathbf{b} = \begin{bmatrix} 6 \\ 25 \\ -11 \\ -11 \end{bmatrix}$

5. 행렬 A가 대각지배행렬이면 어떤 초기값 $\mathbf{x}^{(0)}$에 대해서도 Gauss-Seidel 방법은 수렴함을 보여라.

6. 다음 선형방정식 $A\mathrm{x} = \mathrm{b}$에 대하여 Jacobi 방법은 수렴하지만 Gauss-Seidel 방법은 발산함을 보여라.

$$A = \begin{bmatrix} 1 & -2 & 2 \\ -1 & 1 & -1 \\ -2 & -2 & 1 \end{bmatrix}, \qquad \mathrm{b} = \begin{bmatrix} 11 \\ -6 \\ 5 \end{bmatrix}$$

7. 다음 선형방정식 $A\mathrm{x} = \mathrm{b}$에 대하여 Gauss-Seidel 방법은 수렴하지만 Jacobi 방법은 발산함을 보여라.

$$A = \begin{bmatrix} 2 & -1 & 1 \\ 2 & 2 & 2 \\ -1 & -1 & 2 \end{bmatrix}, \qquad \mathrm{b} = \begin{bmatrix} 9 \\ 8 \\ 2 \end{bmatrix}$$

제5장

고유값과 고유벡터

정방행렬 A에 대해

$$A\mathbf{x} = \lambda\mathbf{x} \tag{5.1}$$

를 만족하는 λ를 **고유값**(eigenvalue), 벡터 $\mathbf{x}$를 λ에 대응하는 **고유벡터**(eigenvector)라고 한다. 고유값과 고유벡터는 많은 응용문제에서 자연스럽게 등장한다. 행렬의 고유값과 고유벡터를 구하기 위해 이론적으로는 특성다항식 $p(\lambda) = \det(A - \lambda I)$를 이용하지만 실제적으로 특성다항식은 행렬식을 계산하는데 있어서 많은 시간이 걸리고 또 다항식에 대한 좋은 근사해를 구하기도 쉽지 않다. 행렬의 고유값과 고유벡터에 대한 다양한 수치적 해법이 개발되었는데, 여기서는 기본적인 두 가지 방법을 학습한다.

5.1 파워법

파워법(power method)은 행렬의 **우세고유값**(dominant eigenvalue), 즉 절대값이 가장 큰 고유값을 구하는데 사용되는 방법이다.

정방행렬 A가 우세고유값 λ_1과 이에 대응하는 유일한 고유벡터 $\mathbf{v}_1$을 갖는다고 가정하자. λ_1과 $\mathbf{v}_1$은 다음과 같은 반복법에 의해 얻을 수 있다. 초기벡터

$$\mathbf{x}^{(0)} = (1\ 1\ \cdots\ 1)^t$$

에서 시작하여 다음 수열 c_k와 $\mathbf{x}^{(k)}$를 계산한다.

$$\mathbf{z}^{(k)} = A\mathbf{x}^{(k)}, \tag{5.2}$$

$$\mathbf{x}^{(k+1)} = \frac{1}{c_{k+1}}\mathbf{z}^{(k)}. \tag{5.3}$$

여기서 c_{k+1}은 $\mathbf{z}^{(k)}$의 절대값이 가장 큰 성분이다. 수열 c_k와 $\mathbf{x}^{(k)}$는 고유값 λ_1과 고유벡터 $\mathbf{v}_1$에 수렴하게 된다.

$$\lim_{k\to\infty} c_k = \lambda_1, \qquad \lim_{k\to\infty} \mathbf{x}^{(k)} = \mathbf{v}_1.$$

예제 5.1 파워법을 사용하여 다음 행렬의 우세고유값과 대응하는 고유벡터를 구하라.

$$A = \begin{bmatrix} 0 & 11 & -5 \\ -2 & 17 & -7 \\ -4 & 26 & -10 \end{bmatrix}$$

풀이 $\mathbf{x}^{(0)} = (1 \;\; 1 \;\; 1)^t$에서 시작한다. 식 (5.2)와 (5.3)을 적용하면 첫 번째 반복에서

$$\mathbf{z}^{(0)} = A\mathbf{x}^{(0)} = (6 \;\; 8 \;\; 12)^t$$

가 되고,

$$c_1 = 12 \qquad \text{그리고} \qquad \mathbf{x}^{(1)} = \left(\frac{1}{2} \;\; \frac{2}{3} \;\; 1\right)^t$$

를 얻는다. 두 번째 반복에서는

$$\mathbf{z}^{(1)} = \mathrm{A}\mathbf{x}^{(1)} = \left(\frac{7}{3} \;\; \frac{10}{3} \;\; \frac{16}{3}\right)^t$$

이 되어,

$$c_2 = \frac{16}{3} \qquad \text{그리고} \qquad \mathbf{x}^{(2)} = \left(\frac{7}{16} \;\; \frac{5}{8} \;\; 1\right)^t$$

를 얻는다. 이런 식으로 계속하면 표 5.1과 같이 되어 고유값 $\lambda_1 = 4$와 고유벡터 $\mathbf{v}_1 = \left(\frac{2}{5} \;\; \frac{3}{5} \;\; 1\right)^{\mathrm{t}}$으로 수렴함을 알수 있다.

표 5.1 파워법

k	c_k	$\mathbf{x}^{(k)}$
1	12.00000	(0.500000 0.666667 1)
2	5.333333	(0.437500 0.625000 1)
3	4.500000	(0.416667 0.611111 1)
4	4.222222	(0.407895 0.605263 1)
5	4.105263	(0.403846 0.602564 1)
6	4.051282	(0.401899 0.601266 1)
7	4.025316	(0.400943 0.600629 1)
8	4.012579	(0.400470 0.600313 1)
9	4.006270	(0.400235 0.600156 1)
10	4.003130	(0.400117 0.600078 1)

정리 5.1

n차 정방행렬 A가 서로 다른 고유값 $\lambda_{ii=1}^{n}$을 가지며,

$$|\lambda_1| > |\lambda_2| \geq |\lambda_3| \geq \cdots \geq |\lambda_n| \tag{5.4}$$

라고 가정하자. 초기값 $\mathbf{x}^{(0)}$가 적절히 택해지면 파워법

$$\mathbf{z}^{(k)} = A\mathbf{x}^{(k)},$$
$$c_{k+1} = \mathbf{z}^{(k)}\text{의 절대값이 가장 큰 성분},$$
$$\mathbf{x}^{(k+1)} = \frac{1}{c_{k+1}}\mathbf{z}^{(k)}$$

에 의해 생성된 수열은 우세고유값 λ_1과 이에 대응하는 고유벡터 $\mathbf{v}_1$에 수렴하게 된다. 즉,

$$\lim_{k\to\infty} c_k = \lambda_1 \qquad \text{그리고} \qquad \lim_{k\to\infty} \mathbf{x}^{(k)} = \mathbf{v}_1.$$

증명 정방행렬 A가 n개의 고유값을 가지므로 n개의 고유벡터 $\mathbf{v}_{ii=1}^{n}$를 가진다. 고유벡터들은 각각의 가장 큰 성분으로 정규화되었다고 가정하자. 벡터이론에 의하여 고유벡터들은 일차독립이고 $\mathbb{R}^n$의 기저를 형성한다. 따라서 초기벡터 $\mathbf{x}^{(0)}$는 고유벡터들의 일차결합

$$\mathbf{x}^{(0)} = c_1\mathbf{v}_1 + c_2\mathbf{v}_2 + \cdots + c_n\mathbf{v}_n \tag{5.5}$$

으로 표현할 수 있다. 초기벡터 $\mathbf{x}^{(0)}$는 $c_1 \neq 0$이고 절대값의 최대성분이 1이라고 가정하자. $A\mathbf{x}^{(0)}$는

$$\begin{aligned}\mathbf{z}^{(0)} = A\mathbf{x}^{(0)} &= A(a_1\mathbf{v}_1 + a_2\mathbf{v}_2 + \cdots + a_n\mathbf{v}_n) \\ &= a_1\lambda_1\mathbf{v}_1 + a_2\lambda_2\mathbf{v}_2 + \cdots + a_n\lambda_n\mathbf{v}_n\end{aligned}$$

이고

$$\mathbf{x}^{(1)} = \frac{\lambda_1}{c_1}\left[a_1\mathbf{v}_1 + a_2\left(\frac{\lambda_2}{\lambda_1}\right)\mathbf{v}_2 + \cdots + a_n\left(\frac{\lambda_n}{\lambda_1}\right)\mathbf{v}_n\right]$$

이다. k번 반복 후에는

$$\mathbf{x}^{(k)} = \frac{\lambda_1^k}{c_1 c_2 \cdots c_k}\left[a_1\mathbf{v}_1 + a_2\left(\frac{\lambda_2}{\lambda_1}\right)^{k-1}\mathbf{v}_2 + \cdots + a_n\left(\frac{\lambda_n}{\lambda_1}\right)^{k-1}\mathbf{v}_n\right] \tag{5.6}$$

가 된다. $|\lambda_j|/|\lambda_1| < 1,\ j = 2,\ 3,\ \cdots,\ n$이므로 식 (5.6)은

$$\lim_{k\to\infty}\mathbf{x}^{(k)} = \lim_{k\to\infty}\frac{a_1\lambda_1^k}{c_1c_2\cdots c_k}\mathbf{v}_1$$

과 같이 된다. 벡터 $\mathbf{x}^{(k)}$와 $\mathbf{v}_1$은 모두 가장 큰 성분이 1이므로

$$\lim_{k\to\infty}\frac{a_1\lambda_1^k}{c_1c_2\cdots c_k} = 1 \tag{5.7}$$

이고 따라서

$$\lim_{k\to\infty}\mathbf{x}^{(k)} = \lim_{k\to\infty}\mathbf{v}_1.$$

식 (5.7)에서 k를 $k-1$로 바꾸면

$$\lim_{k\to\infty}\frac{a_1\lambda_1^{k-1}}{c_1c_2\cdots c_{k-1}} = 1$$

이 되고, 이 식을 식 (5.7)로 나누면

$$\lim_{k\to\infty}\frac{\lambda_1}{c_k} = 1$$

가 되어, 이 식으로부터 c_k가 λ_1에 수렴함을 알 수 있다:

$$\lim_{k\to\infty}\lambda_1 = c_k$$ ■

위 증명과정에서 행렬이 하나의 우세한 고유값을 갖는다는 가정, 즉 $|\lambda_1| > |\lambda_i|,\ i \neq 1$는 파워법의 수렴을 위한 결정적인 역할을 한다. 만약 절대값이 가장 큰 고유값이 두 개이거나 중근이면 수렴을 보장할 수는 없으나, 대개의 경우에 값을 얻을 수 있다.

식 (5.6)으로부터 $\mathbf{x}^{(k)}$가 $\mathbf{v}_1$에 수렴하는 속도는 $(\lambda_2/\lambda_1)^k$에 좌우됨을 알 수 있다. 따라서 파워법은 선형적으로 수렴한다. 만약 우세고유값이 다른 고유값보다 매우 크다면, 즉 $|\lambda_1| \gg |\lambda_i|,\ i \neq 1$이라면 빠르게 수렴할 것이다.

MATLAB 프로그램

```
function  [c, x] = powerm(A)
[m, n] = size(A);
x = ones(m, 1);
k = 0;      error = 100;      tol = 1.0e-06;
disp('   k        c         x(1)        x(2)        x(3)          error')
while(k < 100 & error > tol)
    z = A*x;
    zz = abs(z);
    [p  i] = max(zz);
    c = z(i);
    x = z/c;
    error = norm(A*x - c*x);
    k = k+1;
    disp([ k    c    x'    error])
end
```

연습문제 5.1 EXERCISE

1. 다음 행렬의 우세고유값과 고유벡터를 파워법을 사용하여 구하여라.

(1) $A = \begin{bmatrix} 2 & 1 & 1 \\ 1 & 2 & 1 \\ 1 & 1 & 2 \end{bmatrix}$ (2) $A = \begin{bmatrix} -4 & 14 & 0 \\ -5 & 13 & 0 \\ -1 & 0 & 2 \end{bmatrix}$

(3) $A = \begin{bmatrix} 4 & 1 & 1 & 1 \\ 1 & 3 & -1 & 1 \\ 1 & -1 & 2 & 0 \\ 1 & 1 & 0 & 2 \end{bmatrix}$ (4) $A = \begin{bmatrix} 2.5 & -2.5 & 3.0 & 0.5 \\ 0.0 & 5.0 & -2.0 & 2.0 \\ -0.5 & -0.5 & 4.0 & 2.5 \\ -2.5 & -2.5 & 5.0 & 3.5 \end{bmatrix}$

2. **(수축법)** $\lambda_1, \lambda_2, \cdots, \lambda_n$과 $\mathbf{v}_1, \mathbf{v}_2, \cdots, \mathbf{v}_n$은 각각 행렬 A의 고유값과 고유벡터이고 λ_1의 중복도가 1이라고 가정하자. $\mathbf{x}$를 $\mathbf{x}^t\mathbf{v}=1$이 되는 벡터라 하자. 그러면 행렬

$$B = A - \lambda_1 \mathbf{v}_1 \mathbf{x}^t$$

는 고유값 $0, \lambda_2, \cdots, \lambda_n$과 이에 대응되는 고유벡터 $\mathbf{v}_1, \mathbf{w}_2, \cdots, \mathbf{w}_n$을 가지며 $\mathbf{v}_i$와 $\mathbf{w}_i$는 다음과 같은 관계를 갖는다.

$$\mathbf{v}_i = (\lambda_i - \lambda_{1)}\mathbf{w}_i + \lambda_1(\mathbf{x}^t\mathbf{w}_i)\mathbf{v}_1, \qquad i = 2, 3, \cdots, n.$$

(1) 수축법을 사용하여 예제 5.1의 나머지 고유벡터를 구하여라.
(2) 수축법을 사용하여 연습문제 1의 나머지 고유벡터를 구하여라.

3. 다음 두 행렬의 고유값을 구하여 서로 비교하여라.

$$A = \begin{bmatrix} 101 & -90 \\ 110 & -98 \end{bmatrix}, \quad B = \begin{bmatrix} 100.99 & -90.01 \\ 110.00 & -98.00 \end{bmatrix}$$

5.2 역파워법

역파워법(inverse power method)은 임의의 수 α에 가장 가까운 고유값을 구하는 방법이다.

정리 5.2

행렬 A가 고유값 λ와 이에 대응하는 고유벡터 $\mathbf{x}$를 가지면 임의의 수 $\alpha \neq \lambda$에 대해 행렬 $(A-\alpha I)^{-1}$는 고유값 $1/(\lambda-\alpha)$과 고유벡터 $\mathbf{x}$를 갖는다.

증명 가정에 의해 $A\mathbf{x} = \lambda\mathbf{x}$ 이므로

$$(A-\alpha I)\mathbf{x} = (\lambda-\alpha)\mathbf{x}$$

가 되고,

$$(A-\alpha I)^{-1}\mathbf{x} = \frac{1}{\lambda-\alpha}\mathbf{x}$$

가 성립한다. 따라서 $1/(\lambda-\alpha)$와 $\mathbf{x}$는 행렬 $(A-\alpha I)^{-1}$의 고유값과 고유벡터가 됨을 알수 있다. ■

정리 5.2에 의해 행렬 A가 서로 다른 고유값 $\lambda_1, \lambda_2, \cdots, \lambda_n$과 이에 대응하는 고유벡터 $\mathbf{v}_1, \mathbf{v}_2, \cdots, \mathbf{v}_n$을 가지면 임의로 택한 $\alpha \neq \lambda$에 대해 행렬 $(A-\alpha I)^{-1}$의 고유값은

$$\frac{1}{(\lambda_1-\alpha)}, \frac{1}{(\lambda_2-\alpha)}, \cdots, \frac{1}{(\lambda_n-\alpha)} \tag{5.8}$$

이고 고유벡터는 $\mathbf{v}_1, \mathbf{v}_2, \cdots, \mathbf{v}_n$가 된다. 행렬 $(A-\alpha I)^{-1}$에 파워법을 적용하면 우세고유값 $1/(\lambda_j-\alpha)$를 구할 수 있다.

$$\left|\frac{1}{(\lambda_j-\alpha)}\right| > \left|\frac{1}{(\lambda_i-\alpha)}\right|, \quad i=1, 2, \cdots, n, \quad i \neq j \tag{5.9}$$

이므로

$$|\lambda_j-\alpha| < |\lambda_i-\alpha|, \quad i=1, 2, \cdots, n, \quad i \neq j \tag{5.10}$$

가 되어 α에 가장 가까운 A의 고유값 λ_j를 얻을 수 있다. 특히 $\alpha=0$으로 택하면 λ_j는 A

의 절대값이 가장 작은 고유값이 된다.

역파워법에서 주의할 점은 수열 $\mathbf{z}^{(k)} = (A-\alpha I)^{-1}\mathbf{x}^{(k)}$를 계산할 때 행렬 $A-\alpha I$의 역행렬을 직접 계산하지 말아야 한다는 것이다. 역행렬을 구하는 데는 많은 계산시간이 소요되므로 수열 $\mathbf{z}^{(k)}$는 동치인 선형방정식

$$(A-\alpha I)\mathbf{z}^{(\mathrm{k})} = \mathbf{x}^{(\mathrm{k})} \tag{5.11}$$

를 풀어서 얻어야 한다. 역파워법 알고리즘은 다음과 같다.

역파워법 알고리즘

상수 α와 초기값 $\mathbf{x}^{(0)}$를 적절히 택한다.

For $n = 1, 2, \cdots$

(1) 선형방정식 $(A-\alpha I)\mathbf{z}^{(k)} = \mathbf{x}^{(k)}$를 풀어 $\mathbf{z}^{(k)}$를 구한다.

(2) $c_{k+1} = \mathbf{z}^{(k)}$의 절대값이 가장 큰 성분 계산

(3) $\mathbf{x}^{(k+1)} = \dfrac{1}{c_{k+1}}\mathbf{z}^{(k)}$

역파워법 알고리즘에 의해 수열 c_k가 $(A-\alpha I)^{-1}$의 우세고유값 μ_1에 수렴하면 이로부터 행렬 A의 고유값은

$$\lambda_j = \frac{1}{\mu_1} + \alpha \tag{5.12}$$

가 된다.

예제 5.2 역파워법을 사용하여 다음 행렬의 고유값과 대응하는 고유벡터를 구하라.

$$A = \begin{bmatrix} 0 & 11 & -5 \\ -2 & 17 & -7 \\ -4 & 26 & -10 \end{bmatrix}$$

풀이 (i) 먼저 $\alpha = 0$을 택한다.

초기값 $\mathbf{x}^{(0)} = (0\ \ 1\ \ 1)^t$에서 시작하자. (초기값 $\mathbf{x}^{(0)} = (1\ \ 1\ \ 1)^t$은 다른 값으로 수렴함을 확인할 것.) 첫 번째 반복에서

$$c_1 = -\frac{11}{4}, \qquad \text{그리고} \qquad \mathbf{x}^{(1)} = (0.5455\ \ \ 0.4545\ \ \ 1)^t$$

가 된다. 계속해서 반복하면 표 5.2와 같이 되어 고유값 $\mu_1 = 1$과 고유벡터 $\mathbf{v}_1 = \left(\frac{1}{2}\ \frac{1}{2}\ 1\right)^t$에 수렴함을 알 수 있다. 따라서 행렬 A의 절대값이 가장 작은 고유값은 $\lambda_1 = 1/1 = 1$이다.

(ii) 이제 $\alpha = 2.5$를 택한다.

초기값 $\mathbf{x}^{(0)} = (1\ 1\ 1)^t$에서 시작하면 표 5.3과 같이 고유값 $\mu_2 = -2$와 고유벡터 $\mathbf{v}_1 = \left(\frac{1}{4}\ \frac{1}{2}\ 1\right)^t$에 수렴한다. 따라서 행렬 A의 고유값은 $\lambda_2 = -1/2 + 2.5 = 2$이다.

표 5.2 역파워법 $(\alpha = 0)$

k	c_k	$\mathbf{x}^{(k)}$
1	−2.750000	(0.545454 0.454545 1)
2	1.340909	(0.508475 0.491525 1)
3	1.063559	(0.501992 0.498008 1)
4	1.014940	(0.500491 0.499509 1)
5	1.003680	(0.500122 0.499878 1)
6	1.000917	(0.500031 0.499970 1)
7	1.000229	(0.500008 0.499992 1)
8	1.000057	(0.500002 0.499998 1)
9	1.000014	(0.500000 0.500000 1)
10	1.000004	(0.500000 0.500000 1)

표 5.3 역파워법 $(\alpha = 2.5)$

k	c_k	$\mathbf{x}^{(k)}$
1	11.333333	(0.294118 0.529412 1)
2	−1.215686	(0.225807 0.483871 1)
3	−2.430108	(0.256637 0.504425 1)
4	−1.882001	(0.247649 0.498433 1)
5	−2.041797	(0.250768 0.500512 1)
6	−1.986353	(0.249742 0.499828 1)
7	−2.004580	(0.250086 0.500057 1)
8	−1.998477	(0.249971 0.499981 1)
9	−2.000508	(0.250010 0.500006 1)
10	−1.999831	(0.249997 0.499998 1)
11	−2.000057	(0.250001 0.500001 1)
12	−1.999981	(0.250000 0.500000 1)

역파워법을 효율적으로 적용하기 위하여 고유값의 위치를 파악할 필요가 있다. Gerschgorin 써클정리는 고유값이 놓인 영역에 대한 정보를 제공한다.

정리 5.3

행렬 A가 대칭행렬이면 A의 모든 고유값은 실수이다.

정리 5.3 Gerschgorin 써클정리

n차 정방행렬 $A=(a_{ij})$에 대하여

$$r_k = \sum_{j \neq k} |a_{kj}|, \qquad R_k = \{z \in \mathbb{C} \mid |z - a_{kk}| < r_k\}$$

라 하면 A의 고유값 λ는 어떤 $k\ (1 \le k \le n)$에 대해 $\lambda \in R_k$이다.

정리 5.4에서 $\mathbb{C}$는 복소평면을 의미한다. 다음 예제를 보자.

예제 5.3 다음 행렬의 고유값이 속하는 구간을 구하라.

$$A = \begin{bmatrix} 1 & 2 & -1 \\ 2 & 7 & 0 \\ -1 & 0 & -5 \end{bmatrix}$$

풀이 행렬 A는 대칭행렬이므로 모든 고유값은 실수이다. Gerschgorin 써클정리에 의하여 A의 고유값은

$$|\lambda - 1| < 3, \qquad |\lambda - 7| < 2, \qquad |\lambda + 5| < 1$$

를 만족한다. 따라서 A의 고유값은 다음 구간 내에 위치한다.

$$[-2, 4], \qquad [5, 9], \qquad [-6, -4]$$

실제 A의 고유값은 다음과 같다.

$$\lambda_1 = -5.17, \qquad \lambda_2 = -0.559, \qquad \lambda_3 = 7.612$$

MATLAB 프로그램

```
function  [c, x] = invpower(A,alpha)
[m, n] = size(A);
x = ones(m, 1);
k = 0;      error = 100;      tol = 1.0e-6;
B = A-alpha*eye(m);
disp('    k        c        x(1)        x(2)        x(3)        error')
while(k < 100 & error > tol)
    z = B\x;
    zz = abs(z);
    [p  i] = max(zz);
    c = z(i);
    x = z/c;
    error = norm(B*x - x/c);
    k = k+1;
    disp([ k    c    x'    error])
end
```

연습문제 5.2 EXERCISE

1. 연습문제 5.1의 1번에 역파워법을 사용하여 고유값과 고유벡터를 구하여라.

2. 수축법으로 행렬의 모든 고유값을 구한다면 이는 좋은 근사값으로 보기 어렵다. 수축법으로 구한 근사값을 역파워법의 초기값으로 사용하면 좋은 근사값을 구할 수 있다. 연습문제 5.1의 2번에서 수축법으로 구한 값을 역파워법의 초기값으로 사용하여 고유값을 보정하여라.

제6장

보간법과 근사 다항식

인구센서스나 연도별 경제지표, 또는 실험에서 얻어지는 자료 등을 가지고 자료의 배열 추이와 경향을 예측하는 일은 자료의 분석과 지표수립에 있어서 뿐만 아니라 자료의 일부를 가지고 샘플링을 할 때 자료의 복원을 위해서도 중요한 부분이다. 데이터 분석을 위해 필요한 기본적인 접근 방법은 데이터를 지나는 다항식을 구하는 방법이다.

보간법의 형식은 크게 두 가지로 나누어진다. 첫째는 전 구간에서 데이터를 지나는 높은 차수의 보간 다항식을 구하는 방법이고, 다른 하나는 데이터가 배열되어 있는 구간을 나누어 각 구간별로 정해진 차수의 다항식으로 연속성 및 미분의 차수와 연계하여 매끄러운 함수가 얻어지도록 하는 스플라인 기법이 있다. 이 장에서는 보간 형식에 따라 Lagrange 및 Newton 보간 다항식, Hermite 보간 다항식과 스플라인 기법에 의한 자연과 고정 3차 스플라인 및 B-스플라인을 구하는 원리와 방법을 알아본다.

6.1 보간법

평면상에서 주어진 데이터 점을 모두 지나는 다항식을 구하는 기법을 **보간법**(interpolation method)이라고 한다. 보간법에 대한 기본적인 문제 형식은 다음과 같다.

평면상에 주어진 $n+1$개의 데이터 점 $\{(x_j, y_j) | j=0,1,2,\cdots,n\}$에 대해

$$p(x_j) = y_j, \quad (j=0,\ 1,\ 2,\ \cdots,\ n) \tag{6.1}$$

인 n차 다항식 $p(x)$를 구하라.

여기서 2차원 데이터 $\{(x_j,\ y_j)\}$을 **보간점**(interpolation points), 보간점의 x좌표 $\{x_j\}$를 **마디점**(nodal points, nodes)이라 하고, 맞춤 조건 (6.1)을 **보간 조건**(interpolating condition), $p(x_j)=y_j$인 보간점을 지나는 다항식 $p(x)$를 **보간 다항식**(interpolating polynomial)이라고 한다. 이때 마디점은 서로 다르다고 가정한다. 데이터 점의 수와 보간 다항식의 차수는 긴밀한 관계에 있으므로 $n+1$개의 서로 다른 데이터 점을 지나는 n차 보간 다항식을 $p_n(x)$로 나타내기로 한다.

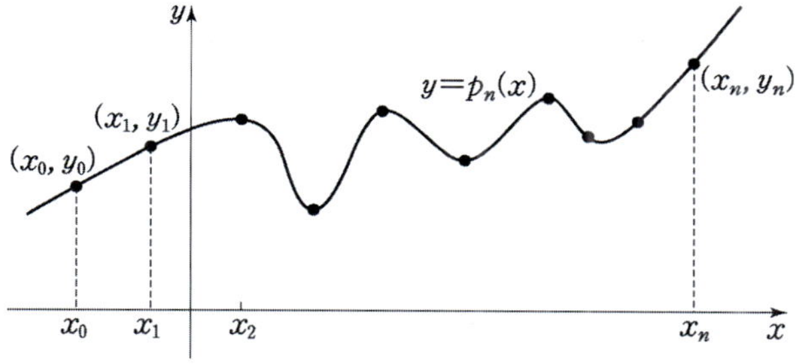

그림 6.1 데이터와 보간 다항식

간단한 예로서 두 보간점을 지나는 1차 보간 다항식은 두 점을 지나는 직선이다.

예제 6.1 다음 데이터 점을 지나는 1차 보간 다항식을 구하라.

x_j	1	2
y_j	2.8	4.2

풀이 구하는 1차식은 평면상의 두 점 (1, 2.8), (2, 4.2)를 지나는 직선의 방정식과 같으므로

$$\begin{aligned} p_1(x) &= y_0 + \frac{y_1 - y_0}{x_1 - x_0}(x - x_0) \\ &= 2.8 + \frac{4.2 - 2.8}{2 - 1}(x - 1) \\ &= 2.8 + 1.4(x - 1) \end{aligned}$$

으로 주어진다.

보간 다항식의 존재와 유일성에 대해 알아보자. 먼저, 보간 문제 (6.1)의 해가 유일하게 존재함을 보이자.

정리 6.1

주어진 $n+1$개의 상이한 마디점 $x_0, x_1, \cdots, x_n$에 대하여 보간점 $\{(x_j, y_j) | j = 0, 1, 2, \cdots, n\}$을 지나는 n차 보간 다항식 $p_n(x)$는 유일하게 존재한다.

증명 구하는 n차 다항식을

$$p_n(x) = a_0 + a_1 x + a_2 x^2 + \cdots + a_n x^n$$

이라 하면 $n+1$개의 보간 조건

$$p_n(x_j) = y_j, \ (j = 0, \ 1, \ 2, \ \cdots, \ n)$$

으로부터 연립방정식

$$A\boldsymbol{a} := \begin{bmatrix} 1 \ x_0 \ x_0^2 \cdots x_0^n \\ 1 \ x_1 \ x_1^2 \cdots x_1^n \\ 1 \ x_2 \ x_2^2 \cdots x_2^n \\ \vdots \\ 1 \ x_n \ x_n^2 \cdots x_n^n \end{bmatrix} \begin{bmatrix} a_0 \\ a_1 \\ a_2 \\ \vdots \\ a_n \end{bmatrix} = \begin{bmatrix} y_0 \\ y_1 \\ y_2 \\ \vdots \\ y_n \end{bmatrix} := \boldsymbol{y} \tag{6.2}$$

를 얻는다. 이때 계수행렬 A는 **Vandermonde 행렬**(Vandermonde matrix)이라고 하며 A의 행렬식의 값은

$$\det(A) = \prod_{0 \le j < i \le n}^{n} (x_i - x_j)$$

이다. 여기서 마디점 x_j가 서로 다르므로 $\det(A) \neq 0$이고 따라서 연립방정식 (6.2)의 해는 유일하게 결정된다. 따라서 보간 다항식의 계수 $a_0, a_1, \cdots, a_n$이 유일하게 결정되므로 보간 조건 (6.1)을 만족하는 다항식 $p_n(x)$는 유일하게 존재한다. ■

이제 보간 다항식을 조직적으로 결정하는 방법에 대해 살펴보자. 먼저, (6.2)의 형태는 시스템 행렬 A의 계산에 의존하므로 수치해석적인 요구에 적합하지 않다. 따라서 보간 다항식을 결정하는 별도의 형식을 모색할 필요가 있다.

n차 다항식의 집합을 P_n이라 하면 P_n은 $n+1$차원 벡터공간을 형성한다. 따라서 보간 다항식을 결정하는 적합한 형태는 P_n의 기저의 선택에 의존한다. 두 보간점 (x_0, y_0)와 (x_1, y_1)을 지나는 1차식을 예로 들어보자.

먼저 마디점으로부터 1차식

$$\ell_0(x) = \frac{x - x_1}{x_0 - x_1}, \quad \ell_1(x) = \frac{x - x_0}{x_1 - x_0}$$

를 설정하면 $p(x) = y_0 \ell_0(x) + y_1 \ell_1(x)$는 1차식이고,

$$\ell_0(x_0) = \frac{x_0 - x_1}{x_0 - x_1} = 1, \ \ell_0(x_1) = \frac{x_1 - x_1}{x_0 - x_1} = 0; \ \ell_1(x_0) = 0, \ \ell_1(x_1) = 1$$

이므로 $p(x)$는 $p(x_0)=y_0$, $p(x_1)=y_1$인 1차 보간 다항식이 된다.

한편, 구하는 1차식을 $p(x)=a+b(x-x_0)$라 두면 보간 조건으로부터 $a=p(x_0)=y_0$이고, $p(x_1)=a+b(x_1-x_0)=y_1$이므로 $b=\dfrac{y_1-y_0}{x_1-x_0}$가 되어 구하는 1차 보간 다항식은 $p(x)=y_0+\dfrac{y_1-y_0}{x_1-x_0}(x-x_0)$로 표현된다.

이와 같이 $x_0, x_1, \cdots, x_n$을 서로 다른 $n+1$개의 마디점이라 할 때 n차 보간 다항식의 형식은 기저의 선택에 따라 Lagrange 형식과 Newton 형식으로 구별된다.

Lagrange 보간 형식

마디점에 의존하는 다음과 정의된 n차 다항식 $\ell_{n,j}(x)$를 생각하자.

$$\begin{aligned}\ell_{n,j}(x) &= \prod_{\substack{k=0\\k\neq j}}^{n}\frac{x-x_k}{x_j-x_k}\\ &= \frac{(x-x_0)\cdots(x-x_{j-1})(x-x_{j+1})\cdots(x-x_n)}{(x_j-x_0)\cdots(x_j-x_{j-1})(x_j-x_{j+1})\cdots(x_j-x_k)}\end{aligned} \tag{6.3}$$

(6.3)에 의해 $\ell_{n,j}$는

$$\ell_{n,j}(x_k)=\delta_{jk}=\begin{cases}1, & j=k\\0, & j\neq k\end{cases} \tag{6.4}$$

를 만족하므로 $\{\ell_{n,j}(x) \mid j=0,1,2,\cdots,n\}$가 P_n의 기저를 이룸은 자명하다. 전형적인 $\ell_{n,j}$의 그래프는 그림 6.2와 같다. 이 기저를 P_n에 대한 **Lagrange 기저**(Lagrange basis)라고 한다. Lagrange 기저로 표현된 다항식을 **Lagrange 다항식**(Lagrange polynomial), 또는 다항식의 **Lagrange 보간 형식**(Lagrange interpolating form)이라고 한다.

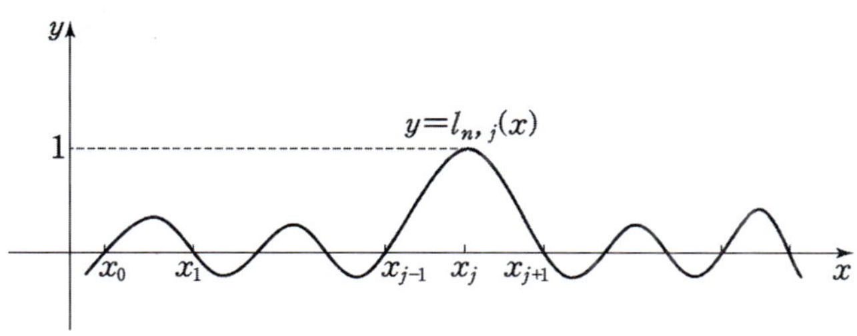

그림 6.2 Lagrange 기저 $\ell_{n,j}(x)$의 그래프

정리 6.2

주어진 $n+1$개의 상이한 마디점 $x_0,\ x_1,\ \cdots,\ x_n$에 대하여 데이터 점 $\{(x_j,\ y_j) \mid j=0,\ 1,\ 2,\ \cdots,\ n\}$을 지나는 n차 보간 다항식 $p_n(x)$에 대한 Lagrange 형식은 다음과 같다.

$$p_n(x) = \sum_{j=0}^{n} y_j\, \ell_{n,j}(x) \tag{6.5}$$

증명 (6.5)에서 p_n은 n차 다항식 $\ell_{n,j}(x)$의 일차 결합으로 표현되므로 명백히 p_n은 n차 다항식이다. 또한

$$p_n(x_k) = \sum_{j=0}^{n} y_j\, \ell_{n,j}(x_k) = \sum_{j=0}^{n} y_j\, \delta_{jk} = y_k\,, \qquad (k=0,\ 1,\ 2,\ \cdots,\ n)$$

이 성립하므로 식 (6.5)는 데이터에 대한 n차 보간 다항식을 이룬다. ■

보간 형식 (6.5)는 1779년에 웨어링(Waring)에 의해 발견되었고, 1786년 오일러(Euler)에 의해 독립적으로 재발견 되었으며 1795년에 라그랑주(Lagrange)에 의해 논문으로 출간되었다.

정리 6.2에 덧붙여 정리 6.1에서 제기된 n차 보간 다항식의 유일성을 다음과 같이 Lagrange 형식을 통해 보일 수 있다.

$q(x)$를 데이터 $\{(x_j,\ y_j) \mid j=0,\ 1,\ 2,\ \cdots,\ n\}$에 대한 다른 n차 보간 다항식이라 할 때, $r(x)=p_n(x)-q(x)$는 n차 다항식으로서

$$r(x_j) = p_n(x_j) - q(x_j) = y_j - y_j = 0\,,\ \ (j=0,\ 1,\ 2,\ \cdots,\ n)$$

이므로 n차 다항식 $r(x)$가 적어도 $n+1$개의 근을 갖게 된다. 따라서 대수학의 기본정리에 의해 모든 n차 다항식은 기껏해야 n개의 근을 가지므로 $r(x)=0$, 즉 $q(x)=p_n(x)$가 성립한다. 즉 n차 보간 다항식은 유일하다.

예제 6.2 다음 보간점에 대한 2차 보간 다항식의 Lagrange 형식을 구하라.

x_j	-1	0	2
y_j	1	-1	2

풀이 $\ell_{2,0}(x)=\dfrac{(x-x_1)(x-x_2)}{(x_0-x_1)(x_0-x_2)}=\dfrac{(x-0)(x-2)}{(-1-0)(-1-2)}$

$$=\frac{1}{3}x(x-2),$$

$$\ell_{2,1}(x)=\frac{(x-x_0)(x-x_2)}{(x_1-x_0)(x_1-x_2)}=\frac{(x+1)(x-2)}{(0+1)(0-2)}$$

$$=-\frac{1}{2}(x+1)(x-2),$$

$$\ell_{2,2}(x)=\frac{(x-x_0)(x-x_1)}{(x_2-x_0)(x_2-x_1)}=\frac{(x+1)(x-0)}{(2+1)(2-0)}$$

$$=\frac{1}{6}x(x+1)$$

따라서 2차 보간 다항식은

$$\begin{aligned}p_2(x)&=y_0\ell_{2,0}(x)+y_1\ell_{2,1}(x)+y_2\ell_{2,2}(x)\\&=\frac{1}{3}x(x-2)+\frac{1}{2}(x+1)(x-2)+\frac{1}{3}x(x+1)\end{aligned}$$

로 주어진다.

데이터가 함수 $f(x)$로부터 주어지면, 즉

$$f(x_j)=y_j, \qquad (j=0,\ 1,\ 2,\ \cdots,\ n)$$

이면 함수 $f(x)$에 대한 n차 보간식의 Lagrange 형식은 (6.5)에 의해

$$p_n(x)=\sum_{j=0}^{n}f(x_j)\ell_{n,j}(x) \tag{6.6}$$

으로 주어진다.

예제 6.3 함수 $f(x)=x^3-3x+1$에 대해 다음을 구하여라.

(1) 마디점 $\{x_0=-2,\ x_1=-1,\ x_2=1\}$에서 $f(x)$에 대한 2차 보간 다항식의 Lagrange 형식 $p_2(x)$를 구하고 그 그래프를 그려라.

(2) 마디점 $x_3=2$를 추가했을 때 3차 보간 다항식의 Lagrange 형식 $p_3(x)$를 구하고, $f(x)$와 비교하라.

풀이 (1) $\ell_{2,0}(x)=\dfrac{(x+1)(x-1)}{(-2+1)(-2-1)}=\dfrac{1}{3}(x+1)(x-1),$

$$\ell_{2,1}(x) = \frac{(x+2)(x-1)}{(-1+2)(-1-1)} = -\frac{1}{2}(x+2)(x-1),$$

$$\ell_{2,2}(x) = \frac{(x+2)(x+1)}{(1+2)(1+1)} = \frac{1}{6}(x+2)(x+1)$$

따라서

$$p_2(x) = f(x_0)\ell_{2,0}(x) + f(x_1)\ell_{2,1}(x) + f(x_2)\ell_{2,2}(x)$$
$$= -\frac{1}{3}(x+1)(x-1) - \frac{3}{2}(x+2)(x-1) - \frac{1}{6}(x+2)(x+1)$$

$f(x)$와 $p_2(x)$의 그래프를 비교하면 그림 6.3과 같다.

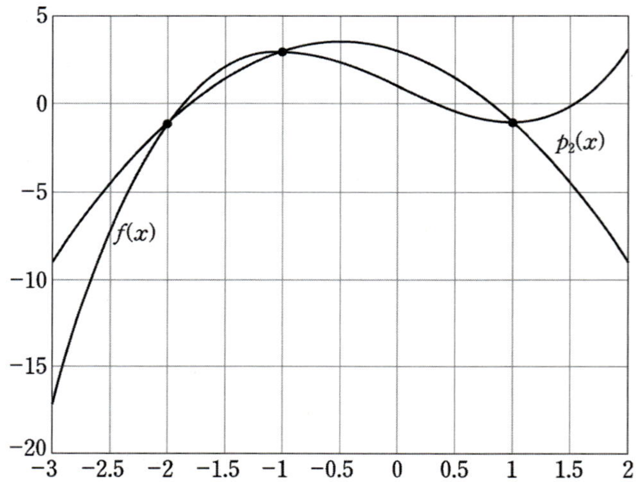

그림 6.3 함수 $f(x) = x^3 - 3x + 1$과 2차 보간 다항식

(2) 마디점 $x_3 = 2$가 추가되면 마디점 $\{x_0, x_1, x_2, x_3\}$에 대한 Lagrange 기저는 각각

$$\ell_{3,0}(x) = \frac{(x+1)(x-1)(x-2)}{(-2+1)(-2-1)(-2-2)} = -\frac{1}{12}(x+1)(x-1)(x-2),$$

$$\ell_{3,1}(x) = \frac{(x+2)(x-1)(x-2)}{(-1+2)(-1-1)(-1-2)} = \frac{1}{6}(x+2)(x-1)(x-2),$$

$$\ell_{3,2}(x) = \frac{(x+2)(x+1)(x-2)}{(1+2)(1+1)(1-2)} = -\frac{1}{6}(x+2)(x+1)(x-2),$$

$$\ell_{3,3}(x) = \frac{(x+2)(x+1)(x-1)}{(2+2)(2+1)(2-1)} = \frac{1}{12}(x+2)(x+1)(x-1)$$

이다. 따라서 3차 Lagrange 보간 다항식은

$$
\begin{aligned}
p_3(x) &= \sum_{j=0}^{3} f(x_j)\ell_{3,j}(x) \\
&= \frac{1}{12}(x+1)(x-1)(x-2) + \frac{1}{2}(x+2)(x-1)(x-2) \\
&\quad + \frac{1}{6}(x+2)(x+1)(x-2) + \frac{1}{4}(x+2)(x+1)(x-1)
\end{aligned}
$$

이고, 이를 전개해서 간략히 하면 $p_3(x) = x^3 - 3x + 1$이 되어 3차 다항식인 원함수 $f(x)$와 일치함을 알 수 있다.

Lagrange 보간 형식은 지정 마디점에서만 1이 되는 기저의 선정으로 표현이 간편하고 알기 쉽다는 장점이 있으나, 예제 6.3에서와 같이 새로운 마디점을 추가할 때 이전의 계산 정보를 활용하기 어려운 단점이 있다. 예를 들어, 함수 $f(x)$에 대한 보간 다항식을 구하고자 할 경우 마디점을 증가시켜 $f(x)$에 만족할 만한 근사값을 얻기 위해서 보간 다항식 $p_n(x)$의 차수를 높여야 하는데, $p_n(x)$를 구하기 위해 사용된 결과가 마디점을 새롭게 추가해서 구하고자 하는 $n+1$차 보간 다항식 $p_{n+1}(x)$의 계산에 재투입되어 사용하지 못하고 모든 계산을 다시 수행해야 한다는 것이다. 이러한 문제점을 용이하게 처리하는 방법으로 Newton 보간 형식을 들 수 있다.

Newton 보간 형식

$n+1$개의 서로 상이한 마디점 $x_0, x_1, x_2, \cdots, x_n$에 대해서

$$
\{1, (x-x_0), (x-x_0)(x-x_1), \cdots, (x-x_0)(x-x_1)\cdots(x-x_{n-1})\} \tag{6.7}
$$

은 P_n의 기저를 이룬다. 이 기저를 P_n에 대한 **Newton 기저**(Newton basis)라고 하고, Newton 기저로 표현된 다항식을 **Newton 다항식**(Newton polynomial), 또는 다항식의 **Newton 보간 형식**(Newton interpolating form)이라고 한다.

이제 $p_n(x_j) = y_j$, $(j = 0, 1, 2, \cdots, n)$인 $n+1$개의 데이터 점을 지나는 n차 보간 다항식 p_n에 대한 Newton 보간 형식을 구해 보자. p_n을 Newton 기저로 표현하면

$$
\begin{aligned}
p_n(x) = a_0 + a_1(x-x_0) + a_2(x-x_0)(x-x_1) + \cdots \\
\cdots + a_n(x-x_0)(x-x_1)\cdots(x-x_{n-1})
\end{aligned}
$$

로 쓸 수 있다. 보간 조건으로부터 계수 $a_0, a_1, a_2, \cdots, a_n$을 순차적으로 결정하면

$$
y_0 = p_n(x_0) = a_0,
$$

$$y_1 = p_n(x_1) = a_0 + a_1(x_1 - x_0) \;\Rightarrow\; a_1 = \frac{y_1 - y_0}{x_1 - x_0} \text{ 이고,}$$

$$y_2 = p_n(x_2) = a_0 + a_1(x_2 - x_0) + a_2(x_2 - x_0)(x_2 - x_1) \text{으로부터}$$

$$a_2 = \frac{y_2 - y_0 - \dfrac{y_1 - y_0}{x_1 - x_0}(x_2 - x_0)}{(x_2 - x_0)(x_2 - x_1)} = \frac{\dfrac{y_2 - y_1}{x_2 - x_1} - \dfrac{y_1 - y_0}{x_1 - x_0}}{x_2 - x_0}$$

가 얻어진다. 표현을 간소화하기 위해 다음과 같이 정의된 기호를 사용하자.

$$[y_{012\cdots k}] = \frac{[y_{12\cdots k}] - [y_{012\cdots (k-1)}]}{x_k - x_0}, \quad [y_i] = y_i \tag{6.8}$$

그러면 정의로부터

$$[y_{i(i+1)}] = \frac{[y_{i+1}] - [y_i]}{x_{i+1} - x_i} = \frac{y_{i+1} - y_i}{x_{i+1} - x_i}$$

이므로 계수 a_0, a_1, a_2는

$$a_0 = y_0 = [y_0], \quad a_1 = \frac{y_1 - y_0}{x_1 - x_0} = [y_{01}], \quad a_2 = \frac{[y_{12}] - [y_{01}]}{x_2 - x_0} = [y_{012}]$$

로 표현된다. 따라서 세 점 (x_0, y_0), (x_1, y_1), (x_2, y_2)을 지나는 2차 보간 다항식은

$$p_2(x) = [y_0] + [y_{01}](x - x_0) + [y_{012}](x - x_0)(x - x_1)$$

로 나타낼 수 있다.

정리 6.3

주어진 $n+1$개의 상이한 마디점 x_0, x_1, $\cdots$, x_n에 대하여 보간점 $\{(x_j, y_j) \mid j = 0, 1, 2, \cdots, n\}$을 지나는 n차 보간 다항식 $p_n(x)$에 대한 Newton 형식은 다음과 같다.

$$p_n(x) = \sum_{j=0}^{n} [y_{012\cdots j}] \prod_{k=0}^{j-1} (x - x_k) \tag{6.9}$$

증명 n에 대한 수학적 귀납법으로 증명하자.

위에서 $n=2$에 대해서는 앞에서 증명되었다. 이제 귀납법 가정에 의해 n개의 보간점 $\{(x_j,\ y_j)|\ j=0,\ 1,\ 2,\ \cdots,\ n-1\}$을 지나는 $n-1$차 보간 다항식 $p_{n-1}(x)$의 Newton 형식을

$$p_{n-1}(x)=\sum_{j=0}^{n-1}[y_{012\cdots j}]\prod_{k=0}^{j-1}(x-x_k)$$

이라고 하자. 또한 $q(x)$를 n개의 보간점 $\{(x_j,\ y_j)|\ j=1,\ 2,\ \cdots,\ n\}$을 지나는 $n-1$차 보간 다항식이라 하면 귀납법 가정에 의해 $q(x)$는

$$q(x)=\sum_{j=1}^{n}[y_{12\cdots j}]\prod_{k=1}^{j}(x-x_k)$$

형식으로 쓸 수 있다.

이제 주어진 $n+1$개의 보간점을 지나는 n차 보간 다항식 $p_n(x)$를

$$p_n(x)=q(x)+\frac{x-x_n}{x_n-x_0}(q(x)-p_{n-1}(x)) \tag{6.10}$$

로 나타낼 수 있음을 보이자. 먼저 (6.10)의 오른쪽은 명백히 n차 다항식이다.

한편,

$$p_n(x_0)=q(x_0)-(q(x_0)-p_{n-1}(x_0))=p_{n-1}(x_0)=y_0$$

이고, $j=1,\ 2,\ \cdots,\ n-1$에 대해 $q(x_j)=y_j$, $p_{n-1}(x_j)=y_j$이므로

$$p_n(x_j)=q(x_j)=y_j,\ \ (j=1,\ 2,\ \cdots,\ n-1).$$

또한, 식 (6.10)에 의해 $p_n(x_n)=q(x_n)=y_n$이다. 따라서 식 (6.10)의 오른쪽은 $n+1$개의 데이터 점을 지나는 n차 보간 다항식이고, 보간 다항식의 유일성에 의해 식 (6.10)이 성립한다.

Newton 형식에 의해 $p_n(x)$는

$$p_n(x)=p_{n-1}(x)+a_n(x-x_0)(x-x_1)\cdots(x-x_{n-1})$$

으로 쓸 수 있으므로 식 (6.10)에 의해 $a_n=[y_{012\cdots n}]$이 됨을 보이면 귀납법에 의해 식 (6.9)가 성립한다. a_n은 $p_n(x)$의 n차 항의 계수이므로 식 (6.10)에서 n차 항의 계수를 일치시키면

$$
\begin{aligned}
a_n &= \frac{1}{x_n - x_0}(x\,q(x) - x\,p_{n-1}(x))\text{의 } n\text{차 항의 계수} \\
&= \frac{[y_{12\cdots n}] - [y_{01\cdots(n-1)}]}{x_n - x_0} = [y_{012\cdots n}]
\end{aligned}
$$

이 되어 정리가 성립한다. ■

Newton 보간 형식 (6.9)는 계수 $a_j = [y_{012\cdots j}]$와 합 $\sum_{j=0}^{n} a_j \prod_{k=0}^{j-1}(x - x_k)$의 계산에 의해 결정된다.

계수는

$$
a_j = [y_{012\cdots j}] = \frac{[y_{12\cdots j}] - [y_{012\cdots(j-1)}]}{x_j - x_0}
$$

이므로 i와 j가 $0 \le i < j$인 정수일 때,

$$
[y_{i(i+1)\cdots j}] = \frac{[y_{(i+1)(i+2)\cdots j}] - [y_{i(i+1)\cdots(j-1)}]}{x_j - x_i}, \quad (i < j) \tag{6.11}
$$

로 나타내면 계수 a_j의 계산을 수월하게 수행할 수 있다.

식 (6.11)을 보간점 $\{(x_j, y_j)\}$에 대한 **Newton 분할차분**(Newton's divided difference)이라고 한다. 계수 a_j는 표 6.1과 같이 열별로 이전 자료에 대한 순차적인 계산을 통해 쉽게 구할 수 있다. 이러한 도표를 **Newton 분할차분표**(Newton's divided difference table)라고 한다.

특별히 y-데이터가 주어진 함수 $f(x)$로부터 얻어진 것일 때, 즉

$$
f(x_j) = y_j, \quad (j = 0,\ 1,\ 2,\ \cdots,\ n)
$$

이면 $[y_{012\cdots j}]$를 $f[x_0,\ x_1,\ x_2,\ \cdots,\ x_j]$로 표기한다. 이 때 Newton의 분할차분 (6.11)을 다음과 같이 정의한다.

$$
f[x_i,\ x_{i+1},\ \cdots,\ x_j] = \frac{f[x_{i+1},\ x_{i+2},\ \cdots,\ x_j] - f[x_i,\ x_{i+1},\ \cdots,\ x_{j-1}]}{x_j - x_i} \tag{6.12}
$$

이때 $f[x_j] = f(x_j)$이다.

표 6.1 Newton 분할차분표

x_0	$y_0 = [y_0]$					
		$[y_{01}]$				
x_1	y_1		$[y_{012}]$			
		$[y_{12}]$		$[y_{0123}]$		
x_2	y_2		$[y_{123}]$		$\cdots\cdots$	$[y_{012\cdots n}]$
		$[y_{23}]$		$[y_{1234}]$		
$\vdots$	$\vdots$		$\vdots$	$\vdots$		
		$\vdots$				
x_{n-1}	y_{n-1}					
		$[y_{(n-1)n}]$				
x_n	y_n					

예제 6.4 예제 6.3에 주어진 함수 $f(x) = x^3 - 3x + 1$에 대해 다음을 구하여라.

(1) 마디점 $\{x_0 = -2, x_1 = -1, x_2 = 1\}$에서 $f(x)$에 대한 2차 보간 다항식의 Newton 형식 $p_2(x)$를 구하라.

(2) 마디점 $x_3 = 2$를 추가했을 때 3차 보간 다항식의 Newton 형식 $p_3(x)$를 구하고, $f(x)$와 비교하라.

풀이 (1) 주어진 함수값에 대하여 분할차분표를 만들면 다음과 같다.

$x_0 = -2$	$f[x_0] = -1$		
		$f[x_0,x_1] = \frac{3+1}{-1+2} = 4$	
$x_1 = -1$	$f[x_1] = 3$		$f[x_0,x_1,x_2] = \frac{-2-4}{1+2} = -2$
		$f[x_1,x_2] = \frac{-1-3}{1+1} = -2$	
$x_2 = 1$	$f[x_2] = -1$		

따라서

$$\begin{aligned} p_2(x) &= f[x_0] + f[x_0,\ x_1](x - x_0) + f[x_0,\ x_1,\ x_2](x - x_0)(x - x_1) \\ &= -1 + 4(x+2) - 2(x+2)(x+1) \end{aligned}$$

이고, 이것은 예제 6.3에서 얻어진 2차 Lagrange 보간 다항식과 일치한다.

(2) 새로운 마디점 $x_3=2$가 추가되면 3차 Newton 보간 형식은 3차 항의 계수 $a_3=f[x_0,x_1,x_2,x_3]$의 계산이 필요하므로 위 (1)의 분할차분표에 $f[x_3]$, $f[x_{2,}x_3]$, $f[x_1,x_2,x_3]$, $f[x_0,x_1,x_2,x_3]$의 계산을 추가하면

$$f[x_3]=f(x_2)=3,$$

$$f[x_2,\ x_3]=\frac{f[x_3]-f[x_2]}{x_3-x_2}=\frac{3+1}{2-1}=4,$$

$$f[x_1,\ x_2,\ x_3]=\frac{f[x_2,\ x_3]-f[x_1,\ x_2]}{x_3-x_1}=\frac{4+2}{2+1}=2,$$

$$f[x_{0,}\ x_1,\ x_2,\ x_3]=\frac{f[x_1,\ x_2,\ x_3]-f[x_0,\ x_1,\ x_2]}{x_3-x_0}=\frac{2+2}{2+2}=1$$

이다. 따라서 3차 Newton 보간 다항식은

$$\begin{aligned}p_3(x)&=p_2(x)+f[x_0,\ x_1,\ x_2,\ x_3](x-x_0)(x-x_1)(x-x_2)\\&=-1+4(x+2)-2(x+2)(x+1)+(x+2)(x+1)(x-1)\end{aligned}$$

이 되고, 이것을 전개하면 3차 함수인 원래 함수 $f(x)=x^3-3x+1$과 일치한다. 두 보간 다항식의 비교를 위해서 그림 6.4를 참조하라.

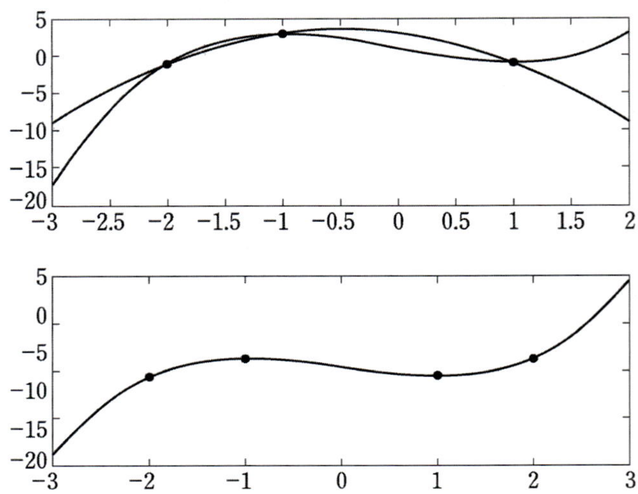

그림 6.4 $f(x)=x^3-3x+1$에 대한 2차와 3차 보간 다항식

예제 6.3과 6.4를 비교해보면 Lagrange 보간 형식과 Newton 보간 형식의 차이점을 알 수 있다. Lagrange 보간 형식은 모든 마디점에 대해 같은 차수의 기저를 생성함으로서 구할 수

있다. 따라서 마디점이 추가될 때 이전의 계산을 활용하는 데 어려움이 따르며 연산에 따른 계산량이 증대하고 계산 오차를 증대시킬 우려가 있어 수치해석 도구로는 부적절한 면이 있다. 한편, Newton 보간 형식은 마디점이 추가될 때 이전의 계산을 활용할 수 있고, 기저의 차수가 점진적으로 증대하는데 따른 계산량도 상대적으로 적어 수치해석 도구로 적합하다.

이제 Newton 보간 형식에 대한 알고리즘을 설정하자. 보간 다항식을 구하는 알고리즘은 다음의 2단계로 구성된다.

Newton 보간 알고리즘

(1) 계수 $a_j = [y_{012\cdots j}]$, $(j = 0, 1, 2, \cdots, n)$를 계산한다.

(2) 주어진 x에 대해 포괄 곱셈에 의한 n차 보간 다항식 $p_n(x) = a_0 + a_1(x - x_0) + \cdots + a_n(x - x_0)\cdots(x - x_{n-1})$의 값을 계산한다.

이를 단계별로 설정해보자.

[1단계]

핵심적인 아이디어는 마디점 $\{x_j\}$를 1차원 배열 $x(0:n)$에 배치하고, $\{y_j\}$를 1차원 배열 $a(0:n)$에 배치한 후, Newton 분할차분표를 배열 $a(0:n)$에 덮어쓰는 방식으로 기록하는 것이다. 이 과정을 자세히 기술하면 다음과 같다.

- 2차원 분할차분표 작성: 마디점의 추가 등 보간 다항식을 유연하게 다루고자 할 경우에는 분할차분표를 2차원 배열 $\{a_{i,j}\}$에 다음과 같이 기록한다.

$$a_{j,\,0} = [y_j],\ \ (j = 0,\ 1,\ 2,\ \cdots,\ n) \tag{6.13}$$
$$a_{j,\,k} = [y_{j(j+1)\cdots(j+k)}],\ \ (j,\ k = 0,\ 1,\ 2,\ \cdots,\ n)$$

그러면 보간 다항식의 계수는

$$[y_{012\cdots j}] = a_{0,\,j},\ \ (j = 0,\ 1,\ 2,\ \cdots,\ n) \tag{6.14}$$

가 되고 분할차분표는 표 6.2와 같은 형식으로 기록되며, 보간 다항식의 계수는 이 분할차분표의 상부에 저장된다.

표 6.2 2차원 분할차분표

x_0	$a_{0,0}=y_0$	$a_{0,1}$	$a_{0,2}$	$\cdots$	$a_{0,n-1}$	$a_{0,n}$
x_1	$a_{1,0}=y_1$	$a_{1,1}$	$a_{1,2}$		$a_{1,n-1}$	
x_2	$a_{2,0}=y_2$	$a_{2,1}$	$a_{2,2}$	$\iddots$		
$\vdots$	$\vdots$	$\vdots$	$\vdots$			
x_{n-3}	$a_{n-3,0}=y_{n-3}$	$a_{n-3,1}$	$a_{n-3,2}$			
x_{n-2}	$a_{n-2,0}=y_{n-2}$	$a_{n-2,1}$	$a_{n-2,2}$			
x_{n-1}	$a_{n-1,0}=y_{n-1}$	$a_{n-1,1}$				
x_n	$a_{n,0}=y_n$					

식 (6.13)과 분할차분의 정의에 의해

$$
\begin{aligned}
a_{j,k} = [y_{j(j+1)\cdots(j+k)}] &= \frac{[y_{(j+1)(j+2)\cdots(j+k)}]-[y_{j(j+1)\cdots(j+k-1)}]}{x_{(j+k)}-x_j} \\
&= \frac{a_{(j+1)(k-1)}-a_{j(k-1)}}{x_{(j+k)}-x_j}
\end{aligned}
\tag{6.15}
$$

이므로 2차원 분할차분표를 작성하기 위한 알고리즘은 다음과 같이 설정된다.

분할차분의 2차원 배열 알고리즘

(1) 보간점에 대한 데이터 저장

$$x(j)=x_j,\ a(j,\ 0)=y_j,\quad (j=0,\ 1,\ 2,\ \cdots,\ n)$$

(2) 분할차분표 작성

$$a(j,\ k)=(a(j+1,k-1)-a(j,k-1))/(x(j+k)-x(j)),$$
$$(k=1:n,\ j=0:(n-k))$$

- 1차원 분할차분표 작성: 마디점이 고정되어 있고 추가 보간점에 대한 정보가 필요치 않을 경우에는 저장 공간을 줄이고 능률적인 계산처리를 위해 1차원 배열 분할차분표를 다음과 같이 덮어쓰는 방식으로 역방향으로 작성해 나간다.

$$a_j = \frac{a_j - a_{j-1}}{x_j - x_{j-k}}, \qquad (k = 1 : n,\ j = n : -1 : k) \tag{6.16}$$

그러면 다음 도표의 상부에 순차적으로 보간 다항식의 계수 $\{a_j\}$가 저장된다.

표 6.3 1차원 분할차분표

x_0	$a_0 = y_0$	a_1	a_2	$\cdots$	a_{n-1}	a_n
x_1	$a_1 = y_1$	a_2	a_3		a_n	
x_2	$a_2 = y_2$	a_3	a_4	$\iddots$		
$\vdots$	$\vdots$	$\vdots$	$\vdots$			
x_{n-3}	$a_{n-3} = y_{n-3}$	a_{n-2}	a_{n-1}			
x_{n-2}	$a_{n-2} = y_{n-2}$	a_{n-1}	a_n			
x_{n-1}	$a_{n-1} = y_{n-1}$	a_n				
x_n	$a_n = y_n$					

분할차분의 1차원 배열 알고리즘

(1) 보간점에 대한 데이터 저장

$$x(j) = x_j,\ a(j) = y_j,\ (j = 0,\ 1,\ 2,\ \cdots,\ n)$$

(2) 분할차분표 작성

$$a(j) = (a(j) - a(j-1))/(x(j) - x(j-k)),$$
$$(k = 1 : n,\ j = n : -1 : k)$$

[2단계]

1단계에서 보간 다항식의 계수 $\{a_j\}$를 구하면 주어진 점 t에서 보간 다항식의 값을 구하기 위해 다음과 같이 **포괄 곱셈**(nested multiplication)의 형식을 빌어 컴퓨터 연산수와 오차를 줄이는 방식을 택한다.

$$\begin{aligned} p_n(t) &= a_0 + a_1(t - x_0) + a_2(t - x_0)(t - x_1) + \cdots + a_n(t - x_0)\cdots(t - x_{n-1}) \\ &= a_0 + (t - x_0)(a_1 + (t - x_1)(a_2 + (t - x_2)(a_3 + \cdots + (t - x_{n-1})a_n))\cdots) \end{aligned}$$

이 과정을 예시하면 아래와 같다.

$$
\begin{aligned}
v_0 &= a_n \\
v_1 &= v_0(t - x_{n-1}) + a_{n-1} \\
v_2 &= v_1(t - x_{n-2}) + a_{n-2} \qquad \Rightarrow \qquad p_n(t) = v_n \\
&\vdots \\
v_n &= v_{n-1}(t - x_0) + a_0
\end{aligned}
$$

이를 참조하여 주어진 점 t에서 보간 다항식의 값 $p_n(t)$를 계산하는 알고리즘을 설정한다.

$p_n(t)$의 포괄 곱셈 알고리즘

$v = a(n);$
$v = v * (t - x(j)) + a(j), \quad (j = (n-1) : -1 : 0)$

이를 종합하여 예제 6.5를 중심으로 MATLAB에서 구현한 프로그램을 아래에 정리하여 수록하였다. 이때 MATLAB에서는 배열에서 0 위치를 허용하지 않으므로, n을 구하고자 하는 보간 다항식의 차수라고 하면 보간점의 개수 $n+1$을 써서 배열을 0 위치의 정보를 대체하도록 위 알고리즘을 약간 수정하는 것이 필요함에 유의하라.

예제 6.5 $\{x_0 = -1, x_1 = 0, x_2 = 1, x_3 = 2\}$에서 함수 $f(x) = e^x - 1$을 보간하는 3차 보간 다항식의 Newton 형식 $p_3(x)$를 구하고, 구간 $-2 \le x \le 3$에서 함수 $f(x)$와 $p_3(x)$, 그리고 보간점 $\{(x_j, f(x_j)) | j = 0, 1, 2, 3\}$의 그래프를 한 화면에 그려서 비교하라.

풀이 알고리즘을 반영한 아래 제시된 프로그램을 실행하면 배열 $a(:)$는

$$a = -0.6321 \quad 0.6321 \quad 0.5431 \quad 0.3111$$

이다. 따라서 3차 보간 다항식의 계수는 배열 $a(:)$에 저장되므로 구하는 3차 보간 다항식은

$$
\begin{aligned}
p_3(x) &= a_0 + a_1(x+1) + a_2(x+1)x + a_3(x+1)x(x-1) \\
&= -0.6321 + 0.6321(x+1) + 0.5431(x+1)x \\
&\quad + 0.3111(x+1)x(x-1)
\end{aligned}
$$

이다. 원래 함수와 보간 다항식의 그래프는 그림 6.5와 같다.

```
f='exp(x)-1';
xdat=[-1  0  1  2];
n=length(xdat);
for  i=1:n
    x=xdat(i);ydat(i)=eval(f);
    a(i)=ydat(i);
end
for  j=1:n
    for  i=n:-1:j+1
        a(i)=(a(i)-a(i-1))/(xdat(i)-xdat(i-j));     % Newton 분할차분
    end
end
t=(min(xdat)-1):0.01:(max(xdat)+1);     % 보간 그래프
x=t;ft=eval(f);
nn=length(t);
for  i=1:nn
    p(i)=a(n);
    for  j=n-1:-1:1
        p(i)=p(i)*(t(i)-xdat(j))+a(j);     % 포괄 곱셈 계산
    end
end
plot(xdat,ydat,'ro',t,ft,'r',t,p);grid;
```

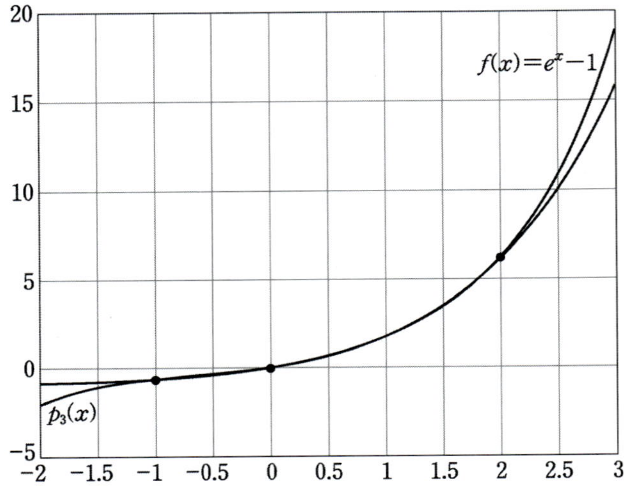

그림 6.5 $f(x) = e^x - 1$와 3차 보간 다항식

등간격 마디점에서의 Newton 분할차분 형식

등간격 마디점 $x_0, x_1, \cdots, x_n$에서 주어진 함수 $f(x)$를 보간하는 Newton 분할차분 형식 (6.12)는 전향차를 나타내는 연산자를 써서 정제된 형태로 표현할 수 있고, 이를 이용해서 보간 다항식을 간략히 표현할 수 있다.

$x_0, x_1, \cdots, x_n$을 크기 순서로 순차적으로 배치된 마디점이라 하면 마디점의 간격을 $x_{j+1} - x_j = h$ 라 할 때,

$$x_j = x_0 + jh, \quad (j = 0, 1, \cdots, n) \tag{6.17}$$

이 성립한다. 아울러 $x_{j+2} - x_j = 2h$, $x_{j+3} - x_j = 3h$로부터

$$f[x_j, x_{j+1}] = \frac{f(x_{j+1}) - f(x_j)}{h},$$

$$f[x_j, x_{j+1}, x_{j+2}] = \frac{f[x_{j+1}, x_{j+2}] - f[x_j, x_{j+1}]}{2h},$$

$$\begin{aligned} f[x_j, x_{j+1}, x_{j+2}, x_{j+3}] &= \frac{f[x_{j+1}, x_{j+2}, x_{j+3}] - f[x_j, x_{j+1}, x_{j+2}]}{3h} \\ &= \frac{f(x_{j+3}) - 3f(x_{j+2}) + 3f(x_{j+1}) - f(x_j)}{6h^3} \end{aligned}$$

이 성립한다.

이 형식을 전향차의 연산자를 써서 간소화할 수 있다. $h>0$일 때, 임의의 점 x에서 함수 $f(x)$의 **1차 전향차**(1st order forward difference)를

$$\Delta f(x) := f(x+h)-f(x) \tag{6.18}$$

로 정의하고, 이러한 연산자 Δ을 **전향차 연산자**(forward difference operator)라고 한다. 예를 들어, $f(x)=e^x$이고 $h=0.01$일 때, $x=0$에서 함수 $f(x)$의 전향차는

$$\Delta f(0)=f(h)-f(0)=e^{0.01}-e^0=1.00502\times 10^{-2}$$

이다.

고차의 전향차는

$$\begin{aligned}&\Delta^k f(x) := \Delta(\Delta^{k-1}f(x)), \qquad (k=1,\ 2,\ \cdots) \\ &\Delta^0 f(x) := f(x)\end{aligned} \tag{6.19}$$

로 정의한다. 따라서 2차 전향차는

$$\begin{aligned}\Delta^2 f(x) &= \Delta(\Delta f(x)) = \Delta f(x+h)-\Delta f(x) \\ &= (f(x+2h)-f(x+h))-(f(x+h)-f(x)) \\ &= f(x+2h)-2f(x+h)+f(x) \\ &= \sum_{j=0}^{2}\binom{2}{j}(-1)^j\ f(x+(2-j)h)\end{aligned}$$

이고, 마찬가지로 3차 전향차는

$$\begin{aligned}\Delta^3 f(x) &= f(x+3h)-3f(x+2h)+3f(x+h)-f(x) \\ &= \sum_{j=0}^{3}\binom{3}{j}(-1)^j\ f(x+(3-j)h)\end{aligned}$$

로 표기할 수 있다. 귀납적으로 k차 전향차는

$$\Delta^k f(x) = \sum_{j=0}^{k}\binom{k}{j}(-1)^j f(x+(k-j)h) \tag{6.20}$$

임을 보일 수 있다. 여기서 쓰인 기호는 조합의 수

$$\binom{k}{0}=1,\ \binom{k}{j}=\frac{k(k-1)\cdots(k-j+1)}{j\,!}=\frac{k\,!}{j\,!(k-j)!}$$

를 나타내며, 이를 일반화하여 임의의 실수 s에 대해 유사한 형식으로

$$\binom{s}{0} = 1, \quad \binom{s}{j} = \frac{s(s-1)\cdots(s-j+1)}{j!}$$

로 정의한다.

전향차 연산자를 쓰면

$$f[x_j,\ x_{j+1}] = \frac{\triangle f(x_j)}{h},$$

$$f[x_j,\ x_{j+1},\ x_{j+2}] = \frac{\triangle^2 f(x_j)}{2\ h^2},$$

$$f[x_j,\ x_{j+1},\ x_{j+2},\ x_{j+3}] = \frac{\triangle^3 f(x_j)}{6\ h^3}$$

으로 표기되며, 귀납법을 적용해서 일반적으로 다음 식을 얻는다.

$$f[x_j,\ x_{j+1},\ \cdots,\ x_{(j+k)}] = \frac{\triangle^k f(x_j)}{k!\ h^k} \tag{6.21}$$

정리 6.4

$x_0,\ x_1,\ \cdots,\ x_n$이 $x_j - x_{j-1} = h,\ (j = 1,\ 2,\ \cdots,\ n)$인 같은 간격으로 배치된 마디점이면 함수 $f(x)$에 대한 n차 Newton 보간 다항식 $p_n(x)$는 $x = x_0 + s\,h$라 할 때,

$$p_n(x) = p_n(x_0 + s\,h) = \sum_{j=0}^{n} \binom{s}{j} \triangle^j f(x_0) \tag{6.22}$$

의 형식으로 표기된다.

증명 $x = x_0 + s\,h$이면 식 (6.21)에 의해

$$\begin{aligned} & f[x_0, x_1,\ \cdots,\ x_j](x-x_0)(x-x_1)\cdots(x-x_{j-1}) \\ &= \frac{\triangle^j f(x_0)}{j!\ h^j} s(s-1)(s-2)\cdots(s-(j-1))\,h^j \\ &= \triangle^j f(x_0) \frac{s(s-1)(s-2)\cdots(s-(j-1))}{j!} \\ &= \binom{s}{j} \triangle^j f(x_0) \end{aligned}$$

이므로 등간격 마디점 $x_0,\ x_1,\ \cdots,\ x_n$에서의 n차 보간 다항식은

$$p_n(x) = \sum_{j=0}^{n} f[x_0,\ x_1,\ \cdots,\ x_j]\,(x-x_0)(x-x_1)\cdots(x-x_j)$$
$$= \sum_{j=0}^{n} \binom{s}{j} \triangle^j f(x_0)$$

로 주어진다. ■

식 (6.22)를 **Newton 전향 차분 형식**(Newton's forward divided difference form)이라고 한다. 보간 형식 (6.22)를 계산하기 위해 먼저 다음과 같이 전향차에 대한 도표를 생성한다.

표 6.4 등간격 마디점에서의 전향차 도표

x_0	$f(x_0)$	$\triangle f(x_0)$	$\triangle^2 f(x_0)$	$\triangle^3 f(x_0)$	$\cdots$	$\triangle^n f(x_0)$
x_1	$f(x_1)$	$\triangle f(x_1)$	$\triangle^2 f(x_1)$	$\triangle^3 f(x_1)$	$\cdots$	
$\vdots$	$\vdots$	$\vdots$	$\vdots$	$\vdots$	$\iddots$	
$\vdots$	$\vdots$	$\vdots$	$\vdots$	$\triangle^3 f(x_{n-3})$		
x_{n-2}	$f(x_{n-2})$	$\triangle f(x_{n-2})$	$\triangle^2 f(x_{n-2})$			
x_{n-1}	$f(x_{n-1})$	$\triangle f(x_{n-1})$				
x_n	$f(x_n)$					

예제 6.6 마디점 $x_0 = -0.5,\ x_1 = 0,\ x_2 = 0.5,\ x_3 = 1$에서 $f(x) = x^2\cos x$에 대한 3차 보간 다항식의 Newton 형식 $p_3(x)$를 구하고자 한다.

(1) 표 6.4 형식의 전향차 도표와 이를 이용하여 $p_3(x)$를 구하고, 구간 $-1 \le x \le 1.5$에서 함수 $f(x)$와 $p_3(x)$, 보간점의 그래프를 그려라.

(2) $p_3(x)$를 이용해서 $x = -0.3$에서 함수 $f(x)$의 근사값과 절대오차를 구하여라.

풀이 (1) 마디점은 간격 $h = 0.5$인 등간격으로 배치되어 있으므로 전향차분표는 다음과 같이 주어진다.

x	$f(x_j)$	$\triangle f(x_j)$	$\triangle^2 f(x_j)$	$\triangle^3 f(x_j)$
$x_0 = -0.5$	0.2193956	−0.2193956	0.4387912	−0.3372801
$x_1 = 0$	0	0.2193956	0.1015111	
$x_2 = 0.5$	0.2193956	0.3209067		
$x_3 = 1$	0.5403023			

$$
\begin{aligned}
p_3(x) &= p_3(x_0 + 0.5s) \\
&= \sum_{j=0}^{3} \binom{s}{j} \triangle^j f(x_0) \\
&= 0.2193956 - 0.2193956s + 0.4387912 \frac{s(s-1)}{2!} \\
&\quad - 0.3372801 \frac{s(s-1)(s-2)}{3!} \\
&= 0.2193956 - 0.2193956(2x+1) + 0.4387912(2x+1)x \\
&\quad - 0.1124267(2x+1)x(2x-1)
\end{aligned}
$$

로 주어진다. 두 함수의 그래프는 그림 6.6을 참조하라.

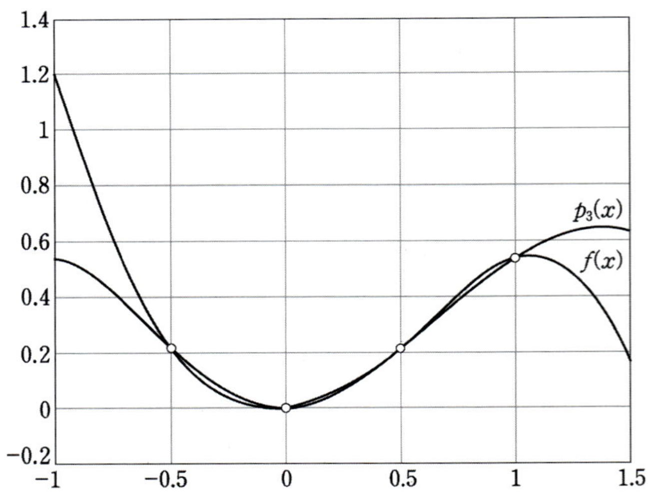

그림 6.6 $f(x) = x^2 \cos x$와 3차 보간 다항식

(2) $x = -0.3$이면 $s = 0.4$이므로

$$\begin{aligned} p_3(-0.3) &= 0.2193956 - 0.2193956(0.4) + 0.4387912\frac{(0.4)(-0.6)}{2} \\ &\quad - 0.3372801\frac{(0.4)(-0.6)(-1.6)}{6} \\ &= 0.05739645 \end{aligned}$$

가 $f(-0.3)$의 3차 보간 다항식에 의한 근사값이다.

이때 절대오차는 $|f(-0.3) - p_3(-0.3)| = 0.0285838$이다.

연습문제 6.1 EXERCISE

1. 다음은 지정된 x에서의 $\sqrt{x}$의 값에 대한 표이다.

x	3	4	5	6	7
$\sqrt{x}$	1.7321	2.0000	2.2361	2.4495	2.6458

(1) Lagrange 형식의 2차 보간 다항식을 구하고 $x = 5.2$에서의 값을 추정하라.

(2) Newton 형식의 2차 보간 다항식을 구하고 $x = 5.2$에서의 값을 추정하라.

2. 다음은 어떤 매질의 주어진 온도에서 나트륨의 밀도를 측정한 것이다.

온도 (℃)	94	205	371
밀도($\mathrm{kg/m^3}$)	929	902	860

(1) Lagrange 형식을 써서 이 데이터에 대한 2차 보간 다항식을 구하여라.

(2) (1)을 이용하여 온도가 251°C일 때 매질의 나트륨 밀도를 추정하여라.

3. $f(x) = e^{2x}$에 대해 마디점 $x_0 = 0,\ x_1 = 1,\ x_2 = 3$에서 $f(x)$와 $f'(x)$를 보간하는 5차 보간 다항식을 구하여라.

4. 각 마디점에서 함숫값이 다음과 같이 주어져 있다.

$$f(1) = 6,\ f(2) = 2,\ f(3) = 2,\ f(4) = 6$$

(1) Lagrange 보간 형식을 써서 주어진 데이터를 보간하는 다항식을 구하라.

(2) Newton 보간 형식을 써서 주어진 데이터를 보간하는 다항식을 구하라.

(3) 각각 (1)과 (2)에서 구한 다항식의 $x = 2.4$에서의 값을 구해 비교하라.

5. 마디점 $\{x_0 = -1,\ x_1 = 0,\ x_2 = 1,\ x_3 = 2\}$와 함수 $f(x) = x^5 - x^3 + x$가 주어져 있다.

(1) Newton 보간 형식을 써서 주어진 마디점에서 $f(x)$를 보간하는 3차 보간 다항식을 구하라.

(2) 새로운 마디점 $x_4 = 3$이 추가될 때 마디점에서 $f(x)$를 보간하는 4차 보간 다항식을 구하라.

(3) (2)에 새로운 마디점 $x_5 = -2$가 추가될 때 마디점에서 $f(x)$를 보간하는 5차 보간 다항식을 구하라.

6. $p_2(x)$를 $p_2(x_j) = f(x_j)$, $(j = 0, 1, 2)$인 2차 다항식이라고 하면

$$p_2''(x) = 2f[x_0,\ x_1,\ x_2]$$

가 성립함을 보여라.

7. $\pi_{n+1}(x) = (x - x_0)(x - x_1) \cdots (x - x_n)$일 때

$$f[x_0,\ x_1,\ x_2,\ \cdots,\ x_n] = \sum_{j=0}^{n} \frac{f(x_j)}{\pi'_{n+1}(x_j)}$$

가 성립함을 보여라.

8. 다음과 같은 데이터를 보간하는 4차 다항식을 구하라.

$$f(0) = 1,\ f'(0) = 1,\ f''(0) = 2,\ f(1) = 1,\ f'(1) = 2$$

9. 서로 다른 $n+1$개의 마디점 $\{x_j \mid j = 0,\ 1,\ \cdots,\ n\}$에 대한 Lagrange 기저 $\{\ell_{n,\,j}(x)\}$에 대해서 $p(x) = \sum_{j=0}^{n} \ell_{n,\,j}(x)$라고 하자.

(1) $p(x_k) = 1,\ (k = 0,\ 1,\ \cdots,\ n)$임을 보여라.

(2) 모든 x에 대해 $p(x) = 1$임을 보여라.

(3) $\sum_{j=0}^{n} \sum_{k=0}^{n} \ell_{n,\,j}(x_k)$의 값을 구하여라.

10. $\{\ell_{n,\,j}(x) \mid j = 0,\ 1,\ \cdots,\ n\}$을 서로 다른 $n+1$개의 마디점 $x_0,\ x_1,\ \cdots,\ x_n$에 대한 Lagrange 기저라고 할 때 $p(x)$가

$$p(x_j) = f(x_j),\ (j = 0,\ 1,\ \cdots,\ n)$$

을 만족하는 n차 다항식이면

$$f(x) - p(x) = \sum_{j=0}^{n} (f(x) - f(x_j))\ell_{n,\,j}(x)$$

가 성립함을 보여라.

11. Δ^m을 m차 전향 차분 연산자라고 하자. n차 다항식 $p(x)$에 대해서 $m \geq n+1$이면 $\Delta^m p(x) = 0$임을 보여라.

12. $p(x)$가 다음을 만족하는 4차 다항식이라고 하자.

$$\Delta^4 p(0) = 24,\ \Delta^3 p(0) = 6,\ \Delta^2 p(0) = 0$$

$\Delta^2 p(10)$의 값을 구하라.

13. n차 다항식 $p_n(x)$의 n차 항의 계수가 a_n이면 임의의 점 x_0에 대해 다음이 성립함을 보여라.

$$\Delta^n p_n(x_0) = a_n n!\, h^n$$

14. 다음이 성립함을 보이고, 이를 이용하여 $\binom{5.5}{j}$, $(j=1,\ 2,\ 3,\ 4)$의 값을 구하라.

$$\binom{s}{j+1} = \binom{s}{j}\frac{s-j}{j+1},\ (j=0,\ 1,\ 2,\ \cdots)$$

15. 중앙차분을 다음과 같이 정의하자.

$$\delta f(x) = f\left(x+\frac{h}{2}\right) - f\left(x-\frac{h}{2}\right);$$

$$\delta^k f(x) = \delta^{k-1} f\left(x+\frac{h}{2}\right) - \delta^{k-1} f\left(x-\frac{h}{2}\right),\ (k=1,\ 2,\ \cdots)$$

(1) $\delta^2 f(x) = f(x+h) - 2f(x) + f(x-h)$임을 보여라.

(2) $x_j = x_0 + jh$, $(j=0,\ 1,\ \cdots,\ n)$에 대해서 $\delta^2 f(x_j) = 2h^2 f[x_{j-1},\ x_j,\ x_{j+1}]$임을 보여라.

16. 마디점 x_0, x_1, $\cdots$, x_n에서 함수 $f(x)$를 보간하는 n차 다항식은 다음과 같이 쓸 수 있음을 보여라.

$$p_n(x) = \pi_{n+1}(x)\sum_{j=0}^{n}\frac{f(x_j)}{(x-x_j)\pi'_{n+1}(x_j)},\quad \left(\pi_{n+1}(x) = \prod_{j=0}^{n}(x-x_j)\right)$$

17. 두 함수 f와 g의 곱 fg의 Newton 차분에 대해 다음 식이 성립함을 보여라.

$$(fg)[x_0,\ x_1,\ x_2] = f[x_0]g[x_0,\ x_1,\ x_2] + f[x_0,\ x_1]g[x_1,\ x_2] + f[x_0,\ x_1,\ x_2]g[x_2]$$

18. 구간 $[-4, 4]$에서 함수가 $f(x) = \max\{0, 1-x\}$로 정의되어 있다.
$[-4, 4]$에서 택한 $n+1$개의 상이한 마디점 $\{x_0,\ x_1,\ \cdots,\ x_n\}$에 대해 $n+1$개의 데이터 $\{(x_j,\ f(x_j)) \mid j = 0,\ 1,\ \cdots,\ n\}$에 대한 n차 보간 다항식을 Newton 형식

$$p_n(x) = \sum_{j=0}^{n} f[x_0,\ x_1,\ \cdots,\ x_j] \prod_{k=0}^{j-1} (x - x_k)$$

을 써서 구하려고 한다.

(1) $n+1$개의 등간격 마디점

$$x_j = -4 + \left(\frac{8}{n}\right)j, \quad (j = 0,\ 1,\ \cdots,\ n)$$

에 대해 각각 $n = 4, 8, 12, 16$일 때 p_n을 구하고, 각각 $n = 4, 8, 12, 16$에 대해 $p_n(x)$와 $f(x)$의 그래프를 함께 그려 비교하라.

(2) 다음 마디점에 대해서 (1)의 실험을 수행하라.

$$x_j = 4\cos\left(\frac{2j+1}{2(n+1)}\pi\right), \quad (j = 0,\ 1,\ \cdots,\ n)$$

이 마디점을 **Chebyshev 마디점**이라고 한다. Chebyshev 마디점의 자세한 설명은 8.3절을 참조하라.

6.2 보간 오차

보간점이 함수 $f(x)$에 의해 주어진 경우 보간 다항식은 마디점에서 주어진 함수값과 일치한다. 그러나 x가 마디점이 아니면 x에서 보간 다항식의 값 $p_n(x)$는 정확한 함수값 $f(x)$와 의미있는 차이가 있을 수 있다. 따라서 보간 다항식을 원함수 $f(x)$의 근사식으로 이용하고자 할 경우 이에 따른 보간 오차의 검증이 선행되어야 한다. 이 절에서는 $f(x)$가 충분히 매끄러운 함수일 때, 보간법에 따른 보간 오차를 알아보고 보간 다항식의 한계에 대해서 논의한다.

정리 6.5

$p_n(x)$가 상이한 $n+1$개의 마디점 $x_0,\ x_1,\ \cdots,\ x_n$에서 함수 $f(x)$를 보간하는 n차 보간 다항식이면 마디점이 아닌 점 t에서 다음 식이 성립한다.

$$f(t)-p_n(t)=f[x_0,\ x_1,\ \cdots,\ x_n,\ t]\prod_{j=0}^{n}(t-x_j) \tag{6.23}$$

증명 t를 추가된 마디점으로 간주하고 $p_{n+1}(x)$를 $n+2$개의 마디점 $x_0,\ x_1,\ \cdots,\ x_n,\ t$에서 $f(x)$를 보간하는 다항식이라고 하면

$$p_{n+1}(x)=p_n(x)+f[x_0,\ x_1,\ \cdots,\ x_n,\ t]\prod_{j=0}^{n}(x-x_j).$$

이때, $p_{n+1}(t)=f(t)$이므로 위 식에서 $x=t$로 두면

$$f(t)=p_n(t)+f[x_0,\ x_1,\ \cdots,\ x_n,\ t]\prod_{j=0}^{n}(t-x_j)$$

가 되어 (6.23)이 성립한다. ■

주어진 점 t에서 함수와 보간 다항식의 값의 차이 $f(t)-p_n(t)$를 **보간 오차**(interpolation error)라고 한다. 정리 6.5를 이용하여 충분히 미분가능한 함수에 대한 보간 오차를 Newton 형식으로 다음과 같이 표현할 수 있다.

정리 6.6

$p_n(x)$를 보간점 $\{(x_j, f(x_j)) \mid j=0, 1, \cdots, n\}$을 지나는 n차 보간 다항식이라면 보간 오차는 다음 식으로 주어진다.

$$f(x)-p_n(x)=f[x_0, x_1, \cdots, x_n, x]\prod_{j=0}^{n}(x-x_j) \tag{6.24}$$

증명 임의의 j에 대해 $x=x_j$이면 $p_n(x_j)=f(x_j)$이므로 (6.24)의 양변은 0이 되어 등식이 성립한다. 한편, $x \neq x_j$, 즉 x가 마디점이 아니면 보간 오차 형식 (6.24)는 식 (6.23)에서 $t=x$로 둔 결과와 일치한다. ■

보간 오차에 대한 논의를 단순화하기 위해 보간 오차 형식 (6.24)에 따른 다항식을

$$\pi_{n+1}(x) := \prod_{j=0}^{n}(x-x_j) \tag{6.25}$$

로 표기하기로 한다. 그러면, 보간 오차 형식 (6.24)는

$$f(x)-p_n(x)=f[x_0, x_1, \cdots, x_n, x]\,\pi_{n+1}(x) \tag{6.26}$$

로 표기된다.

코시(Cauchy, 1789~1857)는 보간법을 이용한 근사다항식에 대해 다음의 유용한 보간 오차 형식을 수립하였다.

정리 6.7

$f(x)$가 구간 $[a, b]$에서 $n+1$차 연속 미분가능한 함수일 때, 구간 $[a, b]$에서 택한 $n+1$개의 상이한 마디점 $x_0, x_1, \cdots, x_n$에서 함수 $f(x)$에 대한 보간 다항식을 $p_n(x)$라 하면 (a, b)의 적당한 점 $\xi=\xi(x)$에 대해 보간 오차는 다음과 같이 주어진다.

$$f(x)-p_n(x)=\frac{1}{(n+1)!}f^{(n+1)}(\xi)\,\pi_{n+1}(x) \tag{6.27}$$

증명 x가 마디점 $x = x_j$이면 $f(x_j) - p_n(x_j) = 0 = \pi_{n+1}(x_j)$가 되어 (6.27)이 성립한다. 한편 모든 j에 대해 $x \neq x_j$이면 x를 다른 마디점으로 간주할 때, $\pi_{n+1}(x) \neq 0$이므로 보조함수

$$t \mapsto \varphi(t) := f(t) - p_n(t) - \frac{f(x) - p_n(x)}{\pi_{n+1}(x)} \pi_{n+1}(t)$$

는 $[a, b]$에서 $n+1$번 연속 미분가능한 함수이고, 명백히

$$\varphi(x_0) = \varphi(x_1) = \cdots = \varphi(x_n) = \varphi(x) = 0$$

이 성립한다. 따라서 롤의 정리(Rolle의 정리)에 의해 $\varphi'(t)$는 개구간 (a, b)에서 적어도 $n+1$개의 서로 다른 근을 가지게 되고, $\varphi'(t)$에 다시 Rolle의 정리를 적용하면 $\varphi''(t)$는 (a, b)에서 적어도 n개의 서로 다른 근을 가지게 된다. 이러한 과정을 반복하면 $\varphi^{(n+1)}(t)$는 (a, b)에서 적어도 한 개의 근 ξ를 가지게 되고, 이 ξ는 x의 위치에 의존한다. $p_n^{(n+1)}(\xi) = 0$, $\pi_{n+1}^{(n+1)}(\xi) = (n+1)!$ 임을 이용하면

$$\begin{aligned} 0 = \varphi^{(n+1)}(\xi) &= f^{(n+1)}(\xi) - \frac{f(x) - p_n(x)}{\pi_{n+1}(x)} \pi_{n+1}(\xi) \\ &= f^{(n+1)}(\xi) - \frac{f(x) - p_n(x)}{\pi_{n+1}(x)} (n+1)! \end{aligned}$$

이 되어 (6.27)이 성립한다. ■

정리 6.6과 6.7을 비교하면 f의 Newton 전향차분에 대한 다음의 유용한 성질을 얻는다.

정리 6.8

(1) Newton 전향차분은 그 변수에 대해 대칭적이다.
즉, 마디점 $x_0, x_1, \cdots, x_n$의 재배열 $x_{j_0}, x_{j_1}, \cdots, x_{j_n}$에 대해

$$f[x_{j_0}, x_{j_1}, \cdots, x_{j_n}] = f[x_0, x_1, \cdots, x_n] \tag{6.28}$$

이 성립한다.

(2) $\{x_{j_k}\}$가 서로 다른 마디점 $\{x_j\}$의 재배열이고 f가 마디점을 품는 구간에서 n번 연속 미분가능하면 마디점을 품는 구간 내의 적당한 점 ξ에 대해

$$f[x_{j_0}, x_{j_1}, \cdots, x_{j_n}] = \frac{f^{(n)}(\xi)}{n!} \tag{6.29}$$

이 성립한다.

증명 (1) (6.28)의 좌변은 마디점 $\{x_{j_k} \mid k=0,\ 1,\ \cdots,\ n\}$에서 함수 $f(x)$를 보간하는 n차 보간 다항식에서 n차 항 x^n의 계수이고, 우변은 마디점 $\{x_j \mid j=0,\ 1,\ \cdots,\ n\}$에서 $f(x)$를 보간하는 n차 보간 다항식에서 n차 항 x^n의 계수이다. $\{x_{j_k}\}$가 $\{x_j\}$의 재배열이므로 보간 다항식의 유일성에 의해 두 보간 다항식이 일치하므로 n차 항의 계수는 서로 같다. 따라서 식 (6.28)이 성립한다.

(2) 마디점 $x_0,\ x_1,\ \cdots,\ x_{n-1}$에 정리 6.6과 6.7을 적용하면 식 (6.26)과 (6.27)에 의해

$$f[x_0,\ x_1,\ \cdots,\ x_{n-1},\ x]\pi_n(x) = f(x) - p_{n-1}(x) = \frac{1}{n!}f^{(n)}(\xi)\pi_n(x)$$

인 점 ξ가 $(a,\ b)$에 존재하므로 이 식에서 $x = x_n$으로 두면 식 (6.28)에 의해

$$f[x_{j_0},\ x_{j_1},\ \cdots,\ x_{j_n}] = f[x_0,\ x_1,\ \cdots,\ x_n] = \frac{f^{(n)}(\xi)}{n!}$$

가 성립한다. ■

식 (6.29)로부터 $f(x)$가 n차 다항식이면 $m \ge n+1$인 모든 자연수 m에 대해 $f^{(m)}(x) = 0$이므로

$$f[x_0,\ x_1,\ \cdots,\ x_m] = \frac{f^{(m)}(\xi)}{m!} = 0, \qquad (m \ge n+1)$$

이 성립한다. 이 사실로부터 n차 다항식에 대한 보간 다항식은 n차를 초과할 수 없다는 것을 알 수 있다.

충분히 미분가능한 함수 $f(x)$에 대하여 분할차의 마디점 $x_0,\ x_1,\ \cdots,\ x_n$이 모두 같은 경우 분할차는 다음과 같이 정의한다.

$$f[x_0,\ x_0] = \lim_{x\to x_0} f[x_0,\ x] = \lim_{x\to x_0}\frac{f(x)-f(x_0)}{x-x_0} = f'(x_0)$$

$$f[x_0,\ x_0,\ \cdots,\ x_0] = \frac{1}{n!}f^{(n)}(x_0) \tag{6.30}$$

(여기서, x_0는 $n+1$번 중복)

보조정리 6.9

미분가능한 함수 f의 분할차분에 대해 다음이 성립한다.

$$\frac{d}{dx} f[x_0, x_1, \cdots, x_n, x] = f[x_0, x_1, \cdots, x_n, x, x] \tag{6.31}$$

증명 정리 6.8의 (2)에 의해

$$\begin{aligned}
\frac{d}{dx} f[x_0, x_1, \cdots, x_n, x] &= \lim_{h \to 0} \frac{f[x_0, x_1, \cdots, x_n, x+h] - f[x_0, x_1, \cdots, x_n, x]}{h} \\
&= \lim_{h \to 0} \frac{f[x_0, x_1, \cdots, x_n, x+h] - f[x, x_0, x_1, \cdots, x_n]}{h} \\
&= \lim_{h \to 0} f[x, x_0, x_1, \cdots, x_n, x+h] \\
&= f[x, x_0, x_1, \cdots, x_n, x] = f[x_0, x_1, \cdots, x_n, x, x]
\end{aligned}$$

■

이제 보간 다항식의 절대오차와 마디점이 등간격일 때의 절대오차를 추정하고, 마디점이 증대할 때 보간 다항식이 원함수로 근사하는지에 대해 알아보자.

f가 구간 $[a, b]$에서 $n+1$번 연속 미분가능하고, $x_0, x_1, \cdots, x_n$이 $[a, b]$에서 택한 서로 다른 마디점이면 함수 f에 대한 보간 다항식의 절대오차는 식 (6.27)에 의해

$$\| f^{(n+1)} \|_\infty = \max_{a \le x \le b} |f^{(n+1)}(x)| = M_{n+1}$$

이라 할 때,

$$|f(x) - p_n(x)| \le \frac{M_{n+1}}{(n+1)!} |\pi_{n+1}(x)| \tag{6.32}$$

가 되어 M_{n+1}과 $\pi_{n+1}(x) = \prod_{j=0}^{n} (x - x_j)$의 크기에 의존하게 된다.

등간격 마디점에 대한 보간 오차의 한계는 다음과 같다.

정리 6.10

f를 구간 $[a, b]$에서 정의된 $n+1$차 연속 미분가능한 함수라 하자.
$h=(b-a)/n$에 대해 등간격으로 택한 마디점

$$x_j = a + jh, \quad (j = 0,\ 1,\ \cdots,\ n)$$

에서 f를 보간하는데 따른 절대오차는 $\| f^{(n+1)} \|_\infty = M_{n+1}$이라 할 때, 보간 오차의 한계는

$$\| f(x) - p_n(x) \|_\infty \le \frac{1}{4(n+1)} \left(\frac{b-a}{n} \right)^{n+1} M_{n+1} \tag{6.33}$$

이다.

증명 먼저 등간격 마디점에 대한 $|\pi_{n+1}(x)|$의 크기를 추정한다.
x가 구간 $[a, b]$상의 임의의 점이라면 $x_k \le x \le x_{k+1}$인 점 x_k가 존재한다.
이때 2차 식 $(x-x_k)(x-x_{k+1})$의 최대값은 중간점 $\dfrac{x_k + x_{k+1}}{2}$에서 발생하므로

$$|(x-x_k)(x-x_{k+1})| \le \left| \frac{x_k + x_{k+1}}{2} - x_k \right| \left| \frac{x_k + x_{k+1}}{2} - x_{k+1} \right| = \frac{h^2}{4}$$

이다. 따라서

$$\begin{aligned} |\pi_{n+1}(x)| = \prod_{j=0}^{n} |x - x_j| &\le \frac{h^2}{4} \prod_{\substack{j=0 \\ j \ne k, k+1}}^{n} |x - x_j| \\ &\le \frac{h^2}{4} \prod_{j=0}^{k-1} (x_{k+1} - x_j) \cdot \prod_{j=k+2}^{n} (x_j - x_k) \end{aligned} \tag{6.34}$$

이다. 이때 $x_j = a + jh$임을 이용하면,

$$x_{k+1} - x_j = (k+1-j)h, \quad x_j - x_k = (j-k)h$$

이므로 식 (6.34)로부터

$$\begin{aligned} |\pi_{n+1}(x)| &\le \frac{h^2}{4} \prod_{j=0}^{k-1} (k+1-j)h \cdot \prod_{j=k+2}^{n} (j-k)h \\ &= \frac{h^{n+1}}{4} ((k+1)k \cdots 2)(2 \cdot 3 \cdots (n-k)) \end{aligned}$$

$$= \frac{h^{n+1}}{4}(k+1)!\,(n-k)!$$

$$\le \frac{h^{n+1}}{4}\,n!$$

이 성립한다. 이 과정에서 귀납적으로

$$(k+1)!\,(n-k)! \le n!, \quad (k=0,\ 1,\ \cdots,\ n-1)$$

인 사실을 이용하였다.

따라서 (6.32)에 이 결과를 적용하면 (6.33)이 성립한다. ■

예제 6.7 구간 $\left[-\frac{\pi}{2}, \frac{\pi}{2}\right]$에서 함수 $f(x)=\cos x$와 등간격 마디점에 대한 2차 보간 다항식 $p_2(x)$에 대한 오차의 한계를 구하라.

풀이 $f^{(3)}(x) = -\cos x$이므로 $M_3 = \| f^{(3)}(x) \|_\infty = 1$. 따라서 (6.33)으로부터 오차의 한계는

$$|\cos x - p_2(x)| \le \frac{1}{4 \cdot 3}\left(\frac{\pi}{2}\right)^3 \approx 0.32298$$

이다.

예제 6.8 구간 $\left[-\frac{\pi}{2}, \frac{\pi}{2}\right]$에서 함수 $f(x)=\cos x$에 대해 등간격 마디점을 택해 보간 다항식을 구할 때 오차의 한계가 10^{-5}보다 작게 하려면 마디점의 간격은 얼마 이하가 되어야 하는가?

풀이 $n+1$개의 마디점을 택하면 마디점의 간격은 $h=\pi/n$이다.

$f^{(k)}(x) = \cos(x + k\pi/2)$이므로 $\| f^{(k)}(x) \|_\infty = 1$이다.

따라서 (6.33)으로부터

$$|f(x) - p_n(x)| \le \frac{1}{4(n+1)}\left(\frac{\pi}{n}\right)^{n+1} \le 10^{-5}$$

인 n을 결정하면 $n \ge 8$일 때

$$\frac{1}{4(n+1)}\left(\frac{\pi}{n}\right)^{n+1} \le 6.1693 \cdot 10^{-6}$$

이므로 마디점의 간격은 $h \le \frac{\pi}{8}$이 되도록 잡으면 충분하다. 이때, 보간 다항식은 8차 이상으로 택해야 한다.

식 (6.32)와 (6.33)으로부터 마디점을 충분히 많이 잡으면 보간 다항식이 원함수 $f(x)$를 충분히 근사시킬 수 있는지에 대한 결론을 이끌어 낼 수 있을까?

여기에 대해서는 식 (6.32)로부터

$$M_{n+1} \| \pi_{n+1} \|_\infty$$

가 n이 무한대로 갈 때, $(n+1)!$보다 더 빠르게 무한대로 가게 되면 성립하지 않는다. 대표적인 예로 다음의 **Runge 함수**(Runge function)를 들 수 있다.

$$f(x) = \frac{1}{1+x^2}, \quad -5 \le x \le 5$$

구간 $[-5, 5]$에서 등간격 마디점 $\left\{x_j = -5 + \frac{10}{n} j \mid j = 0, 1, \cdots, n\right\}$을 택할 때의 보간 다항식을 $p_n(x)$라 하면 각 n에 대해 보간 오차는 표 6.5에서와 같이 n이 증가할 때 매우 빠르게 증폭되며, $\lim_{n \to \infty} \| f - p_n \|_\infty = \infty$임을 보여준다. 이러한 현상을 **Runge 현상**(Runge phenomenon)이라고 한다.

표 6.5 Runge 현상

n	4	8	12	16	20	24
최대 오차	0.44	1.04	3.66	14.25	58.59	252.78

그림 6.7은 $n = 4, 8, 12, 16$일 때의 $f(x)$와 $p_n(x)$의 그래프를 비교한 것이다. 이 그림에서 오차는 구간의 양쪽 끝점 근방에서 매우 큰 편차를 보임을 알 수 있다. 주요 원인은 복변수 함수 $f : z \mapsto \frac{1}{1+z^2}$가 $z = \pm i$에서 극점을 가지며 이에 따라 $f(z)$의 다항식 전개가 원점에 중심을 두고 반경이 1인 원판 위에서만 유효하기 때문이다. 이 결함을 보완하기 위한 하나의 방법은 등간격 마디점 대신에 $\| \pi_{n+1} \|_\infty$가 최소가 되도록 마디점을 조절하는 것이다. 이러한 마디점으로는 Chebyshev 마디점이 있다. 이에 관해서는 8.3절에서 자세히 논의할 것이다.

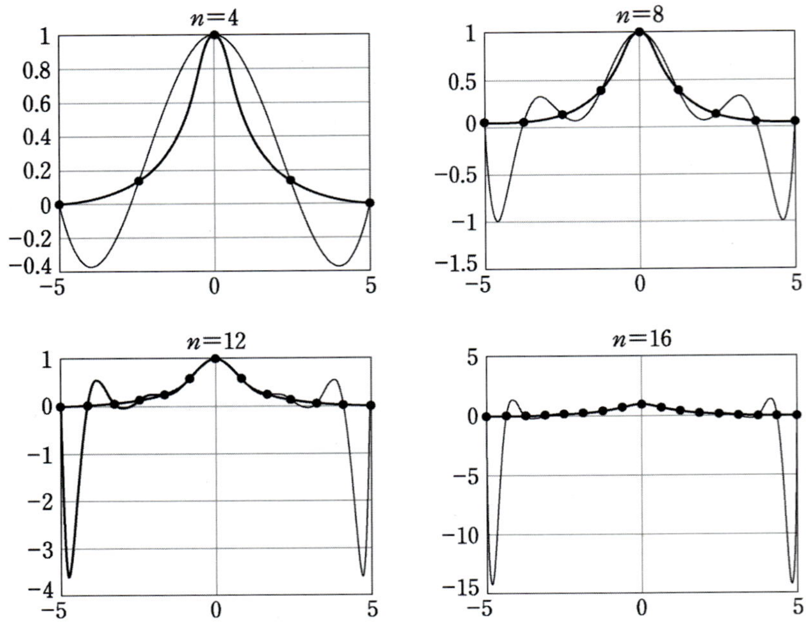

그림 6.7 Runge 현상

연습문제 6.2 EXERCISE

1. 귀납법을 써서

$$(k+1)!(n-k)! \le n!, \quad (k=0, 1, 2, \cdots, n-1)$$

이 성립함을 보여라.

2. f가 2차 연속 미분가능한 함수이고, p_1이 두 점 x_0와 x_1에서 $f(x)$를 보간하는 1차 보간 다항식이라 할 때 최대 보간 오차는 다음과 같이 주어짐을 보여라.

$$\frac{1}{8}(x_1 - x_0)^2 M, \quad M = \max_{x_0 \le x \le x_2} |f''(x)|$$

3. n이 홀수이고 $x_0, x_1, \cdots, x_n$을 $x_0 = -1, x_n = 1$인 구간 $[-1, 1]$에서의 등간격 마디점이라고 하자. $h = 1/n$이라 하면 $x_j - x_{j-1} = 2h$, $(j = 1 : n)$이다.

(1) $\pi_{n+1}(x) = (x^2 - h^2)(x^2 - 3^3h^2) \cdots (x^2 - (n-2)^2h^2)(x^2 - n^2h^2)$임을 보여라.

(2) $-h < x < h$에 대해서 $\pi_{n+1}(x)$의 최대값은 $x = 0$에서 발생함을 보여라.

(3) $\pi_{n+1}(0)$를 계산하고 $-h < x < h$에서 함수 $f(x) = \dfrac{1}{x+2}$에 대한 최대 보간 오차를 구하여라.

4. $p_3(x)$를 등간격 마디점 $x_j = 0.2 + \dfrac{j}{10}$, $(j = 0, 1, 2, 3)$에서 함수 $f(x) = \ln x$에 대한 3차 보간 다항식이라고 하자.

(1) Newton 전향차분 형식을 써서 $p_3(x)$를 유도하고 $p_3(0.25)$의 값을 구하여라.

(2) $x = 0.25$에서 보간 오차의 한계를 구하고 절대오차와 비교하라.

(3) 전체 구간에서 보간 오차의 한계

$$\|f(x) - p_3(x)\|_\infty = \max_{0.2 \le x \le 0.5} |f(x) - p_3(x)|$$

를 구하라.

(4) 마디점 $x_4 = 0.6$을 추가할 때 (1)의 결과를 이용해서 $x_0, x_1, \cdots, x_4$에서 $f(x) = \ln x$에 대한 보간 다항식을 유도하고 $x = 0.25$에서 보간 다항식의 값을 구하라.

5. f와 f'이 구간 $[a, b]$에서 $2n+1$차 연속 미분가능하고, $\{x_j \mid j=0, 1, \cdots, n\}$를 구간 $[a, b]$에서 택한 서로 다른 마디점이라고 하자.

(1) $2n$차의 다항식 $u_0(x)$와 $v_j(x)$, $w_j(x)$, $(j=1, 2, \cdots, n)$에 대해

$$p_{2n}(x) = u_0(x)f(x_0) + \sum_{j=1}^{n}\left[v_j(x)f(x_j) + w_j(x)f'(x_j)\right]$$

가 보간 조건

$$p_{2n}(x_j) = f(x_j), \quad (j=0, 1, \cdots, n)$$

와

$$p'_{2n}(x_j) = f'(x_j), \quad (j=1, \cdots, n)$$

을 만족하는 $2n$차 다항식일 때 $u_0(x)$와 $v_j(x)$, $w_j(x)$, $(j=1, 2, \cdots, n)$를 구하라.

(2) (1)의 보간 오차는

$$f(x) - p_{2n}(x) = \frac{(x-x_0)\prod_{j=1}^{n}(x-x_j)^2}{(2n+1)!} f^{(2n+1)}(\xi), \ (a < \xi < b)$$

로 주어짐을 보여라.

6. 함수 $f(x) = \dfrac{1}{1+x}$에 대해 분할차의 정의를 이용하여 다음을 구하라.

(1) $f[0,0,0,0,0]$

(2) $f[0,0,0,0,1]$

(3) $f[0,0,0,1,1]$

(4) $f[0,0,1,1,1]$

(5) $f[0,1,1,1,1]$

(6) $f[0,1,0,1,0]$

6.3 Hermite 보간법

Lagrange 보간 형식이나 Newton 보간 형식은 단지 모든 보간점을 지나는 다항식을 구하는 문제를 다룬다. 그러나 이러한 단순한 의미에서의 보간 다항식을 통한 접근은 데이터의 경향을 잘 대표하지 못할 수도 있다. 예를 들어, 데이터가 운동 현상을 포함하고 있다면 관측에 의해 얻어진 질점의 위치와 속도를 같이 반영해야 유효한 측정 결과로 받아들일 수 있다. 이와 같이 마디점에서 주어진 값과 미분값을 갖는 다항식을 **Hermite 보간 다항식**(Hermite interpolation polynomial)이라고 한다. 또는 주어진 점에서 1계 미분은 함수로 표현되는 곡선의 접선을 결정하므로 이를 **접촉 보간 다항식**(osculatory interpolation polynomial)이라고 하기도 한다. 이러한 형태의 다항식은 원함수에 대한 보다 근접한 근사방법으로 유효할 뿐만 아니라 6.4절에서 논의할 3차 스플라인 보간법의 아이디어에도 유용하게 적용된다.

아래와 같이 서로 다른 $n+1$개의 마디점에서 주어진 함수값과 미분값을 갖는 보간 다항식을 구하는 문제를 생각해보자.

표 6.6 Hermite 보간 다항식에 대한 데이터

마디점	x_0	x_1	x_2	$\cdots$	x_n
함수값	y_0	y_1	y_2	$\cdots$	y_n
미분값	y_0'	y_1'	y_2'	$\cdots$	y_n'

이때,

$$p_{2n+1}(x_j) = y_j,\ p'_{2n+1}(x_j) = y_j',\ \ (j = 0,\ 1,\ 2,\ \cdots,\ n) \tag{6.35}$$

를 만족시키는 다항식 $p_{2n+1}(x)$를 Hermite 보간 다항식이라고 한다. 여기서 지수 $2n+1$은 다음 정리에서와 같이 다항식의 차수와 연계되어 있다.

정리 6.11

$x_0,\ x_1,\ x_2,\ \cdots,\ x_n$이 서로 다른 마디점이고 함수값과 미분값에 대한 데이터가 표 6.6과 같으면 보간 조건 (6.35)를 만족하는 $2n+1$차의 다항식 $p_{2n+1}(x)$가 유일하게 존재한다.

증명 (6.35)는 $2n+2$의 조건식을 포함하고 있다. 따라서 구하는 다항식의 차수는 $2n+1$이다. 조건 (6.35)가 마디점에서 함수의 상태와 미분계수를 포함하므로 보간 다항식을 구하기 위해 먼저 다음 조건을 갖는 $2n+1$차의 다항식 $A_j(x)$와 $B_j(x)$를 설정한다.

$$\begin{aligned} &A_j(x_k) = \delta_{jk}, \qquad A_j'(x_k) = 0, \qquad (j,\ k = 0,\ 1,\ \cdots,\ n) \\ &B_j(x_k) = 0, \qquad B_j'(x_k) = \delta_{jk} \end{aligned} \tag{6.36}$$

그러면

$$p_{2n+1}(x) = \sum_{j=0}^{n} y_j A_j(x) + \sum_{j=0}^{n} y_j' B_j(x) \tag{6.37}$$

은 명백히 보간 조건 (6.35)를 만족하는 $2n+1$차의 다항식이다. 이제 (6.36)을 만족하는 다항식 $A_j(x)$와 $B_j(x)$를 결정하기 위해 Lagrange 기저

$$\ell_{n,j}(x) = \prod_{\substack{k=0 \\ k \neq j}}^{n} \left(\frac{x - x_k}{x_j - x_k} \right)$$

가 $\ell_{n,j}(x_k) = \delta_{jk}$의 성질을 갖는 n차 다항식임에 주목한다. 이에 따라, (6.36)을 만족하는 형태의 $2n+1$차의 다항식을

$$(a + b(x - x_j))\ell_{n,j}^2(x)$$

라 두고 (6.36)으로부터 a와 b를 결정하면

$$\begin{aligned} A_j(x) &= [1 - 2(x - x_j)\ell'_{n,j}(x_j)]\,\ell_{n,j}^2(x), \\ B_j(x) &= (x - x_j)\ell_{n,j}^2(x) \end{aligned} \tag{6.38}$$

가 구해진다. 따라서 (6.37)로부터 구하는 Hermite 보간 다항식은

$$p_{2n+1}(x) = \sum_{j=0}^{n} [y_j[1 - 2(x - x_j)\ell'_{n,j}(x_j)]\ell_{n,j}^2(x) + y_j'(x - x_j)\ell_{n,j}^2(x)] \tag{6.39}$$

로 주어진다.

이제 유일성의 문제를 생각해보자.

만약 $q(x)$가

$$q(x_j) = y_j,\ q'(x_j) = y_j',\ (j = 0,\ 1,\ \cdots,\ n)$$

를 만족하는 다른 $2n+1$차의 다항식이라면 $r(x) = q(x) - p_{2n+1}(x)$는

$$r(x_j) = r'(x_j) = 0,\ (j = 0,\ 1,\ \cdots,\ n)$$

을 만족한다. 따라서 $r(x)$는 $2n+1$차의 다항식으로 중근을 포함해서 적어도 $2n+2$개의 근을 갖게 되므로 대수학의 기본정리에 의해 모순이 된다.

따라서 조건 (6.35)를 만족하는 보간 다항식은 유일하다. ■

정리 6.11에 따라 Hermite 보간 형식을 다음과 같이 간추려 정리한다.

$$p_{2n+1}(x) = \sum_{j=0}^{n} y_j A_j(x) + \sum_{j=0}^{n} y_j' B_j(x),$$

$$\begin{cases} A_j(x) = [1-2(x-x_j)\ell'_{n,j}(x)]\,\ell_{n,j}^2(x) \\ B_j(x) = (x-x_j)\ell_{n,j}^2(x) \end{cases} \tag{6.40}$$

$$\Rightarrow p_{2n+1}(x_j) = y_j, \;\; p'_{2n+1}(x_j) = y_j', \;\; (j = 0,\ 1,\ 2,\ \cdots,\ n)$$

위 식 (6.40)은 에르미트(Hermite, 1822~1901)에 의해 발견되어 **Hermite 보간 다항식의 Lagrange 형식**(Lagrange form of Hermite interpolation polynomial)이라고 한다.

예제 6.9 다음 조건을 만족하는 3차 다항식 $p_3(x)$를 구하여라.

$$p_3(0) = 0, \;\; p_3'(0) = 1, \;\; p_3(1) = 1, \; p_3'(1) = 0$$

풀이 조건은 마디점이 $x_0 = 0$, $x_1 = 1$이고 $y_0 = 0$, $y_0' = 1$, $y_1 = 1$, $y_1' = 0$인 Hermite 보간 조건이다.

$y_0 = p_3(0) = 0$, $y_1' = p_3'(1) = 0$이므로 (6.40)에 의해

$$p_3(x) = A_1(x) + B_0(x)$$

이다. 이때 $\ell_{1,0}(x) = 1-x$, $\ell_{1,1}(x) = x$이므로

$$A_1(x) = [1-2(x-1)\ell'_{1,1}(x)]\ell_{1,1}^2(x) = x^2(3-2x),$$

$$B_0(x) = (x-0)\ell_{1,0}^2(x) = x(1-x)^2$$

이다. 따라서 구하는 3차 Hermite 보간 다항식은 다음과 같다.

$$p_3(x) = -x^3 + x^2 + x$$

이제 Hermite 보간 다항식의 근사에 따른 오차를 알아보자.

정리 6.12

f를 구간 $[a, b]$에서 $2n+2$차 연속 미분가능한 함수라 하자. $x_0, x_1, \cdots, x_n$이 구간 $[a, b]$ 상에서 택한 $n+1$개의 마디점이고, $p_{2n+1}(x)$를

$$p_{2n+1}(x_j) = f(x_j),\ p'_{2n+1}(x_j) = f'(x_j),\ (j = 0,\ 1,\ \cdots,\ n)$$

인 $2n+1$차의 Hermite 보간 다항식이라 하면 보간 오차는 다음과 같다.

$$f(x) - p_{2n+1}(x) = \frac{1}{(2n+2)!} f^{(2n+2)}(\xi)\pi_{n+1}^2(x), \quad (a < \xi < b) \tag{6.41}$$

증명 x가 마디점 $x = x_j$이면 (6.41)의 양변은 0이 되어 등식이 성립한다.
다음 $x \neq x_j$, $(j = 0,\ 1,\ \cdots,\ n)$라 하면 x를 다른 마디점으로 간주하고 적당한 상수 c에 대해 함수

$$t \mapsto g(t) := f(t) - p_{2n+1}(t) - c\,\pi_{n+1}^2(t)$$

를 정의하자. 여기서 상수 c는 $g(x) = 0$이 되도록 택한다. 즉,

$$c = \frac{f(x) - p_{2n+1}(x)}{\pi_{n+1}^2(x)}$$

그러면 보간 조건으로부터 $g(t)$는 구간 $[a, b]$에서 적어도 $n+2$개의 서로 다른 근 $x_0, x_1, \cdots, x_n, x$를 가지므로 Rolle의 정리에 의해 $g'(t)$는 이 근들 사이에 놓이는 적어도 $n+1$개의 근을 갖는다. 또한, 보간 조건에 의해 모든 마디점에서 $g'(x_j) = 0$이므로 $g'(t)$는 구간 (a, b)에 적어도 $2n+2$개의 근을 가진다. $g'(t)$에 다시 Rolle의 정리를 적용하면 $g''(t)$는 (a, b)에 적어도 $2n+1$개의 근을 갖는다. 이러한 과정을 반복하면 $g^{(2n+2)}(t)$는 (a, b)에 적어도 하나의 근 ξ를 갖는다.
따라서 $p_{2n+1}^{(2n+2)}(t) = 0$, $(\pi_{n+1}^2(t))^{(2n+2)} = (2n+2)!$임을 이용하면

$$0 = g^{(2n+2)}(\xi) = f^{(2n+2)}(\xi) - c\ (2n+2)!$$

으로부터 (6.41)이 성립한다. ■

보간 오차 (6.41)에 의해

$$M_{2n+2} = \| f^{(2n+2)} \|_\infty$$

이라 하면, Hermite 보간 다항식의 근사에 따른 절대오차는

$$|f(x)-p_{2n+1}(x)| \le \frac{M_{2n+2}}{(2n+2)!}|\pi_{n+1}^{2}(x)|, \quad (a \le x \le b) \tag{6.42}$$

를 만족한다.

정리 6.11에 따른 Hermite 보간 다항식의 Lagrange 형식 (6.40)은 Hermite 보간 다항식을 이론적으로 잘 나타내고 있으나 함수 $\ell_{n,j}(x)$, $\ell'_{n,j}(x)$와 $A_j(x)$, $B_j(x)$의 계산을 필요로 하므로 수치해석적인 방법으로는 적절하지 못하다. 6.1절에서와 같이 수치실험을 위한 적절한 알고리즘을 설정하기 위해서는 (6.40)과 같은 Lagrange 형식보다 Newton 보간법을 확장하여 적용하는 방법을 생각해 볼 수 있다.

마디점 $t_0, t_1, t_2, \cdots, t_{2n+1}$에서 함수 $f(x)$에 대한 $2n+1$차 Newton 보간 다항식을 $q(x)$라고 하면 6.1절에 의해

$$\begin{aligned} q(x) = f(t_0) &+ f[t_0, t_1](x-t_0) + f[t_0, t_1, t_2](x-t_0)(x-t_1) \\ &+ \cdots + f[t_0, t_1, \cdots, t_{2n+1}](x-t_0)(x-t_1)\cdots(x-t_{2n+1}) \end{aligned}$$

이고, 이에 따른 오차 형식은

$$f(x)-q(x) = (x-t_0)(x-t_1)\cdots(x-t_{2n+1})f[t_0, t_1, \cdots, t_{2n+1}, x]$$

이다. 이제 마디점을 순차적으로 짝을 지워 다음과 같이 일치시키도록 하자.

$$t_0, t_1 \mapsto x_0, \quad t_2, t_3 \mapsto x_1, \quad \cdots, t_{2n}, \ t_{2n+1} \mapsto x_n$$

그러면 대응하는 보간 형식은

$$\begin{aligned} q(x) = f(x_0) &+ f[x_0, x_1](x-x_0) + f[x_0, x_0, x_1](x-x_0)^2 \\ &+ f[x_0, x_0, x_1, x_1](x-x_0)^2(x-x_1) + \cdots \\ &+ f[x_0, x_0, x_1, x_1, \cdots, x_n, x_n](x-x_0)^2\cdots(x-x_{n-1})^2(x-x_n) \end{aligned} \tag{6.43}$$

이고 보간 오차는

$$f(x)-q(x) = \pi_{n+1}^{2}(x)\, f[x_0, x_0, \cdots, x_n, x_n, x] \tag{6.44}$$

이다.

Hermite 보간 다항식을 Newton 차분 형식으로 나타내면 다음과 같다.

정리 6.13

$f(x)$가 구간 $[a, b]$에서 연속 미분가능한 함수이고 $x_0, x_1, \cdots, x_n$을 구간 $[a, b]$상의 $n+1$개의 서로 다른 마디점이라 할 때, $p_{2n+1}(x)$를

$$p_{2n+1}(x_j) = f(x_j), \quad p'_{2n+1}(x_j) = f'(x_j), \quad (j = 0, 1, 2, \cdots, n)$$

인 $2n+1$차의 Hermite 보간 다항식이라면 p_{2n+1}은 다음 형식으로 주어진다.

$$\begin{aligned} p_{2n+1}(x) & \\ = f(x_0) &+ f[x_0, x_1](x-x_0) + f[x_0, x_0, x_1](x-x_0)^2 \\ &+ f[x_0, x_0, x_1, x_1](x-x_0)^2(x-x_1) + \cdots \\ &+ f[x_0, x_0, \cdots, x_n, x_n](x-x_0)^2 \cdots (x-x_{n-1})^2(x-x_n) \end{aligned} \tag{6.45}$$

증명 $q(x)$를 (6.43)에 규정된 다항식이라고 하면 $q(x)$는 명백히 $2n+1$차의 다항식이고, (6.44)에 의해

$$q(x_j) = f(x_j) = p_{2n+1}(x_j), \ (j = 0, 1, \cdots, n)$$

이다. 한편, (6.44)의 양변을 미분하면 (6.31)(보조정리 6.9)에 의해

$$\begin{aligned} f'(x) - q'(x) = & \ 2\pi_{n+1}(x)\pi'_{n+1}(x) f[x_0, x_0, \cdots, x_n, x_n, x] \\ & + \pi^2_{n+1}(x) f[x_0, x_0, \cdots, x_n, x_n, x, x] \end{aligned}$$

이므로 $x = x_j$를 대입하면 우변이 0이 되어

$$q'(x_j) = f'(x_j) = p'_{2n+1}(x_j), \quad (j = 0, 1, \cdots, n)$$

이 성립한다. 따라서 (6.43)형태의 $q(x)$는 보간 조건 (6.35)를 만족하는 $2n+1$차의 보간 다항식이므로 Hermite 다항식의 유일성(정리 6.11)에 의해 $p_{2n+1}(x) = q(x)$로서 (6.45)의 형식이 성립한다. ■

이때 $f(x)$가 $[a, b]$에서 $(2n+2)$번 연속 미분가능하면, 보간 형식 (6.45)에 따른 보간 오차는 (6.29)(정리 6.8)에 의해

$$f[x_0, x_0, \cdots, x_n, x_n, x] = \frac{f^{(2n+2)}(\xi)}{(2n+2)!}, \quad (a < \xi < b)$$

이므로 오차 형식 (6.44)는 (6.41)과 일치한다. 식 (6.45)를 **Hermite 다항식의 분할차분 형식** (divided difference form of the Hermite polynomial)이라고 한다.

정리 6.13에 의해 마디점 $x_0,\ x_1,\ \cdots,\ x_n$에서 보간 조건 (6.35)를 만족하는 Hermite 다항식에 대한 분할차분 형식은

$$
\begin{aligned}
&p_{2n+1}(x)\\
&= y_0 + [y_{00}](x-x_0) + [y_{001}](x-x_0)^2 + [y_{0011}](x-x_0)^2(x-x_1) + \cdots\\
&\quad + [y_{0011\cdots nn}](x-x_0)^2(x-x_1)^2\cdots(x-x_{n-1})^2(x-x_n)
\end{aligned} \tag{6.46}
$$

이므로 표 6.7과 같은 분할차분표를 이용해서 Hermite 다항식의 계수를 계산한다.

표 6.7 Hermite 다항식에 대한 분할차분표

x_0	y_0	$[y_{00}]=y_0{}'$	$[y_{001}]$	$[y_{0011}]$	$[y_{00112}]$	$\cdots$	$[y_{0011\cdots nn}]$
x_0	y_0	$[y_{01}]$	$[y_{011}]$	$[y_{0112}]$	$[y_{01122}]$	$\cdot^{\cdot^{\cdot}}$	
x_1	y_1	$[y_{11}]=y_1{}'$	$[y_{112}]$	$[y_{1122}]$	$[y_{11223}]$		
x_1	y_1	$[y_{12}]$	$[y_{122}]$	$[y_{1223}]$			
x_2	y_2	$[y_{22}]=y_2{}'$	$[y_{223}]$		$\vdots$		
x_2	y_2	$[y_{23}]$	$\vdots$	$\vdots$	$\vdots$		
$\vdots$	$\vdots$	$\vdots$	$\vdots$	$\vdots$			
x_{n-1}	y_{n-1}	$[y_{(n-1)n}]$	$[y_{(n-1)nn}]$				
x_n	y_n	$[y_{nn}]=y_n{}'$					
x_n	y_n						

예제 6.10 함수 $f(x)=e^x-1$에 대해 마디점 $x_0=0,\ x_1=1$에서 $f(x)$를 보간하는 3차 Hermite 보간 다항식 $p_3(x)$를 구하고, $x=0.5$에서 오차를 구하여라.

풀이 $f'(x)=e^x$이므로 $y_j=f(x_j),\ y_j{}'=f'(x_j)$라 할 때 Hermite 다항식에 대한 분할차분표는 다음과 같다.

x	$f(x)$	$f[\cdot,\cdot]$	$f[\cdot,\cdot,\cdot]$	$f[\cdot,\cdot,\cdot,\cdot]$
$x_0=0$	$y_0=0$	$y_0{}'=1$	$[y_{001}]=0.71828$	$[y_{0011}]=0.28172$
$x_0=0$	$y_0=0$	$[y_{01}]=1.71828$	$[y_{011}]=1$	
$x_1=1$	$y_1=1.71828$	$y_1{}'=2.71828$		
$x_1=1$	$y_1=1.71828$			

따라서 구하는 3차 Hermite 다항식은

$$\begin{aligned} p_3(x) &= y_0+y_0{}'(x-x_0)+[y_{001}](x-x_0)^2+[y_{0011}](x-x_0)^2(x-x_1) \\ &= x+0.71828\ x^2+0.28172\ x^2(x-1) \end{aligned}$$

이고, $x=0.5$에서의 실제 오차는

$$|f(0.5)-p_3(0.5)|=0.43663\cdot 10^{-2}$$

이다. 한편, 보간에 따른 이론적인 오차의 한계는 (6.42)에 의해 $0\le x\le 1$에서

$$|f(x)-p_3(x)|\le \frac{e}{4!}\,\|\,x^2(x-1)^2\,\|_{\infty}=\frac{e}{4!\,4^2}\approx 0.70789\cdot 10^{-2}$$

이므로 실제 오차는 이론적인 오차 범위 내에 있다.

서로 다른 마디점 $x_0,\ x_1,\ \cdots,\ x_n$에서 함수 $f(x)$에 대한 Hermite 보간 다항식을 분할차분 형식을 써서 구현하는 과정을 알아보자.

먼저 각 마디점 x_i에서 $y_i=f(x_i)$와 $y_i{}'=f'(x_i)$를 계산하고, 새로운 배열 $z_0,\ z_1,\ \cdots,\ z_{2n+1}$을 다음과 같이 정의한 후 $\{z_j\}$에 대한 분할차분표를 작성한다.

$$z_{2j}=z_{2j+1}=x_j,\ \ (j=0,\ 1,\ \cdots,\ n)$$

그러면 1차 분할차분은 각 j에 대해 $z_{2j}=z_{2j+1}=x_j$이므로

$$f[z_{2j},\ z_{2j+1}]=f'(x_j)=y_j{}',\ \ (j=0,\ 1,\ \cdots,\ n)$$

이고,

$$f[z_{2j-1},\ z_{2j}]=\frac{f(z_{2j})-f(z_{2j-1})}{z_{2j}-z_{2j-1}},\ (j=1,\ 2,\ \cdots,\ n)$$

이다. 그리고 나머지 분할차를 Newton 분할차분 형식에 따라 전개하여 Hermite 보간 다항식

의 계수를 쉽게 계산할 수 있다. 그러면 Hermite 보간 다항식은

$$p_{2n+1}(x) = f(z_0) + \sum_{j=1}^{2n+1} f[z_0,\ z_1,\ \cdots,\ z_j](x-z_0)(x-z_1)\cdots(x-z_{j-1}) \qquad (6.47)$$

로 주어진다.

위 과정의 알고리즘을 설정하기 위해서 먼저 (6.47)의 계수는 1차원 배열 $a(0:2n+1)$을 이용하여

$$a_{2i-1} = f(x_i),\ a_{2i} = f'(x_i),\ (i = 0, 1, \cdots, n)$$

을 기록하고, 6.1절에서 제시된 바와 같이 분할차분의 1차원 배열 알고리즘을 적용하여

$$a_j = f[z_0,\ z_1,\ \cdots,\ z_j],\ (j = 0,\ 1,\ \cdots,\ 2n+1)$$

으로 계산한다. 다음으로 주어진 x에 대해 보간 다항식의 값 (6.47)의 계산은 6.1절에서 제시된 포괄 곱셈을 이용하여 계산한다. 이를 반영하여 정리한 Hermite 보간 형식에 대한 알고리즘은 다음과 같다.

Hermite 보간 알고리즘

(1) 데이터 $x_i,\ y_i = f(x_i),\ y_i' = f'(x_i),\ (i = 0,\ 1,\ \cdots,\ n)$ 입력

(2) 배열 $z_{2i-1} = x_i,\ z_{2i} = x_i,\ a_{2i-1} = y_i,\ a_{2i} = y_i',\ (i = 0,\ 1,\ \cdots,\ n)$ 설정

(3) 1차원 분할차분표 작성

$$a_j = \frac{a_j - a_{j-1}}{z_j - z_{j-k}},\ (k = 2:2n+1,\ j = 2n+1:-1:k)$$

(4) 포괄 곱셈을 이용하여 주어진 점 t에서 보간 다항식 $p_{2n+1}(t)$의 값 계산

$$v = a_{2n+1};$$
$$v = v(t - x_j) + a_j,\ (j = 2n:\ -1:0)$$

그림 6.8은 예제 6.10에서 구간 $-1 \le x \le 2$ 위로 원함수와 3차 Hermite 보간 다항식을 그려 비교한 것이다. 그림 6.8에서와 같이 이 구간 내에서 3차 Hermite 다항식 $p_3(x)$는 $f(x)$의 매우 유효한 근사식이고, 특히 마디점 근방에서 원함수와의 근접도가 매우 높음을 알 수 있다.

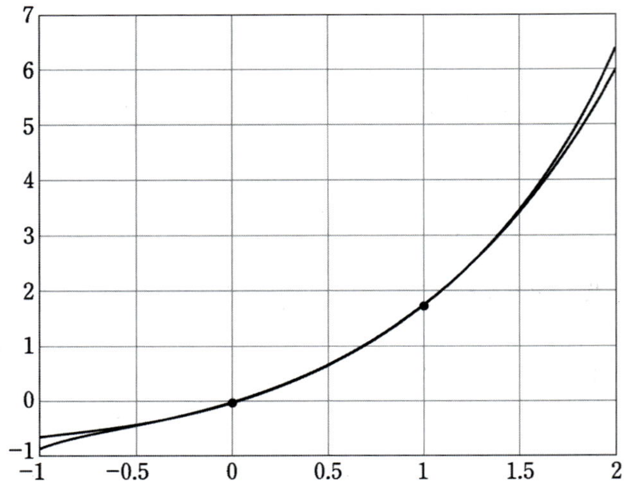

그림 6.8 함수 $f(x) = e^x - 1$와 3차 Hermite 다항식

```
f='exp(x)-1';
 fp='exp(x)';
 xdat=[0  1];
 n=length(xdat);
 m=2*n;
 for  i=1:n
      x=xdat(i);  ydat(i)=eval(f);yp(i)=eval(fp);
 end
 for  i=1:n
      z(2*i-1)=xdat(i);  z(2*i)=xdat(i);
      a(2*i-1)=ydat(i);  a(2*i)=yp(i);
 end
 for  j=2:m
      for  i=m:-1:j+1
           a(i)=(a(i)-a(i-1))/(z(i)-z(i-j));
      end
end
 t=(min(xdat)-1):0.01:(max(xdat)+1);
 x=t;ft=eval(f);
 nn=length(t);
 for  i=1:nn
```

```
    p(i)=a(m);
    for j=m-1:-1:1
        p(i)=p(i)*(t(i)-z(j))+a(j);
    end
end
plot(xdat,ydat,'ro',t,ft,'r',t,p);  grid;
```

연습문제 6.3 EXERCISE

1. 다음 데이터를 보간하는 다항식을 구하여라.

(1)

x	0	1
$f(x)$	1	0
$f'(x)$	0	1

(2)

x	0	1	2
$f(x)$	1	0	1
$f'(x)$	0	1	1

2. 함수 $f(x)=|x|$에 대하여 다음 각 보간 조건을 만족하는 보간 다항식을 구하고 그래프를 그려 비교하여라.

(1) $p(-1)=p(1),\ p(-0.5)=f(-0.5),\ p(0)=f(0),$
$p(0.5)=f(0.5),\ p(1)=f(1)$

(2) $p(-1)=f(-1),\ p'(-1)=f'(-1),\ p(0)=f(0),$
$p(1)=f(1),\ p'(1)=f'(1)$

3. 다음은 $x=1.0, 1.2, 1.4$에서 $f(x)=\tan x$와 그 도함수 $f'(x)=\sec^2 x$에 대한 값을 나타낸 것이다. Hermite 보간 다항식을 이용하여 $\tan 1.3$의 근사값을 구하고 이론적인 오차와 비교하여라.

x	1.0	1.2	1.4
$\tan x$	1.55741	2.57215	5.79788
$\sec^2 x$	3.42552	7.61596	34.61546

4. (1) 함수 $f(x)=\sqrt{x}$에 대하여 $x_0=5,\ x_1=6,\ x_2=7$에서의 5차 Hermite 보간 다항식 $p_5(x)$를 구하고, 이를 이용하여 $\sqrt{5.12}$의 값을 추정하여라.

(2) 이론적인 오차의 한계를 구하고, (1)의 결과와 비교하여라.

5. 마디점 $x_0=0,\ x_1=h$에서 함수 $f(x)=x^5$에 대한 3차의 Hermite 보간 다항식은 $p_3(x)=3h^2x^3-2h^3x^2$의 형태로 주어짐을 보이고, 직접 계산에 의해 정리 6.12의 보간 오차에서 주어진 ξ는 $\xi=\frac{1}{5}(x+2h)$로 유일하게 존재함을 보여라.

6. 직선 도로를 주행하는 차량을 몇 개의 시점에서 거리와 속도를 측정하였다. 측정한 결과는 아래와 같다.

시간(초)	0	3	5	8	13
거리(m)	0	69	117	190	303
속도(m)	23	24	25	22	21

Hermite 보간 다항식을 써서 다음을 구하라.

(1) $t = 10$초일 때 차량의 거리와 속도를 추정하라.

(2) 스플라인의 미분을 이용해서 차량이 시속 80km의 속도를 넘는지 결정하고 이 속도를 넘는 최초의 시간을 결정하라.

(3) 차량의 최대 속도를 예측하라.

6.4 스플라인 보간법

이제까지는 전체 구간 $[a, b]$에서 택한 마디점에 대해 주어진 함수값이나 데이터 점을 일치시키는 다항식을 구하기 위한 보간법의 Lagrange 형식과 Newton 형식에 대해 알아보고, 아울러 미분값을 고려한 Hermite 보간 형식에 대해 살펴보았다. 이러한 보간 형식들은 구간 전체에서 데이터나 함수를 근사시키는 형식을 취하고 있으므로 보간점의 개수가 증대함에 따라 다항식의 차수가 매우 커지는 단점이 있다. 즉, 더욱 정밀한 근사계산을 위해 마디점을 늘리면 이에 따라 다항식의 차수가 커지게 되므로 계산량이 늘어날 뿐 아니라 작은 편차에도 값이 매우 증폭되어 근사계산의 유효성을 훼손할 우려가 커진다. 더욱이 Hermite 보간식의 경우처럼 미분값을 고려해야 할 경우에는 차수가 배가 되어 보간 다항식의 진동이 커지므로 실용적이고 효율적인 계산도구로는 적절하지 않을 수도 있다. 이러한 단점을 보완하기 위해 구간을 부분구간으로 나눈 후, 각 소구간에서 일정한 차수의 다항식을 가지고 연속성이 유지되도록 근사함수를 구성하는 방법을 생각할 수 있다. 이러한 방법을 **스플라인 보간법**(spline interpolation)이라고 하며, 이때 각 소구간에서의 구성함수를 **스플라인 함수**(spline function)라고 한다.

원래 스플라인(spline)은 제도나 설계할 때 곡선을 유연하게 그리기 위해서 사용하는 플라스틱이나 나무로 만들어진 각종 곡선자를 일컫는 말로서 보간을 위한 스플라인 기법은 1945년 Schoenberg에 의해 고안되어 이후 광범위한 연구가 이루어졌다.

스플라인 기법에서 구간을 부분구간으로 나눌 때, 각 소구간의 양 끝점을 **매듭**(knots)이라고 하고, 각 소구간에서 n차 다항식으로 구성된 함수를 **n차 스플라인**(spline of n-th degree)이라고 한다. 스플라인 기법에서는 스플라인 함수의 차수가 각 매듭에서 연속이고 최대한의 연속 미분가능성이 유지되도록 조건을 설정해서 매끄럽게 연결되도록 구성한다. 좀 더 정확히 말해, n차 스플라인은 매듭에서 $n-1$차의 연속 미분가능성이 유지되도록 구성함수를 선택한다. 따라서 1차 스플라인은 각 소구간에서 1차인 함수를 가지고 구성한 연속함수이고, 2차 스플라인은 각 소구간에서 2차 함수를 가지고 구성된 연속 미분가능한 함수이다. 스플라인의 차수가 커지면 매듭에서 연속 미분가능성을 유지하기 위한 조건의 수가 증가하게 되고, 이에 따라 스플라인을 계산하기 위한 계산량이 증대하게 된다. 이에 따라 실용성에서 가장 보편적으로 쓰이는 방법은 3차 스플라인에 의한 보간법이다. 3차 스플라인은 2차 연속 미분가능성을 유지하기 때문에 비교적 능률적으로 매끄럽게 주어진 데이터를 근사시킬 수 있는 수단을 제공한다. 이러한 이유로 여기서는 3차 스플라인에 초점을 두어 다루고, 스플라인을 기저함수로부터 구성하는 B-스플라인의 기법에 대해서도 알아본다.

3차 스플라인 보간법

구간 $[a,\ b]$에서 정의된 **3차 스플라인**(cubic spline)은 $[a,\ b]$를 분할할 때 각 소구간에서 3차인 다항식으로 구성되는 2차 연속 미분가능한 함수를 뜻한다. 구간 $[a,\ b]$를 다음과 같이 m개의 소구간으로 분할할 때

$$x_0 = a < x_1 < \ \cdots \ < x_m = b$$

분할에 따른 각 매듭 x에서의 보간 데이터를 y_j라고 하면, 3차 스플라인은 $[a,\ b]$에서 다음 조건에 의해 결정되는 함수 $s(x)$를 나타낸다.

1. $s(x_j) = y_j, \quad (j = 0,\ 1,\ \cdots,\ m).$
2. $s(x)$는 각 소구간 $[x_j,\ x_{j+1}]$에서 3차 다항식이다.
3. $s(x),\ s'(x),\ s''(x)$는 $[a,\ b]$에서 연속이다.

이제, $s_j(x)$를 소구간 $[x_j,\ x_{j+1}]$에서 $s(x)$의 구성함수라고 하자.

조건 2에 따라 3차 다항식 $s_j(x)$를 적당한 계수 $a_j,\ b_j,\ c_j,\ d_j$에 대해

$$s_j(x) = a_j(x_{j+1} - x)^3 + b_j(x - x_j)^3 + c_j(x - x_j) + d_j(x_{j+1} - x) \tag{6.48}$$

로 나타내면, $s(x)$는 m개의 3차 다항식 $s_j(x)$에 의해 결정되므로 각 $s_j(x)$의 계수 $a_j,\ b_j,\ c_j,\ d_j\,(j = 0,\ 1,\ \cdots,\ m-1)$에 의한 $4m$개의 미지수가 존재하게 된다.

한편, 이에 대한 조건으로는 1에 따른 $m+1$개의 조건식과, 3에 따라 내부 매듭에서 연속성에 의해 결정되는 $3(m-1)$개의 조건식이 있으므로 총 조건식의 수는 $(m+1)+3(m-1) = 4m-2$가 되어 3차 스플라인을 구하기 위해서는 두 개의 보조 조건이 더 필요하게 된다. 이 보조 조건은 구간 $[a, b]$의 경계에서 상황에 따라 보통 다음과 같이 설정한다.

$$s''(a) = s''(b) = 0 \tag{6.49}$$

또는

$$s'(a) = r_a,\ s'(b) = r_b \tag{6.50}$$

경계 조건 (6.49)를 **자연 경계 조건**(nabural boundary condition)이라고 하며, 이 조건에 의해 결정되는 보간 다항식을 **자연 3차 스플라인**(nutural cubic spline), 또는 **자유 3차 스플라인**(free cubic spline)이라고 하고, **고정 경계 조건**(clamped boundary condition) (6.50)에 의해 결정되는 보간 다항식을 **고정 3차 스플라인**(clamped cubic spline)이라고 한다. 고정 경계 조건 (6.50)은 양끝을 꺽쇠(clamp)로 고정시켜 죄어 놓은 보(beam)와 같은 구조물의 수학적 모형에서 발생한다.

3차 스플라인을 결정하기 위해 먼저

$$x_{j+1}-x_j=h_j,\ \ \triangle y_j=y_{j+1}-y_j$$

라 두고 다음과 같은 변수를 설정한다.

$$s''(x_j):=z_j,\ \ (j=0,\ 1,\ \cdots,\ m) \tag{6.51}$$

여기서 $\{z_j\}$는 추후 결정할 변수이다. 그러면

$$s(x)=s_j(x),\ \ (x_j\le x\le x_{j+1})$$

이고, (6.48)에 의해

$$s_j''(x)=6a_j(x_{j+1}-x)+6b_j(x-x_j)$$

이므로

$$z_j=s''(x_j)=s_j''(x_j)=6a_jh_j\ \Rightarrow\ a_j=\frac{z_j}{6a_j}$$

이고, 또한 $s''(x)$가 연속이므로

$$z_{j+1}=s''(x_{j+1})=s''_{j+1}(x_{j+1})=s_j''(x_{j+1})=6b_j\,h_j\Rightarrow b_j=\frac{z_{j+1}}{6h_j}$$

가 얻어진다.

한편, $y_j=s(x_j)$와 $s(x)$의 연속성에 의해

$$y_j=s(x_j)=s_j(x_j)=a_jh_j^3+d_jh_j\ \Rightarrow\ \ d_j=\frac{y_j}{h_j}-\frac{h_j}{6}z_j\,,$$

$$y_{j+1}=s(x_{j+1})=s_j(x_{j+1})=b_jh_j^3+c_j\,h_j\Rightarrow c_j=\frac{y_{j+1}}{h_j}-\frac{h_j}{6}z_{j+1}$$

이므로 3차 스플라인 $s(x)$에 대한 구성함수 $s_j(x)$는 다음과 같이 표현된다.

$$s_j(x) = \frac{z_j}{6h_j}(x_{j+1} - x)^3 + \frac{z_{j+1}}{6h_j}(x - x_j)^3$$
$$+ \left(\frac{y_{j+1}}{h_j} - \frac{h_j}{6} z_{j+1}\right)(x - x_j) + (\frac{y_j}{h_j} - \frac{h_j}{6} z_j)(x_{j+1} - x) \tag{6.52}$$

이제 $s'(x)$의 연속성을 이용하여 설정 변수 $z_0, z_1, \cdots, z_m$을 결정한다.

(6.52)로부터

$$s_j{}'(x) = \frac{z_{j+1}}{2h_j}(x - x_j)^2 - \frac{z_j}{2h_j}(x_{j+1} - x)^2 + \frac{\Delta y_j}{h_j} - \frac{h_j}{6} z_{j+1} + \frac{h_j}{6} z_j$$

이므로

$$s_j{}'(x_j) = -\frac{h_j}{3} z_j - \frac{h_j}{6} z_{j+1} + \frac{\Delta y_j}{h_j},$$
$$s'_{j-1}(x_j) = \frac{h_{j-1}}{6} z_{j-1} + \frac{h_{j-1}}{3} z_j + \frac{\Delta y_{j-1}}{h_{j-1}} \tag{6.53}$$

이 된다. 이때 $s'(x)$의 연속 조건으로부터 $s'_{j-1}(x_j) = s_j{}'(x_j)$이 성립하므로

$$h_{j-1} z_{j-1} + 2(h_{j-1} + h_j) z_j + h_j z_{j+1} = 6\left(\frac{\Delta y_j}{h_j} - \frac{\Delta y_{j-1}}{h_{j-1}}\right), \tag{6.54}$$
$$(j = 1 : m - 1)$$

을 얻는다. 이것은 $z_0, z_1, \cdots, z_m$에 대한 $m-1$개의 연립방정식을 제공한다.

표현을 간결하게 하기 위해

$$u_j = 2(h_{j-1} + h_j), \quad v_j = 6\left(\frac{\Delta y_j}{h_j} - \frac{\Delta y_{j-1}}{h_{j-1}}\right), \quad (j = 1 : m - 1) \tag{6.55}$$

으로 두면 (6.54)는

$$h_{j-1} z_{j-1} + u_j z_j + h_j z_{j+1} = v_j, \quad (j = 1 : m - 1) \tag{6.56}$$

로 정리된다.

마지막으로 수치계산을 효율적으로 처리하기 위해서 구성함수를 소구간의 양 끝점을 고려해서 (6.48)의 형태로 나타내는 대신에 연산수를 줄이기 위해서 포괄 곱셈을 반영하여 구성함수를 오름차순으로 다음과 같이 정리하여 사용한다.

$$s_j(x) = A_j + B_j(x - x_j) + C_j(x - x_j)^2 + D_j(x - x_j)^3 \tag{6.57}$$

이때 이에 대한 계수는 각각

$$A_j = s_j(x_j) = y_j,$$

$$B_j = s_j'(x_j) = -\frac{h_j}{6}z_{j+1} - \frac{h_j}{3}z_j + \frac{\Delta y_j}{h_j},$$

$$C_j = \frac{1}{2}s_j''(x_j) = \frac{z_j}{2}$$

이고, $s_j(x)$의 표현 (6.52)에서 x^3의 계수를 비교하여

$$D_j = \frac{1}{6h_j}(z_{j+1} - z_j)$$

를 얻는다.

그러면 주어진 소구간 $[x_j, x_{j+1}]$에서 주어진 x에 대해 $s_j(x)$의 값은 다음과 같이 포괄 곱셈 형식을 써서 효율적으로 계산할 수 있다.

$$s_j(x) = y_j + (x - x_j)\left(B_j + (x - x_j)\left(\frac{z_j}{2} + \frac{1}{6h_j}(x - x_j)(z_{j+1} - z_j)\right)\right) \tag{6.58}$$

자연 3차 스플라인

자연 경계 조건으로부터

$$z_0 = s''(x_0) = s''(a) = 0,\ z_m = s''(x_m) = s''(b) = 0 \tag{6.59}$$

이므로 자연 3차 스플라인은 (6.56)에서 $z_1, z_2, \cdots, z_{m-1}$을 구함으로서 결정될 수 있다. 이때 연립방정식 (6.56)은 다음과 같은 3중 대각행렬로 표현된다.

$$\begin{bmatrix} u_1 & h_1 & 0 & 0 & \cdots & 0 \\ h_1 & u_2 & h_2 & 0 & \cdots & 0 \\ 0 & h_2 & u_3 & h_3 & \cdots & \vdots \\ \vdots & 0 & \ddots & \ddots & \ddots & 0 \\ \vdots & \vdots & \ddots & h_{m-3} & u_{m-2} & h_{m-1} \\ 0 & 0 & \cdots & 0 & h_{m-2} & u_{m-1} \end{bmatrix} \begin{bmatrix} z_1 \\ z_2 \\ \vdots \\ \vdots \\ z_{m-2} \\ z_{m-1} \end{bmatrix} = \begin{bmatrix} v_1 \\ v_2 \\ \vdots \\ \vdots \\ v_{m-2} \\ v_{m-1} \end{bmatrix} \tag{6.60}$$

여기서, 모든 j에 대해 $u_j = 2(h_{j-1} + h_j) > (h_{j-1} + h_j)$이므로 (6.60)의 계수행렬은 강대각 지배행렬임에 주목하라. 따라서 (6.60)은 유일한 해를 갖고 강대각 지배행렬에 대한 Gauss 소거법은 안정적이므로 피봇팅을 적용하지 않고 직접 계산을 수행할 수 있다. 이에 따라 다음 정리를 얻는다.

정리 6.14

구간 $[a, b]$의 분할에 따른 매듭 $x_0 = a < x_1 < \cdots < x_m = b$에서 데이터 $y_0,\ y_1,\ \cdots,\ y_m$이 주어지면

$$s(x_j) = y_j,\ s''(a) = s''(b) = 0$$

인 자연 3차 스플라인 $s(x)$가 유일하게 존재한다.

자연 3차 스플라인을 구현하기 위한 알고리즘은 3중 대각행렬에 대한 연립방정식을 푸는 과정과 계수 a_j, b_j, c_j, d_j를 배정해서 $s_j(x)$를 구성하는 과정으로 이루어진다. 실제 프로그램에서는 주어진 x에 대해 $s_j(x)$의 값을 효율적으로 계산하기 위해 (6.58)을 사용한다. 이에 관해서는 예제 6.11을 실행하기 위해 작성한 샘플 프로그램을 참조하라.

자연 3차 스플라인에 대한 알고리즘을 요약 정리하면 다음과 같다.

자연 3차 스플라인 알고리즘

(1) 데이터 $\{(x_j,\ y_j) | j = 0,\ 1,\ 2,\ \cdots,\ m\}$을 입력하고

$h_j = x_{j+1} - x_j,\ \triangle y_j = y_{j+1} - y_j$을 계산한다.

(2) $u_j = 2(h_{j-1} + h_j),\ v_j = 6\left(\dfrac{\triangle y_j}{h_j} - \dfrac{\triangle y_{j-1}}{h_{j-1}}\right)$를 계산한다.

(3) 3중 대각 시스템 (6.60)으로부터 해 $z_1,\ z_2,\ \cdots,\ z_{m-1}$을 구한다.

- Gauss 소거과정

  $\mathrm{gm} = \dfrac{h_{j-1}}{u_{j-1}}$ (Gauss 승수)

  $u_j = u_j - \mathrm{gm} * h_{j-1};\ v_j = v_j - \mathrm{gm} * v_{j-1},\ (j = 2 : m-1)$

- 후치법(back substitution) 적용

  $z_m = 0;\ z_0 = 0;$

  $z_j = \dfrac{v_j - h_j z_{j+1}}{u_j},\ (j = m-2 : -1 : 1)$

(2) (6.52)에 의해 소구간 $[x_j,\ x_{j+1}]$에서 구성함수 $s_j(x)$를 결정한다.

고정 3차 스플라인

고정 경계 조건 (6.50)으로부터

$$s'(a) = s_0{}'(x_0) = r_a,\ \ s'(b) = s_{m-1}'(x_m) = r_b \tag{6.61}$$

이므로 (6.53)에 의해 각각

$$-\frac{h_0}{3}z_0 - \frac{h_1}{6}z_1 + \frac{\Delta y_0}{h_0} = r_a \ \Rightarrow\ 2h_0 z_0 + h_0 z_1 = 6\left(\frac{\Delta y_0}{h_0} - r_a\right) \tag{6.62}$$

와

$$\begin{aligned} &\frac{h_{m-1}}{6}z_{m-1} + \frac{h_{m-1}}{3}z_m + \frac{\Delta y_{m-1}}{h_{m-1}} = r_b \\ &\qquad \Rightarrow\ h_{m-1}z_{m-1} + 2h_{m-1}z_m = 6\left(r_b - \frac{\Delta y_{m-1}}{h_{m-1}}\right) \end{aligned} \tag{6.63}$$

를 얻는다. 이에 따라 u_j와 v_j를 각각

$$u_0 = 2h_0,\ u_m = 2h_{m-1},\ u_j = 2(h_{j-1} + h_j),\ \ (j = 1 : m-1) \tag{6.64}$$

와

$$\begin{aligned} &v_0 = 6\left(\frac{\Delta y_0}{h_0} - r_a\right),\ v_m = 6\left(r_b - \frac{\Delta y_{m-1}}{h_{m-1}}\right), \\ &v_j = 6\left(\frac{\Delta y_j}{h_j} - \frac{\Delta y_{j-1}}{h_{j-1}}\right),\ \ (j = 1 : m-1) \end{aligned} \tag{6.65}$$

으로 두면 고정 3차 스플라인은 (6.56), (6.62)와 (6.63)에 의해 $z_0,\ z_1,\ \cdots,\ z_m$을 구함으로서 결정할 수 있다. 이때 대응하는 연립방정식은 다음과 같은 3중 대각행렬로 표현되며 시스템 행렬은 자연 스플라인의 경우와 마찬가지로 강대각 지배 행렬이므로 (6.66)은 유일한 해를 갖는다.

$$\begin{bmatrix} u_0 & h_0 & 0 & 0 & \cdots & 0 \\ h_0 & u_1 & h_1 & 0 & \cdots & 0 \\ 0 & h_1 & u_2 & h_2 & \cdots & \vdots \\ \vdots & 0 & \ddots & \ddots & \ddots & 0 \\ \vdots & \vdots & \ddots & h_{m-2} & u_{m-1} & h_{m-1} \\ 0 & 0 & \cdots & 0 & h_{m-1} & u_m \end{bmatrix} \begin{bmatrix} z_0 \\ z_1 \\ \vdots \\ \vdots \\ z_{m-1} \\ z_m \end{bmatrix} = \begin{bmatrix} v_0 \\ v_1 \\ \vdots \\ \vdots \\ v_{m-1} \\ v_m \end{bmatrix} \tag{6.66}$$

정리 6.15

구간 $[a, b]$의 분할에 따른 매듭 $x_0 = a < x_1 < \cdots < x_m = b$에서 함수값 $y_0,\ y_1,\ \cdots,\ y_m$이 주어지면

$$s(x_j) = y_j,\ (j = 0 : m);\ s'(a) = r_a,\ \ s'(b) = r_b$$

인 고정 3차 스플라인 $s(x)$가 유일하게 존재한다.

고정 3차 스플라인은 다음 단계를 통해 결정된다.

고정 3차 스플라인 알고리즘

(1) 시스템 (6.66)으로부터 해 $z_0,\ z_1,\ \cdots,\ z_m$을 구한다.
(2) (6.52)에 의해 소구간 $[x_j,\ x_{j+1}]$에서의 구성함수 $s_j(x)$를 결정한다.

예제 6.11 다음과 같이 주어진 데이터 점이 있다.

x_j	0	1	2	3
y_j	-2	3	0	6

이 데이터를 보간하며 다음의 두 경계 조건을 만족하는 자연 및 고정 3차 스플라인을 구하고 그 그래프를 그려 비교하라.
(1) $s(x)$는 $s''(0) = 0,\ s''(3) = 0$인 자연 3차 스플라인
(2) $s(x)$는 $s'(0) = -1,\ s'(3) = 2$인 고정 3차 스플라인

풀이 각 소구간에서 3차 스플라인의 구성함수를 $s_j(x)$라고 하자.
여기서 소구간의 길이는 $h_0 = h_1 = h_2 = 1$이다.
(1) 자연 경계 조건으로부터

$$z_0 = s''(x_0) = 0, \quad z_3 = s''(x_3) = 0$$

이고

$$u_1 = 2(h_0 + h_1) = 4, \quad u_2 = 2(h_1 + h_2) = 4,$$

$$v_1 = 6\left(\frac{y_2 - y_1}{h_1} - \frac{y_1 - y_0}{h_0}\right) = 6((0-3)-(3+2)) = -48,$$

$$v_2 = 6\left(\frac{y_3 - y_2}{h_2} - \frac{y_2 - y_1}{h_1}\right) = 6((6-0)-(0-3)) = 54$$

이므로 (6.60)에 대응하는 시스템은

$$\begin{bmatrix} 4 & 1 \\ 1 & 4 \end{bmatrix}\begin{bmatrix} z_1 \\ z_2 \end{bmatrix} = \begin{bmatrix} -48 \\ 54 \end{bmatrix}$$

이다. 따라서 $z_0 = 0,\ z_1 = -16.4,\ z_2 = 17.6,\ z_3 = 0$이므로 (6.52)에 의해 자연 3차 스플라인 $s(x)$는 다음과 같이 구성된다.

$$s(x) = \begin{cases} s_0(x) \approx -2.73x^3 + 5.73x - 2(1-x), & 0 \le x \le 1 \\ s_1(x) \approx -2.73(2-x)^3 + 2.93(x-1) - 2.93(x-1) + 5.73(2-x), & \\ & 1 \le x \le 2 \\ s_2(x) \approx 2.93(3-x)^3 - 6(x-2) - 2.93(3-x), & 2 \le x \le 3 \end{cases}$$

자연 3차 스플라인 결과는 그림 6.9와 같다.

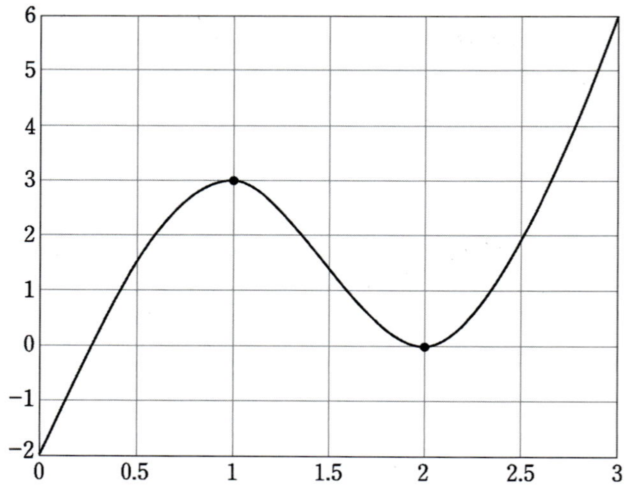

그림 6.9 데이터에 대한 자연 3차 스플라인

(2) 고정 경계 조건으로부터

$$r_a = s'(x_0) = -1, \quad r_b = s'(x_3) = 2$$

이고

$$u_0 = 2h_0 = 2, \quad u_3 = 2h_2 = 2,$$

$$v_0 = 6\left(\frac{y_1 - y_0}{h_0} - r_a\right) = 6((3+2)+1) = 36,$$

$$v_3 = 6\left(r_b - \frac{y_3 - y_2}{h_2}\right) = 6(2-(6-0)) = -24$$

이므로 (6.66)에 대응하는 시스템은

$$\begin{bmatrix} 2 & 1 & 0 & 0 \\ 1 & 4 & 1 & 0 \\ 0 & 1 & 4 & 1 \\ 0 & 0 & 1 & 2 \end{bmatrix} \begin{bmatrix} z_0 \\ z_1 \\ z_2 \\ z_3 \end{bmatrix} = \begin{bmatrix} 36 \\ -48 \\ 54 \\ -24 \end{bmatrix}$$

이다. 따라서 $z_0 = 31.2,\ z_1 = -26.4,\ z_2 = 26.4,\ z_3 = -25.2$이므로 (6.52)에 의해 고정 3차 스플라인 $s(x)$는 다음과 같이 구성된다.

$$s(x) = \begin{cases} s_0(x) = 5.2(1-x)^3 - 4.4x + 7.4x - 7.2(1-x),\ 0 \le x \le 1 \\ s_1(x) = -4.4(2-x)^3 + 4.4(x-1) - 4.4(x-1) + 7.4(2-x), \\ \hfill 1 \le x \le 2 \\ s_2(x) = 4.4(3-x)^3 - 4.2(x-2) + 10.2(x-2) - 4.4(3-x), \\ \hfill 2 \le x \le 3 \end{cases}$$

고정 3차 스플라인 결과는 그림 6.10과 같다.

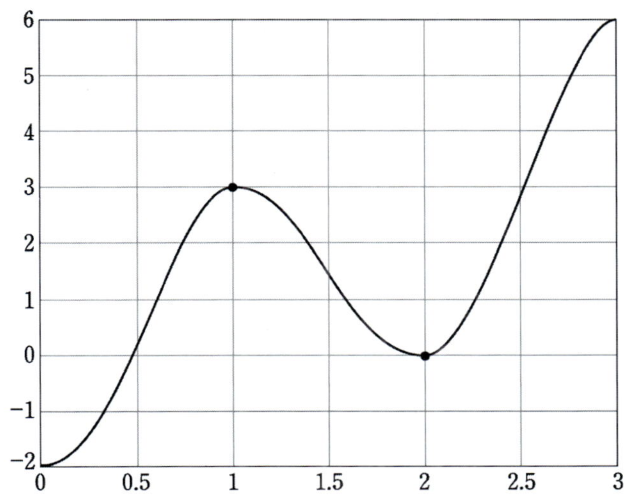

그림 6.10 데이터에 대한 고정 3차 스플라인

참고로 주어진 t에 대해 3차 스플라인 $s(t)$의 값을 계산하기 위해서는 매듭 x_j에 대해 $t-x_j \geq 0$인지 점검하고, 조건을 만족할 때 $s(t)=s_j(t)$의 값을 계산하도록 함에 유의하라. 아래에 예제 6.11을 구현하기 위한 자연 3차 스플라인과 고정 3차 스플라인의 프로그램을 제시한다. 실제 계산에서는 계산의 효율성을 위해서 포괄 곱셈의 형식 (6.58)을 사용하였다.

```
% 자연 스플라인 보간을 위한 프로그램(예제 6.11)
x=[0 1 2 3];
y=[-2 3 0 6];
m=length(x);
for j=1:m-1
     h(j)=x(j+1)-x(j); delta_y(j)=y(j+1)-y(j);
end
% 3중 대각행렬 시스템 구성
for j=2:m-1
     u(j)=2*(h(j-1)+h(j));
     v(j)=6*(delta_y(j)/h(j)-delta_y(j-1)/h(j-1));
end
% Gauss 소거
for j=3:m-1
     gm=h(j-1)/u(j-1);
     u(j)=u(j)-gm*h(j-1);
     v(j)=v(j)-gm*v(j-1);
end
% 시스템의 해 z(j) 계산
z(1)=0;z(m)=0;
for j=m-1:-1:2
     z(j)=(v(j)-h(j)*z(j+1))/u(j);
end
% 매듭의 범위 내에서 s(x)의 값 계산하고 그래프 그리기
t=min(x):0.1:max(x);
n=length(t);
for i=1:n
    for j=1:m-1
         if t(i)-x(j)>=0
             tmp=z(j)/2+(t(i)-x(j))*(z(j+1)-z(j))/(6*h(j));
             tmp=-(h(j)/6)*z(j+1)-(h(j)/3)*z(j)+delta_y(j)/h(j)+(t(i)-x(j))*tmp;
             s(i)=y(j)+(t(i)-x(j))*tmp;
         end
    end
end
plot(x,y,'ro',t,s);grid;
```

```
% 고정 스플라인 보간을 위한 프로그램(예제 6.11)
x=[0 1 2 3];
y=[-2 3 0 6];
m=length(x);
ra=-1;rb=2;
for j=1:m-1
    h(j)=x(j+1)-x(j);
    delta_y(j)=y(j+1)-y(j);
end
u(1)=2*h(1);u(m)=2*h(m-1);
v(1)=6*(delta_y(1)/h(1)-ra);v(m)=6*(rb-delta_y(m-1)/h(m-1));
for j=2:m-1
    u(j)=2*(h(j-1)+h(j));
    v(j)=6*(delta_y(j)/h(j)-delta_y(j-1)/h(j-1));
end
for j=2:m;
    gm=h(j-1)/u(j-1);
    u(j)=u(j)-gm*h(j-1);
    v(j)=v(j)-gm*v(j-1);
end
z(m)=v(m)/u(m);
for j=m-1:-1:1
    z(j)=(v(j)-h(j)*z(j+1))/u(j);
end
t=min(x):0.1:max(x);
n=length(t);
for i=1:n
   for j=1:m-1
       if t(i)-x(j)>=0
           tmp=z(j)/2+(t(i)-x(j))*(z(j+1)-z(j))/(6*h(j));
           tmp=-(h(j)/6)*z(j+1)-(h(j)/3)*z(j)+delta_y(j)/h(j)+(t(i)-x(j))*tmp;
           s(i)=y(j)+(t(i)-x(j))*tmp;
       end
   end
end
plot(x,y,'ro',t,s);grid;
```

다음 정리 6.16은 자연 3차 스플라인이 곡률을 최소화하는 최적의 매끄러운 곡선임을 말해준다. 스플라인은 원래 나무나 금속, 또는 아크릴로 만들어진 곡선을 그리는 도구로서 그 모양이 $y = s(x)$로 주어지고, 평면상의 유한개의 점을 지나도록 제한된다면 $s(x)$는 변형에너지

$$E(s) = \int_a^b \frac{|s''(x)|^2}{(1+|s'(x)|^2)^3} dx$$

를 최소화하는 형태를 택하게 된다. 이러한 이유로 자연 3차 스플라인은 여타의 고차 스플라인보다 진동을 최소화하여 곡선을 근사시키는 적절한 도구임을 알 수 있다.

정리 6.16

f를 구간 $[a, b]$에서 2차 연속 미분가능한 함수라 하자.
$s(x)$가 매듭 $a = x_0 < x_1 < \cdots < x_m = b$에서 함수 f를 보간하는 자연 3차 스플라인이면 부등식

$$\int_a^b |s''(x)|^2 dx \le \int_a^b |f''(x)|^2 dx \tag{6.67}$$

이 성립한다.

증명 $r(x) := f(x) - s(x)$라고 하면 $r(x_j) = 0, (j = 0 : m)$이고

$$\int_a^b f''(x)^2 dx = \int_a^b s''(x)^2 dx + \int_a^b r''(x)^2 dx + 2\int_a^b s''(x) r''(x) dx$$

가 성립한다. 각 소구간에서 $s(x)$는 3차 다항식이므로 각 $j = 0 : m-1$에 대해

$$s'''(x) = c_j, \quad (x_j \le x \le x_{j+1})$$

라고 두면 부분적분에 의해

$$\begin{aligned}\int_a^b s''(x) r''(x) dx &= s''(x) r'(x) \Big|_a^b - \int_a^b s'''(x) r'(x) dx \\ &= s''(x_m) r'(x_m) - s''(x_0) r'(x_0) - \sum_{j=0}^{m-1} c_j \int_{x_j}^{x_{j+1}} r'(x) dx \\ &= 0\end{aligned}$$

이다. 따라서

$$\int_a^b f''(x)^2 dx = \int_a^b s''(x)^2 dx + \int_a^b r''(x)^2 dx \ge \int_a^b s''(x)^2 dx$$

가 성립한다. ■

정리 6.16은 Lagrange 보간 다항식과 같이 차수가 커질 때 발생하는 진동적인 성질이 자연 3차 스플라인에서는 발생하지 않는다는 것을 말해준다.

예제 6.12 다음의 Runge 함수

$$f(x) = \frac{1}{1+x^2}, \quad (-5 \le x \le 5)$$

에 대해 마디점 $-5, -3, -1, 0, 1, 3, 5$에서의 $f(x)$에 대한 자연 3차 스플라인 $s(x)$와 Newton 보간 다항식 $p_6(x)$의 그래프를 그리고, 점 $x=2, 4$에서의 절대오차를 비교하라.

풀이 그림 6.11은 7개의 매듭에서 Runge 함수에 대한 자연 3차 스플라인 함수 $s(x)$와 6차 보간 다항식 $p_6(x)$의 그래프를 그려 비교한 것이다. 이 그래프에서 자연 3차 스플라인은 진동이 없이 원함수를 잘 적합시키는데 반하여 보간 다항식은 구간의 양 끝점에 가까워질수록 원래 함수와 이격이 커지고 매우 심하게 진동하는 것을 관찰할 수 있다.

$x=2, 4$에서의 절대오차를 비교하면 표 6.8과 같다.

표 6.8 Runge 함수에 대한 자연 스플라인과 6차 보간식의 절대오차

	$f(x)$	$s(x)$	$p_6(x)$	$\lvert f(x)-s(x)\rvert$	$\lvert f(x)-p_6(x)\rvert$
$x=2$	0.20000	0.15404	-0.28462	0.04596	0.48462
$x=4$	0.05882	0.07558	1.76923	0.01675	1.71041

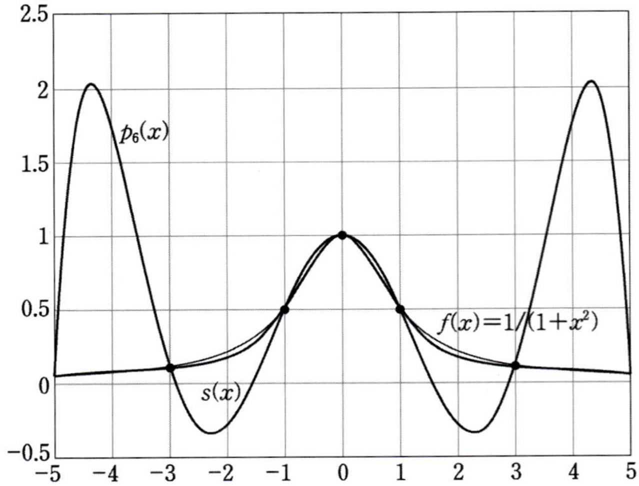

그림 6.11 자연 3차 스플라인과 보간 다항식

3차 스플라인의 오차에 관해서는 다음 정리를 참조하라(1968, Hall).

정리 6.17

f를 구간 $[a,\ b]$에서 4차 연속 미분가능한 함수라 하자.
$s(x)$가 매듭 $a = x_0 < x_1 < \cdots < x_m = b$에서 함수 $f(x)$를 보간하는 3차 스플라인이면 $h = \max\{x_{j+1} - x_j \mid j = 0 : m-1\}$이라 할 때,

$$\| f - s \|_\infty \le \frac{5}{384} h^4 \| f^{(4)} \|_\infty$$

와

$$\| f' - s' \|_\infty \le \frac{9+\sqrt{3}}{216} h^3 \| f^{(4)} \|_\infty$$

가 성립한다.

B-스플라인 보간법

매듭에 의해 결정되는 소구간에서 주어진 데이터에 대한 스플라인 다항식을 일정한 차수의 조각다항식을 기저로 해서 생성하는 방법을 **B-스플라인 보간법**(B-spline interpolation method)이

라고 하고, 이때 그 기저가 되는 조각다항식을 **B-스플라인**(B-spline)이라고 한다. 여기서는 B-스플라인의 생성 원리를 알아보고 3차 B-스플라인에 의한 보간법에 대해 논의한다.

먼저, 함수 $f(x)=(x-c)^m$에 대해서 $f(x)$의 양의 부분(positive part)을

$$f_+(x)=\begin{cases}(x-c)^m, & x\ge c\\ 0, & x<c\end{cases}$$

으로 정의하면, $m\ge 1$일 때 함수

$$\psi: x\mapsto (x-c)_+^m=\begin{cases}(x-c)^m, & x\ge c\\ 0, & x<c\end{cases}$$

은

$$\psi^{(j)}(x)=m(m-1)\cdots(m-j+1)(x-c)_+^{m-j},\quad (j=0:m-1) \tag{6.68}$$

이 되어 $m-1$차 연속미분가능하고, $\psi^{(j)}(c)=0,\ (j=0:m-1)$인 함수이다.

정리 6.18

$p(x)$를 m차 다항식이라 하자. $h>0$에 대해 함수

$$q_{(k)}(x):=\sum_{j=0}^{k}(-1)^j\binom{k}{j}p(x-jh),\ (k=1:m) \tag{6.69}$$

은 $m-k$차 다항식이고, $q_{(m+1)}(x)=0$이다.

증명 수학적 귀납법을 적용한다.

$k=1$이면 $p(x)$가 m차 다항식이므로 $q_{(1)}(x)=p(x)-p(x-h)$는 명백히 $m-1$차 다항식이다.

이제, $k>1$에 대해 $q_{(k)}(x)$가 $m-k$차 다항식이라고 가정하면, $q_{(k)}(x)-q_{(k)}(x-h)$는 $m-k-1$차 다항식이고,

$$\begin{aligned}q_{(k)}(x)-q_{(k)}(x-h)&=\sum_{j=0}^{k}(-1)^j\binom{k}{j}[p(x-jh)-p(x-(j+1)h)]\\&=p(x)+(-1)^{k+1}p(x-(k+1)h)\end{aligned}$$

$$+\sum_{j=0}^{k}(-1)^j\left[\binom{k}{j}+\binom{k}{j-1}\right]p(x-jh)$$

$$=\sum_{j=0}^{k+1}(-1)^j\binom{k+1}{j}p(x-jh)$$

$$=q_{(k+1)}(x)$$

로부터 $q_{(k+1)}(x)$는 차수 $m-(k+1)$인 다항식이 되어 정리가 성립한다.

마지막으로, $q_{(m)}(x)$은 상수이므로

$$q_{(m+1)}(x)=q_{(m)}(x)-q_{(m)}(x-h)=0$$

이다. ■

다음은 이 보조정리에 바탕을 둔 B-스플라인의 생성 원리를 담고 있다.

정리 6.19

$h>0$이라 하자. 각 $m\geq 1$에 대해 다음과 같이 정의된 함수

$$s_m(x):=\sum_{j=0}^{m+1}(-1)^j\binom{m+1}{j}(x-jh)_+^m \tag{6.70}$$

는 등간격 매듭 $t_j=jh$, $(j=0,\ 1,\ \cdots,\ m+1)$에서의 m차 스플라인이다. 특히, $s_m(x)$는 $m-1$차 연속미분가능하고, 구간 $(0,\ (m+1)h)$의 바깥에서 항등적으로 0이다.

증명 (6.68)에 의해 $s_m(x)$는 $m-1$차 연속 미분가능한 m차 스플라인이고, $x\leq 0$에서는 $s_m(x)$는 항등적으로 0이다. 한편, $x\geq(m+1)h$이면

$$s_m(x)=\sum_{j=0}^{m+1}(-1)^j\binom{m+1}{j}(x-jh)^m$$

이므로 보조정리 6.18에 의해 항등적으로 0이 된다. ■

B-스플라인 보간을 위한 기저함수는 주어진 매듭에 대해 $s_m(x)$의 최대값이 1이 되도록 정규화한 함수로 구성한다. 이를 예시하기 위해, 간격이 $h>0$인 등간격 매듭을

$$x_0=0<x_1<x_2<\ \cdots\ <x_{m+1},\ (x_j=jh)$$

이라 하자.

$m=1$이면 $s_1(x)=x_+-2(x-h)_++(x-2h)_+$이고 $s_1(x)$의 최대값은 h이므로 이를 정규화하여 $x=x_j$로 평행이동한 함수를

$$\beta_j^1(x) := \frac{1}{h}s_1(x-x_{j-1}) \tag{6.71}$$

로 정의하면 $\beta_j^1(x)$는 $\beta_j^1(x_k)=\delta_{jk}$인 1차 스플라인 함수이고, $\beta_j^1(x)$는 그림 6.12에서와 같이 구간 (x_{j-1}, x_{j+1})바깥에서 항등적으로 0이다.

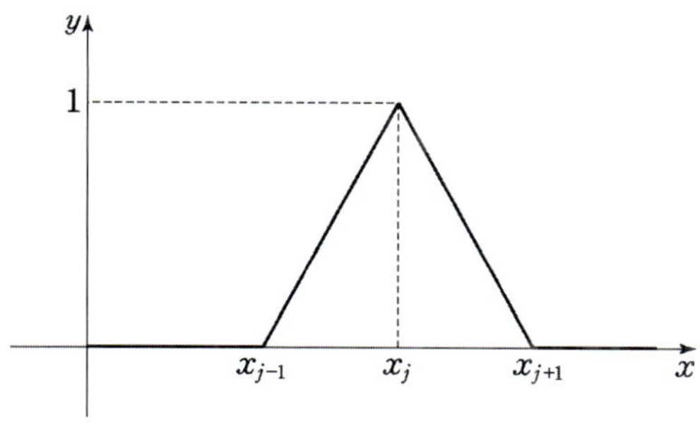

그림 6.12 일차 B-스플라인의 기저함수 $\beta_j^1(x)$

$m=3$이면 (6.70)에서

$$s_3(x)=x_+^3-4(x-h)_+^3+6(x-2h)_+^3-4(x-3h)_+^3+(x-4h)_+^3$$

는 조각 3차 다항식으로 최대값이 $x=2h$에서 $4h^2$이므로 이를 정규화하여 매듭 $x=x_{j-2}$로 평행이동한 함수

$$\beta_j^3(x) := \frac{1}{4h^2}s_3(x-x_{j-2}) \tag{6.72}$$

는 구간 $(x_{j-2},\ x_{j+2})$ 바깥에서 항등적으로 0인 3차 스플라인 함수이다. 특히 $\beta_j^3(x)$는 매듭에서 다음의 값을 갖고 $x=x_j$에 대해 대칭인 함수이다.

$$\beta_j^3(x_k)=\begin{cases} 1, & k=j \\ \frac{1}{4}, & |k-j|=1 \\ 0, & |k-j|\geq 2 \end{cases} \tag{6.73}$$

이 3차 스플라인 함수 $\beta_j^3(x)$의 그래프는 그림 6.13과 같이 종 모양을 닮아 있어 함수 $\beta_j^3(x)$를 **종 함수**(bell function)라고도 한다.

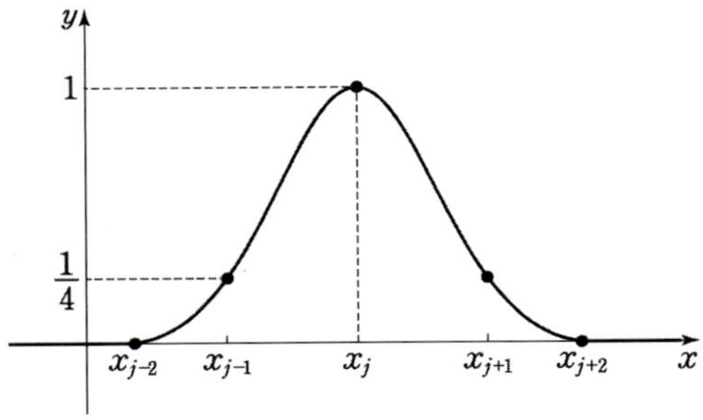

그림 6.13 3차 B-스플라인의 기저함수 $\beta_j^3(x)$ (종 함수)

구간 $[a,\ b]$에서 정의된 함수에 대한 3차 B-스플라인 보간 다항식을 구하기 위해서는 구간 $[a,\ b]$에 대해 간격이 $h=(b-a)/m$인 $m+1$개의 매듭으로 나누고 (6.72)를 $x=a$로 평행이동시킨 함수

$$\beta_j^3(x) := \frac{1}{4h^2} s_3(x-a-x_{j-2}) \tag{6.74}$$

를 사용하면 (6.73)의 성질을 갖는 3차 B-스플라인의 기저함수를 구성할 수 있다.

다음은 $\beta_j^3(x)$가 주어진 데이터에 대한 3차 스플라인 보간 다항식에 대한 기저가 됨을 말해준다.

정리 6.20

$f(x)$를 구간 $[a, b]$에서 연속인 함수라고 하자. 구간 $[a,\ b]$의 등간격 매듭

$$x_0 = a < x_1 < \ \cdots \ < x_m = b,\ \ x_j = a + jh,\ \ h = (b-a)/m$$

에 대해 함수 $f(x)$를 보간하는 3차 스플라인은 $\left\{\beta_j^3(x) \mid j = 0 : m\right\}$의 일차 결합으로 유일하게 표현된다.

증명 구하는 3차 스플라인을

$$s(x) = c_0\beta_0^3(x) + c_1\beta_1^3(x) + c_2\beta_2^3(x) + \cdots + c_m\beta_m^3(x)$$

라고 두면, (6.73)과 보간 조건 $s(x_j) = f(x_j)$, $(j = 0 : m)$로부터 연립방정식

$$\boldsymbol{Ac} := \begin{bmatrix} 1 & \frac{1}{4} & 0 & 0 & 0 & \cdots & 0 \\ \frac{1}{4} & 1 & \frac{1}{4} & 0 & 0 & \cdots & 0 \\ 0 & \frac{1}{4} & 1 & \frac{1}{4} & 0 & \cdots & 0 \\ 0 & 0 & \ddots & \ddots & \ddots & \ddots & \vdots \\ \vdots & \vdots & \ddots & \ddots & \ddots & \ddots & 0 \\ 0 & 0 & \cdots & 0 & \frac{1}{4} & 1 & \frac{1}{4} \\ 0 & 0 & \cdots & 0 & 0 & \frac{1}{4} & 1 \end{bmatrix} \begin{bmatrix} c_0 \\ c_1 \\ c_2 \\ \vdots \\ \vdots \\ c_m \end{bmatrix} = \begin{bmatrix} f(x_0) \\ f(x_1) \\ f(x_2) \\ \vdots \\ \vdots \\ f(x_m) \end{bmatrix} := \boldsymbol{y}$$

를 얻는다. 여기서 시스템 행렬 A는 강대각 지배행렬로서 가역이므로 스플라인의 계수 행렬 $\boldsymbol{c} := [c_0, c_1, \cdots, c_m]^t$는 유일하게 결정된다. ■

이에 덧붙여 구간의 양 끝점에서의 경계 조건

$$s'(x_0) = f'(x_0), \ \ s'(x_m) = f'(x_m)$$

이 부과된 경우에는 구간 밖의 가상 매듭 $x_{-1} < x_0 = a$와 $x_m = b < x_{m+1}$를 설정하고 대응하는 기저함수 $\beta_{-1}^3(x)$와 $\beta_{m+1}^3(x)$를 추가하여 정리 6.20의 증명과정을 적용하면 대응하는 시스템 행렬은 양정치 행렬로서 역시 가역이므로 이 경우에도 3차 B-스플라인은 유일하게 존재하게 된다. B-스플라인에 의한 보간법은 다른 스플라인 기법과 비교하여 점화식을 통해 차수의 전환이 용이하다는 장점이 있다. 이에 관해서는 연습문제 13을 참조하라.

연습문제 6.4 EXERCISE

1. 다음에 주어진 함수 $s(x)$가 3차 스플라인이 되도록 계수 a, b, c를 결정하라.

$$s(x) = \begin{cases} x^2 + 2x^3, & 0 \le x \le 1 \\ (x-1)^3 + a(x-1)^2 + b(x-1) + c, & 1 \le x \le 2 \end{cases}$$

2. 다음에 주어진 데이터에 대하여 다음 각 경계 조건을 만족하는 3차 스플라인 함수를 구하고 그 그래프를 그려라.

x_j	-1	0	1	2
y_j	-3	2	4	9

(1) $s'(0) = -1,\ s'(2) = 1$

(2) $s''(0) = -1,\ s''(2) = 1$

3. 다음과 같은 데이터가 주어져 있다.

$$f(0) = 1,\ f(1) = 0,\ f(2) = 1,\ f(3) = 3$$

(1) 이 데이터에 대한 자연 3차 스플라인을 구하라.

(2) 양 끝점에서 조건 $f'(0) = -1,\ f'(3) = 2$이 추가될 때, 데이터에 대한 고정 3차 스플라인을 구하라.

4. 주어진 데이터에 대해 다음을 구하라.

x_j	-1	0	1	2
y_j	-3	2	4	9

(1) 주어진 데이터를 보간하는 3차 B-스플라인을 구하라.

(2) 경계 조건 $s'(-1) = -1,\ s'(2) = 1$을 만족하는 3차 B-스플라인을 구하라.

5. 20개의 데이터 $\{(x_j, y_j)\}$가 다음과 같이 주어져 있다.

x_j	0.0	0.6	1.5	1.7	1.9	2.1	2.3	2.6	2.8	3.0
y_j	−0.8	−0.34	0.59	0.59	0.23	0.1	0.28	1.03	1.5	1.44
x_j	3.6	4.7	5.2	5.7	5.8	6.0	6.4	6.9	7.6	8.0
y_j	0.74	−0.82	−1.27	−0.92	−0.92	−1.04	−0.79	−0.06	1.0	0.0

주어진 데이터에 대한 자연 3차 스플라인과 3차 B-스플라인을 구하고 데이터와 각 스플라인 함수의 그래프를 그려 그 결과를 비교하라.

6. 구간 $[a, b]$의 분할 $a = x_0 < x_1 < \cdots < x_m = b$에 대해서 함수 f를 보간하는 3차 스플라인 $s(x)$의 구성함수 $s_j(x)$는 $s_j''(x)$가 소구간 $[x_j, x_{j+1}]$에서 1차 함수이므로

$$s''(x) = s_j''(x) = \frac{a_j(x_{j+1} - x)}{h_j} + \frac{a_{j+1}(x - x_j)}{h_j}, \quad x_j \le x \le x_{j+1}$$

의 형태로 설정할 수 있다.

(1) $s''(x)$는 $[a, b]$에서 연속임을 보여라.

(2) 적분을 이용해 $s_j(x)$는 다음과 같이 주어짐을 보여라.

$$s_j(x) = \frac{a_j}{6h_j}(x_{j+1} - x)^3 + \frac{a_{j+1}}{6h_j}(x - x_j)^3 + \left(f(x_{j+1}) - \frac{a_{j+1}h_j^2}{6}\right)\frac{(x - x_j)}{h_j} + \left(f(x_j) - \frac{a_j h_j^2}{6}\right)\frac{(x_{j+1} - x)}{h_j}$$

(3) $s'(x)$의 연속성을 이용해서 계수 $\{a_j\}$에 대한 방정식을 유도하라.

7. $f(x) = x^3$, $0 \le x \le 1$에 대해서 등간격 매듭

$$x_j = jh, \ (j = 0, 1, \cdots, m), \ h = \frac{1}{m}$$

을 택해 자연 3차 스플라인을 구성하려고 한다.

(1) 변수 z_j에 대한 방정식을 구하라.

(2) 자연 경계 조건 $z_0 = z_m = 0$을 설정하면 자연 3차 스플라인 $s(x)$는 $f(x)$와 일치하지 않음을 보여라.

(3) 보조조건을 $z_0 = f''(0), z_m = f''(1)$으로 설정하면 3차 스플라인 $s(x)$는 $f(x)$와 일치함을 보여라.

8. 구간의 양 끝점에서의 경계 조건 $s'(x_0) = f'(x_0)$, $s'(x_m) = f'(x_m)$이 부과된 경우 구간 밖의 가상 매듭 $x_{-1} < x_0 = a$와 $x_m = b < x_{m+1}$를 설정하고 대응하는 기저함수 $\beta_{-1}^3(x)$와 $\beta_{m+1}^3(x)$를 추가하면 보간 조건

$$s'(x_0) = f'(x_0),\ s'(x_m) = f'(x_m),\ s(x_j) = f(x_j),\ (0 \le j \le m)$$

을 만족하는 3차 B-스플라인

$$s(x) = c_{-1}\beta_{-1}^3(x) + c_0\beta_0^3(x) + \cdots + c_m\beta_m^3(x) + c_{m+1}\beta_{m+1}^3(x)$$

는 유일하게 존재함을 보여라.

9. 직선 도로를 주행하는 차량을 몇 개의 시점에서 거리와 속도를 측정하였다. 측정한 결과는 아래와 같다.

시간(초)	0	3	5	8	13
거리(m)	0	69	117	190	303
속도(m)	23	24	25	22	21

고정 3차 스플라인을 써서 다음을 구하라.

(1) $t = 10$초일 때 차량의 거리와 속도를 추정하라.

(2) 스플라인의 미분을 이용해서 차량이 시속 80km의 속도를 넘는지 결정하고 이 속도를 넘는 최초의 시간을 결정하라.

(3) 차량의 최대 속도를 예측하라.

10. 구간 $[0, 0.2]$의 분할 $x_0 = 0,\ x_1 = 0.1,\ x_2 = 0.2$과 함수 $f(x) = x^2e^x$에 대하여 다음을 구하라.

(1) 경계 조건 $s'(0) = f(0),\ s'(0.2) = f'(0.2)$를 갖는 3차 스플라인 함수 $s(x)$를 구하라.

(2) $\int_0^{0.2} x^2e^{2x}dx$의 근사값을 $\int_0^{0.2} s(x)dx$를 이용하여 구하여라.

(3) 정리 6.17을 이용하여 (2)의 오차를 추정하여라.

11. 구간 $[a, b]$에 대한 매듭 $a = x_0 < x_1 < \cdots < x_m = b$에서

$$s(x_j) = f(x_j),\ s'(x_j) = f'(x_j),\ (j = 0, 1, \cdots, m)$$

을 만족하는 3차 조각다항식 $s(x)$를 **Hermite 3차 스플라인**(Hermite cubic spline)이라고 한다.

(1) 소구간 $[x_j,\ x_{j+1}]$에서 스플라인 함수를

$$s(x) = a + b(x - x_j) + c(x - x_j)^2 + d(x - x_j)^3, \quad x_{j-1} \le x \le x_j$$

라고 할 때 계수 $a,\ b,\ c,\ d$를 구하여라.

(2) f가 3차 다항식일 때, Hermite 3차 스플라인은 f와 일치함을 보여라.

(3) 예제 6.12에 주어진 자료에 대해 Hermite 3차 스플라인을 구해 자연 스플라인의 결과와 비교하라.

(4) Hermite 3차 스플라인을 써서 연습문제 9를 풀고 그 결과를 비교하여라.

12. 각 마디점에서 3차 B-스플라인의 기저함수 $\beta_j^3(x)$의 1계와 2계 미분을 구하여라.

13. (6.70)에 정의된 B-스플라인의 생성 함수 $s_m(x)$에 대해 다음을 보여라.

(1) $(x-c)_+^m (x-c) = (x-c)_+^{m+1}$임을 이용해서 다음 점화식이 성립함을 보이고

$$x\, s_m(x) + [(m+2)h - x] s_m(x - h) = s_{m+1}(x), \tag{6.75}$$

수학적 귀납법을 써서 $s_m(x) \ge 0,\ \forall\, x$임을 보여라.

(2) (1)의 결과를 써서 각 생성함수 $s_m(x)$는 $x = \frac{1}{2}(m+1)h$에 대해 대칭임을 보여라.

(3) 점화식 (6.75)를 이용하여 B-스플라인의 기저함수 $\beta_j^m(x)$에 대한 점화식을 수립하여라.

14. (1) 2차 스플라인의 기저함수 $\beta_j^2(x)$를 구하여라.

(2) 다음과 같이 매개 형태로 주어진 곡선을 **뱀 곡선**(serpentine curve)이라고 한다.

$$\begin{cases} x = \dfrac{1}{2}\cot\theta \\ y = \sin 2\theta \end{cases}$$

주어진 $\theta = \dfrac{j\pi}{14},\ (j = -6,\ -5,\ \cdots,\ -1,\ 1,\ 2,\ \cdots,\ 7)$에 대응하는 13개의 매듭 x를 보간하는 2차 B-스플라인 $s(x)$를 구하고 $\theta = \dfrac{k\pi}{17},\ (k = 1,\ 2,\ \cdots,\ 8)$에 대응하는 8개의 점 x에서 $s(x)$의 값을 추정하여라.

(3) 2차 B-스플라인 함수 $s(x)$와 뱀 곡선을 한 화면상에서 나타내고 정확도를 비교하여라.

(4) 3차 B-스플라인에 대해 (2)와 (3)을 실험하고 그 결과를 비교하여라.

15. 함수 $f(x) = \dfrac{\sin x}{1+x^2}$, $0 \le x \le 2\pi$의 그래프상에서 곡선을 대표하는 7개의 점을 택한다.

(1) 7개의 점을 지나는 보간 다항식을 구하고 그 그래프를 그려라.

(2) 7개의 점을 지나는 자연 3차 스플라인을 구하고 그 그래프를 그려라.

(3) 7개의 점을 지나고 구간의 양끝에서 $s'(0) = 1$, $s'(2\pi) = \dfrac{1}{(1+4\pi^2)^2}$인 고정 3차 스플라인 $s(x)$를 구하고 그 그래프를 그려라.

(4) 7개의 점을 지나는 Hermite 3차 스플라인을 구하고 그 그래프를 그려라.

(5) 함수 $f(x)$와 (1), (2), (3), (4)에서 구한 스플라인의 그래프를 함께 그려 비교하여라.

(6) 7개의 마디점을 어떻게 택할 때 (2), (3), (4)의 스플라인이 곡선을 잘 근사시키는지 조사하라.

제7장

수치미분과 수치적분

수학적 이론만을 가지고 필요한 미분이나 적분 계산을 수행하는 것이 불가능한 경우가 많이 있다. 적분 계산의 경우 적분 공식에 명백한 한계가 있고, 미분방정식을 풀거나 몇 개의 이산점에 대한 데이터만을 가지고 특정한 점에서의 미분값을 측정하고자 할 경우에는 적절한 수치미분의 형식을 도입하는 것이 필요하다. 이 장에서는 수치미분과 수치적분을 위한 형식을 구하고 이를 구현하는 알고리즘을 소개한다.

여기에서 다루고자 하는 수치미분과 수치적분 계산을 위한 방법은 다음과 같다.

- **수치미분** : 주어진 점에서 함수의 1계 또는 2계의 미분계산을 위해 주어진 점 근방에서 마디점을 택하고 그 점에서의 함수값으로서 미분값을 결정한다.
- **수치적분** : 주어진 구간에서 함수의 수치적분을 위한 기본적인 방법으로는 사다리꼴 공식과 Simpson의 공식처럼 1, 2차 근사함수를 구해 이를 적분함으로써 적분계산을 대행하는 방법과 Gauss 구적법처럼 적분구간에서 적절한 마디점과 가중치를 설정하여 그 점에서 함수의 정보를 가지고 적분 계산을 대행하는 방법이 있다.
- **개선 방법** : 기본적인 근사계산을 가지고 계산의 정확도를 높이기 위한 기술로 수치미분의 경우에는 Richardson 외삽법이 있고, 외삽법을 수치적분에 적용한 Romberg 알고리즘과 가변 구적 기술 등이 있다.

7.1 수치미분과 외삽법

수치해석학적인 방법을 가지고 미분에 관한 근사계산을 수행하는 것을 **수치미분**(numerical differentiation)이라고 한다. 수치미분은 적절한 방법을 써서 미분에 관한 기본 형식을 수립한 후 외삽법을 이용하여 정확도를 개선하는 방법을 쓴다. 수치미분의 기본 형식을 수립하기 위해 Taylor 전개식을 사용하거나 보간법에 의한 근사 다항식을 이용하는 방법을 들 수 있다.

Taylor 전개식을 이용한 수치미분 형식

함수 $f(x)$의 도함수 $f'(x)$는

$$f'(x) = \lim_{h \to 0} \frac{f(x+h) - f(x)}{h}$$

로 정의된다. 따라서 h가 충분히 작으면 수치미분의 기본 형식으로

$$f'(x) \approx \frac{f(x+h)-f(x)}{h} \tag{7.1}$$

을 설정할 수 있다. 수치미분 형식 (7.1)을 **오일러 공식**(Euler formula)이라고 한다. $f'(x)$의 수치계산을 위한 마디점을 택하는 방향에 따라 $h>0$이면 공식 (7.1)을 수치미분에 대한 **전향 차분 공식**(forward difference formula)이라고 하고, $h<0$이면 **후향 차분 공식**(backward difference formula)이라고 한다. 이때, $|h|$를 마디점에 대한 눈금의 크기(mesh size)라고 한다.

Euler 공식에 따라 수치미분을 계산할 때 나오는 오차분석을 위해 Taylor 정리를 이용할 수 있다. Taylor 정리에 의해

$$f(x+h) = f(x) + f'(x)h + \frac{f''(\xi)}{2}h^2$$

을 만족하는 ξ가 두 점 x와 $x+h$ 사이에 존재하므로

$$f'(x) = \frac{f(x+h)-f(x)}{h} - f''(\xi)\frac{h}{2} \tag{7.2}$$

이다. 따라서 Euler 공식에 따른 오차는 $-f''(\xi)\dfrac{h}{2}$이고, 이를 근사계산 (7.1)에 대한 **절단오차**(truncation error)라고 한다. 절단오차는 미분의 어떤 단계에서 Taylor 급수가 절단되어 발생하는 오차이다. 이때 $f''(x)$가 연속이면

$$M = \| f'' \|_{\infty} = \max |f''(x)|$$

인 상수 M이 존재하므로 (7.2)에 의해

$$\left| f'(x) - \frac{f(x+h)-f(x)}{h} \right| \le M\frac{|h|}{2} \tag{7.3}$$

이 성립한다. 따라서 Euler 공식에 의한 수치미분은 $|h| \to 0$일 때 $f'(x)$로 수렴하며, 이때의 근사속도는 눈금의 크기 $|h|$에 비례한다.

흔히 수치미분이나 적분의 근사속도를 나타내기 위해 다음과 같은 기호 O를 사용한다. $O(h)$는 $|h|$에 비례하는 함수들을 나타내며, g가 $g=O(h)$인 함수라 함은 $|g(h)| \le M|h|$인 상수 M이 존재하는 것을 뜻한다. 이러한 기호 O를 큰 O(big O)라고 한다. 이 기호를 쓰면 (7.3)에 의해

$$f'(x) = \frac{f(x+h) - f(x)}{h} + O(h) \tag{7.4}$$

이고, 이에 의해 Euler 공식이 1차 비율로 수렴하는 것을 잘 나타낼 수 있다.

근사식 (7.1)에 의한 근사계산은 $|h|$에 비례하므로 수렴속도가 매우 느리다. Taylor 정리를 이용하여 2차 비율로 수렴하는 수치미분의 형식을 유도해보자. 편의상 마디점의 간격을 $h > 0$ 이라고 가정하자. 다음의 두 Taylor 전개식

$$f(x+h) = f(x) + f'(x)h + \frac{f''(x)}{2!}h^2 + \frac{f^{(3)}(\xi_1)}{3!}h^3, \ (x < \xi_1 < x+h)$$

$$f(x-h) = f(x) - f'(x)h + \frac{f''(x)}{2!}h^2 - \frac{f^{(3)}(\xi_2)}{3!}h^3, \ (x-h < \xi_2 < x)$$

으로부터 첫째 식에서 둘째 식을 빼면

$$f'(x) = \frac{f(x+h) - f(x-h)}{2h} - \frac{h^2}{3!}\left(\frac{f^{(3)}(\xi_1) + f^{(3)}(\xi_2)}{2}\right)$$

을 얻는다. 이때 $f^{(3)}(x)$가 구간 $[x-h, \ x+h]$ 사이에서 연속이라면 중간값 정리에 의해

$$\frac{f^{(3)}(\xi_1) + f^{(3)}(\xi_2)}{2} = f^{(3)}(\xi)$$

인 ξ가 $x-h$와 $x+h$ 사이에 존재하게 된다. 따라서

$$\begin{aligned} f'(x) &= \frac{f(x-h) - f(x-h)}{2h} - f^{(3)}(\xi)\frac{h^2}{3!}, \ (x-h < \xi < x+h) \\ &= \frac{f(x+h) - f(x-h)}{2h} + O(h^2) \end{aligned} \tag{7.5}$$

가 성립하고, 이것으로부터 수치미분에 대한 공식

$$f'(x) \approx \frac{f(x+h) - f(x-h)}{2h} \tag{7.6}$$

을 얻는다. 식 (7.6)을 수치미분에 대한 **중앙 차분 공식**(central difference formula)이라고 한다. 이때 중앙 차분 공식에 의한 수치미분은 (7.5)에 의해 2차 비율로 수렴하므로 Euler 공식 (7.1)에 의한 계산보다 빠르게 수렴함을 알 수 있다.

위에서 우리는 $f'(x)$를 계산하기 위한 수치미분 형식이 x점 근방에서의 함수값으로 이루어져 있음을 살펴보았다. 이제 같은 방식으로 2계 수치미분을 위한 형식을 유도해 보자. 2계 수치미분을 위해 세 점 $x-h<x<x+h$를 택하고 $f''(x)$를 이 점에서의 함수값으로 근사시키고자 한다면

$$f''(x)=Af(x+h)+Bf(x)+Cf(x-h)$$

으로 두어 계수 A, B, C를 결정한다.

$f(x+h)$와 $f(x-h)$에 Taylor 전개식을 적용하면

$$\begin{aligned}f''(x)&=(A+B+C)f(x)+(A-C)hf'(x)+(A+C)\frac{h^2}{2}f''(x)\\&\quad+(A-C)\frac{h^3}{6}f^{(3)}(x)+\frac{h^4}{24}[Af^{(4)}(\xi_1)+Cf^{(4)}(\xi_2)]\end{aligned}$$

를 얻는다. 여기서 $x-h<\xi_1,\ \xi_2<x+h$이다. 이때 양변의 계수를 비교하면

$$A+B+C=0,\ (A-C)h=0,\ (A+C)\frac{h^2}{2}=1,\quad (A-C)\frac{h^3}{6}=0$$

이므로 계수는

$$A=\frac{1}{h^2},\ B=-\frac{2}{h^2},\ C=\frac{1}{h^2}$$

이다. 이를 대입하여 정리하면 $f^{(4)}(x)$가 구간 $[x-h,x+h]$에서 연속이라 할 때 중간값 정리에 의해 x에서의 2계 미분을

$$\begin{aligned}f''(x)&=\frac{f(x+h)-2f(x)+f(x-h)}{h^2}+\frac{f^{(4)}(\xi_1)+f^{(4)}(\xi_2)}{2}\frac{h^2}{12}\\&=\frac{f(x+h)-2f(x)+f(x-h)}{h^2}+f^{(4)}(\xi)\frac{h^2}{12},\ (x-h<\xi<x+h)\\&=\frac{f(x+h)-2f(x)+f(x-h)}{h^2}+O(h^2)\end{aligned}$$

로 쓸 수 있다. 따라서

$$f''(x)\approx\frac{f(x+h)-2f(x)+f(x-h)}{h^2} \tag{7.7}$$

이 성립하고 수렴속도는 2차이다. 식 (7.7)을 **2계 미분에 대한 중앙 차분 공식**(central difference formula for the 2nd derivative)이라고 한다.

보간 다항식을 이용한 수치미분 형식

보간 다항식을 활용하여 수치미분의 형식을 유도하는 방법에 대해 알아보자. $f(x)$를 n차 연속 미분가능한 함수라고 하면, n개의 마디점 $x_1, x_2, \cdots, x_n$에서 $f(x)$를 보간하는 $n-1$차 보간 다항식 $p_{n-1}(x)$는 Newton 형식으로

$$p_{n-1}(x) = \sum_{j=1}^{n} f[x_1, x_2, \cdots, x_j](x-x_1)(x-x_2)\cdots(x-x_{j-1}) \tag{7.8}$$

로 주어지고,

$$\begin{aligned} f(x) &= p_{n-1}(x) + \frac{f^{(n)}(\xi)}{n!}(x-x_1)(x-x_2)\cdots(x-x_n) \\ &= p_{n-1}(x) + \frac{f^{(n)}(\xi)}{n!}w_n(x), \\ &(w_n(x) = (x-x_1)(x-x_2)\cdots(x-x_n)) \end{aligned}$$

인 $\xi = \xi(x)$가 마디점 사이에 존재한다. 이 식의 양변을 미분하면

$$f'(x) = p'_{n-1}(x) + w'_n(x)\ \frac{f^{(n)}(\xi(x))}{n!} + \frac{d}{dx}\left[\frac{f^{(n)}(\xi(x))}{(n+1)!}\right]w_n(x)$$

가 된다. 여기에 $x = x_k$를 대입하면 $w_n(x_k) = 0$이 되므로 이 식은

$$f'(x_k) = p'_{n-1}(x_k) + w'_n(x_k)\frac{f^{(n)}(\xi(x_k))}{n!}$$

로 단순화된다. 따라서 우측의 둘째 항이 충분히 작다면 x_k에서 함수 $f(x)$에 대한 수치미분 형식으로

$$f'(x_k) \approx p'_{n-1}(x_k) \tag{7.9}$$

을 쓸 수 있고, 이에 따른 오차 항은

$$\frac{w_n'(x_k)}{n!}f^{(n)}(\xi(x_k)) \tag{7.10}$$

이다. 수치미분 형식 (7.9)를 **n-마디점 공식**(n-nodes formula)이라고 한다. 이때 수치미분의 정확도는 x_k의 위치선정과 오차 항 (7.10)에서

$$w_n'(x_k) = (x_k-x_1)(x_k-x_2)\cdots(x_k-x_{k-1})(x_k-x_{k+1})\cdots(x_k-x_n)$$

에 의해 결정이 된다. 흔히 x_k는 중간에 위치한 마디점으로 택한다.

이 방법을 이용하여 자주 쓰이는 주요한 수치미분 공식을 알아보자.

[2-마디점 수치미분 공식]

두 마디점을 $x_1 = x$, $x_2 = x + h$로 택하면 (7.8)과 (7.9)에 의해

$$f'(x) = f'(x_1) \approx p'_1(x_1) = f[x_1,\ x_2] = \frac{f(x+h) - f(x)}{h} \tag{7.11}$$

이고, 이에 따른 오차 항은

$$\text{오차 항} = \frac{w_2{}'(x_1)}{2!} f''(\xi) = \frac{x_1 - x_2}{2} f''(\xi) = -\frac{h}{2} f''(\xi)$$

이 되어 2-마디점 수치미분 공식 (7.11)은 Euler 공식으로 귀결된다.

[3-마디점 수치미분 공식]

세 마디점을 $x_1 = x - h$, $x_2 = x$, $x_3 = x + h$로 택하면 (7.8)과 (7.9)에 의해

$$\begin{aligned} f'(x) = f'(x_2) \approx p'_2(x_2) &= f[x_1,\ x_2] + f[x_1,\ x_2,\ x_3](x_2 - x_1) \\ &= \frac{f(x+h) - f(x-h)}{2h} \end{aligned} \tag{7.12}$$

이고, 이에 따른 오차 항은

$$\text{오차 항} = \frac{w_3{}'(x_2)}{3\,!} f^{(3)}(\xi) = \frac{(x_2 - x_1)(x_2 - x_3)}{6} f^{(3)}(\xi) = -\frac{h^2}{6} f^{(3)}(\xi)$$

이 되어 3-마디점 수치미분 공식 (7.12)는 중앙 차분 공식으로 귀결된다.

[5-마디점 수치미분 공식]

다섯 개의 마디점을 각각

$$x_1 = x - 2h,\ \ x_2 = x - h,\ \ x_3 = x,\ \ x_4 = x + h,\ \ x_5 = x + 2h$$

로 택하면 위와 마찬가지 방식으로 5-마디점 수치미분 공식은

$$f'(x) \approx p'_4(x_3) = \frac{f(x-2h) - 8f(x-h) + 8f(x+h) - f(x+2h)}{12h} \tag{7.13}$$

이 되고, 이에 따른 오차 항은

$$\text{오차 항} = \frac{w_5{}'(x_3)}{5\,!} f^{(5)}(\xi) = \frac{h^4}{30} f^{(5)}(\xi)$$

이 된다.

5-마디점을 초과하는 수치미분 형식은 식이 복잡하고 함수값의 계산이 과다하게 되어 근사식으로서의 가치를 지니지 못한다.

이상과 같이 보간 다항식을 이용해서 수치미분 형식을 유도하는 것은 개념적으로 이해하기 쉽다. 그러나 위와 같이 이 방법으로 1차 수치미분에 대한 근사식과 오차 항을 추정할 수 있으나 2차 이상의 고차 수치미분에는 보간법을 적용할 수 없다. 왜냐하면, 오차 항의 추정이 불가능한 $\dfrac{d^{(j)}}{dx^j}\left[f^{(n)}(\xi(x))\right]_{x=x_k}$를 포함하고 있기 때문이다. 따라서 고계 도함수에 관한 수치미분의 경우에는 앞에서 살펴본 바와 같이 Taylor 전개식을 이용해서 수치미분 공식을 유도하는 방법을 쓴다.

예제 7.1 다음은 주어진 마디점에서 함수 $f(x) = x^2 \cos x$의 값을 나타낸 것이다. 다음을 구하여라.

x	1.8	1.9	2.0	2.1	2.2
$f(x)$	-0.736135	-1.167075	-1.664587	-2.226371	-2.848345

$x = 2.0$에서 전향 차분 공식, 후향 차분 공식, 중앙 차분 공식, 5-마디점 공식에 의한 수치미분의 값과 절대오차를 구하라.

풀이 주어진 표에 의해 마디점의 간격은 $h = 0.1$이다. 각 수치미분 공식에 따른 근사값은 다음과 같다.

- 전향 차분 공식 : $f'(2.0) \approx \dfrac{f(2.1) - f(2.0)}{0.1} \approx -5.617840$
- 후향 차분 공식 : $f'(2.0) \approx \dfrac{f(2.0) - f(1.9)}{0.1} \approx -4.975120$

- 중앙 차분 공식 : $f'(2.0) \approx \dfrac{f(2.1)-f(1.9)}{0.2} \approx -5.296480$
- 5-마디점 공식 : $f'(2.0) \approx \dfrac{f(1.7)-8f(1.9)+8f(2.1)-f(2.2)}{1.2}$

$$\approx -5.301780$$

참값은 $f'(x) = 2x\cos x - x^2 \sin x$이므로 $f'(2.0) \approx -5.301777$이다. 각 수치미분 공식에 따른 근사값과 절대오차를 비교하면 다음과 같다.

	전향 차분	후향 차분	중앙 차분	5-마디점
근사값	-5.617840	-4.975120	-5.296480	-5.296480
절대오차	0.317	0.327	0.005	$2.066 \cdot 10^{-5}$

이에 따라 전향 차분과 후향 차분의 정확도는 $h = 0.1$에 비례하고, 중앙 차분의 정확도는 $h^2 = (0.1)^2$에 비례하며, 5-마디점 공식의 정확도는 $h^4 = (0.1)^4$에 비례함을 추정할 수 있다.

예제 7.2 $f(x) = \sqrt{x}$에 대해서 눈금의 크기가 각각 $h = 0.1, 0.01, 0.001$일 때 $x = 1$에서 중앙 차분 공식에 의한 수치미분의 값과 절대오차를 구하고 이론적인 오차의 한계와 비교하여라.

풀이 $f'(x) = \dfrac{1}{2\sqrt{x}}$이므로, 참값은 $f'(1) = 0.5$이다.

한편, 1계 수치미분의 중앙 차분 공식에 의한 절단오차는

$$-\frac{h^2}{6} f^{(3)}(\xi) = -\frac{h^2}{16}\xi^{-5/2}, \ (1-h < \xi < 1+h)$$

이므로 이론적인 오차의 한계는 $\dfrac{h^2}{16}(1-h)^{-5/2}$이고, 수치미분은 다음과 같다.

- $h = 0.1$일 때 : $\dfrac{\sqrt{1.1}-\sqrt{0.9}}{0.2} \approx 0.50062775059819$
- $h = 0.01$일 때 : $\dfrac{\sqrt{1.01}-\sqrt{0.99}}{0.02} \approx 0.50000625027345$
- $h = 0.001$일 때 : $\dfrac{\sqrt{1.001}-\sqrt{0.999}}{0.002} \approx 0.50000006250001$

다음은 절대오차와 이론적인 오차의 한계를 비교한 것이다.

h	수치미분	절대오차	오차의 한계
0.1	0.50062775059819	$6.2775 \cdot 10^{-4}$	$1.0845 \cdot 10^{-3}$
0.01	0.50000625027345	$6.2503 \cdot 10^{-6}$	$8.5454 \cdot 10^{-6}$
0.001	0.50000006250001	$6.2500 \cdot 10^{-8}$	$8.3542 \cdot 10^{-8}$

따라서 절대오차는 모두 오차의 한계 내에 놓이고 정확도는 $O(h^2)$임을 알 수 있다.

수치미분의 공식에 따른 오차 항을 살펴보면 이론적으로는 위 예제에서와 같이 수치미분의 정확도는 눈금의 간격이 줄어들수록, 수치미분 공식의 설정을 위한 마디점을 많이 택할수록 증대한다. 그러나 중앙 차분 공식처럼 수치미분은 눈금의 크기가 줄어드는데 따라 크기가 비슷한 두 수의 뺄셈으로부터 발생하는 유효자리의 상실이 발생하는 등 컴퓨터 연산에 따른 마무리 오차에 의해 수치계산의 정확도의 개선을 담보할 수 없다는 제한이 따르게 된다. 아울러 근사식의 특성상 마디점을 많이 설정하면 비효율적이고 계산에 따른 비용도 증대하므로 효율성을 담보로 하는 수치계산으로서의 가치를 지니지 못한다.

한편, 주어진 수치미분 형식을 가지고 눈금의 크기를 줄임으로서 근사계산의 유효자리를 확보하는 데에도 컴퓨터 연산에 의한 마무리 오차 때문에 명백한 한계를 지닌다. 이를 위해 컴퓨터 연산에서 수반되는 마무리 오차의 효과를 살펴보자. 주어진 점 $x = c$에서 중앙 차분 공식에 의한 1계 미분은

$$f'(c) = \frac{f(c+h) - f(c-h)}{2h} - \frac{h^2}{6} f'''(\xi), \quad (c-h < \xi < c+h) \tag{7.14}$$

로 주어진다. 이 계산에 의한 마무리 오차를 각각 δ_+, δ_-라 하면 중앙 차분 공식에 의한 수치계산은 실제

$$\frac{(f(c+h) + \delta_+) - (f(c-h) + \delta_-)}{2h}$$

의 형태로 기록될 것이다. 그러면 수치계산에 의한 절대오차 $E(h)$는 (7.14)에 의해

$$\begin{aligned} E(h) &= \left| f'(c) - \frac{(f(c+h) + \delta_+) - (f(c-h) + \delta_-)}{2h} \right| \\ &= \left| -\frac{h^2}{6} f'''(\xi) - \frac{\delta_+ - \delta_-}{2h} \right| \end{aligned}$$

이다. 따라서

$$\delta = \max |\delta_+|, |\delta_-|, \ M := \| f^{(3)} \|_\infty = \max_{c-h \le x \le c+h} |f^{(3)}(x)|$$

라고 하면

$$E(h) \le \frac{h^2}{6}M + \frac{\delta}{h} \tag{7.15}$$

가 얻어진다. 이때 (7.15)의 우측은 $h = (3\delta/M)^{1/3}$일 때 최소값을 가지고 $0 < h < \left(\frac{3\delta}{M}\right)^{1/3}$이면 오차를 더 이상 줄일 수 없으므로 수치미분에 따른 정확도를 개선할 수 없다. 따라서 눈금의 크기에 대한 세심한 주의가 필요하다.

예제 7.3 다섯 자리 유효자리를 갖는 컴퓨터에서 함수 $f(x) = \arctan x$에 대해서 $f'(1)$의 수치미분을 중앙 차분 공식을 이용해서 계산한다고 할 때 최적 눈금의 크기는 얼마인가?

풀이 다섯 자리 유효자리수를 갖는 컴퓨터에서 반올림에 의한 마무리 오차의 한계를 $\delta = 0.5 \cdot 10^{-5}$로 가정할 수 있다.

$x = 1$ 근방에서 $f^{(3)}(x) = \dfrac{2(3x^2 - 1)}{(1 + x^2)^3}$의 최대값은 $x = 1$에서 발생하고 이때의 최대값은 $f^{(3)}(1) = 0.5$이므로 $M = \|f^{(3)}\|_\infty = 0.5$이다.

따라서 h의 최적 크기는

$$h = \sqrt[3]{\frac{3(0.00005)}{0.5}} \approx 0.03107$$

이다.

위 예제는 단지 눈금 h의 크기를 줄임으로서 수치미분 계산의 정확도가 개선되지는 않는다는 것을 보여준다. 이에 따라 기본적인 수치미분 공식을 가지고 h의 크기를 줄여나갈 때 정확도를 높이는 방법을 모색할 필요가 있다. 이를 개선하기 위한 방안으로는 외삽법을 적용할 수 있다.

외삽법

눈금 h로 설정된 단순한 근사식을 이용해서 근사식의 정확도를 높이는 방안에 대해 살펴보자. 어떤 상수 L을 눈금에 의존하는 근사식 $A(h)$로 근사시킬 때 이에 따른 오차가 h^k에 비례한다고 하자. 즉,

$$L = A(h) + O(h^k)$$

이라고 하면 이를 다음과 같이 나타낼 수 있다.

$$L = A(h) + a_k h^k + a_{k+1} h^{k+1} + a_{k+2} h^{k+2} + \cdots$$

이때 L은 상수이고 위 식은 모든 h에 대해 성립하므로 이 식에 h대신에 $0 < r < 1$인 r에 대하여 rh를 대입하면

$$\begin{aligned} L &= A(rh) + a_k (rh)^k + a_{k+1} (rh)^{k+1} + a_{k+2} (rh)^{k+2} + \cdots \\ &= A(rh) + r^k \left[a_k h^k + r a_{k+1} h^{k+1} + r^2 a_{k+2} h^{k+2} + \cdots \right] \end{aligned}$$

이 되고, 이 두 식으로부터 h^k의 항을 소거하면

$$\begin{aligned} L &= \frac{A(rh) - r^k A(h)}{1 - r^k} + \frac{r^{k+1} - r^k}{1 - r^k} a_{k+1} h^{k+1} + \cdots \\ &= \frac{A(rh) - r^k A(h)}{1 - r^k} + O(h^{k+1}) \end{aligned} \tag{7.16}$$

이 되어 근사식으로서

$$L \approx \frac{A(rh) - r^k A(h)}{1 - r^k}, \quad (0 < r < 1) \tag{7.17}$$

이 기본형 $A(h)$보다 정확도 면에서 보다 개선된 형태임을 알 수 있다. 주어진 근사식에 대해 이와 같은 조작을 통해 오차를 줄여나가는 방법을 **Richardson 외삽법**(Richardson's extrapolation method), 또는 간단히 **외삽법**(extrapolation method)이라고 한다. 이 방법은 리처드슨(Richardson)과 가운트(Gaunt)의 1927년 논문을 통해 소개되었다.

수 L에 대한 기본 근사식 $L \approx A(h)$을 가지고 외삽법을 반복 적용하여 2차원 배열 $A_{i,j}$를 아래와 같이 열별로 설정해 나가는 과정을 살펴보자.

먼저

$$A_{i,1} = A(r^{i-1} h), \quad (i = 1, 2, \cdots)$$

로 두어 2차원 배열의 첫 열을 구성하면, $L = A_{i,1} + O(h^k)$이다.

다음으로 둘째 열은 첫째 열에 외삽법을 적용하여

$$A_{i+1,2} = \frac{A_{i+1,1} - r^k A_{i,1}}{1 - r^k}, \quad (i = 1, 2, \cdots)$$

로 두면 $L = A_{i+1,2} + O(h^{k+1})$임을 알 수 있다.

일반적으로

$$A_{i+1,j+1} = \frac{A_{i+1,j} - r^{k+(j-1)} A_{i,j}}{1 - r^{k+(j-1)}}, \quad (j = 1,\ 2,\ \cdots) \tag{7.18}$$

로 두면 모든 i와 j에 대해 $L = A_{i+1,j+1} + O(h^{k+j})$이 얻어진다.

이를 도표화하면 표 7.1과 같다. 이와 같은 방식으로 작성한 표를 **외삽 도표**(extrapolation table)라고 한다. (7.16)에 의하면 이 표의 값은 오른쪽으로, 그리고 아래쪽으로 진행할수록 수치계산의 정확도가 증대함을 알 수 있다.

표 7.1 외삽 도표

$O(h^k)$	$O(h^{k+1})$	$O(h^{k+2})$	$O(h^{k+3})$	$\cdots$
$A_{1,1} = A(h)$				
$A_{2,1} = A(rh)$	$A_{2,2}$			
$A_{3,1} = A(r^2h)$	$A_{3,2}$	$A_{3,3}$		
$A_{4,1} = A(r^3h)$	$A_{4,2}$	$A_{4,3}$	$A_{4,4}$	
$\vdots$	$\vdots$	$\vdots$	$\vdots$	$\ddots$

중앙 차분 공식을 이용한 수치미분에 대해 Richardson 외삽법을 적용한 결과와 예를 살펴보자. Taylor 전개식을 쓰면 $x = c$에서 주어진 함수 $f(x)$의 중앙 차분 공식을 이용한 수치미분은

$$f'(c) = \frac{f(c+h) - f(c-h)}{2h} + a_2 h^2 + a_4 h^4 + \cdots$$

으로 표현되므로

$$f'(c) \approx \frac{f(c+h) - f(c-h)}{2h} = A(h)$$

이다. $r = \dfrac{1}{2}$을 써서 외삽법을 적용하면 $k = 2$이고 $a_3 = 0$이므로 (7.16)에 의해

$$f'(c) = \frac{A\left(\dfrac{h}{2}\right) - \left(\dfrac{1}{2}\right)^2 A(h)}{1 - \left(\dfrac{1}{2}\right)^2} + O(h^4)$$

이다. 즉

$$A_{2,2} = \frac{4A_{2,1} - A_{1,1}}{4-1}$$

이고, 이에 따른 오차는 $O(h^4)$이다.

이와 같이 하여 근사계산을 위한 배열을 작성하면

$$A_{i+1,j+1} = \frac{4^{j-1}A_{i+1,j} - A_{i,j}}{4^{j-1}-1} \tag{7.19}$$

이고, 이에 따른 오차는 $O(h^{2j})$이다. 이해를 돕기 위해 수치미분에 대한 외삽 도표와 알고리즘을 아래에 예시한다.

표 7.2 중앙 차분 공식에 의한 외삽 도표

$O(h^2)$	$O(h^4)$	$O(h^6)$	$\cdots$
$A_{1,1} = A(h)$			
$A_{2,1} = A\left(\frac{h}{2}\right)$	$A_{2,2} = \frac{4A_{2,1} - A_{1,1}}{4-1}$		
$A_{3,1} = A\left(\frac{h}{2^2}\right)$	$A_{3,2} = \frac{4A_{3,1} - A_{2,1}}{4-1}$	$A_{3,3} = \frac{4^2A_{3,2} - A_{2,2}}{4^2-1}$	
$\vdots$	$\vdots$	$\vdots$	$\ddots$

분할차분의 2차원 배열 알고리즘

(1) 함수 f와 지정점 x_0, 초기 눈금의 크기 h 설정

(2) 외삽 배열 A의 크기 N을 설정하고 초기화

(3) for i=1:N

$$A(i,1) = \frac{f(x_0+h) - f(x_0-h)}{2h} \text{ 계산}$$

$$A(i,j+1) = \frac{4^{j-1}A(i,j) - A(i-1,j)}{4^{j-1}-1},\ (j = 1 : i-1) \text{ 계산}$$

$h = h/2$ (눈금의 크기 반으로 축소)

end

예제 7.4 함수 $f(x) = x^2 \cos x$ 에 대해 $x = 2$에서 1계 미분을 구하기 위해 중앙 차분 공식을 적용한 크기가 $N = 4$인 외삽 도표를 작성하여라.
(단, 초기 눈금의 크기는 $h = 0.2$이다.)

풀이 $f'(x) = 2x\cos x - x^2 \sin x$이므로 참값은

$$f'(2.0) \approx -5.30177705349130$$

이다. 외삽법을 적용하여 구한 외삽 도표는 아래와 같다.

−5.280526551776			
−5.296479924541	−5.301797715462		
−5.300453742974	−5.301778349118	−5.301777058028	
−5.301446286644	−5.301777134534	−5.301777053562	−5.301777053491

이 표에서 $A(4,4) = -5.301777053491$은 위의 참값과 비교하여 유효자리 11자리를 확보하고 있다. 이 표에서 정확도는 아래로 향할수록, 그리고 오른쪽으로 향할수록 높다. 이는 아래로는 눈금의 크기 축소에 의해 오른쪽으로는 정확도의 차수 증가로 인해 비롯된다.

```
N=4;          % 외삽 도표의 크기
f='x^2*cos(x)';
x0=2.0;       % target point
h=0.2;        % 초기 눈금 크기
A=zeros(N);
for i=1:N
    x=x0+h;fr=eval(f);x=x0-h;fl=eval(f);
    A(i,1)=(fr-fl)/(2.0*h);  % 1계 미분에 대한 중앙 차분 공식
    q=4.0;
    % 외삽 도표를 행 별로 작성
    for j=1:i-1
        A(i,j+1)=A(i,j)+(A(i,j)-A(i-1,j))/(q-1.0);
        q=4.0*q;
    end
    fprintf('\n %16.12f %16.12f %16.12f %16.12f,A(i,1:i));
    h=h/2.0;  % 눈금 크기를 반으로 축소
end
```

연습문제 7.1 EXERCISE

1. 함수 $f(x) = x^3 e^x - \cos x$에 대해 각각 $h = 0.1, h = 0.01$일 때 중앙 차분 공식을 이용하여 $f'(2.1)$의 값을 구하고 이론적인 오차와 비교하라.

2. 다음 수치미분 형식에 대한 오차항을 구하라.

$$f'(x) \approx \frac{1}{4h}[f(x+3h) - f(x-h)]$$

3. 다음 수치미분 형식을 유도하고 그 오차가 $\frac{1}{3}h^2 f^{(3)}(\xi)$ 형태로 주어짐을 보여라.

$$f'(x) \approx \frac{1}{2h}[4f(x+h) - 3f(x) - f(x+2h)]$$

4. 중앙 차분 공식에 외삽법을 적용하여 제시된 점에서 다음 각 함수에 대한 1계 수치미분과 2계 수치미분에 대한 근사값을 구하여라. 단, 외삽 배열의 크기는 $N = 5$, $h = 0.2$로 한다.

(1) $f(x) = \cos x$, $(x = 0)$

(2) $f(x) = \arctan x$, $(x = 1)$

(3) $f(x) = |x|$, $(x = 0)$

5. 5자리 유효자리를 갖는 컴퓨터에서 함수 $f(x) = \arctan x$에 대해서 $f'(1)$의 수치미분을 전향차분 공식을 이용해서 계산한다고 할 때 최적 눈금의 크기는 얼마인가?

6. 함수 $f(x) = x^2 \cos x$에 대해 $x = 2$에서의 1계 미분을 구하기 위해 전향 차분 공식을 적용한 크기가 $N = 4$인 외삽 도표를 작성하여 예제 7.4의 결과와 비교하여 정확도를 분석하라. 단 초기 눈금의 크기는 $h = 0.2$이다.

7.2 정적분과 수치적분

적분계산이나 적분에 관한 수학적 이론은 수학을 비롯한 자연과학의 제반 분야, 경제학이나 공학 등 응용과학의 많은 분야에서 핵심적인 위치를 차지하고 있다. 수학적으로 적분계산과 이론을 연결하는 중요한 통로는 미적분학의 기본정리이다.

구간 $[a, b]$에서 정의된 함수 f에 대해 $F'(x) = f(x)$인 함수 F를 f의 **원시함수**(primitive function) 또는 **부정적분**(indefinite integral)이라고 한다. 미적분학의 기본정리에 따르면 구간 $[a, b]$에서 정의된 함수 f의 적분계산은

$$\int_a^b f(x)dx = F(b) - F(a)$$

으로 이루어진다. 이에 따라 f의 적분을 계산하기 위해서는 f의 원시함수 F를 구하는 것이 전제가 된다. 함수의 부정적분은 기본적인 적분기술을 이용해 구하지만 직접적인 부정적분이 존재하지 않는 경우도 많이 있다. 이를테면 통계학에서 주요한 도구로 쓰이는 표준정규분포 함수는

$$f(x) = \frac{1}{\sqrt{2\pi}} e^{-\frac{x^2}{2}}$$

이고, 이에 의한 확률계산은 $\int_a^b f(x)dx$에 따라 이루어진다. 그러나 이 경우에는 $f(x)$의 부정적분에 대한 직접적인 적분공식이 존재하지 않으므로 미적분학의 기본정리를 이용해서 필요한 적분계산을 직접 수행할 수가 없다. 그러므로 적분의 적절한 근사계산을 위해 수치해석적인 방법과 기술을 개발하는 것이 필요하다. 이 절에서는 정적분의 개념을 이용한 수치적분의 방법을 소개하고, 예를 통해서 별도의 수치적분의 방법을 수립하는 것이 왜 필요한지 살펴보기로 한다.

구간 $[a, b]$에서 정의된 함수 f의 정적분은 $y = f(x)$, $a \le x \le b$의 그래프가 x좌표축에 의해 둘러싸인 부분의 넓이로서 이해할 수 있다. 구간 $[a, b]$를 나눈 마디점

$$a = x_0 < x_1 < \cdots < x_n = b$$

를 구간 $[a, b]$의 **분할**(partition)이라고 한다.

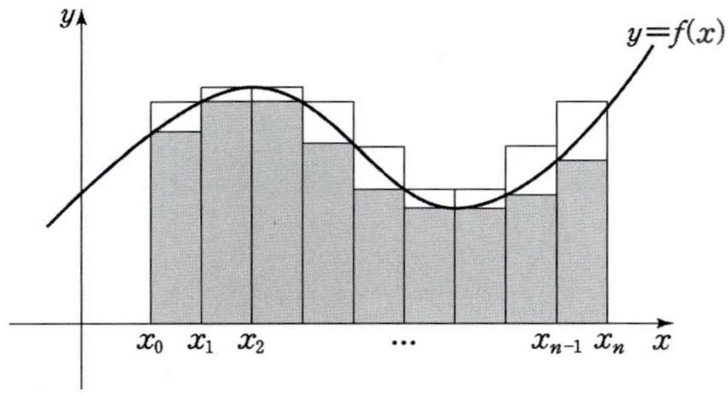

그림 7.1 적분의 상합과 하합

분할에 따른 각 소구간 $[x_{j-1},\ x_j]$에서 함수 f의 최대값과 최소값을 각각

$$M_j = \max_{x_{j-1} \le x \le x_j} f(x), \quad m_j = \min_{x_{j-1} \le x \le x_j} f(x)$$

라고 하면 그림 7.1에서 외부사각형과 내부사각형의 넓이의 합

$$U_n(f) = \sum_{j=1}^{n} M_j\ (x_j - x_{j-1}), \quad L_n(f) = \sum_{j=1}^{n} m_j\ (x_j - x_{j-1})$$

를 각각 분할에 따른 f의 **상합**(upper sum)과 **하합**(lower sum)이라고 한다.

이때 분할의 수가 증가함에 따라 상합과 하합의 차가 아주 작아지면 함수 f는 **적분가능한 함수**(integrable function)라고 하며, 상합 또는 하합의 극한치를 f의 **정적분**(definite integral)이라고 하고 $\int_a^b f(x)dx$로 표기한다. 그러면 정의에 의해 모든 소구간의 분할의 수 n에 대해

$$L_n(f) \le \int_a^b f(x)dx \le U_n(f) \tag{7.20}$$

이 성립함은 자명하다.

예제 7.5 구간 $[0, 1]$에서 정의된 함수 $f(x) = e^{-\frac{x^2}{2}}$에 대해 5개의 등간격 마디점 $x_0 = 0 < x_1 = \frac{1}{4} < x_2 = \frac{1}{2} < x_3 = \frac{3}{4} < x_4 = 1$을 택할 때, 상합 $U_4(f)$와 하합 $L_4(f)$를 구하고 (7.20)의 관계를 검증하여라.

풀이 $f(x)$는 단조감소함수이므로 최대값과 최소값을 각 소구간 $[x_{j-1},\ x_j]$에서 양 끝점에서 택하게 된다. 즉

$$M_j = f(x_{j-1}),\ m_j = f(x_j),\ (j = 1,\ 2,\ 3,\ 4)$$

이다. 그리고 눈금의 크기는 $h=1/4$이므로 상합과 하합은 각각

$$U_4(f)=(f(x_0)+f(x_1)+f(x_2)+f(x_3))h=0.90164,$$
$$L_4(f)=[f(x_1)+f(x_2)+f(x_3)+f(x_4)]h=0.80328$$

이다. 실제값은 $\int_0^1 e^{-\frac{x^2}{2}}dx=0.85562$이므로

$$L_4(f)=0.80328 \le \int_0^1 e^{-\frac{x^2}{2}}dx=0.85562 \le U_4(f)=0.90164$$

이 성립한다.

$f(x)$가 적분가능하면

$$\lim_{n\to\infty} L_n(f)=\int_a^b f(x)dx=\lim_{n\to\infty} U_n(f)$$

이므로 이 사실을 이용해서 정적분의 근사계산을 수행할 수 있다. 이를 위해

$$r_n=\frac{L_n(f)+U_n(f)}{2}$$

을 각 분할에서의 상합과 하합의 평균으로 택하면 (7.20)으로부터

$$\left| r_n-\int_a^b f(x)dx \right| \le \frac{U_n(f)-L_n(f)}{2}$$

가 성립하므로 $r_n \approx \int_a^b f(x)dx$로 설정할 수 있다. 이 근사계산을 수행하기 위한 알고리즘은 다음과 같고 수치계산 예는 예제 7.6에 주어진다.

정적분을 이용한 수치적분 알고리즘

(1) 함수 f, 구간의 양 끝점 a와 b, 수치계산의 허용도 TOL 설정

(2) 구간의 분할과 마디점 설정

$n=1;\quad h=(b-a)/n\ ;\quad x_j=a+jh,\ (j=0:n);$

(3) 상합과 하합 결정

$M_j=\max\{f(x)|\ x_{j-1}\le x\le x_j\},\quad (j=1:n)$

$m_j=\min\{f(x)|\ x_{j-1}\le x\le x_j\}$

$$L = h\sum_{j=1}^{n} M_j;\ U = h\sum_{j=1}^{n} m_j;$$

(4) 근사값 계산과 허용치 검증

appr$= (L+M)/2$;

$(M-L)/2 <$ TOL 이면 Stop;

그렇지 않으면 $n = n+1$로 두고 (2)로 되돌아간다.

예제 7.6 정적분의 수치적분 알고리즘을 써서 $\int_0^1 e^{-\frac{x^2}{2}}dx$에 대한 근사계산을 5자리 유효자리로 계산하고, 이때 구간의 분할수를 구하라.

풀이 $f(x) = e^{-\frac{x^2}{2}}$라 하고, 구간을 n등분하면 눈금의 크기는 $h = \frac{1}{n}$이고, 이에 따른 적분구간 $[0, 1]$의 분할은 $x_j = jh, (j = 0 : n)$이다

함수 $f(x)$가 단조감소이므로 각 소구간 $[x_{j-1},\ x_j]$에서의 최소값과 최대값은 각각 $m_j = f(x_j),\ M_j = f(x_{j-1})$이고, 하합과 상합은 각각

$$L_n(f) = h\sum_{j=1}^{n} f(x_j),\quad U_n(f) = h\sum_{j=1}^{n} f(x_{j-1})$$

이다. 따라서

$$U_n(f) = L_n(f) + h(f(x_0) - f(x_n)) = L_n(f) + h(1 - e^{-1/2})$$

이므로

$$r_n = \frac{U_n(f) + L_n(f)}{2} \Rightarrow \left| r_n - \int_0^1 e^{-\frac{x^2}{2}}dx \right| \le \frac{h}{2}(1 - e^{-1/2})$$

따라서 $\text{TOL} = \frac{1}{2} \times 10^{-4}$이면 $r_n = 0.85562438863$이고 이때의 분할 구간의 수는 $n \ge 3936$이어야 한다.

다음은 정적분의 개념을 이용한 수치적분 알고리즘을 구현한 프로그램이다. 이 프로그램에서는 수치적분의 효율성을 검증하기 위해 수치계산에 소요되는 시간을 측정하였다. PC에서는 예제 7.6의 계산에 약 181초가 소요되었다.

```
f='exp(-x^2/2)';
a=0;b=1;
fprintf('\n  Upper_Sum   Lower_Sum    Mid_Value     Partitions\n');
TOL=0.5*10^(-4);np=10000;
t=cputime;
x=a;fa=eval(f);
x=b;fb=eval(f);
for ip=2:np
    h=(b-a)/(ip-1);
    tt=h*(fa-fb)/2.0;
    sum=0.0;
    for i=ip-1:-1:1
        x=h*i;fx=eval(f);
        sum=sum+fx;
    end
    sumlo=h*sum;
    sumup=sumlo+2.0*tt;
    apval=sumlo+tt;
    if (tt < TOL)
        np=ip;
        fprintf(' %18.10e %18.10e %18.10e %4g \n',sumlo,sumup,apval,np);
        e=cputime-t;
        fprintf('\n Total elapsed time to evaluate := %d seconds \n\n',e);
        break;
    end
end
```

예제 7.6에서 살펴보았듯이 정적분의 개념을 가지고 수치적분의 근사계산을 수행하는 것은 수치연산의 수와 계산량이 과다하고 수렴속도가 느려 비효율적이므로 수치해석적인 도구로는 적합하지 않음을 알 수 있다. 따라서 수치적분을 위한 별도의 방법이 요구된다.

수치적분법을 소개하기 위하여 정적분을

$$I(f) := \int_a^b f(x)dx$$

라고 하자. 정적분 $I(f)$의 근사계산을 위한 수치적분의 형식은 구간 $[a, b]$에서 택한 $n+1$개의 마디점 $a \le x_0 < x_1 < \cdots < x_n \le b$에 대해 적당한 양의 상수 ω_j, $(j = 0 : n)$와 마디점에서의 함수값 $f(x_j)$와의 일차 결합 형태

$$\begin{aligned} Q_n(f) &:= \sum_{j=0}^{n} \omega_j f(x_j) \\ &= \omega_0 f(x_0) + \omega_1 f(x_1) + \cdots + \omega_n f(x_n) \end{aligned} \tag{7.21}$$

로 주어진다. 이와 같이 적분 $I(f)$의 근사값을 구하는 것을 **수치적분**(numerical integration)이라고 하고, 이때 $Q_n(f)$를 적분에 대한 **구적 공식**(quadrature rule)이라고 한다. (7.21)에서 ω_j를 마디점 x_j에서의 **가중치**(weight)라고 한다. 따라서 수치적분은 마디점과 가중치의 적절한 선정에 의해 결정된다. 이에 따라 구적 공식의 형태는 다음과 같이 마디점이 미리 지정된 경우와 지정되지 않은 경우에 따라 달라진다.

[마디점이 지정된 경우]

함수 f에 대한 보간 다항식을 가지고 구적 공식을 결정할 수 있다. $p_n(x)$를 $n+1$개의 서로 다른 마디점에서 함수 $f(x)$에 대한 보간 다항식이라면

$$Q_n(f) = I(p_n) \tag{7.22}$$

은 $f(x) \approx p_n(x)$일 때 $I(f) \approx I(p_n)$이므로 적합한 수치적분의 구적 공식으로 활용될 수 있다. 이와 같이 수치적분을 계산하는 방법을 **Newton-Cotes 구적법**이라고 하며, 이때 (7.22)를 n차의 **Newton-Cotes 구적 공식**(Newton-Cotes quadrature rule of degree n)이라고 한다.

특히 마디점이 적분구간의 양 끝점을 포함할 때, 즉 $x_0 = a$, $x_n = b$일 때를 **닫힌 Newton-Cotes 구적법**(closed Newton-Cotes quadrature rule), 그렇지 않을 때를 **열린 Newton-Cotes 구적법**(open Newton-Cotes quadrature rule)이라고 한다. 열린 Newton-Cotes 구적법의 예로는 연습문제 4에서 다룬 중간점 공식 (7.23)을 들 수 있고, 닫힌 Newton-Cotes 구접법의 대표적인 예로는 7.3절과 7.4절에 다룰 사다리꼴 공식과 Simpson의 공식이 있다. Newton-Cotes 구적법의 경우에는 (7.22)에 의해 구적 공식의 가중치가 자동으로 결정된다.

[마디점이 지정되지 않은 경우]

마디점과 가중치를 미지수로 하여 수치적분에 대한 오차 $|I(f) - Q_n(f)|$의 정확도가 최대가 되도록 마디점과 가중치를 설정하는 방법을 쓸 수 있다. 이러한 수치적분 방법을 **Gauss 구적법**(Gaussian quadrature)이라고 한다. 이에 대해서는 7.5절에서 자세히 다루어질 것이다.

연습문제 7.2 EXERCISE

1. 적분 $\int_0^1 \frac{1}{1+x^2}dx$를 추정하기 위해서 분할 $P=\left\{0, \frac{1}{3}, \frac{2}{3}, 1\right\}$에 대한 상합과 하합을 구하고 그 평균값을 계산하라.

2. $\int_2^4 \frac{1}{x\ln x}dx$를 상합과 하합을 이용한 수치적분의 방법으로 계산할 때 정확도를 유효자리 5자리로 유지하려고 한다. 구간 $[2, 4]$의 최소 등간격 분할의 수를 구하여라.

3. $f(x)$가 미분가능한 함수일 때 곡선 $y=f(x),\ a \le x \le b$의 길이는

$$\ell = \int_a^b \sqrt{1+f'(x)^2}\, dx$$

로 주어진다. 정적분을 이용한 수치적분 알고리즘을 이용하여 곡선

$$f(x) = \ln\cos x,\ 0 \le x \le \frac{\pi}{6}$$

의 길이를 유효자리 4자리로 계산하고 이때 분할 구간의 수를 구하라.

4. 다음은 수치적분을 위한 **중간점 공식**(midpoint formula)이다.

$$\int_a^b f(x)\,dx \approx \sum_{j=0}^{n-1}(x_{j+1}-x_j)f\left(\frac{x_j+x_{j+1}}{2}\right) \tag{7.23}$$

(1) 수치적분 공식 (7.23)의 설정 원리를 밝혀라.

(2) 중간점 공식에 대한 오차를 구하여라.

5. $x>0$에 대해 **Sine 적분함수**(Sine integral function) $Si(x)$는 적분 형식

$$Si(x) := \int_0^x \frac{\sin t}{t}\,dt$$

로 정의되는 함수이다. $Si(x)$를 추정하는 기본적인 방법으로 $\sin t$를 k차 Maclaurin 다항식 $p_k(t)$로 근사시킨 후 $\int_0^x \frac{p_k(t)}{t}dt$를 $Si(x)$의 근사값으로 택하는 방법을 들 수 있다.

이때

$$\left| \int_0^4 \frac{p_k(t)}{t} dt - Si(4) \right| \leq 10^{-6}$$

이 되려면 Maclaurin 다항식은 최소 몇 차가 되어야 할까?

6. Newton-Cotes 구적법

$$\int_a^b f(x)dx \approx \sum_{j=0}^{n} \omega_j f(x_j)$$

에서 마디점을 등간격 마디점 $x_j = a + jh,\ (j = 0,\ 1,\ \cdots,\ n)$으로 택하면 가중치는

$$\omega_j = \omega_{n-j},\ (j = 0,\ 1,\ \cdots,\ n)$$

을 만족함을 보여라.

7.3 사다리꼴 공식과 Romberg 알고리즘

1차의 닫힌 Newton-Cotes 구적법을 사다리꼴 공식이라고 한다. 다시 말해 수치적분을 위한 사다리꼴 공식은 함수 f에 대한 1차 보간 다항식을 토대로 구성된 구적 공식이다. 이 절에서는 사다리꼴 공식에 의한 수치적분의 방법과 오차 등을 알아보고, 순환 사다리꼴 공식과 이에 외삽법의 기술을 적용하여 계산의 정확도를 증진하기 위한 Romberg 알고리즘을 소개한다.

사다리꼴 공식

구간 $[a, b]$를 n등분한 마디점을 $a = x_0 < x_1 < \cdots < x_n = b$라고 하면 각 마디점은

$$x_j = a + jh, \ \ (j = 0 : n); \ h = \frac{b-a}{n}$$

이다. 분할에 의한 소구간 $[x_{j-1}, x_j]$에서 함수 f의 1차 보간 다항식은 Newton 형식으로부터

$$f(x) = f(x_{j-1}) + f[x_{j-1}, x_j](x - x_{j-1}) + \frac{f''(\xi_j)}{2!}(x - x_{j-1})(x - x_j) \tag{7.24}$$

이므로(여기서 $x_{j-1} < \xi_j < x_j$),

$$\int_{x_{j-1}}^{x_j} f(x)dx \approx \int_{x_{j-1}}^{x_j} [f(x_{j-1}) + f[x_{j-1}, x_j](x - x_{j-1})]dx$$

로 설정할 수 있다. 따라서 이것으로부터

$$\int_{x_{j-1}}^{x_j} f(x)dx \approx \frac{h}{2}[f(x_{j-1}) + f(x_j)] \tag{7.25}$$

이고, 이에 따른 오차를 E_j라고 하면 (7.24)에 의해

$$E_j = \frac{f''(\xi_j)}{2}\int_{x_{j-1}}^{x_j}(x - x_{j-1})(x - x_j)dx = -\frac{h^3}{12}f''(\xi_j) \tag{7.26}$$

이다. 구적 공식 (7.25)는 그림 7.2에서와 같이 구간 $[x_{j-1}, x_j]$에서 곡선 $y = f(x)$의 양 끝점을 연결한 직선과 x축에 의해 둘러싸인 사다리꼴의 면적에 해당한다.

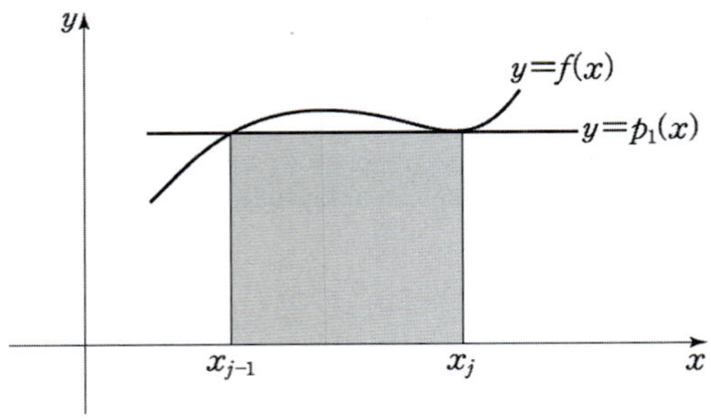

그림 7.2 사다리꼴 공식

구간 $[a, b]$의 분할에 의해 얻어진 각 소구간에 이 결과를 적용해서 합하면 (7.25)에 의해 수치적분에 대한 형식

$$\begin{aligned}\int_a^b f(x)dx &= \sum_{j=1}^{n}\int_{x_{j-1}}^{x_j} f(x)dx \\ &\approx \frac{h}{2}\sum_{j=1}^{n}[f(x_{j-1})+f(x_j)] \end{aligned} \tag{7.27}$$

을 얻는다. 이를 **사다리꼴 공식**(trapezoidal rule)이라고 하고 $T_n(f)$로 표기한다. 저자에 따라서는 단일 구간 $[a, b]$에 적용된 (7.25)의 형태를 사다리꼴 공식, 구간을 나누어 각 소구간에서의 결과를 합한 (7.27)의 형태를 **복합 사다리꼴 공식**(composite trapezoidal rule)이라고 구분하기도 하지만 여기서는 구분 없이 소구간의 개수 n을 첨부한 $T_n(f)$의 형식을 사다리꼴 공식으로 혼용한다. 이에 따라 n개의 소구간을 이용한 사다리꼴 공식은 다음과 같다.

$$\begin{aligned}T_n(f) &= \frac{h}{2}\sum_{j=1}^{n}[f(x_{j-1})+f(x_j)] \\ &= \frac{h}{2}[f(x_0)+2f(x_1)+2f(x_2)+\cdots+2f(x_{n-1})+f(x_n)]\end{aligned} \tag{7.28}$$

사다리꼴 공식에 의한 오차를

$$E_n^T(f) := \int_a^b f(x)dx - T_n(f)$$

로 정의하면 사다리꼴 적분 공식을 이용한 수치적분의 오차는 다음과 같다.

정리 7.1

함수 $f(x)$가 구간 $[a, b]$에서 2차 연속 미분가능하면

$$E_n^T(f) = \int_a^b f(x)dx - T_n(f) = -\frac{h^2}{12}(b-a)f''(\xi) \tag{7.29}$$

인 점 $a < \xi < b$가 존재한다.

증명 E_j를 소구간 $[x_{j-1}, x_j]$에서 사다리꼴 공식 (7.25)에 따른 오차라면 (7.26)에 의해

$$\begin{aligned} E_n^T(f) &= \sum_{j=1}^{n} E_j = -\frac{h^3}{12}\sum_{j=1}^{n} f''(\xi_j) \\ &= -\frac{h^2}{12}(b-a)\frac{f''(\xi_1) + \cdots + f''(\xi_n)}{n} \\ &= -\frac{h^2}{12}(b-a)f''(\xi), \quad (a < \xi < b) \end{aligned}$$

이다. 여기서 마디점에 대한 눈금의 크기가 $h = (b-a)/n$임과 연속함수 $f''(x)$에 대한 중간값 정리를 이용하였다. ■

사다리꼴 적분 알고리즘

(1) 함수 f, 구간의 양 끝점 a와 b, 구간 분할의 수 N 지정

(2) 눈금의 크기와 복합 사다리꼴 공식 계산

$h = (b-a)/N;$

$T_N(f) = \frac{h}{2}\sum_{j=1}^{N}[f(x_{j-1}) + f(x_j)];$

예제 7.7 정적분 $\int_0^1 e^{-\frac{x^2}{2}}dx$을 사다리꼴 공식을 써서 유효자리 4자리의 정확도로 계산하려고 한다. 필요한 최소 마디점의 개수를 구하고, 이때 수치적분에 따른 오차를 계산하여라.

풀이 마디점의 개수를 $n+1$이라고 하면, $h = \frac{1}{n}$이고, (7.29)에 의해 사다리꼴 공식에 따른 오차는

$$E_n^T(f) = -\frac{h^2}{12}f''(\xi) = -\frac{h^2}{12}(\xi^2-1)e^{-\frac{\xi^2}{2}},\ (0<\xi<1)$$

이다. 여기서, $g(t)=(t^2-1)e^{-\frac{t^2}{2}}$ 라고 두면 $g'(t)=-t(t^2-3)e^{-\frac{t^2}{2}}$ 가 되어 $g(t)$는 $t=\pm\sqrt{3}$ 에서 극대값을 갖고 $g(\pm\sqrt{3})\le 2$이므로

$$|E_n^T(f)| = \frac{h^2}{12}\left|(\xi^2-1)e^{-\frac{\xi^2}{2}}\right| \le \frac{h^2}{6}$$

이다. 이때 반올림 연산에 따른 정확도가 0.5×10^{-4}이어야 하므로

$$\frac{h^2}{6}\le 0.5\times10^{-4} \Rightarrow \frac{1}{n}=h\le 0.0173 \Rightarrow n\ge 57.735$$

이다. 따라서 $n\ge 58$이고 유효자리 4자리의 정확도를 위한 최소 마디점의 개수는 59개이다. 적분의 참값은 0.85562439189214880315이다. 계산 결과 59개의 등간격 마디점에 대한 사다리꼴 적분값은 0.855609871723906이고 이에 대한 절대오차는 1.452×10^{-5}로서 유효자리 4자리의 정확도를 유지한다.

표 7.3 $\int_0^1 e^{-\frac{x^2}{2}}dx$에 대한 사다리꼴 적분 계산

n	수치적분 값	절대오차
4	0.8524587672265659	$3.1656246656e-003$
8	0.8548342266393810	$7.9016525277e-004$
16	0.8554269278110609	$1.9746408109e-004$
32	0.8555750306938310	$4.9361198318e-005$
64	0.8556120518938629	$1.2339998286e-005$

사다리꼴 공식에 대한 MATLAB 프로그램은 다음과 같다.

```
f='exp(-x^2/2)';    % 적분 함수
a=0;b=1;            % 적분 구간
exact=0.85562439189214880315;    % 참값
N=59;   % 등간격 마디점의 수
```

```
h=(b-a)/N;
T=0.0;
% 복합 사다리꼴 공식
for i=1:N
    x=a+(i-1)*h; T=T+eval(f);
    x=a+i*h; T=T+eval(f);
end
T=(h/2)*T;    % 수치적분 값
error=abs(exact-T);   % 절대오차
fprintf('%4g %20.15f %20.10e \n',N,T,error);
```

순환 사다리꼴 공식

정리 7.1에 의해 $I(f)=T_n(f)+O(h^2)$이므로 사다리꼴 공식에 따른 오차는 눈금의 크기를 줄여나갈수록 줄어들고, 마디점의 개수를 늘려나갈수록 수치적분의 정확도는 증가한다. 따라서 수치적분에 따른 정확도를 높이기 위해 마디점을 순차적으로 늘려나가는 방법을 모색하는 것은 자연스러운 일이다.

적분구간 $[a, b]$를 2^m개의 등구간으로 나누어 얻어진 마디점에 대한 사다리꼴 공식을 R_m이라 하면

$$\begin{aligned} R_m := T_{2^m}(f) &= \frac{h}{2}\sum_{j=1}^{2^m}[f(x_{j-1})+f(x_j)] \\ &= h\sum_{j=1}^{2^m-1} f(a+jh) \;+\frac{h}{2}[f(a)+f(b)],\ \left(h=\frac{b-a}{2^m}\right) \end{aligned} \tag{7.30}$$

이다. 이때 마디점을 순차적으로 늘릴 때 이전의 계산 결과를 활용하여 계산량을 줄이는 방안이 있는지를 알아보기 위해 $R_{m-1}=T_{2^{m-1}}(f)$를 가지고 R_m을 갱신하는 방법을 찾아보자.

먼저

$$R_m = \frac{1}{2}R_{m-1} + \left[R_m - \frac{1}{2}R_{m-1}\right] \tag{7.31}$$

으로 놓고, $[R_m - \frac{1}{2}R_{m-1}]$의 계산을 살펴보면 $h=\dfrac{b-a}{2^m}$, $c=\dfrac{h}{2}[f(a)+f(b)]$라고 할 때,

$$R_m = h\sum_{j=1}^{2^m-1} f(a+jh)+ c,\ R_{m-1} = (2h)\sum_{j=1}^{2^{m-1}-1} f(a+2jh)+2c$$

이므로

$$\begin{aligned} R_m - \frac{1}{2}R_{m-1} &= h\left[\sum_{j=1}^{2^m-1} f(a+jh) - \sum_{j=1}^{2^{m-1}-1} f(a+2jh)\right] \\ &= h\sum_{j=1}^{2^{m-1}} f(a+(2j-1)h) \end{aligned}$$

이다. 따라서 (7.31)로부터 R_m에 대한 점화식

$$R_m = \frac{1}{2}R_{m-1} + h\sum_{j=1}^{2^{m-1}} f(a+(2j-1)h),\ \left(h = \frac{b-a}{2^m}\right) \tag{7.32}$$

을 얻는다. 이때 점화식의 초기값은

$$R_0 := T_{2^0}(f) = T_1(f) = (b-a)\frac{f(a)+f(b)}{2} \tag{7.33}$$

이다. 점화식 (7.32)를 **순환 사다리꼴 공식**(recursive trapezoidal rule)이라고 한다. (7.32)는 각 순환 단계에서 구간이 세분화될 때, 세분화된 구간의 중간점에서 함수값을 계산하여 더하는 과정을 포함하고 있다.

이해를 돕기 위해 순환 공식의 처음 몇 단계를 예시하면 아래 그림 7.3과 같다. 이 표에서 순환 관계에 따른 다음 단계의 계산은 각 소구간을 2등분하고 이에 따른 눈금의 크기와 새로 추가되는 마디점에서의 함수값으로 추정함을 알 수 있다.

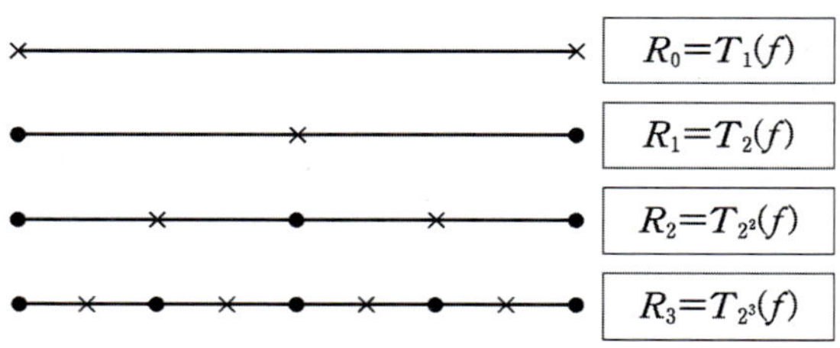

그림 7.3 순환 사다리꼴 공식에서 단계별로 추가되는 마디점

표 7.4 순환 사다리꼴 공식의 도식

$R_0 = T_1(f) = (b-a)\left(\dfrac{f(a)+f(b)}{2}\right)$
$R_1 = T_2(f) = \dfrac{1}{2}R_0 + hf(x_1),\ h = \dfrac{b-a}{2}$
$R_2 = T_{2^2}(f) = \dfrac{1}{2}R_1 + h[f(x_1)+f(x_3)],\ h = \dfrac{b-a}{2^2}$
$R_3 = T_{2^3}(f) = \dfrac{1}{2}R_2 + h[f(x_1)+f(x_3)+f(x_5)+f(x_7)],$ $h = \dfrac{b-a}{2^3}$

예제 7.8 순환 사다리꼴 공식을 써서 적분 $\int_0^\pi \sin x\, dx$에 대한 근사계산 $T_8(f)$를 구하라.

풀이 (7.32)를 순차적으로 적용하여 다음을 얻는다.

$$R_0 = T_{2^0}(f) = \pi\frac{\sin 0 + \sin\pi}{2} = 0,$$

$$R_1 = T_2(f) = \frac{1}{2}R_0 + \frac{\pi}{2}\left(\sin\frac{\pi}{2}\right) = \frac{\pi}{2} = 1.57079633,$$

$$R_2 = T_{2^2}(f) = \frac{1}{2}R_1 + \frac{\pi}{4}\left[\sin\frac{\pi}{4} + \sin\frac{3}{4}\pi\right] = 1.89611890,$$

$$R_3 = T_{2^3}(f) = \frac{1}{2}R_2 + \frac{\pi}{8}\left[\sin\frac{\pi}{8} + \sin\frac{3}{8}\pi + \sin\frac{5}{8}\pi + \sin\frac{7}{8}\pi\right]$$
$$= 1.97423160$$

예제 7.8에서 정확한 적분값은 $\int_0^\pi \sin x\ \ dx = 2$이므로 순환 횟수가 증가할 때 정확도가 증가함을 알 수 있다.

Romberg 알고리즘

함수가 충분히 미분가능하면 순환 사다리꼴 공식에 7.1절에서 다룬 외삽법의 기법을 적용해서 수치적분의 오차를 줄여나갈 수 있다. 이러한 계산 기술을 **Romberg 적분**(Romberg integral), 또는 **Romberg 알고리즘**(Romberg algorithm)이라고 한다.

Romberg 알고리즘의 설정은 적분에 대한 다음 전개식에 바탕을 두고 있다.

정리 7.2

f가 구간 $[0, 1]$에서 $2m$차 연속 미분가능하면 적분 $\int_0^1 f(x)\,dx$은 다음과 같은 전개식으로 표현될 수 있다.

$$\int_0^1 f(x)\,dx = \frac{1}{2}[f(0)+f(1)] + \sum_{k=1}^{m-1} A_{2k}\left[f^{(2k-1)}(0) - f^{(2k-1)}(1)\right] - A_{2m}f^{(2m)}(\xi) \tag{7.34}$$

이때 $0<\xi<1$이고 계수 A_k는 $k!A_k$가 Bernoulli 수인 상수로서 전개식

$$\frac{x}{e^x-1} = \sum_{k=0}^{\infty} A_k x^k$$

를 만족하는 수이다.

증명은 여러 수치해석에 관한 참고문헌에서 찾아볼 수 있으므로 여기서는 생략한다. 적분에 관한 전개식 (7.34)를 **Euler-Maclaurin 공식**이라고 한다.

적분 $\int_a^b f(x)\,dx$을 Euler-Maclaurin 공식을 이용하여 마디점에 대한 눈금의 크기 h에 관한 급수로 나타낼 수 있다. 구간 $[a, b]$를 2^m등분하여 얻어진 마디점을 x_j라고 하면 $h=(b-a)/2^m$에 대해 $x_j = a + jh$, $(j=0: 2^m)$이다. 이때 소구간 $[x_{j-1}, x_j]$에서 함수 f를 변수변환 $t=(x-x_{j-1})/h$에 의해 구간 $[0,1]$에서의 함수 $g(t)=f(x_{j-1}+ht)$로 전환한 후 Euler-Maclaurin 공식 (7.34)를 적용하면 다음 식을 얻는다.

$$\begin{aligned}\int_{x_{j-1}}^{x_j} f(x)\,dx = {} & \frac{h}{2}[f(x_{j-1})+f(x_j)] + \sum_{k=1}^{m-1} A_{2k}h^{2k}\left[f^{(2k-1)}(x_{j-1}) - f^{(2k-1)}(x_j)\right] \\ & - A_{2m}h^{2m+1}f^{(2m)}(\xi_j), \quad (x_{j-1}<\xi_j<x_j)\end{aligned}$$

이 식을 $j=1:2^m$까지 적용하여 합하면 중간값 정리에 의해

$$\begin{aligned}\int_a^b f(x)\,dx = {} & \frac{h}{2}\sum_{j=1}^{2^m}[f(x_{j-1})+f(x_j)] + \sum_{j=1}^{2^m}\left(\sum_{k=1}^{m-1} A_{2k}h^{2k}[f^{(2k-1)}(x_{j-1}) - f^{(2k-1)}(x_j)] \right. \\ & \left. - A_{2m}h^{2m+1}f^{(2m)}(\xi_j)\right) \quad (a<\xi<b)\end{aligned} \tag{7.35}$$

가 성립한다. 이 식의 우측 첫 번째 항은 $R_m = T_{2^m}(f)$에 해당하므로 (7.35)는

$$\begin{aligned} I(f) &= R_m + a_2h^2 + a_4h^4 + \cdots + a_{2m-2}h^{2m-2} + a_{2m}h^{2m}f^{(2m)}(\xi) \\ &= R_m + a_2h^2 + a_4h^4 + a_6h^6 + O(h^8) \end{aligned} \tag{7.36}$$

으로 표현된다. 이것은 앞에서 다룬 외삽법을 적용하기에 적합한 형태이다.

(7.36)에서 $h \mapsto 2h$라 두면

$$I(f) = R_{m-1} + a_2(2h)^2 + a_4(2h)^4 + a_6(2h)^6 + O(h^8)$$

이 얻어지므로 (7.36)과 연계해서 a_2를 소거하면

$$I(f) = \frac{4R_m - R_{m-1}}{4-1} - \frac{1}{4}a_4h^4 - \frac{5}{16}a_6h^6 + O(h^8) \tag{7.37}$$

이 얻어진다. 외삽법의 기술을 적용하여 이러한 계산을 순차적으로 반복하면 눈금의 크기에 의존하는 오차를 점점 줄일 수 있어 수치적분의 계산에 따른 정확도를 높여나갈 수 있다. 순환 사다리꼴 공식에 대한 점화식을 이용하여 이를 순차적으로 아래와 같이 2차원 배열 $R_{m,n}$을 구성해 나간다.

먼저

$$R_{m,1} = R_{m-1}(= T_{2^{m-1}}(f)),\ \ (m \geq 1)$$

로 두어 2차원 배열의 첫째 열을 구성한다. 다음 둘째 열을

$$R_{m+1,2} = \frac{4R_{m+1,1} - R_{m,1}}{4-1},\ \ (m \geq 1)$$

로 설정하면 (7.37)에 의해

$$I(f) = R_{m+1,2} - \frac{1}{4}a_4h^4 - \frac{5}{16}a_6h^6 + O(h^8) \tag{7.38}$$

이 되어 $R_{m+1,2}$가 $R_{m,1}$보다 더욱 개선된 적분의 근사값이 됨을 알 수 있다.

일반적으로 n번째 열을

$$R_{m+1,n} = \frac{4^{n-1}R_{m+1,n-1} - R_{m,n-1}}{4^{n-1}-1},\ \ (m+1 \geq n) \tag{7.39}$$

으로 설정하면 $I(f) \approx R_{m,n}$이고 이에 따른 오차는 $O(h^{2n})$이다.

이와 같이 얻어진 2차원 배열 $\{R_{m,n}\}$을 **Romberg 배열**(Romberg array)이라고 하고 이를 도표화한 것을 **Romberg 도표**(Romberg table)라고 한다.

표 7.5 Romberg 도표

$O(h^2)$	$O(h^4)$	$O(h^6)$	$\cdots$
$R_{1,1}=T_{2^0}(f)$			
$R_{2,1}=T_{2^1}(f)$	$R_{2,2}=\dfrac{4R_{2,1}-R_{1,1}}{4-1}$		
$R_{3,1}=T_{2^2}(f)$	$R_{3,2}=\dfrac{4R_{3,1}-R_{2,1}}{4-1}$	$R_{3,3}=\dfrac{4^2R_{3,2}-R_{2,2}}{4^2-1}$	
$\vdots$	$\vdots$	$\vdots$	$\ddots$

Romberg 알고리즘은 순환 사다리꼴 공식에 의해 Romberg 도표의 첫째 열을 작성하고 (7.39)를 이용하여 열별로 순차적으로 Romberg 도표를 채워나가는 과정으로 구성된다. 열의 크기 N을 지정하면 $R_{N,N}$이 $I(f)$에 가장 가까운 근사값이 되고 이때의 오차는 $O(h^{2N})$이 된다. 이 근사계산을 위한 알고리즘은 아래와 같고 수치계산 예는 예제 7.9에서 다룬다.

Romberg 알고리즘

(1) 함수 f, 구간의 양 끝점 a와 b, Romberg 도표의 크기 N 설정

(2) 구간의 분할과 순환 사다리꼴 공식

$h=b-a;$

$R_{1,1}=\dfrac{h}{2}[f(a)+f(b)];$

for $m=2:N$

$h=h/2;$

$$R_{m,1}=\frac{1}{2}R_{m-1,1}+h\sum_{j=1}^{2^{m-1}}f(a+(2j-1)h);$$

end

(3) Romberg 배열 작성

$$R_{m+1,n}=\frac{4^{n-1}R_{m+1,n-1}-R_{m,n-1}}{4^{n-1}-1},\quad (m=1:N-1,\ n\le m+1)$$

예제 7.9 Romberg 알고리즘을 이용해서 적분 $\int_0^1 e^{-\frac{x^2}{2}} dx$에 대한 근사계산 $R_{4,4}$를 구하라.

풀이 순환 사다리꼴을 써서 Romberg 도표의 첫째 열을 작성하고, 표 7.5에 의해 Romberg 도표를 작성하면 표 7.6과 같다.
실제값은 0.8556243918921488031 7이므로 $R_{4,4} = 0.8556243942$가 실제값에 가장 가까운 근사값이다. 이 계산을 7.2절에서 수행한 정적분을 이용한 근사계산과 비교하면 계산에 대한 정확도도 높고 계산처리 속도도 매우 빠른 것을 확인할 수 있다.

표 7.6 $\int_0^1 e^{-\frac{x^2}{2}} dx$에 대한 Romberg 배열

$R_{1,1} = 0.8032653299$			
$R_{2,1} = 0.8428811162$	0.8560863783		
$R_{3,1} = 0.8524587672$	0.8556513176	0.8556223135	
$R_{4,1} = 0.8548342266$	0.8556260464	0.8556243617	0.8556243942

```
N=4;  R=zeros(N);
f='exp(-x^2/2)';
a=0;b=1;
x=a;fa=eval(f);
x=b;fb=eval(f);
h=b-a;
R(1,1)=h*(fa+fb)/2.0;    % 기본 사다리꼴 적분공식
for  i=1:N
    h=h/2.0;
    sum=0.0;
    m=2^(i-1);
    for  k=1:m
        x=a+(2*k-1)*h;fx=eval(f);
        sum=sum+fx;
    end
```

```
        R(i+1,1)=0.5*R(i,1)+h*sum;   % 순환 사다리꼴 공식
        q=4.0;
        for j=1:i-1
            R(i,j+1)=R(i,j)+(R(i,j)-R(i-1,j))/(q-1.0);     % Romberg 배열
            q=4.0*q;
        end
        fprintf('\n %16.12f %16.12f %16.12f %16.12f ',R(i,1:i));
    end
```

예제 7.10 Romberg 알고리즘을 이용해서 적분 $\int_0^1 \sqrt{x}\ dx$에 대한 근사계산 $R_{4,4}$를 구하라.

풀이 크기가 4인 Romberg 배열을 작성하면 표 7.7과 같다. 실제값은 2/3이므로 이 예에서는 사다리꼴 적분공식을 이용한 Romberg 알고리즘의 수렴속도가 이론만큼 빠르지는 않다.

표 7.7 $\int_0^1 \sqrt{x}\,dx$에 대한 Romberg 배열

5.000000000000			
0.603553390593	0.638071187458		
0.643283046243	0.656526264793	0.657756603282	
0.658130221624	0.663079280085	0.663516147771	0.663607569112

Romberg 알고리즘은 충분히 연속 미분가능한 함수에 대한 Euler-Maclaurin 전개식에 바탕을 두어 설정된 것이다. 예제 7.10에서 함수 $f(x)=\sqrt{x}$는 $x=0$에서 미분가능하지 않다. 따라서 수치적분을 위한 외삽법의 조건을 만족하지 않는다. 표 7.7은 Romberg 적분이 정확한 값에 가까이 근사함을 보여준다. 그러나 전체적으로는 Romberg 적분에 기대되는 만큼의 빠르기로 근사하는 것을 보여주지는 않는다. 그럼에도 불구하고 다음 정리는 연속함수에 대한 Romberg 적분이 $I(f)$로 수렴한다는 것을 말해준다.

정리 7.3

f가 $[a, b]$에서 연속이면 Romberg 배열은 $\int_a^b f(x)dx$로 수렴한다. 즉, 각 n에 대해

$$\lim_{m \to \infty} R_{m,n} = \int_a^b f(x)dx \tag{7.40}$$

가 성립한다.

증명 n에 대해 수학적 귀납법을 적용한다.

먼저, $n = 1$이면

$$\begin{aligned} R_{m+1,1} = R_m &= T_{2^m}(f) \\ &= \frac{h}{2}\sum_{j=0}^{2^m-1}[f(a+jh)+f(a+(j+1)h], \quad \left(h = \frac{b-a}{2^m}\right) \\ &= \frac{1}{2}\left[h\sum_{j=0}^{2^m-1} f(a+jh) + h\sum_{j=1}^{2^m} f(a+jh)\right] \end{aligned}$$

이고, 위 식에서 괄호 안의 두 항은 각각 등간격 분할에 대한 연속함수의 Riemann 합에 대응하므로 $m \to \infty$일 때 각각은 $I(f)$로 수렴한다. 따라서

$$\lim_{m \to \infty} R_{m+1,1} = I(f)$$

가 성립한다. 다음 $n \le k$일 때 (7.40)이 성립한다고 가정하면 $n = k+1$일 때는

$$R_{m,k+1} = \frac{4^k R_{m+1,k-1} - R_{m,k}}{4^k - 1} \xrightarrow{(m \to \infty)} \frac{4^k I(f) - I(f)}{4^k - 1} = I(f)$$

이 성립한다. 따라서 모든 자연수 n에 대해 (7.40)이 성립한다. ■

연습문제 7.3 EXERCISE

1. 함수 $f(x)$는 구간 $[0, 2]$에서 다음과 같이 정의되어 있다.

$$f(x) = \begin{cases} 1-\sqrt{1-x^2}, & 0 \le x \le 1 \\ 1-\sqrt{1-(x-2)^2}, & 1 \le x \le 2 \end{cases}$$

다음을 구하여라.

(1) 구간 $[0, 2]$에서 사다리꼴 공식에 의한 적분의 근사값과 오차

(2) 구간 $[0, 1]$과 $[1, 2]$에 사다리꼴을 적용하여 구한 적분의 근사값과 오차

(3) 복합 사다리꼴 공식을 적용하여 $\int_0^2 f(x)\,dx$에 대한 유효자리 5자리의 근사계산과 이에 따른 분할 구간의 수

(4) 각각 구간 $[0, 1]$과 $[1, 2]$에 복합 사다리꼴 공식을 적용하여 구한 유효자리 5자리의 적분의 근사계산과 이에 따른 분할 구간의 수

2. 복합 사다리꼴 공식을 써서 $\int_0^1 e^{-\frac{x^2}{2}}dx$에 대한 근사계산을 5자리 유효자리로 계산하고, 이때 분할 구간의 수를 구하라.

3. $\int_1^2 \cos(1/x)\,dx = 0.761887165588489389 06$의 근사값을 사다리꼴 공식 $T_8(f)$로 구하면 근사값의 유효자리는 몇 자리인가?

4. 적분 $\int_0^2 \frac{1}{1+x}dx$의 근사값을 구하려고 한다.

(1) 사다리꼴 공식 $T_{2^0}(f)$, $T_{2^1}(f)$, $T_{2^2}(f)$을 구하기 위해 순환 사다리꼴 공식을 적용하여라.

(2) (1)의 결과를 이용하여 Romberg 도표를 작성하고 $R(3,3)$를 구하여라.

5. 적분 $\int_0^1 \frac{1}{1+x^2}dx = \frac{\pi}{4}$에 대해 다음을 구하라.

(1) 복합 사다리꼴을 써서 유효자리 4자리로 계산하기 위한 최소 마디점의 수를 구하고, 이에 따른 오차를 구하여라.

(2) 3열의 Romberg 배열 $R(m, n)$, $(1 \le m \le 3,\ n \le m)$을 구하여라.

(3) (1)과 (2)의 결과를 비교 분석하여라.

6. 복합 사다리꼴 공식을 써서 다음 적분에 대한 유효자리 3자리의 근사값을 구하라.

$$\int_0^2 \frac{e^{-x}}{(1-x^2)^{2/3}}dx$$

(참고: 적분함수는 $x=1$에서 특이점을 가지므로 전체 구간 $[0,2]$에서 단순하게 복합 사다리꼴을 적용할 수는 없다.)

7. f가 $[a,\ b]$에서 4차 연속 미분가능한 함수일 때 $T_n(f)$를 적분 $\int_a^b f(x)\,dx$에 대한 복합 사다리꼴 공식이라고 하면

$$\lim_{n\to\infty}\frac{T_n(f)-T_{2n}(f)}{T_{2n}(f)-T_{4n}(f)}=4$$

가 성립함을 보여라.

8. f를 구간 $[-1,\ 1]$에서 4차 연속 미분가능한 함수라고 하자. 마디점 $x_0=-1$과 $x_1=1$에 대한 3차 Hermite 보간 다항식을 이용하여 수치적분 공식

$$\int_{-1}^1 f(x)dx \approx [f(-1)+f(1)]+\frac{1}{3}[f'(-1)-f'(1)]$$

을 유도하고, 이에 따른 오차 E에 대해 다음이 성립함을 보여라.

$$|E| \le \frac{2}{45}\,\|f^{(4)}\|_\infty$$

7.4 Simpson 공식과 가변 구적 기술

2차의 닫힌 Newton-Cotes 구적법을 Simpson 공식이라고 한다. 다시 말해 수치적분을 위한 Simpson 공식은 함수 f 에 대한 2차 보간 다항식을 토대로 구성된 구적 공식이다.

이 절에서는 Simpson 공식에 의한 수치적분의 방법과 오차 등을 알아보고, 적분의 적절한 근사값을 효율적으로 구하기 위해 함수의 변화에 따라 마디점을 세분화해야 할 위치를 찾아 계산량을 줄여나가는 기법인 가변 구적 기술을 Simpson 공식을 중심으로 살펴보고자 한다.

Simpson 공식

세 마디점 $x_0 = a,\ x_1 = a+h,\ x_2 = a+2h$에 대해 함수 f의 2차 보간 다항식 $p_2(x)$는 Newton 보간 형식에 의해

$$p_2(x) = f(x_0) + f[x_0,\ x_1](x-x_0) + f[x_0,\ x_1,\ x_2](x-x_0)(x-x_1)$$

으로 주어진다. 이를 적분하여 구간 $[x_0,\ x_2]$ 위로 함수 f의 적분의 근사값을

$$\int_{x_0}^{x_2} f(x)dx \approx \int_{x_0}^{x_2} \left[f(x_0) + f[x_0,\ x_1](x-x_0) + f[x_0,\ x_1,\ x_2\ ](x-x_0)(x-x_1)\right]dx$$

로 설정한다.

따라서 이것을 계산하면 수치적분 공식

$$\int_{x_0}^{x_2} f(x)dx \ \approx\ S_2(f) := \frac{h}{3}\ [f(x_0) + 4f(x_1) + f(x_2)] \tag{7.41}$$

이 얻어진다. 이때 (7.41)의 구적형식 $S_2(f)$를 **Simpson 공식**(Simpson's rule)이라고 하며, 이것은 그림 7.4에서와 같이 구간 $[x_0,\ x_2]$에서 곡선 $y = f(x)$상의 세 점 $(x_0,\ f(x_0))$, $(x_1,\ f(x_1))$, $(x_2,\ f(x_2))$를 지나는 2차 곡선에 의해 둘러싸인 부분의 면적에 해당한다.

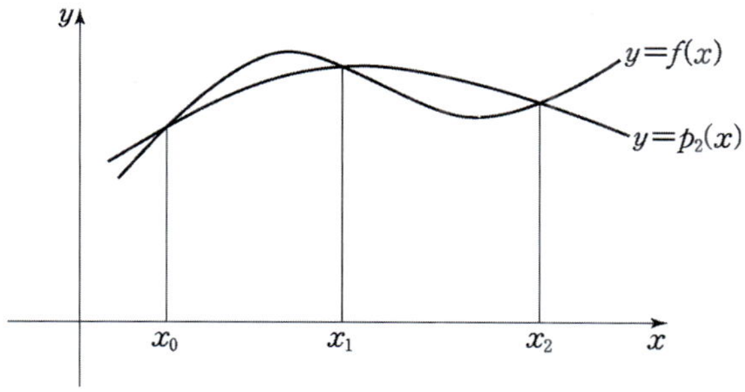

그림 7.4 Simpson 공식 $S_2(f)$

이제 수치적분 (7.41)에 따른 오차를 추정해보자. 이를 위해 2차 Newton 보간 형식에 따른 표현

$$f(x) = p_2(x) + f[x_0, x_1, x_2, x](x-x_0)(x-x_1)(x-x_2) \tag{7.42}$$

을 이용한다.

정리 7.4

함수 f가 구간 $[x_0, x_2]$에서 4차 연속 미분가능하면

$$\int_{x_0}^{x_2} f(x)dx = S_2(f) - \frac{h^5}{90} f^{(4)}(\xi) \tag{7.43}$$

를 만족하는 $x_0 < \xi < x_2$가 존재한다.

증명 오차를

$$E_2 := \int_{x_0}^{x_2} f(x)dx - S_2(f)$$

라고 두면 (7.42)로부터

$$E_2 = \int_{x_0}^{x_2} f[x_0, x_1, x_2, x](x-x_0)(x-x_1)(x-x_2)dx \tag{7.44}$$

이다. 여기서,

$$\phi(x) = \int_{x_0}^{x} (t-x_0)(t-x_1)(t-x_2)dt$$

로 두면 $\phi'(x) = (x-x_0)(x-x_1)(x-x_2)$이고, $\phi(x)$는 $x = x_0$와 $x = x_2$에서 극소값

0을 갖는다. 따라서 $\phi(x) \geq 0$, $(x_0 \leq x \leq x_2)$이다.

한편, $[x_0,\ x_2]$위로 $\phi(x)$의 적분은 부분적분을 이용하면

$$\begin{aligned}\int_{x_0}^{x_2}\phi(x)dx &= \int_{x_0}^{x_2}(x-x_1)'\phi(x)dx \\ &= -(x-x_1)\phi(x)\Big|_{x=x_0}^{x=x_2} - \int_{x_0}^{x_2}(x-x_1)\phi'(x)dx \\ &= -\int_{x_0}^{x_2}(x-x_0)(x-x_1)^2(x-x_2)dx \\ &= -\frac{4}{15}h^5\end{aligned}$$

이다. 따라서 (7.44)에 부분적분을 적용하면 (6.31)에 의해

$$\begin{aligned}E_2 &= \int_{x_0}^{x_2} f[x_0,x_1,x_2,x]\phi'(x)dx \\ &= f[x_0,\ x_1,\ x_2,\ x]\phi(x)\Big|_{x=x_0}^{x=x_2} - \int_{x_0}^{x_2}\phi(x)\frac{d}{dx}f[x_0,\ x_1,\ x_2,\ x]dx \\ &= -\int_{x_0}^{x_2}\phi(x)f[x_0,\ x_1,\ x_2,\ x,\ x]dx\end{aligned}$$

이다. 여기에 가중적분 평균값 정리를 적용하면 $\phi(x) \geq 0$이므로 정리 1.4에 의해 다음을 만족하는 η가 존재한다.

$$E_2 = -f[x_0,\ x_2,\ x_2,\ \eta,\ \eta]\int_{x_0}^{x_2}\phi(x)dx,\ (x_0 < \eta < x_2)$$

(6.29)에 의해

$$f[x_0,\ x_1,\ x_2,\ \eta,\ \eta] = \frac{f^{(4)}(\xi)}{4\,!},\ (x_0 < \xi < x_2)$$

이므로 Simpson 공식에 의한 오차는

$$\begin{aligned}E_2 &:= \int_{x_0}^{x_2} f(x)dx - S_2(f) \\ &= -\frac{f^{(4)}(\xi)}{4\,!}\frac{4}{15}h^5 = -\frac{h^5}{90}f^{(4)}(\xi), \quad (x_0 < \xi < x_2)\end{aligned}$$

로 주어진다. ■

이와 같은 결과를 적분 구간 $[a,\ b]$ 전체로 일반화해서 확대 적용해보자.

구간 $[a, b]$를 짝수개의 구간으로 나눈 분할에 의한 마디점을

$$x_0 = a < x_1 < \cdots < x_{2j-2} < x_{2j-1} < x_{2j} < \cdots < x_{2n} = b$$

라고 하면, 각 소구간의 길이는 $h = (b-a)/2n$이다. 각 소구간 $[x_{2j-2}, x_{2j}]$에 Simpson 공식을 적용한 후 이를 더해서 얻어진 수치적분을 $S_{2n}(f)$라고 하면

$$\begin{aligned}\int_a^b f(x)dx &= \sum_{j=1}^{n} \int_{x_{2j-2}}^{x_{2j}} f(x)dx \\ &\approx S_{2n}(f) := \frac{h}{3}\sum_{j=1}^{n}[f(x_{2j-2}) + 4f(x_{2j-1}) + f(x_{2j})]\end{aligned} \tag{7.45}$$

이다. 이를 일반적으로 Simpson 공식, 또는 앞의 경우와 구별하여 **복합 Simpson 공식** (composite Simpson's rule)이라고 한다.

Simpson 적분 공식 (7.45)에 의한 오차를

$$E_{2n}^S(f) := \int_a^b f(x)dx - S_{2n}(f)$$

로 정의하면 Simpson 적분 공식을 이용한 수치적분에 따른 오차는 다음과 같다.

정리 7.5

f가 구간 $[a, b]$에서 4차 연속 미분가능하면 구간을 $2n$개의 등구간으로 나눈 마디점에 대해 Simpson 공식 (7.45)의 오차는

$$E_{2n}^S(f) = -\frac{h^4}{180}(b-a)f^{(4)}(\xi), \ (a < \xi < b), \ h = \frac{b-a}{2n} \tag{7.46}$$

로 주어지고, 오차의 한계는

$$|E_{2n}^S(f)| \le \frac{h^4}{180}(b-a)\, \| f^{(4)} \|_\infty \tag{7.47}$$

이다.

증명 $E_2^{(j)}$를 각 소구간 $[x_{2j-2}, x_{2j}]$에서 Simpson 공식에 따른 오차라면 (7.43)에 의해

$$\begin{aligned}E_{2n}^S(f) &= \sum_{j=1}^{n} E_2^{(j)} = -\frac{h^5}{90}\sum_{j=1}^{n} f^{(4)}(\xi_j) \\ &= -\frac{h^4}{180}(b-a)\frac{f^{(4)}(\xi_1) + \cdots + f^{(4)}(\xi_n)}{n}\end{aligned}$$

$$= -\frac{h^4}{180}(b-a)f^{(4)}(\xi),\ (a<\xi<b)$$

이고, (7.47)은 이에 의한 직접적인 결과이다. 여기서 마디점에 대한 눈금의 크기가 $h=(b-a)/2n$임과 연속함수 $f^{(4)}(x)$에 대한 중간값 정리를 이용하였다. ■

Simpson 적분 알고리즘

(1) 함수 f, 구간의 양 끝점 a와 b, 구간 분할의 수 N(짝수) 지정

(2) 눈금의 크기와 복합 사다리꼴 공식 계산

$h=(b-a)/N;$

$S_N(f)=\frac{h}{3}\sum_{j=1}^{N/2}[f(x_{2j-2})+4f(x_{2j-1})+f(x_{2j})];$

예제 7.11 적분 $\int_0^1 e^{-\frac{x^2}{2}}dx$을 복합 Simpson 공식 (7.45)를 써서 유효자리 4자리로 계산하려고 한다. 필요한 최소 마디점의 개수를 구하고 수치적분에 따른 오차를 계산하여라.

풀이 마디점의 개수를 $2n+1$이라고 하면, $h=1/2n$이다. (7.46)에 의해 Simpson 공식에 따른 오차는 $0<\xi<1$에 대하여

$$E_{2n}^S(f) = -\frac{h^4}{180}f^{(4)}(\xi) = -\frac{h^4}{180}(\xi^4-6\xi^2+3)e^{-\frac{\xi^2}{2}}$$

이다. 여기서, $g(t)=(t^4-6t^2+3)e^{-\frac{t^2}{2}}$라고 두면 $g(t)$는 $t=0$에서 극대값을 갖고 $|g(t)|\le|g(0)|=3$이므로

$$|E_{2n}^S(f)| = \frac{h^4}{180}\,|g(\xi)| \le \frac{h^4}{60}.$$

반올림 연산으로 유효자리 4자리의 계산을 위한 오차의 한계는 $\frac{1}{2}\times10^{-4}$이어야 하므로

$$\frac{h^4}{60}\le 0.5\times10^{-4} \Rightarrow \frac{1}{2n}=h\le 0.234035 \Rightarrow 2n\ge 4.27287$$

이다. 따라서 $n\ge3$이고 유효자리 4자리의 정확도를 위한 최소 마디점의 개수는 7개이다. 참값은 0.8556243918921488이고, $N=6$으로 실행한 근사값은

0.8556296440058162이며, 이에 따른 절대오차는 $5.2521136674 \times 10^{-6}$으로서 근사값은 4자리 이상 유효하다.

표 7.8 $\int_0^1 e^{-\frac{x^2}{2}} dx$에 대한 Simpson 적분 계산

N	수치적분 값	절대오차
4	0.8556513175619359	$2.6925669787e-005$
8	0.8556260464436526	$1.6545515038e-006$
16	0.8556244948682874	$1.0297613862e-007$
32	0.8556243983214211	$6.4292723367e-009$
64	0.8556243922938736	$4.0172476456e-010$

```
f='exp(-x^2/2)';  % 적분함수
a=0;b=1;  % 적분구간
exact=0.8556243918921488;  % 참값
N=6;
disp(' N    Approximation            error ');
h=(b-a)/N;
S=0.0;
% 복합 Simpson 공식
for  i=1:N/2
    x=a+(2*i-2)*h;  S=S+eval(f);
    x=a+(2*i-1)*h;  S=S+4*eval(f);
    x=a+(2*i)*h;  S=S+eval(f);
end
S=(h/3)*S;   % 수치적분 값
error=abs(exact-S);  % 절대오차 계산
fprintf('%4g %20.16f %20.10e \n',N,S,error);
```

표 7.3과 표 7.8을 비교하면 Simpson 공식이 사다리꼴 공식에 비해 적은 마디점을 가지고도 더 정확한 근사값을 구할 수 있음을 알 수 있다. 일반적으로 Newton-Cotes 수치적분에 따른 오차의 한계는 주어진 구간에서 마디점의 수를 늘릴수록 정확도가 높아진다.

가변 구적 기술

사다리꼴 공식이나 Simpson 공식과 같이 Newton-Cotes 적분형식에 의한 수치적분은 적분 구간을 등구간으로 나누어 결정된 마디점에서의 기계적인 함수의 계산을 포함하고 있다. 이와 같은 방식은 함수의 변이가 전혀 반영되지 않아 진동하는 함수와 같이 함수의 변이가 큰 구간에서는 오차 분석에 의한 정확도를 유지하기 위해 전 구간에 걸쳐 불필요하게 많은 계산을 수행해야 하는 경우가 발생한다. 이러한 문제점을 개선하기 위해 함수값의 변이에 따라 구간의 폭을 적절하게 조정하는 적분기술이 필요하게 된다. 다시 말해 함수의 변이가 큰 곳에서는 구간을 잘게 세분화하여 마디점을 많이 택하고, 상대적으로 함수의 변이가 적은 구간에서는 구간을 넓게 잡아 마디점을 적게 택함으로서 계산을 효율적으로 처리하는 기법을 도입할 필요가 있다. 이와 같이 함수의 변이에 따라 수치적분에 필요한 적절한 마디점의 설정을 조절해나가는 기법을 **가변 구적 기술**(adaptive quadrature technique)이라고 한다. 가변 구적 기술의 핵심은 사용자가 적분 $\int_a^b f(x)dx$을 계산하기 위해 적분함수 f와 적분구간 $[a, b]$, 그리고 계산의 허용도 ϵ을 제공하면 함수의 변이를 점검하여 자동적으로 주어진 허용도 내의 정확도로 수치적분을 계산할 마디점을 결정하는 알고리즘의 설정에 있다. 여기서는 Simpson 공식에 기초하여 가변 구적 기술을 설정하는 과정을 살펴보기로 하자. 이 과정은 Simpson 공식에서 마디점을 세분화해 나가는데 따른 오차의 차이를 분석하여 마디점을 조절하는 기법을 담고 있다.

적분 $\int_a^b f(x)dx$를 주어진 허용도 ϵ 이내에서 Simpson 공식을 써서 근사시키려 한다고 하자. 먼저, 구간 $[a, b]$에서 눈금이 $h = \frac{b-a}{2}$인 마디점에 대해 Simpson 공식을 적용하여

$$\int_a^b f(x)dx = S^{(1)}(a,\ b) - \frac{1}{90}h^5 f^{(4)}(\xi), \quad (a < \xi < b);$$
$$S^{(1)}(a,\ b) = S(a,\ b) := \frac{b-a}{6}\left[f(a) + 4f\left(\frac{a+b}{2}\right) + f(b)\right] \tag{7.48}$$

을 얻는다. 여기서 오차가 $f^{(4)}$에 의존하지 않도록 수치계산을 통해 근사치의 정확도를 추정하는 방안을 수립한다. 이를 위해 중간점 $c = \frac{a+b}{2}$에 대해 구간 $[a, b]$를 둘로 나누어 구간 $[a, c]$와 $[c, b]$에 각각 Simpson 공식을 적용하면 다음과 같이 중간값 정리에 의하여

$$\begin{aligned}\int_a^b f(x)dx &= \int_a^c f(x)dx + \int_c^b f(x)dx \\ &= \left[S(a,\ c) - \frac{1}{90}\left(\frac{h}{2}\right)^5 f^{(4)}(\xi_1)\right] + \left[S(c,\ b) - \frac{1}{90}\left(\frac{h}{2}\right)^5 f^{(4)}(\xi_2)\right] \\ &= S(a,\ c) + S(c,\ b) - \frac{1}{16}\left[\frac{1}{90}h^5 f^{(4)}(\tilde{\xi})\right], \ (a < \tilde{\xi} < b)\end{aligned} \tag{7.49}$$

$$= S^{(2)}(a,\ b) - \frac{1}{16}\left[\frac{1}{90}h^5 f^{(4)}(\tilde{\xi})\right]$$

이 얻어진다. 여기서 $S^{(2)}$는 복합 Simpson 공식

$$\begin{aligned} S^{(2)}(a,\ b) &:= S(a,\ c) + S(c,\ b) \\ &= \frac{b-a}{12}\left[f(a) + 4f\left(\frac{a+c}{2}\right) + 2f(c) + 4f\left(\frac{c+b}{2}\right) + f(b)\right] \end{aligned} \tag{7.50}$$

를 나타낸다.

이제 (7.48)과 (7.49)에서 $\xi \approx \tilde{\xi}$라고 두고 Simpson 공식에 의한 오차를 추정할 수 있는 다음과 같은 대체 관계식을 구한다.

$$\frac{1}{90}h^5 f^{(4)}(\xi) \approx \frac{16}{15}[S(a,\ b) - (S(a,\ c) + S(c,\ b))]$$

그러면 (7.49)에 의해 적분의 근사값으로

$$\int_a^b f(x)dx \ \approx \ S^{(2)} + \frac{1}{15}[S^{(2)} - S^{(1)}] \tag{7.51}$$

을 택할 수 있다. 아울러

$$\left| \int_a^b f(x)dx - S^{(2)} \right| \approx \frac{1}{15}\left| S^{(2)} - S^{(1)} \right| \tag{7.52}$$

임을 이용하여 $\epsilon > 0$의 허용도로 수치적분을 계산하기 위한 마디점을 결정할 수 있다.

구간을 n개의 소구간으로 분할하여 각 소구간 $[x_{j-1},\ x_j]$에 Simpson 공식을 적용한 오차를 E_j라고 하면 주어진 계산의 허용도 ϵ에 대해

$$|E_j| \le \epsilon\,\frac{x_j - x_{j-1}}{b-a},\ \ (j = 1:n)$$

이면 수치적분에 따른 총 오차의 한계는

$$\sum_{j=1}^{n}|E_j| \le \epsilon$$

이 된다. 따라서 소구간의 길이가 h일 때 그림 7.5에서와 같이 소구간 $[x_{j-1},\ x_j]$에서 (7.48)과 (7.49)로 계산한 Simpson 공식의 값 $S^{(1)}(x_{j-1},\ x_j)$와 $S^{(2)}(x_{j-1},\ x_j)$에 대해

$$\frac{1}{15}\,|\,S^{(2)}(x_{j-1},\ x_j) - S^{(1)}(x_{j-1},\ x_j)\,| < \epsilon\,\frac{h_j}{b-a},\quad (h_j = x_j - x_{j-1}) \tag{7.53}$$

를 만족하면

$$\int_{x_{j-1}}^{x_j} f(x)dx \approx S^{(2)}(x_{j-1},\ x_j)$$

를 근사값으로 허용하고, (7.53)을 만족하지 않으면 소구간 $[x_{j-1},\ x_j]$를 반으로 나누어 각각의 구간에 대해 위와 같은 검증 과정을 시행한다. 이렇게 검증 기준 (7.53)을 설정하고 단계별로 마디점을 나누어 계산하는 기술을 **가변 구적 기술**(adaptive quadrature technique)이라고 한다.

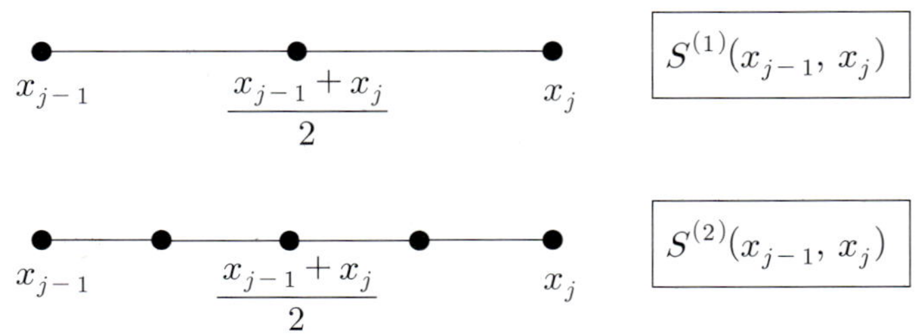

그림 7.5 가변 구적 계산을 위한 마디점의 설정

예제 7.12 Simpson 공식에 가변 구적 기술을 적용하여 허용도 $\epsilon = 0.0005$ 이내의 정확도로 $\int_0^1 \sqrt{x}\,dx$의 근사값을 구하여라.

풀이 적분의 참값은 2/3이다. 직관적으로 함수 $f(x) = \sqrt{x}$는 $x = 0$ 근방에서 함수값이 변이가 크고 $x = 1$ 근방에서는 적으므로 적분계산을 위한 마디점을 원점 근방에서 세분하여 택하는 것이 적절할 것이다.

[1단계] 구간 $[0,\ 1]$에서 가변 구적 계산 $(h = 1)$

$$S^{(1)}(0,\ 1) = \frac{1}{6}\left[0 + 4\sqrt{1/2} + 1\right] = 0.638071187$$

$$S^{(2)}(0,\ 1) = \frac{1}{12}\left[0 + 4\sqrt{1/4} + 2\sqrt{1/2} + 4\sqrt{3/4} + 1\right] = 0.656526265$$

$$E_0 = \frac{|S^{(2)}(0,\ 1) - S^{(1)}(0,\ 1)|}{15} = 0.001230338 > \epsilon h = 0.0005$$

이므로 검증 기준을 충족하지 않는다. 따라서 구간을 반으로 나누어 각각의 구간에 대해 가변 기술을 시행한다.

[2단계] 소구간 $[0,\ 1/2]$과 $[1/2,\ 1]$에 대해 가변 구적 계산 $(h = 1/2)$

- $\int_0^{1/2} \sqrt{x}\, dx$의 적분 계산

$$S^{(1)}(0,\ 1/2) = \frac{1}{12}\left[0 + 4\sqrt{1/4} + \sqrt{1/2}\,\right] = 0.225592232$$

$$S^{(2)}(0,\ 1/2) = \frac{1}{24}\left[0 + 4\sqrt{1/8} + 2\sqrt{1/4} + 4\sqrt{3/8} + \sqrt{1/2}\,\right]$$

$$= 0.232117087$$

$$E_{1,L} = \frac{|S^{(2)}(0,\ 1/2) - S^{(1)}(0,\ 1/2)|}{15} = 0.00043499$$

이고 이때 검증 기준 (7.53)에 의한 값은 0.00025로서 $E_{1,L} > 0.00025$이므로 구간을 반으로 나누어 가변 기술을 시행한다.

- $\int_{1/2}^{1} \sqrt{x}\, dx$의 적분 계산

$$S^{(1)}(0,\ 1/2) = \frac{1}{12}\left[\sqrt{1/2} + 4\sqrt{3/4} + 1\right] = 0.430934033$$

$$S^{(2)}(1/2,\ 1) = \frac{1}{24}\left[\sqrt{1/2} + 4\sqrt{5/8} + 2\sqrt{3/4} + 4\sqrt{7/8} + 1\right]$$

$$= 0.430962193$$

$$E_{1,R} = \frac{|S^{(2)}(1/2,\ 1) - S^{(1)}(1/2,\ 1)|}{15} = 0.000001877$$

이므로 검증기준이 허용기준 $\epsilon h = 0.00025$보다 작다. 따라서

$$\int_{1/2}^{1} \sqrt{x}\ dx \approx S^{(2)}(1/2,\ 1) = 0.430962193$$

을 근사값으로 허용한다.

[3단계] 소구간 $[0,\ 1/4]$과 $[1/4,\ 1/2]$에서 가변 구적 계산 $(h = 1/4)$

- $\int_0^{1/4} \sqrt{x}\, dx$의 적분 계산

$$S^{(1)}(0,1/4) = 0.079758898, \quad S^{(2)}(0,1/4) = 082065783$$

$$E_{2,L} = \frac{|S^{(2)}(0,\ 1/4) - S^{(1)}(0,\ 1/4)|}{15} = 0.00015379$$

으로서 검증기준 $E_{2,L}$이 허용기준 $\epsilon h = 0.000125$보다 크므로 구간을 반으로 나누어 가변 기술을 시행한다.

- $\int_{1/4}^{1/2} \sqrt{x}\, dx$의 적분 계산

$$S^{(1)}(1/4,\ 1/2) = 0.15235819,\ S^{(2)}(1/4,\ 1/2) = 0.152368145$$

$$E_{2,R} = \frac{|S^{(2)}(1/4,\ 1/2) - S^{(1)}(1/4,\ 1/2)|}{15} = 0.000000664$$

으로서 검증기준이 허용기준 $\epsilon h = 0.000125$보다 작다. 따라서

$$\int_{1/4}^{1/2} \sqrt{x}\, dx \approx S^{(2)}(1/4,\ 1/2) = 0.152368145$$

을 근사값으로 허용한다.

[4단계] 소구간 $[0,\ 1/8]$과 $[1/8,\ 1/4]$에서 가변 구적 계산 $(h = 1/8)$

- $\int_0^{1/8} \sqrt{x}\, dx$의 적분 계산

$$S^{(1)}(0, 1/8) = 0.028199029,\ S^{(2)}(0,\ 1/8) = 0.029014636$$

$$E_{3,L} = \frac{|S^{(2)}(0,\ 1/8) - S^{(1)}(0,\ 1/8)|}{15} = 0.00005437$$

으로서 검증기준이 허용기준 $\epsilon h = 0.0000625$보다 작다. 따라서

$$\int_0^{1/8} \sqrt{x}\, dx \approx S^{(2)}(0,\ 1/8) = 0.029014636$$

을 근사값으로 허용한다.

- $\int_{1/8}^{1/4} \sqrt{x}\, dx$의 적분 계산

$$S^{(1)}(1/8,\ 1/4) = 0.053866754,\ S^{(2)}(1/8,\ 1/4) = 0.053870274$$

$$E_{3,R} = \frac{|S^{(2)}(1/8,\ 1/4) - S^{(1)}(1/8,\ 1/4)|}{15} = 0.000000235$$

따라서 허용기준 $\epsilon h = 0.0000625$보다 작으므로 조건을 충족한다.

따라서 근사값은 $\int_{1/8}^{1/4} \sqrt{x}\, dx \approx S^{(2)}(1/8,\ 1/4) = 0.053870274$이다.

위 계산결과를 종합하면 가변 구적 기술에 의해 얻어진 마디점은 $\{0,\ 1/8,\ 1/4,\ 1/2,\ 1\}$이며 이 마디점에 의해 분할되는 소구간에서 복합 사다리꼴 공식 $S^{(2)}(x_{j-1},\ x_j)$를 계산한 값을 모두 더하면 주어진 허용도 $\epsilon = 0.0005$ 이내의 정확도로 근사값

$$\int_0^1 \sqrt{x}\, dx \approx 0.666215248$$

을 구할 수 있다. 실제값은 $2/3$이므로 이 계산에 따른 절대오차는 0.00045142로서 허용도 이내에 놓인다.

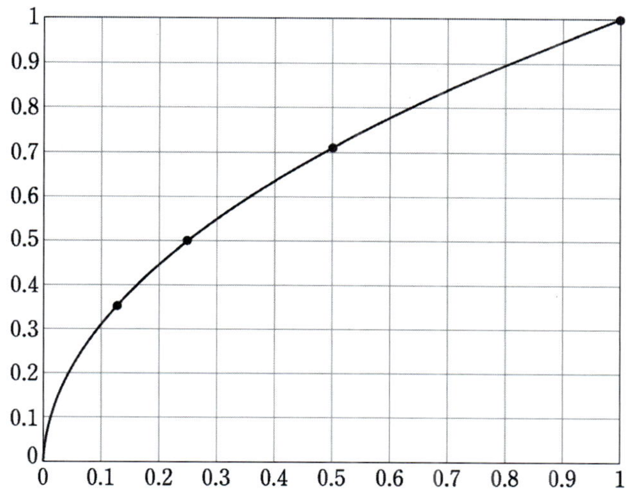

그림 7.6 $f(x)=\sqrt{x}$ 와 가변 구적 기술에 의한 분할 마디점 (• 표시)

Simpson 공식에 가변 구적 기술을 적용한 알고리즘을 요약해서 정리하면 다음과 같다.

가변 구적 알고리즘

(1) 함수 f, 구간의 양 끝점 a와 b, 허용도 TOL, 최대 단계 입력

(2) $h=(b-a)/2; c=(a+b)/2;$

$S^{(1)}(a,\ b)=\dfrac{h}{3}[f(a)+4f(c)+f(b)]$ 를 계산하고 스택(stack)에 기록

(3) $S^{(2)}(a,\ b)=\dfrac{h}{6}[f(a)+4f(a+h/2)+2f(c)+4f(a+3h/2)+f(b)]$

를 계산하고 검증 조건 $(S^{(2)}-S^{(1)})/15<\text{TOL}$ 점검

(4) 검증 조건 충족하지 않으면 단계를 1 증가한 후 구간을 둘로 나누고 $h=h/2;$ TOL=TOL/2로 설정.

$[a,\ c]$와 $[c,\ b]$에서 각각 $S^{(1)}$과 $S^{(2)}$를 계산하여 검증 조건 점검한 후 검증 조건이 충족되면 근사값 = 근사값 + $S^{(2)}$로 근사계산 수행

(5) 각 분할 구간에서 검증 조건이 충족될 때까지 (4)의 과정을 반복 시행

아래 프로그램에서는 각 분할 단계와 분할 마디점을 기록하기 위해 별도의 저장 스택 $v=[a,\ f(a),\ f(c),\ f(b),\ h,\ \text{TOL},\ S^{(1)},\ \text{단계}]$을 사용하였다. 여기서 1차원 배열 a에 분할 마디점의 정보를 기록한다.

예제 7.13 Simpson 공식에 가변 구적 기술을 적용하여 허용도 $\epsilon = 10^{-7}$ 이내의 정확도로 $\int_1^3 x^2 e^{\frac{3}{x}}\,dx$의 근사값을 구하려고 한다. 분할 마디점의 수와 근사값의 계산에 따른 함수값의 계산횟수를 계산하고 이를 복합 Simpson 공식과 비교하여라.

풀이 $\int_1^3 x^2 e^{\frac{3}{x}}\,dx$의 참값은 38.23703648570424862 0이다. $\epsilon = 10^{-7}$일 때 가변 구적 기술에 의한 근사값은 38.237036520586이고 이에 따른 오차는 3.48820350$e-$008이다. 가변 기술은 4단계 까지 진행되며 분할 마디점은 {1, 1.03125, 1.25,2, 2.125, 2.5, 2.75, 2.875, 3}이다. 함수와 분할 마디점은 그림 7.7을 참조하라. 분할 마디점에 의해 이루어진 소구간에서 $S^{(2)}$의 계산에 각각 4번의 함수값의 계산이 요구되므로 가변 구적에 의한 근사계산에 모두 33번의 함수값의 계산이 요구된다.
한편 복합 Simpson 공식을 적용하면 등간격 분할 구간의 수는 150이고, 근사값은 38.2370365806468370, 오차는 9.4942585349$e-$008이다. 이때 이 근사계산을 위해서 모두 301번의 함수값의 계산이 요구된다.

예제 7.13에서 살펴본 바와 같이 가변 구적 기술은 복합 구적 기술 보다 정확도도 높고 매우 효율적인 계산을 수행할 수 있음을 알 수 있다. 이는 함수의 변이가 두드러진 경우에 더욱 효과적이다.

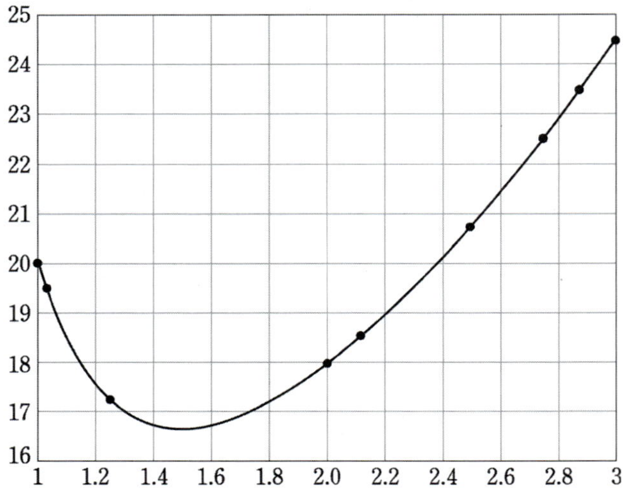

그림 7.7 $f(x) = x^2 e^{\frac{3}{x}}$과 가변 Simpson 구적 기술에 의한 분할 마디점

```
f='x^2*exp(3/x)';
a=1; b=3; tol=10^(-7); maxlevel=10;
exact=38.237036485704248620;
app=0.0;
i=1;
L(i)=1; tol(i)=tol; a(i)=a; h(i)=(b-a)/2;
x=a;fa(i)=eval(f);x=a+h(i);fc(i)=eval(f);x=b; fb(i)=eval(f);
s(i)=h(i)*(fa(i)+4*fc(i)+fb(i))/3; % [a,b]에서의 Simpson
while i>0
    x=a(i)+h(i)/2; fd=eval(f); x=a(i)+3*h(i)/2; fe=eval(f);
    s1=h(i)*(fa(i)+4*fd+fc(i))/6;    % [a,c]에서의 Simpson
    s2=h(i)*(fc(i)+4*fe+fb(i))/6;    % [c,b]에서의 Simpson
    v=[a(i) fa(i) fc(i) fb(i) h(i) tol(i) s(i) L(i)]; % Stack에 기록
    i=i-1;
    if abs(s1+s2-v(7))/15<v(6)    % 검증 조건
        app=app+(s1+s2);
    elseif v(8)>=maxlevel
        return;
    else
        i=i+1;    % 마디점 분할에 따른 right simpson
        a(i)=v(1)+v(5);
        fa(i)=v(3); fc(i)=fe; fb(i)=v(4);
        h(i)=v(5)/2; tol(i)=v(6)/2;
        s(i)=s2;
        L(i)=v(8)+1;
        i=i+1;    % 마디점 분할에 따른 left simpson
        a(i)=v(1);
        fa(i)=v(2); fc(i)=fd; fb(i)=v(3);
        h(i)=h(i-1); tol(i)=tol(i-1);
        s(i)=s1;
        L(i)=L(i-1);
    end
end
error=abs(exact-app);
fprintf('%20.12f %20.8e \n',app, error);
```

연습문제 7.4 EXERCISE

1. 함수 $f(x)$는 구간 $[0, 2]$에서 다음과 같이 정의되어 있다.

$$f(x)=\begin{cases}1-\sqrt{1-x^2}, & 0 \le x \le 1 \\ 1-\sqrt{1-(x-2)^2}, & 1 \le x \le 2\end{cases}$$

다음을 구하여라.

(1) 구간 $[0, 2]$에서 Simpson 공식에 의한 근사값과 오차

(2) 구간 $[0, 1]$과 $[1, 2]$에 Simpson 공식을 적용하여 구한 근사값과 오차

(3) 복합 Simpson 공식을 적용하여 $\int_0^2 f(x)\,dx$에 대한 유효자리 5자리의 근사계산과 이에 따른 분할 구간의 수

(4) 각각 구간 $[0, 1]$과 $[1, 2]$에 복합 Simpson 공식을 적용하여 구한 유효자리 5자리 근사계산과 이에 따른 분할 구간의 수

2. 복합 Simpson 공식을 써서 $\int_0^1 e^{-\frac{x^2}{2}}dx$에 대한 근사계산을 5자리 유효자리로 계산하고, 이때 분할 구간의 수를 구하라.

3. $\int_1^2 \cos(1/x)\,dx = 0.76188716558848938906$의 근사값을 Simpson 공식 $S_8(f)$로 구하면 근사값의 유효자리는 몇 자리인가?

4. 다음 적분을 복합 Simpson 공식을 써서 유효자리 4자리로 계산하라.

$$\int_0^{48} \sqrt{1+\cos^2 x}\,dx$$

이때 수치적분에 대한 오차를 계산하고 필요한 최소 마디점의 수를 구하라.

5. 복합 Simpson 공식 S_n과 복합 사다리꼴 공식 T_n에 대해 다음 관계가 성립함을 보여라.

$$S_{2n}(f)=\frac{4}{3}T_{2n}(f)-\frac{1}{3}T_n(f)$$

6. $\int_0^1 x^4 dx$와 $\int_0^1 x^5 dx$에 대해 다음을 구하라.

(1) 두 적분에 대해 사다리꼴 공식과 Simpson 공식에 의한 오차를 구하라.

(2) 적분 $\int_0^1 (x^5 - cx^4)dx$에 대해 사다리꼴 공식이 Simpson 공식보다 정확한 값을 갖도록 상수 c의 값을 구하라.

7. 다음 적분에 대한 Simpson 공식을 이용한 가변 구적 기술을 이용하여 허용오차가 10^{-4}가 되는 근사값을 구하여라.

(1) $\int_{-5}^{5} \frac{1}{1+x^2} dx$ (2) $\int_0^{2\pi} \frac{\cos x}{e^x} dx$ (3) $\int_{0.15}^{2} \cos(1/x)\, dx$

8. 정리 7.1에 의해 적분 $\int_a^b f(x)\,dx$에 대한 복합 사다리꼴 공식은

$$\int_a^b f(x)\,dx = T_n(f) - \frac{h^2}{12}(b-a)f''(\xi), \quad (a < \xi < b)$$

로 나타난다. 여기서

$$T_n(f) = \frac{h}{2}\left[f(a) + 2\sum_{j=1}^{n-1} f(a+jh) + f(b)\right]$$

이다.

(1) 다음이 성립함을 보여라.

$$T_{2n}(f) = \frac{1}{2} T_n(f) + h\sum_{j=1}^{n} f(x_{2j-1})$$

(2) $T_n(f)$와 $T_{2n}(f)$를 써서 적분 $\int_a^b f(x)\,dx$에 대한 보다 유효한 근사값을 구하는 알고리즘을 수립하라.

(3) Simpson 공식을 이용한 가변 구적 기술과 같이 사다리꼴 공식을 이용한 가변 구적 기술을 수립하고 이를 구현하기 위한 프로그램을 작성하라.

(4) Simpson 공식과 사다리꼴 공식을 이용한 가변 구적 기술을 적용하여 적분

$$\int_{0.15}^{2} \cos(1/x)\,dx$$

에 대한 근사값을 유효자리 5자리로 계산하고 이때 분할 마디점의 수와 소요되는 함수값의 계산의 수를 비교하라.

9. 곡선 $y=f(x)$, $a \le x \le b$의 x축에 의해 둘러싸인 부분을 y축 둘레로 회전하여 얻어지는 회전체의 부피는

$$V=\int_a^b 2\pi x f(x)\,dx$$

로 주어진다.

곡선 $f(x)=3x^2-x^3$, $0 \le x \le 3$이 x축에 둘러싸인 부분을 y축 둘레로 회전한 회전체의 부피를 각각 복합 사다리꼴 공식과 복합 Simpson 공식을 사용하여 유효자리 5자리로 계산하고 이론적인 오차와 비교하여라.

7.5 Gauss 구적법

앞에서 언급한 바와 같이 수치적분의 형식은 적분 구간 $[a, b]$에서 택한 $n+1$개의 상이한 마디점 x_j에서의 함수값과 가중치 ω_j와의 일차 결합 형태

$$\int_a^b f(x)dx \approx Q_n(f) := \omega_0 f(x_0) + \omega_1 f(x_1) + \cdots + \omega_n f(x_n) \tag{7.54}$$

로 주어진다. 7.3과 7.4절에서는 Newton-Cotes 구적법을 기반으로 하는 기본적인 형태의 수치적분법의 모델들을 살펴보았다. 이 모델들은 미리 지정된 마디점에 대한 보간 다항식의 적분에 의해 가중치를 결정하는 방식을 취하고 있다. 이와는 다른 접근 방식으로는 마디점을 미리 지정하지 않고 $Q_n(f)$가 가능한 한 높은 차수의 다항식에 대해서 정확한 적분값을 갖도록 마디점과 가중치를 택하는 방법을 생각할 수 있다. 이러한 방식으로 결정된 수치적분 방법을 Gauss 구적법이라고 한다. 이 절에서는 Gauss 구적법의 기본 원리를 알아보고 효율적인 계산 방법을 살펴보고자 한다.

(7.54)에서 $I(f) := \int_a^b f(x)dx \approx Q_n(f)$에 따른 오차를

$$E_n^Q(f) := \int_a^b f(x)dx - Q_n(f) \tag{7.55}$$

라고 하면 $E_n^Q(p) = 0$이 되는 다항식 p의 최대 차수를 **구적 공식 $Q_n(f)$의 정확도**(precision of quadrature)라고 한다. 다시 말해 $Q_n(f)$의 정확도가 N이라 함은 모든 $p \in P_N$에 대해 $E_n^Q(p) = 0$이지만 $E_n^Q(q) \neq 0$인 $N+1$차 다항식 q가 존재한다는 것을 뜻한다. 이때 N차 다항식의 공간 P_N은 $1, x, x^2, \cdots, x^N$에 의해 생성되므로 구적 공식 $Q_n(f)$의 정확도가 N일 조건은 다음과 같다.

$$Q_n(f)\text{의 정확도} = N \Leftrightarrow I(x^k) = Q_n(x^k),\ (k = 0 : N);\quad I(x^{N+1}) \neq Q_n(x^{N+1}) \tag{7.56}$$

$Q_n(f)$가 (7.56)을 만족할 때, 구적 공식 $Q_n(f)$는 N차까지 정확하다(exact up to degree

N)고 한다.

예제 7.14 Simpson 공식의 정확도는 3차임을 보여라.

풀이 Simpson 공식에 의해

$$I(f) = \int_a^b f(x)dx \approx S_2(f) = \frac{b-a}{6}\left[f(a) + 4f\left(\frac{a+b}{2}\right) + f(b)\right]$$

이고 이에 따른 오차는 (7.43)에 의해

$$E_2^S(f) = -\frac{f^{(4)}(\xi)}{90}\left(\frac{b-a}{2}\right)^5$$

이므로

$$E_2^S(x^k) = 0,\ (k = 0,\ 1,\ 2,\ 3),$$

$$E_2^S(x^4) = -\frac{4}{15}\left(\frac{b-a}{2}\right)^5 \neq 0$$

이다. 즉 $I(x^k) = S_2(x^k)$, $(k = 0:3)$이지만 $I(x^4) \neq S_2(x^4)$이다.

따라서 Simpson 공식 $S_2(f)$는 3차까지 정확하다.

일반적으로 Newton-Cotes 구적법에 의한 정확도는 보간 다항식에 따른 오차 형식 (6.27)에 의해 기본형식에 대한 보간 마디점의 수와 일치하는 정확도를 유지한다.

이제 구적 공식

$$I(f) \approx Q_n(f) = \sum_{j=0}^{n} \omega_j f(x_j)$$

가 최대의 정확도를 갖도록 마디점과 가중치를 결정하는 문제를 생각해 보자. 마디점이 미리 지정되는 Newton-Cotes 구적법의 경우와는 달리 마디점과 가중치를 지정하지 않으면 $2n+2$개의 미지수를 갖게 되므로 $2n+2$개의 조건 설정을 위해 $Q_n(f)$의 정확도를 $2n+1$로 맞추어 마디점과 가중치를 결정할 수 있다. 이러한 방식의 수치적분 방법을 **Gauss 구적법** (Gaussian quadrature rule)이라고 한다. 즉 Gauss 구적법은 $2n+2$개의 조건식

$$\omega_0 x_0^k + \omega_1 x_1^k + \cdots + \omega_n x_n^k = \int_a^b x^k dx,\ (k = 0 : 2n+1) \tag{7.57}$$

에 의해 마디점과 가중치가 결정되는 수치적분 형식

$$G_n(f) := \omega_0 f(x_0) + \omega_1 f(x_1) + \cdots + \omega_n f(x_n) \tag{7.58}$$

을 띠고 있다. 이때 결정되는 마디점과 가중치를 각각 **Gauss 마디점**(Gaussian nodes)과 **Gauss 가중치**(Gaussian weights)라고 한다. Gauss 가중치와 마디점으로 이루어진 수치적분 형식

$$\int_a^b f(x)\,dx \approx G_n(f) = \sum_{j=0}^{n} \omega_j f(x_j) \tag{7.59}$$

를 $n+1$점 **Gauss 구적 공식**($n+1$-points Gauss quadrature formula)이라고 한다.

예제 7.15 다음 수치적분의 정확도가 3차가 되도록 2점 Gauss 구적 공식을 수립하라.

$$\int_{-1}^{1} f(x)dx \approx G_1(f) = \omega_0 f(x_0) + \omega_1 f(x_1)$$

풀이 $G_1(f)$의 정확도가 3차이므로

$$\int_{-1}^{1} x^k dx = G_1(x^k),\ (k=0,\ 1,\ 2,\ 3)$$

으로부터 $x_0,\ x_1,\ \omega_0,\ \omega_1$에 대한 다음 연립방정식을 얻는다.

$$G_1(1) = \omega_0 + \omega_1 = \int_{-1}^{1} 1\,dx = 2 \quad — \boxed{1}$$

$$G_1(x) = \omega_0 x_0 + \omega_1 x_1 = \int_{-1}^{1} x\,dx = 0 \quad — \boxed{2}$$

$$G_1(x^2) = \omega_0 x_0^2 + \omega_1 x_1^2 = \int_{-1}^{1} x^2 dx = \frac{2}{3} \quad — \boxed{3}$$

$$G_1(x^3) = \omega_0 x_0^3 + \omega_1 x_1^3 = \int_{-1}^{1} x^3 dx = 0 \quad — \boxed{4}$$

이 연립방정식은 비선형임에 유의하라. 이를 풀기 위해 $\boxed{2}$에서

$$\omega_0 x_0 = -\omega_1 x_1 \Rightarrow \frac{\omega_0}{\omega_1} = -\frac{x_1}{x_0} = c$$

라 두면 $\omega_0 = c\omega_1,\ x_1 = -cx_0$이다. 이를 $\boxed{1}$에 대입하여

$$\omega_0 = \frac{2c}{c+1},\quad \omega_1 = \frac{2}{c+1},\quad (c \neq -1)$$

을 얻고, 이들을 $\boxed{4}$에 대입하여 $c=1$을 얻는다.

그러므로 $\omega_0 = 1 = \omega_1$이고, ③으로부터 구하는 마디점은

$$x_0 = -\frac{1}{\sqrt{3}}, \quad x_1 = \frac{1}{\sqrt{3}}$$

이다. 따라서 정확도가 3차인 2점 Gauss 구적 공식은

$$\int_{-1}^{1} f(x)dx \approx G_1(f) = f\left(-\frac{1}{\sqrt{3}}\right) + f\left(\frac{1}{\sqrt{3}}\right) \tag{7.60}$$

로 주어진다.

예제 7.16 2점 Gauss 구적 공식을 써서 다음 적분의 근사값을 구하여라.

$$\int_{-1}^{1} \cos x\, dx$$

풀이 구간 $[-1, 1]$에서의 2점 Gauss 공식 (7.60)에 의해 적분의 근사값은

$$\int_{-1}^{1} \cos x\, dx \approx \cos\left(-\frac{1}{\sqrt{3}}\right) + \cos\left(\frac{1}{\sqrt{3}}\right) \approx 1.67582366$$

이다. 정확한 적분값은 1.68294197이므로 2-마디점 구적 공식에 의해 오차가 0.00711831인 근사값을 구하였다.

일반적으로 마디점의 수가 증가하게 되면 Gauss 구적 공식을 결정하기 위해 비선형 방정식을 풀어야 하므로, 조건식 (7.56)에 의해 Gauss 구적 공식을 수립하는 것은 현실적으로 불가능하다. 다음은 이를 대체할 Gauss 구적법의 보편적인 원리를 담고 있다.

정리 7.6

$n+1$점 Gauss 구적 공식

$$\int_{a}^{b} f(x)dx \approx G_n(f) = \sum_{j=0}^{n} \omega_j f(x_j)$$

에서 Gauss 마디점 $x_0, x_1, \cdots, x_n$은

$$\int_{a}^{b} x^k q(x)dx = 0, \ (k = 0 : n) \tag{7.61}$$

을 만족하는 $n+1$차 다항식 $q \in P_{n+1}$의 근으로 주어지고, 대응하는 Gauss 가중치 $\omega_0, \omega_1, \cdots, \omega_n$은 이 마디점에 대한 Lagrange 기저

$$\ell_{n,j}(x) = \prod_{\substack{k=0 \\ k \neq j}}^{n} \left(\frac{x - x_k}{x_j - x_k} \right)$$

에 대해서

$$\omega_j = \int_a^b \ell_{n,j}(x)dx, \quad (j = 0 : n) \tag{7.62}$$

로 주어진다.

증명 f를 $2n+1$차 다항식이라고 하면 Gauss 구적 공식 $G_n(f)$는 $2n+1$차까지 정확하므로 $\int_a^b f(x)dx = G_n(f)$이다. (7.61)을 만족하는 q가 $n+1$차 다항식이므로 Euclid 알고리즘에 의해

$$f(x) = p(x)q(x) + r(x), \quad (p(x), r(x)\text{의 차수} \leq n) \tag{7.63}$$

로 쓸 수 있다. 이때 각 x_j가 $q(x)$의 근이므로

$$f(x_j) = p(x_j)q(x_j) + r(x_j) = r(x_j), \quad (j = 0 : n)$$

이다. 따라서 (7.63)에서 나머지 항 $r(x)$는 $r(x_j) = f(x_j)$, $(j = 0 : n)$인 n차 보간 다항식이므로 Lagrange 기저를 이용한 형식으로 다음과 같이 쓸 수 있다.

$$r(x) = \sum_{j=0}^{n} f(x_j)\ell_{n,j}(x)$$

이제 (7.63)의 양변을 적분하면 조건 (7.61)에 의해 $\int_a^b p(x)q(x)dx = 0$이므로

$$\begin{aligned} G_n(f) = \int_a^b f(x)dx &= \int_a^b [p(x)q(x) + r(x)]dx \\ &= \int_a^b r(x)dx = \int_a^b \left[\sum_{j=0}^{n} f(x_j)\ell_{n,j}(x) \right] dx \\ &= \sum_{j=0}^{n} \left[\int_a^b \ell_{n,j}(x)dx \right] f(x_j) \end{aligned}$$

이고, 이것이 모든 $2n+1$차 다항식에 대해 성립한다. 따라서 Gauss 가중치에 대해

$\omega_j = \int_a^b \ell_{n,j}(x)dx$, $(j=0:n)$이 성립한다. ■

예제 7.17 $\int_{-1}^{1} f(x)dx \approx G_2(f) = \omega_0 f(x_0) + \omega_1 f(x_1) + \omega_2 f(x_2)$인 3점 Gauss 구적 공식을 수립하라. 이를 이용하여 $\int_{-1}^{1} \cos x\, dx$에 대한 근사값을 구하고 오차를 비교하라.

풀이 먼저 Gauss 마디점을 결정하기 위해 (7.61)에 의해

$$\int_{-1}^{1} x^k q(x)dx = 0,\ (k=0,\ 1,\ 2) \tag{7.64}$$

을 만족하는 3차 다항식을 $q(x) = a_0 + a_1 x + a_2 x^2 + a_3 x^3$이라고 두면

$$k=0\text{일 때},\ 0 = \int_{-1}^{1} q(x)dx = 2\left[a_0 + \frac{1}{3}a_2\right]$$

$$k=1\text{일 때},\ 0 = \int_{-1}^{1} x\,q(x)dx = 2\left[\frac{1}{3}a_1 + \frac{1}{5}a_3\right]$$

$$k=2\text{일 때},\ 0 = \int_{-1}^{1} x^2 q(x)dx = 2\left[\frac{1}{3}a_0 + \frac{1}{5}a_2\right]$$

이고 이를 연립으로 풀어 $a_0 = a_2 = 0$, $a_1 = 5, a_3 = -3$을 얻는다.

따라서 (7.64)를 만족하는 다항식은 $q(x) = 5x - 3x^3$이고 Gauss 마디점은 $q(x)=0$의 세 근을 순서대로 배치하면

$$x_0 = -\sqrt{\frac{3}{5}},\ x_1 = 0,\ x_2 = \sqrt{\frac{3}{5}}$$

로 주어진다. 다음으로 Gauss 가중치를 결정하기 위해 정리 7.6에서와 같이 Lagrange 기저를 직접 적분하는 방식을 택하든지, 아니면 $G_2(f)$의 정확도가 5차라는 사실을 이용해서 다음과 같이 미정계수법을 적용할 수 있다.

$$I(f) \approx G_2(f) = \omega_0 f\left(-\sqrt{\frac{3}{5}}\right) + \omega_1 f(0) + \omega_2 f\left(\sqrt{\frac{3}{5}}\right)$$

의 정확도가 5차이므로 $I(x^k) = G_2(x^k)$, $(k=0:5)$로부터

$$2 = I(1) = G_2(1) = \omega_0 + \omega_1 + \omega_2$$

$$0 = I(x) = G_2(x) = \sqrt{\frac{3}{5}}\,[-\omega_0 + \omega_2]$$

$$\frac{2}{3} = I(x^2) = G_2(x^2) = \frac{3}{5}[\omega_0 + \omega_2]$$

이고 이를 풀어 $\omega_0 = \omega_2 = \frac{5}{9}$, $\omega_1 = \frac{8}{9}$를 얻는다.

따라서 구간 $[-1, 1]$에서의 3점 Gauss 구적 공식은

$$I(f) \approx G_2(f) = \frac{5}{9}f\left(-\sqrt{\frac{3}{5}}\right) + \frac{8}{9}f(0) + \frac{5}{9}f\left(\sqrt{\frac{3}{5}}\right) \qquad (7.65)$$

로 주어진다. 이에 따라

$$\int_{-1}^{1} \cos x \, dx \approx \frac{5}{9}\cos(-\sqrt{3/5}) + \frac{8}{9}\cos 0 + \frac{5}{9}\cos(\sqrt{3/5}) \approx 1.68300355$$

이고, 정확한 값은 1.68294197, 오차는 0.6158×10^{-4}이므로 2점 Gauss 구적 공식보다 유효자리가 대폭 확대되었다.

정리 7.6에서 Gauss 구적 공식은 일반적인 구간에서 (7.61)과 (7.62)에 의한 Gauss 마디점과 가중치의 계산을 필요로 하고 있다. 수치 계산을 용이하게 수행하기 위해서는 적분 구간을 $[-1, 1]$로 제한해서 Gauss 마디점과 가중치를 구하고 변수변환을 이용해서 이를 일반적인 구간으로 확대하는 방법을 생각할 수 있다.

(7.61)에 의해 적분 구간 $[-1, 1]$에서 Gauss 마디점 $x_0, x_1, \cdots, x_n$은

$$\int_{-1}^{1} q_j(x) q_{n+1}(x) dx = 0, \ (q_j \in P_j, \ j = 0:n) \qquad (7.66)$$

를 만족하는 $n+1$차 다항식 $q_{n+1}(x)$의 근으로 주어지고, (7.62)에 의해 대응하는 가중치는

$$\omega_j = \int_{-1}^{1} \ell_{n,j}(x) dx = \int_{-1}^{1} \prod_{\substack{k=0 \\ k \neq j}}^{n} \frac{(x - x_k)}{(x_j - x_k)} dx, \ (j = 0:n) \qquad (7.67)$$

으로부터 얻어진다. 그러면 구간 $[-1, 1]$에서 $n+1$점 Gauss 구적 공식을

$$\int_{-1}^{1} f(x) dx \approx G_n(f) = \omega_0 f(x_0) + \omega_1 f(x_1) + \cdots + \omega_n f(x_n) \qquad (7.68)$$

로 설정할 수 있다.

조건 (7.66)을 만족하는 다항식은 구간 $[-1, 1]$에서 가중함수 $\omega(x) = 1$인 직교다항식으로서 **Legendre 다항식**(Legendre polynomial)이라고 한다. Gauss 구적법에서 마디점이 Legendre 다

항식의 근으로 구성되므로 (7.68)을 흔히 **Gauss-Legendre 구적법**(Gauss-Legendre quadrature rule)이라고 한다.

Gauss 마디점을 위한 Legendre 다항식의 열을 생성하기 위해 8장에서 다룰 직교다항식에 대한 3항 점화식을 이용한다. **Legendre 다항식에 대한 3항 점화식**(3-term recurrence relations)은 다음과 같다.

$$q_0(x)=1;\ q_1(x)=x\ ; \tag{7.69}$$
$$q_{n+1}(x)=\frac{2n+1}{n+1}x\,q_n(x)-\frac{n}{n+1}q_{n-1}(x),\ (n\ge 1)$$

정리 8.3에 의해 Legendre 다항식 $q_{n+1}(x)=0$의 근은 서로 다르며 모두 -1과 1 사이에 놓임을 주목하라. 따라서 구적 공식 (7.68)에서 Gauss 마디점 $\{x_j\}$는 $-1<x_0<x_1<\ \cdots<x_n<1$의 순서로 정렬된다.

예를 들어, 3항 점화식 (7.69)로부터

$$q_2(x)=\frac{3}{2}x\,q_1(x)-\frac{1}{2}q_0(x)=\frac{3}{2}x^2-\frac{1}{2},$$
$$q_3(x)=\frac{5}{3}x\,q_2(x)-\frac{2}{3}q_1(x)=\frac{5}{2}x^3-\frac{3}{2}x$$

가 되어 $n=1$일 때 2점 Gauss 구적 공식은 (7.60)과 일치하고, $n=2$일 때 3점 Gauss 구적 공식은 (7.65)와 일치한다.

n점 Gauss 마디점과 Gauss 가중치를 구하기 위한 알고리즘은 다음과 같다.

n점 Gauss 구적 알고리즘

(1) 3항 점화식을 이용하여 n차 다항식 q_n을 구한다.

$$q_n(x)=\frac{2n-1}{n}x\ q_{n-1}(x)-\frac{n-1}{n}q_{n-2}(x),\ (n\ge 2)$$

(2) $q_n(x)$의 근을 순서대로 정렬하여 Gauss 마디점을 구한다.

(3) $\ell_{n-1,i}(x_j)=\delta_{ij},\ (i,\ j=0:n)$인 $n-1$차 다항식 $\ell_{n-1,i}(x)$를 구하고 이를 적분하여 Gauss 가중치를 구한다.

MATLAB에서 다항식은 계수의 내림차순으로 인식되므로 $q_n(x)$를 구하기 위한 3항 점화식은

$$q0 = [1]; q1 = [1\,0];$$

$$qn = \frac{1}{k}((2k-1)[q1\ \ 0] - (k-1)[0\ \ 0\ \ q0]);$$

$$q0 = q1; q1 = qn,\ (k = 2 : n)$$

으로 구현할 수 있다. Lagrange 기저 $\ell_{n-1,i}(x)$는 명령어 polyfit을 써서 n개의 마디점 $\{x_j\}$에 대해 $y_j = \delta_{ij}$인 n개의 데이터 $\{(x_j,\ y_j)\}$를 보간하는 $n-1$차 다항식을 구함으로서 얻어질 수 있다. 이와 같은 방식으로 Legendre 다항식에 대한 3항 점화식 (7.69)와 Lagrange 기저의 적분 (7.67)을 이용해서 구간 $[-1,1]$에서 Gauss 마디점과 대응하는 가중치를 계산하는 프로그램 glwt.m은 다음과 같다. 표 7.9는 $n = 2:8$에 대해 n점 Gauss 구적 공식을 위한 마디점과 가중치를 도표화한 것이다.

```
function [x,w]=glwt(n)
% 3항 점화식으로 부터 n차 Legendre 다항식 유도
q0=[1]; q1=[1 0];
for k=2:n
    qn=((2*k-1)*[q1 0]-(k-1)*[0 0 q0])/k;
    q0=q1; q1=qn;
end
x=roots(qn);  % n차 Legendre 다항식의 근
x=sort(x);    % Gaussian 마디점을 순서대로 배열
for i=1:n
    y=zeros(1,n)';y(i)=1;
    L=polyfit(x,y,n-1);      % n-1차 Lagrange 기저의 계수
    Lint=[L.*[n:-1:1].^(-1),0];    % 다항식 L의 부정적분의 계수
    w(i)=polyval(Lint,1)-polyval(Lint,-1);    % Gauss 가중치
end
w=w';
```

표 7.9 Gauss 마디점과 대응하는 가중치

n	Gauss 마디점	Gauss 가중치
2	± 0.57735026918963	1.00000000000000
3	0	0.88888888888889
	± 0.77459666924148	0.55555555555556
4	± 0.33998104358486	0.65214515486255
	± 0.86113631159405	0.34785484513745
5	0	0.56888888888889
	± 0.53846931010568	0.47862867049937
	± 0.90617984593866	0.23692688505619
6	± 0.23861918608320	0.46791393457269
	± 0.66120938646626	0.36076157304814
	± 0.93246951420315	0.17132449237917

한편, $[-1, 1]$ 이외의 일반적인 구간 $[a, b]$에서 Gauss 구적 공식을 설정하기 위해서는 변수변환을 이용하여 적분 구간을 $[-1, 1]$로 전환한 후 구적 공식 (7.68)을 적용한다. 이를 위해 함수 $\alpha : [-1, 1] \to [a, b]$를

$$x = \alpha(t) = \frac{(b+a)+t(b-a)}{2}, \quad (-1 \le t \le 1) \tag{7.70}$$

인 일차변환으로 택하면 $\alpha'(t) = (b-a)/\ 2 > 0$이고 치환적분에 의해

$$\int_a^b f(x)dx = \int_{-1}^1 f(\alpha(t))\alpha'(t)\,dt = \frac{b-a}{2}\int_{-1}^1 f(\alpha(t))dt \tag{7.71}$$

이므로 $f(\alpha(t))$에 Gauss 구적 공식을 적용한다. 즉, $[-1, 1]$에서의 Gauss 마디점 t_j에 대해

$$x_j = \alpha(t_j) = \frac{(b+a)+t_j(b-a)}{2} \tag{7.72}$$

는 $[a, b]$에서 t_j에 대응하는 Gauss 마디점이므로 이를 (7.71)에 적용하여 다음과 같이 구간 $[a, b]$에서의 Gauss 구적 공식을 수립할 수 있다.

$$\int_a^b f(x)dx \approx G_n(f) = \frac{b-a}{2}\sum_{j=0}^{n}\omega_j f(\alpha(t_j)) = \frac{b-a}{2}\sum_{j=0}^{n}\omega_j f(x_j) \tag{7.73}$$

식 (7.73)에서 가중치 ω_j는 $[-1, 1]$에서의 가중치와 동일함에 유의하라.

예제 7.18 $n=1:7$에 대해 $\int_0^1 e^{-\frac{x^2}{2}}dx \approx G_n(f)$인 Gauss 구적 공식 $G_n(f)$의 값을 구하여라.

풀이 적분 구간이 $[a, b]=[0, 1]$이므로 (7.70)에 의해 $x=\alpha(t)=\frac{1+t}{2}$인 변수치환을 하면, $n=1$일 때 Gauss 마디점은 $x_0=\alpha(-1/\sqrt{3})$, $x_1=\alpha(1/\sqrt{3})$이고 가중치는 $\omega_0=\omega_1=1$이므로 (7.73)에 의해

$$\int_0^1 e^{-\frac{x^2}{2}}dx = \frac{1}{2}\int_{-1}^1 e^{-\frac{\alpha(t)^2}{2}}dt$$
$$\approx G_1(f)=\frac{1}{2}\left[e^{-\frac{\alpha(-1/\sqrt{3})^2}{2}}+e^{-\frac{\alpha(1/\sqrt{3})^2}{2}}\right].$$

표 7.10은 n의 변화에 따른 $G_n(f)$의 근사값과 절대오차를 배치한 것으로서 Gauss 구적법에 의해 적은 수의 마디점의 선정으로도 Gauss 구적법이 매우 효과적인 근사계산을 수행할 수 있음을 보여준다. 이 예제에 대한 완전한 프로그램은 아래에 제시되어 있다.

```
f='exp(-x.^2/2)';
a=0;b=1;
exact=0.85562439189214880315; % 참값
nmax=8;
fprintf('\n    n    Approximation        error \n');
for  n=2:nmax
    [t,w]=glwt(n);    % n점 Gauss 마디점과 가중치
    x=0.5*((b-a)*t+a+b); fval=eval(f);  % 적분구간에 따른 변수치환
    fint=sum(fval.*w)*(b-a)/2.0;      % Gauss 구적법 적용
    error=abs(exact-fint);         % 절대오차
    fprintf(' %3g %20.17f %20.10e \n',n-1,fint,error);
end
```

표 7.10 $\int_0^1 e^{-\frac{x^2}{2}} dx$의 Gauss 구적 계산

n	근사계산 $G_n(f)$	오 차
1	0.85531456168378461	$3.0983020836e-004$
2	0.85562639404263185	$2.0021504831e-006$
3	0.85562438546096597	$6.4311828085e-009$
4	0.85562439187876216	$1.3386625142e-011$
5	0.85562439189247408	$3.2529534622e-013$
6	0.85562439189214645	$2.3314683517e-015$
7	0.85562439189214934	$5.5511151231e-016$

Gauss 구적 공식

$$\int_a^b f(x)dx \approx G_n(f) = \sum_{j=0}^{n} \omega_j f(x_j) \tag{7.74}$$

의 주요한 성질을 알아보자.

정리 7.7

Gauss 구적 공식 (7.59)에서 모든 가중치는 항상 양의 수이며, $\sum_{j=0}^{n} \omega_j = b-a$이다.

증명 Gauss 마디점 $x_0, x_1, \cdots, x_n$에 대해 이것을 근으로 갖는 $n+1$차 다항식을

$$\pi_{n+1}(x) = \prod_{j=0}^{n} (x - x_j)$$

이라 할 때,

$$p_k(x) = \frac{\pi_{n+1}(x)}{x - x_k}, \quad (0 \le k \le n)$$

에 대해 $p_k^2(x)$는 $2n$차 다항식이다. 여기서 $p_k(x_j) = 0$, $(\forall j \neq k)$이고, Gauss 구적 공식 $G_n(f)$의 정확도가 $2n+1$차 이므로

$$\int_a^b p_k^2(x)dx = G_n(p_k^2) = \sum_{j=0}^{n} \omega_j p_k^2(x_j) = \omega_k p_k^2(x_k)$$

로부터 각 k에 대해 $\omega_k > 0$이다. 한편 (7.74)에서 $f=1$로 두면

$$\int_a^b 1dx = G_n(1) \Rightarrow \sum_{j=0}^{n} \omega_j = b-a$$

가 성립한다. ■

다음 정리는 연속함수에 대한 적분의 경우 마디점의 수를 늘리면 Gauss 구적 공식을 정적분의 근사계산으로 유효하게 사용할 수 있음을 말해준다.

정리 7.8

f가 구간 $[a,b]$에서 연속인 함수이면 Gauss 구적 공식은 정적분으로 수렴한다. 즉,

$$G_n(f) = \sum_{j=0}^{n} \omega_j f(x_j) \xrightarrow{(n\to\infty)} \int_a^b f(x)dx \tag{7.75}$$

증명 f가 연속이면 Weierstrass 근사이론에 의해 주어진 $\epsilon > 0$에 대해

$$\| f-p \|_{\infty} = \max_{a \le x \le b} |f(x)-p(x)| < \epsilon$$

인 다항식 $p(x)$가 존재한다. 이때 $2n > p(x)$의 차수가 되는 자연수 n을 택하면 $G_n(f)$의 정확도가 $2n+1$차 이므로

$$\int_a^b p(x)dx = G_n(p)$$

를 만족한다. 따라서 삼각부등식과 보조정리 7.7을 이용하면

$$\begin{aligned}
\left| \int_a^b f(x)dx - G_n(f) \right| &\le \left| \int_a^b (f(x)-p(x))dx \right| + |G_n(p-f)| \\
&\le \int_a^b |f(x)-p(x)|dx + \sum_{j=0}^{n} \omega_j |p(x_j)-f(x_j)| \\
&\le \epsilon \int_a^b dx + \epsilon \sum_{j=0}^{n} \omega_j \\
&= 2\epsilon(b-a)
\end{aligned}$$

가 되어 정리가 성립한다. ■

f가 $[a,\ b]$에서 충분히 연속 미분가능할 때 Gauss 구적 공식에 따른 오차의 한계를 f의 도함수를 써서 나타낼 수 있다. 아울러 다음 정리는 $n+1$점 Gauss 구적 공식의 정확도가 $2n+1$임을 보여주는 직접적인 자료로 사용될 수 있다.

정리 7.9

$E_n^G(f) := \int_a^b f(x)dx - G_n(f)$를 $n+1$점 Gauss 구적 공식에 의한 오차라고 하자. f가 $[a,\ b]$에서 $2n+2$차 연속 미분가능하면

$$E_n^G(f) = \frac{f^{(2n+2)}(\xi)}{(2n+2)!} \int_a^b \pi_{n+1}^2(x)dx \tag{7.76}$$

를 만족하는 $a < \xi < b$가 존재한다.

증명 $f \in C^{2n+2}([a,\ b])$이면 정리 6.11에 의해 마디점 $x_0,\ x_1,\ \cdots,\ x_n$에 대해

$$p(x_j) = f(x_j), \quad p'(x_j) = f'(x_j), \quad (j = 0 : n)$$

을 만족하는 $2n+1$차 Hermite 보간 다항식이 존재하고 이에 따른 오차는

$$f(x) - p(x) = \frac{1}{(2n+2)!} f^{(2n+2)}(\eta(x))\pi_{n+1}^2(x)$$

이다. 따라서 위 식의 양변을 적분하면 가중적분의 평균값 정리에 의해

$$\begin{aligned}\int_a^b (f(x) - p(x))\,dx &= \frac{1}{(2n+2)!} \int_a^b f^{(2n+2)}(\eta(x))\pi_{n+1}^2(x)dx \\ &= \frac{1}{(2n+2)!} f^{(2n+2)}(\xi) \int_a^b \pi_{n+1}^2(x)dx\end{aligned}$$

를 만족하는 $a < \xi < b$가 존재한다.

여기서 $n+1$점 Gauss 구적 공식이 $2n+1$차까지 정확하므로

$$\int_a^b p(x)dx = G_n(p) = \sum_{j=0}^{n} \omega_j p(x_j) = \sum_{j=0}^{n} \omega_j f(x_j) = G_n(f)$$

이다. 따라서 Gauss 구적 공식에 따른 오차에 대해

$$E_n^G(f) = \int_a^b f(x)dx - G_n(f)$$

$$= \frac{f^{(2n+2)}(\xi)}{(2n+2)!}\int_a^b \pi_{n+1}^2(x)dx, \quad (a < \xi < b)$$

가 성립한다. ■

마지막으로, Newton-Cotes 구적법과 마찬가지로 복합 Gauss 구적 공식을 수립하는 과정을 소개하자. 복합 구적형식은 적분의 구간이 비교적 클 경우, 효율적으로 근사값을 계산하기 위해 이용된다.

구간 $[a, b]$를 m개의 등구간으로 나눈 마디점을

$$x_k = a + kh, \ (k = 0, 1, \cdots, m); \quad h = \frac{b-a}{m}$$

이라고 하자. 각 소구간 $[x_{k-1}, x_k]$에서의 적분에 (7.72)~(7.73)을 적용하여 $n+1$점 Gauss 구적 공식을 수립한다. 변수변환

$$x = \alpha(t) = \frac{1}{2}(x_{k-1} + x_k + t\,h)$$

을 쓰면

$$\int_{x_{k-1}}^{x_k} f(x)dx = \frac{h}{2}\int_{-1}^{1} f(\alpha(t))dt$$

이므로 $[-1, 1]$에서의 $n+1$점 Gauss 마디점 $t_0, t_1, \cdots, t_n$에 대해 Gauss 구적 공식을 적용하여

$$\int_{-1}^{1} f(\alpha(t))dt \approx \sum_{j=0}^{n}\omega_j f(\alpha(t_j)) = \sum_{j=0}^{n}\omega_j f\left(\frac{1}{2}(x_{k-1} + x_k + t_j\,h)\right)$$

를 유도할 수 있다.

따라서 **복합 Gauss 구적 공식**(composite Gauss quadrature formula)은

$$\int_a^b f(x)dx = \sum_{k=1}^{m}\int_{x_{k-1}}^{x_k} f(x)dx\ ;$$

$$\approx G_{n,m}(f) := \frac{h}{2}\sum_{k=1}^{m}\sum_{j=0}^{n}\omega_j f\left(\frac{1}{2}(x_{k-1} + x_k + t_j h)\right) \tag{7.77}$$

$$\left(h = \frac{b-a}{m}, \ x_k = a + kh, \ (k = 0 : m), \ t_j = \text{Gauss 마디점}\right)$$

으로 주어진다. 복합 Gauss 구적 공식에 대한 오차 형식은 다음과 같다.

$$\int_a^b f(x)\,dx - G_{n,m} = \frac{(b-a)^{2n+3} f^{(2n+2)}(\xi)}{2^{2n+3} m^{2n+2} (2n+2)!} \int_{-1}^{1} \pi_{n+1}^2(t)\,dt \tag{7.78}$$

이는 $\int_{x_{j-1}}^{x_j} f(x)\,dx$에 적용한 오차 형식 (7.76)을 더해 얻어진 결과이다.

예제 7.19 $\int_0^4 e^{-\frac{x^2}{2}}\,dx$ 의 적분값을 Gauss 구적 공식과 복합 Gauss 구적 공식을 적용하여 계산하고 결과를 비교하려고 한다.

(1) $n=1:7$에 대해 $\int_0^4 e^{-\frac{x^2}{2}}\,dx \approx G_n(f)$인 Gauss 구적 공식 $G_n(f)$의 값과 절대오차를 구하여라.

(2) $n=1:3$에 $\int_0^4 e^{-\frac{x^2}{2}}\,dx \approx G_{n,4}(f)$인 복합 Gauss 구적 공식 $G_{n,4}(f)$의 값과 절대오차를 구하여라.

풀이 적분 $\int_0^4 e^{-\frac{x^2}{2}}\,dx$의 참값은 1.25323474928522867665이다.

(1) 예제 7.18에서 사용한 프로그램에서 참값과 적분 구간 $a=0$, $b=4$를 반영하여 계산한 Gauss 구적 계산은 표 7.11과 같다.

(2) $m=4$이므로 복합 Gauss 구적 공식은 눈금의 크기가 $h=1$인 소구간으로 나누어 각 소구간에서 $n+1$점 Gauss 구적 공식을 적용한 결과를 더해서 얻어진다. $n=1:3$에 대한 결과는 표 7.12와 같다.

이 두 결과를 비교하면 적분구간의 크기가 큰 경우에는 복합 Gauss 구적 공식을 적용하여 계산하는 것이 더 효율적임을 알 수 있다.

표 7.11 $\int_0^4 e^{-\frac{x^2}{2}}\,dx$의 Gauss 구적 계산

n	근사계산 $G_n(f)$	오 차
1	1.4129756324995795	$1.5974088321e-001$
2	1.2463939142381169	$6.8408350471e-003$
3	1.2517800983197067	$1.4546509655e-003$
4	1.2535016970082684	$2.6694772304e-004$
5	1.2532122287945342	$2.2520490695e-005$
6	1.2532358627005611	$1.1134153324e-006$
7	1.2532347266420905	$2.2643138253e-008$

표 7.12 $\int_0^4 e^{-\frac{x^2}{2}}dx$의 복합 Gauss 구적 계산

n	근사계산 $G_{n,4}(f)$	오 차
1	1.2532377969765984	$3.0476913697e-006$
2	1.2532348140176144	$6.4732385674e-008$
3	1.2532347496148217	$3.2959301954e-010$

```
f='exp(-x.^2/2)'; % 적분 함수
a=0;b=4; % 적분구간
exact=1.25323474928522867665; % 참값
m=4;
h=(b-a)/m;
u=linspace(a,b,m+1);
for n=2:4
    [t,w]=glwt(n);    % n-point Gaussian nodes and weights
    S=0.0;
    for k=1:m
        x=0.5*(u(k)+u(k+1)+t*h); fval=eval(f);
        S=S+sum(w.*fval);
    end
    S=(h/2)*S;
    error=abs(exact-S);       % 절대오차
    fprintf(' %3g %20.16f %20.10e \n',n-1,S,error);
end
```

연습문제 7.5 EXERCISE

1. 다음 중앙점 공식에 대한 오차와 정확도를 구하여라.

$$\int_a^b f(x)\,dx \approx h\sum_{j=0}^{n-1} f(c_j)$$

여기서 $h=\dfrac{b-a}{n}$이고, $x_j=a+jh$, $c_j=\dfrac{x_j+x_{j+1}}{2}$, $(j=0,\ 1,\ \cdots,\ n)$이다.

2. 정확도가 3차임을 이용하여 다음 형태의 Simpson 공식을 유도하라.

$$\int_{x_0}^{x_2} f(x)\,dx = a_0 f(x_0)+a_1 f(x_1)+a_2 f(x_2)+k f^{(4)}(\xi)$$

즉, 위 식이 모든 3차 이하의 다항식에 대해 성립하는 것을 이용하여 계수 a_0, a_1, a_2를 구하고, x^4에 대한 적분을 이용하여 상수 k를 결정하라.

3. 마디점에 대한 Lagrange 기저의 적분을 통해서 다음 보간 구적 공식을 유도하고 오차를 구하라.

$$\int_0^1 f(x)\,dx \approx Af(0)+Bf(1/2)$$

4. 미정계수법을 써서 다음 구적 공식을 유도하고 정확도를 구하라.

$$\int_{-1}^1 f(x)dx \approx \omega_0 f(-1)+\omega_1 f(-1/3)+\omega_2 f(1/3)+\omega_3 f(1)$$

5. 다음 각 수치적분에 대한 정확도를 구하여라.

(1) $\displaystyle\int_0^{3h} f(x)\,dx \approx \frac{3h}{4}[f(0)+3f(2h)]$

(2) $\displaystyle\int_0^{h} f(x)\,dx \approx \frac{h}{24}[9f(h)+19f(0)-5f(-h)+f(-2h)]$

6. 다음 형태의 2점 Gauss 구적 공식을 구하라.

$$\int_{-1}^{1} x^3 f(x)dx \approx \omega_0 f(x_0) + \omega_1 f(x_1)$$

7. 3점 Gauss 공식을 써서 $\int_{1}^{3} \ln x \, dx$의 근사값을 구하라.

8. 4점 Gauss 공식을 써서 $\int_{0}^{2} e^x x^3 \, dx$의 근사값을 구하라.

9. 정리 7.6에서 Gauss 가중치는

$$\omega_j = \int_a^b \ell_{n,j}(x)dx$$

로 주어진다. Gauss 가중치는 또한 다음과 같이 주어질 수 있음을 보여라.

$$\omega_j = \int_a^b \ell_{n,j}^2(x)dx$$

이 결과는 Gauss 가중치가 모두 양의 수임을 보여준다.

10. $[a, b]$에서 $h = \dfrac{b-a}{3}$에 대해 등구간 마디점

$$x_j = a + jh, \ (j = 0, 1, 2, 3)$$

에서 함수 $f(x)$에 대한 Newton-Cotes 구적 공식을 **Simpson의 3/8 공식**(Simpson's 3/8 formula)이라고 한다.

(1) Simpson의 3/8 공식은 다음과 같이 주어짐을 보여라.

$$S_3(f) = \frac{3h}{8}[f(x_0) + 3f(x_1) + 3f(x_2) + f(x_3)]$$

(2) Simpson의 3/8 공식에 대한 오차와 정확도를 구하라.

(3) $\int_1^2 x \ln x dx$에 대해 Simpson의 3/8 공식에 의한 근사값을 구하고, 이론적인 오차의 한계와 비교하여라.

11. 구적 형식

$$\int_a^b f(x)dx \approx Q_n(f) = \omega_0 f(x_0) + \omega_1 f(x_1) + \cdots + \omega_n f(x_n)$$

에서 구간의 양 끝점을 마디점 $x_0 = a$, $x_n = b$으로 지정한 적분형식을 **Lobatto 구적 공식** (Lobatto quadrature formula)이라고 한다.

(1) 모든 $2n-1$차의 다항식 p_{2n-1}을

$$p_{2n-1}(x) = (x-a)(b-x)q_{2n-3}(x) + r(x-a) + s(b-x)$$

의 형태로 나타낼 수 있음을 보여라. 여기서 q_{2n-3}은 $2n-3$차의 다항식이고, r과 s는 상수이다.

(2) (1)을 이용하여 Lobatto 구적 공식을 수립하라.

(3) Lobatto 구적 공식의 정확도는 $2n-1$차임을 보여라.

(4) Lobatto 구적 공식의 모든 가중치 ω_j는 양임을 보여라.

12. 구간 $(-1, 1)$에서 가중함수 $w(x) = 1$일 때, 가중치 ω_0, ω_1, ω_2와 마디점 x_1을 결정함으로서 Lobatto 구적 공식

$$\int_{-1}^1 f(x)\,dx \approx \omega_0 f(-1) + \omega_2 f(x_1) + \omega_2 f(1)$$

을 설정하라.

13. $Q(f) = \sum_{j=0}^{n} a_j f(x_j)$를 적분 $I(f) = \int_{-1}^1 f(x)dx$에 대한 구적 공식이라고 하자.
$[a, b]$에서 연속인 함수 g에 대해 $\int_a^b g(t)dt$를 근사시키기 위한 Q에 대한 복합 구적 공식을 $Q_N(g)$라고 할 때, Riemann 합을 이용하여 다음이 성립함을 보여라.

$$\lim_{N\to\infty} Q_N(g) = \int_a^b g(t)dt$$

14. 적분 $I(f) = \int_a^b f(x)dx$에 대한 구적 공식을 $Q_n(f) = \sum_{j=0}^{n} \omega_j f(x_j)$라고 하자.
마디점과 가중치를 어떻게 선정하더라도 구적 공식의 정확도는 $2n+1$보다 클 수 없음을 보여라.

15. $\int_1^2 \cos(1/x)dx = 0.76188716558848938906$의 적분값을 Gauss 구적 공식과 복합 Gauss 구적 공식을 적용하여 계산하고 결과를 비교하려고 한다.

(1) $n = 1:7$에 대해 $\int_1^2 \cos(1/x)dx \approx G_n(f)$인 Gauss 구적 공식 $G_n(f)$의 값과 절대오차를 구하여라.

(2) $n = 1:3$에 $\int_1^2 \cos(1/x)dx \approx G_{n,3}(f)$인 복합 Gauss 구적 공식 $G_{n,3}(f)$의 값과 절대오차를 구하여라.

16. $f(x)$가 미분가능한 함수일 때 곡선 $y = f(x)$, $a \le x \le b$를 x축 둘레로 회전해서 생긴 회전면의 면적은

$$A = 2\pi \int_a^b f(x)\sqrt{1 + (f'(x))^2}\, dx$$

로 주어진다. 곡선 $y = \frac{1}{3}x\sqrt{x} - \sqrt{x}$, $3 \le x \le 4$를 x축 둘레로 회전해서 생긴 회전면의 면적을 복합 Gauss 구적법을 써서 유효자리 5자리로 계산하고 필요한 마디점의 수는 최소 몇 개인지 추정하여라.

17. Gauss 구적 공식에서는 구간의 양 끝점을 마디점으로 택하지 않으므로, 적분 구간의 끝점에서 함수가 무한대가 되는 이상적분을 근사시키는 데에 이용할 수 있다. 다음 이상적분의 참값은 $\pi/4$이다. 이 근사값을 $n = 4:10$인 Gauss 구적 공식 $G_n(f)$를 써서 계산하고 절대오차를 구하여라.

$$\int_0^{\frac{1}{2}} \frac{1}{\sqrt{1-4x^2}}dx$$

제8장

근사이론

제6장에서는 일정한 차수의 다항식으로 주어진 데이터 점을 모두 지나는 보간법을 소개하였다. 어떤 의미에서는 보간 다항식을 주어진 함수에 대한 근사식으로 간주할 수도 있다. 실제 미적분의 경우 보간 다항식에 의한 근사식이 수치미분이나 수치적분의 형식을 수립하는데 중요한 역할을 한다. 그러나 전술한 바와 같이 데이터가 많아지면 다항식의 차수가 증가하고 이에 따라 근사 다항식이 매우 진동하게 되므로 사소한 오차가 증폭되어 치명적인 결과를 낳을 수 있는 결함이 있다.

여기서는 보간법과는 다소 다른 의미에서 주어진 함수를 주어진 차수의 다항식으로 근사시키기 위한 최적근사이론에 대해 살펴본다. 이를 위해 먼저 근사이론의 중심축이 되는 직교다항식을 소개하고, norm이 주어진 벡터공간의 설정에 따라 2-norm상에서의 최적 근사다항식을 구하는 최소제곱방법과 보간법이나 여러 근사이론에서 중요한 역할을 하는 Chebyshev 다항식을 이용한 최적근사의 원리와 방법을 알아본다.

8.1 직교다항식

V를 벡터공간이라 하자. $V \times V$에 다음과 같은 성질을 갖는 수를 배정하는 함수 $<\cdot, \cdot>$를 V상에서의 **내적**(inner product)이라고 하고, 내적 $<\ ,\ >$이 부여되어 있는 벡터공간을 **내적 공간**(inner product space)이라고 한다.

- $<v, v> \ \geq 0, \ \forall v \in V; \ <v, v> \ = 0 \Leftrightarrow v = 0$ (양성)
- $<u, v> \ = \ <v, u>, \ \forall u, v \in V$ (가환성)
- $<\alpha u, v> \ = \alpha <u, v> \ = \ <u, \alpha v>, \ (\alpha \in R, \ u, v \in V)$ (동차성)
- $<u+v, w> \ = \ <u, w> + <v, w>, \ \forall u, v, w \in V$ (분배성)

내적 공간 V상에서 정의된 내적 $<\ ,\ >$에 대해서 $\| v \| = \sqrt{<v, v>}$로 정의하면 $\| v \|$는 벡터 v의 크기를 나타내는 장치자로 쓰이며 다음 성질에 의해 벡터 V상에서 norm을 이룸을 알 수 있다.

정리 8.1

V가 $<\ ,\ >$을 내적으로 하는 내적 공간일 때, $\| v \| = \sqrt{<v,\ v>}$로 정의된 양의 실수에 대해 다음 부등식이 성립한다.

(1) **Cauchy-Schwarz 부등식**

$$|<u,\ v>| \leq \| u \| \ \| v \|,\ \forall u,\ v \in V$$

(2) **삼각부등식**

$$\| u+v \| \leq \| u \| + \| v \|,\ \forall u,\ v \in V$$

증명 (1) 임의의 실수 t에 대해

$$\begin{aligned} 0 \leq \| u-tv \|^2 &= <u-tv,\ u-tv> \\ &= <u,\ u> - 2t<u,\ v> + t^2<v,\ v> \end{aligned}$$

가 성립하므로 t에 관한 2차식의 판별식에 의해

$$<u,\ v>^2 - \| u \|^2 \| v \|^2 \leq 0$$

이고, 이항하여 제곱근을 취하면 (1)의 결과가 얻어진다.

(2) Cauchy-Schwarz 부등식을 이용하면

$$\begin{aligned} \| u+v \|^2 &= <u+v,\ u+v> \\ &= <u,\ u> + 2<u,\ v> + <v,\ v> \\ &\leq \| u \|^2 + 2\| u \| \ \| v \| + \| v \|^2 \\ &= (\| u \| + \| v \|)^2 \end{aligned}$$

으로부터 삼각부등식이 성립한다. ■

내적 공간의 주요 특징 중의 하나는 직교성을 부여할 수 있다는 데 있다. 내적 공간 V의 두 원소 u와 v는 $<u,\ v> = 0$이면 내적 $<\ ,\ >$에 대해 **서로 직교한다**(orthogonal)고 말한다.

이제 구간 $[a,\ b]$상에서 연속인 함수들의 공간 $C([a,\ b])$에서 정의된 내적을 소개하고 이 내적 아래에서 직교다항식의 개념을 도입하자. 구간 $[a,\ b]$에서 적분가능하고 개구간 $(a,\ b)$에서 양인 함수 ω에 대해 $C([a,\ b])$상에서 적분으로 정의된

$$<f,\ g>_\omega := \int_a^b \omega(x) f(x) g(x) dx \tag{8.1}$$

를 생각하면, (8.1)은 명백히 내적의 모든 성질을 만족한다. 여기서 양의 함수 ω를 이 내적에 대한 **가중함수**(weight function)라고 하고, 이 내적 아래에서

$$\| f \|_{\omega}^{2} := \sqrt{< f, f >_{\omega}} = \left(\int_{a}^{b} \omega(x) |f(x)|^{2} dx \right)^{1/2} \tag{8.2}$$

로 정의된 norm을 L^2-norm, 또는 간단히 **2-norm**이라고 한다. 일반적으로 이 2-norm하에서 유계인 실함수들의 집합을 $L_{\omega}^{2}((a, b))$로 정의하고, 특히 가중함수 ω가 $\omega(x)=1$일 때를 $L^{2}((a, b))$라고 한다. $C([a, b])$가 $L_{\omega}^{2}((a, b))$의 부분공간이 됨은 자명하다.

두 함수 $f, g \in L_{w}^{2}((a, b))$는 $< f, g >_{\omega} = 0$이면 가중함수 ω에 대해 **직교함수**(orthogonal function)라고 한다. 함수의 내적 공간은 적절한 구간과 가중함수의 선정에 의해 결정되므로 함수의 직교성도 설정구간과 가중함수에 의존한다.

예를 들어, $f(x) = \cos mx$와 $g(x) = \cos nx$는 $m \neq n$이면

$$< f, g > = \int_{-\pi}^{\pi} f(x) g(x) dx = \int_{-\pi}^{\pi} \cos mx \ \cos nx \ dx = 0$$

이므로 구간 $[-\pi, \pi]$에서 서로 직교함수를 이룬다.

한편, 구간이 $(-1, 1)$이고 가중함수가 $\omega(x) = 1/\sqrt{1-x^2}$일 때, 함수 $f(x) = \cos(m \arccos x)$와 $g(x) = \cos(n \arccos x)$는 $m \neq n$이면 $x = \cos\theta$인 변수치환에 의해

$$\begin{aligned} < f, g >_{\omega} &= \int_{-1}^{1} \frac{\cos(m \arccos x) \cos(n \arccos x)}{\sqrt{1-x^2}} dx \\ &= \int_{0}^{\pi} \cos m\theta \ \cos n\theta \ d\theta = 0 \end{aligned}$$

이므로 구간 $(-1, 1)$에서 가중함수 $\omega(x) = 1/\sqrt{1-x^2}$에 대해 서로 직교함수를 이룬다.

이제 근사이론을 포함하여 수학의 여러 실용적인 목적을 위해 자주 쓰이는 직교다항식에 대해 알아보자.

내적 (8.1)하에서 다항식의 수열 $p_0(x), p_1(x), p_2(x), \cdots$이 다음 성질을 만족하면 이를 **직교다항식**(orthogonal polynomials)이라고 한다.

> 1 각 k에 대해 $p_k(x)$는 k차의 다항식이다($p_0(x)$는 상수).
> 2 $j \neq k$이면 $< p_j, p_k >_{\omega} = 0$이다.

예를 들면, 구간이 $(-1, 1)$이고 $\omega(x)=1$일 때,

$$p_0(x)=1,\ p_1(x)=x,\ p_2(x)=3x^2-1$$

은 명백히 [1]을 만족하고, 내적 $< f, g > = \int_{-1}^{1} f(x)g(x)\,dx$ 아래에서

$$< p_0, p_1 > = \int_{-1}^{1} x\,dx = 0, \quad < p_0, p_2 > = \int_{-1}^{1} (3x^2-1)dx = 0,$$

$$< p_1, p_2 > = \int_{-1}^{1} x(3x^2-1)dx = \int_{-1}^{1} (3x^3-x)dx = 0$$

이므로 [2]를 만족하여 직교다항식을 이룸을 알 수 있다.

특별히 norm이 1인 직교다항식, 즉 $< q_i, q_j >_{\omega} = \delta_{ij}$인 직교다항식 $\{q_j(x)\}$를 **정규직교다항식**(orthonormal polynomials)이라고 한다.

일반적으로 $p_j(x)$, $(j=0, 1, 2, \cdots)$가 직교다항식이면

$$q_j(x) = \frac{p_j(x)}{\| p_j \|_{\omega}^{2}}, \ (j=0, 1, 2, \cdots) \tag{8.3}$$

은 정규직교다항식을 이룬다.

위 예에서는 가중함수가 $\omega(x)=1$이고, 각각의 2-norm이

$$\| p_0 \| = \sqrt{2}, \quad \| p_1 \| = \sqrt{\frac{2}{3}}, \quad \| p_2 \| = \sqrt{\frac{8}{5}}$$

이므로

$$q_0(x) = \frac{1}{\sqrt{2}}, \ q_1(x) = \sqrt{\frac{3}{2}}\ x, \ q_2(x) = \sqrt{\frac{5}{8}}\ (3x^2-1)$$

은 정규직교다항식을 이룬다.

정리 8.2

직교다항식의 열 $p_0(x)$, $p_1(x)$, $p_2(x)$, $\cdots$은 다음 성질을 만족한다.

(1) 모든 n차 다항식은 $p_0(x)$, $p_1(x)$, $\cdots$, $p_n(x)$에 의해 생성된다.

(2) $p(x)$가 차수가 $< n$인 다항식이면 $< p, p_n >_{\omega} = 0$이다.

증명 (1) $p_j(x)$는 차수가 j인 다항식이므로 $p_0(x), \cdots, p_n(x)$의 1차 결합은 n차의 다항식을 이룬다. 따라서 $p_0(x), \cdots, p_n(x)$가 1차 독립임을 보이면 n차 다항식의 공간 P_n의 기저를 이루므로 (1)이 성립한다. 이를 위해

$$\sum_{j=0}^{n} \alpha_j p_j(x) = 0, \quad (\alpha_j \text{는 실수})$$

이라고 두면 모든 $k \le n$에 대해

$$0 = < \sum_{j=0}^{n} \alpha_j p_j, \ p_k >_{\omega} = \sum_{j=0}^{n} \alpha_j < p_j, \ p_k >_{\omega} = \alpha_k \int_a^b \omega(x) |p_k(x)|^2 dx$$

이고 이때 우측의 적분함수가 양이므로 모든 $k \le n$에 대해 $\alpha_k = 0$이 얻어진다.

(2) $p(x)$의 차수를 k라고 하면 $(k < n)$, (1)에 의해 $p(x) = \sum_{j=0}^{k} \alpha_j p_j(x)$이고, 모든 $j \le k < n$에 대해 $< p_j, \ p_n >_{\omega} = 0$이므로

$$< p, \ p_n >_{\omega} = < \sum_{j=0}^{k} \alpha_j p_j(x), \ p_n(x) >_{\omega} = \sum_{j=0}^{k} \alpha_j < p_j, \ p_n >_{\omega} = 0$$

이 성립한다. ■

다음은 수치적분과 근사이론에서 중요하게 다루어지는 직교다항식의 주요 성질이다.

정리 8.3

내적 (8.1) 아래에서 n차 직교다항식 p_n은 구간 (a, b)에서 n개의 서로 다른 실근을 갖는다.

증명 먼저 $p_n(x)$가 (a, b)에 적어도 하나의 근을 가짐을 보이자.
$p_n(x)$가 근을 갖지 않는다고 하면 (a, b)에서 $p_n(x) > 0$이라고 가정할 수 있다.
그러면, 정리 8.2의 (2)에 의하여

$$< p_n, \ 1 >_{\omega} = \int_a^b \omega(x) p_n(x) dx = 0$$

이 되어 이는 모든 $a < x < b$에 대하여 $\omega(x) p_n(x) > 0$임에 모순이 된다. 따라서 $p_n(x)$는 구간 (a, b)에 적어도 하나의 근을 갖는다.

다음으로 $p_n(x)$의 모든 근이 단순근으로 이루어져 있음을 보이자.

만약 x^*가 $p_n(x)$의 중근이라면 $p_n(x) = r(x)(x-x^*)^2$으로 쓸 수 있다. 여기서 $r(x)$는 $n-2$차 다항식이므로 정리 8.2의 (2)에 의하여 $< p_n,\ r >_{\omega} = 0$이다.

그러나

$$< p_n,\ r >_{\omega} = \int_a^b \omega(x) p_n(x) r(x)\, dx$$

$$= \int_a^b \omega(x) \frac{|p_n(x)|^2}{(x-x^*)^2}\, dx$$

로부터 $< p_n,\ r >_{\omega} > 0$이므로 서로 모순이 된다. 따라서 $p_n(x)$는 중근을 가질 수 없다.

마지막으로 $p_n(x)$의 모든 근이 구간 $(a,\ b)$에 놓임을 보이자.

$k < n$에 대해 $x_1,\ x_2,\ \cdots,\ x_k$가 $(a,\ b)$에 놓이는 $p_n(x)$의 모든 근이라고 하면,

$$p_n(x) = (x-x_1)(x-x_2)\cdots(x-x_k)q(x)$$

로 쓸 수 있고, 이때 $q(x)$는 $(a,\ b)$에서 근을 갖지 않는 $n-k$차 다항식이다. 그러면 정리 8.2의 (2)에 의해 $< p_n,\ (x-x_1)\cdots(x-x_k) >_{\omega} = 0$이다. 그러나

$$< p_n,\ (x-x_1)\cdots(x-x_k) >_{\omega} = \int_a^b \omega(x) q(x) (x-x_1)^2 \cdots (x-x_k)^2 dx$$

으로부터 $q(x) \neq 0$이므로 위 식의 우측은 0이 되지 않고, 이는 서로 모순이 된다.

따라서 내적 (8.1)하에서 직교다항식 $p_n(x)$의 모든 근은 $(a,\ b)$에 놓이는 단순근으로 이루어져 있다. ■

이제 주어진 구간 $(a,\ b)$와 가중함수 ω에 대해 직교인 다항식을 어떻게 생성할 수 있을까를 알아보자. 먼저 P_n의 표준기저 $1,\ x,\ x^2,\ \cdots,\ x^n$는 어떠한 가중함수 ω에 대해서도 직교다항식을 이루지 않음에 주목하라. 일반적으로 P_n의 표준기저 $1,\ x,\ x^2,\ \cdots,\ x^n$으로부터 다음과 같이 직교다항식을 생성하는 과정을 **Gram-Schmidt 직교화 과정**(Gram-Schmidt orthogonalization process)이라고 한다.

먼저 독립인 두 벡터 u, v에 대해 u와 v에 의해 만들어지는 공간을 생성하는 두 정규직교 벡터를 구하는 간단한 예시를 통해 직교화 과정의 원리를 살펴보자.

u와 평행한 단위벡터를 e_1이라고 하면, $e_1 = \dfrac{u}{\|u\|}$이고, v를 u위로 정사영시킨 벡터를 $\mathrm{Pr}_u(v)$라고 하면 그림 8.1에서와 같이

$$\mathrm{Pr}_u(v) = < v,\ e_1 > e_1 = < v,\ \frac{u}{\| u \|} > \frac{u}{\| u \|}$$

이다. 이때 $v - \mathrm{Pr}_u(v)$는 u에 수직인 벡터이므로 이를 정규화시키면

$$e_2 = \frac{v - \mathrm{Pr}_u(v)}{\| v - \mathrm{Pr}_u(v) \|}$$

가 되어 $\{e_1,\ e_2\}$는 u와 v에 의해 생성된 벡터공간의 정규직교벡터를 이룬다.

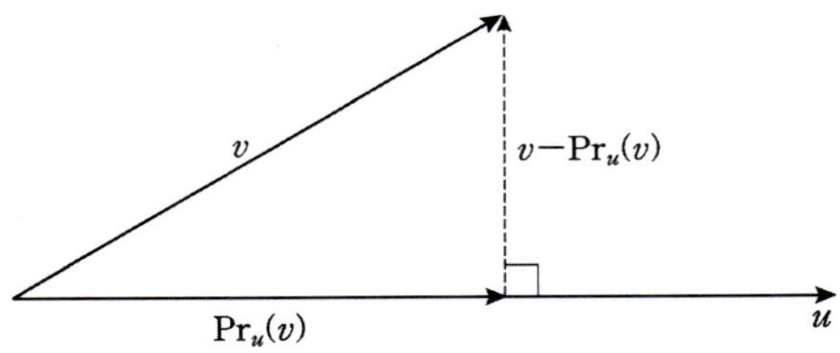

그림 8.1 벡터 v의 u 위로의 정사영

예제 8.1 $u = (2,\ 1)$, $v = (1,\ 2)$에 대해 u와 v에 의해 생성되는 벡터공간에 대한 정규직교기저를 구하라.

풀이 u 방향의 단위벡터를 e_1이라고 하면

$$e_1 = \frac{u}{\| u \|} = \frac{1}{\sqrt{5}}(2,\ 1)$$

이고, v의 u 위로의 정사영은

$$\mathrm{Pr}_u(v) = < v,\ e_1 > e_1 = \frac{4}{\sqrt{5}} e_1 = \frac{4}{5}(2,\ 1)$$

이므로

$$v - \mathrm{Pr}_u(v) = (1,\ 2) - \frac{4}{5}(2,\ 1) = \left(-\frac{3}{5},\ \frac{6}{5}\right).$$

따라서

$$e_2 = \frac{v - \mathrm{Pr}_u(v)}{\| v - \mathrm{Pr}_u(v) \|} = \frac{1}{\sqrt{5}}(-1,\ 2)$$

이고, e_1과 e_2는 R^2를 생성하는 정규직교벡터를 이룬다.

정리 8.4

P_n의 표준기저 $1,\ x,\ x^2,\ \cdots,\ x^n$으로부터 다음과 같이 생성된 다항식 $\{p_j(x)\}$와 $\{q_j(x)\}$는 각각 P_n의 기저를 이루는 직교다항식과 정규직교다항식이다.

$$p_0(x) = 1;\ q_0(x) = \frac{p_0(x)}{\| p_0 \|_\omega};$$

$$p_k(x) = x^k - \sum_{j=0}^{k-1} < x^k,\ q_j >_\omega q_j(x)\ ;\ q_k(x) = \frac{p_k(x)}{\| p_k \|_\omega}; \tag{8.4}$$

증명 (8.4)에 의해 $\sum_{j=0}^{k-1} < x^k,\ q_j >_\omega q_j(x)$는 $1,\ x,\ x^2,\ \cdots,\ x^{k-1}$에 의해 생성되고, $p_k(x) \neq 0$이므로 $\| p_k \|_\omega \neq 0$이고 $\| q_k \|_\omega = 1,\ (k = 0,\ 1,\ \cdots,\ n)$이다.
따라서 $p_0,\ p_1,\ \cdots,\ p_n$가 직교다항식을 이룸을 보이면 충분하다.
이를 위해 $p_0,\ \cdots,\ p_{k-1}$가 직교다항식이라고 가정하고 수학적 귀납법을 적용한다.
(8.4)에 의해 명백히 $p_k \in P_k$이다. 또한, $r < k$에 대해 (8.4)로부터

$$\begin{aligned} < p_k,\ p_r >_\omega &= < x^k - \sum_{j=0}^{k-1} < x^k,\ q_j >_\omega q_j,\ p_r >_\omega \\ &= < x^k,\ p_r >_\omega - \sum_{j=0}^{k-1} < x^k,\ q_j >_\omega < q_j,\ p_r >_\omega \end{aligned}$$

이고, 정의에 의해 $p_r = \| p_r \|_\omega q_r$이고

$$< q_j,\ p_r >_\omega = \| p_r \|_\omega < q_j,\ q_r >_\omega = \| p_r \|_\omega \delta_{jr}$$

이므로 위 식은

$$\begin{aligned} < p_k,\ p_r >_\omega &= < x^k,\ p_r >_\omega - < x^k,\ q_r >_\omega \| p_r \|_\omega \\ &= < x^k,\ p_r >_\omega - < x^k,\ p_r >_\omega \\ &= 0 \end{aligned}$$

이 되어, 모든 $r < k$에 대해 p_k가 p_r에 직교하는 k차 다항식임을 말해준다.
따라서 수학적 귀납법에 의해 $p_0,\ p_1,\ \cdots,\ p_n$은 직교다항식이다. ■

예제 8.2 Gram-Schmidt 직교화 과정을 이용하여 구간 $(0,\ 1)$에서 내적 $<f,\ g>:=\int_0^1 f(x)g(x)dx$에 대하여 2차까지의 직교다항식 $\{p_0,\ p_1,\ p_2\}$를 구하여라.

풀이 명백히 $p_0(x)=q_0(x)=1$이다.

다음 $<x,\ q_0>=\int_0^1 x\,dx=\frac{1}{2}$이므로 $p_1(x)=x-<x,\ q_0>q_0(x)=x-\frac{1}{2}$

이고, $\|p_1\|=\frac{1}{2\sqrt{3}}$이므로 $q_1(x)=2\sqrt{3}\left(x-\frac{1}{2}\right)$이다.

마지막으로 $<x^2,\ q_0>=\frac{1}{3}$이고 $<x^2,\ q_1>=\frac{1}{2\sqrt{3}}$이므로

$$\begin{aligned} p_2(x) &= x^2-<x^2,\ q_1>q_1(x)-<x^2,\ q_0>q_0(x) \\ &= x^2-\left(x-\frac{1}{2}\right)-\frac{1}{3}=x^2-x+\frac{1}{6} \end{aligned}$$

이다.

Gram-Schmidt 직교화 과정은 P_n의 임의의 기저로부터 직교다항식을 생성하는 원리를 제공해 준다. 그러나 직교화 과정을 직접 적용하는 것은 낮은 차수의 다항식으로부터 시작하여 (8.4)의 반복과정을 거쳐 원하는 차수의 다항식을 계산해야 하기 때문에 계산과정이 번잡하고 계산량도 과다하여 비효율적인 면이 있다. 직교성을 이용하여 모든 차수의 직교다항식을 바로 직전 2개 차수의 직교다항식으로 나타내면 이러한 단점을 개선할 수 있을 것이다. 이 원리를 점화식으로 정리한 관계식을 **직교다항식에 대한 3항 점화식**(three-term recurrence formula)이라고 한다.

정리 8.5

직교화 과정 (8.4)를 다음 3항 점화관계로 단순화할 수 있다.

$$\begin{aligned} &p_0(x)=1;\ p_1(x)=x-c_1; \\ &p_k(x)=(x-c_k)p_{k-1}(x)-d_k\,p_{k-2}(x),\ (k\ge 2); \end{aligned} \tag{8.5}$$

$$\begin{cases} c_k=\dfrac{<xp_{k-1},\ p_{k-1}>_\omega}{\|p_{k-1}\|_\omega^2}=\dfrac{\int_a^b \omega(x)x|p_{k-1}(x)|^2dx}{\int_a^b \omega(x)|p_{k-1}(x)|^2dx}, \\ d_k=\dfrac{\|p_{k-1}\|_\omega^2}{\|p_{k-2}\|_\omega^2}=\dfrac{\int_a^b \omega(x)|p_{k-1}(x)|^2dx}{\int_a^b \omega(x)|p_{k-2}(x)|^2dx} \end{cases}$$

증명 (8.4)의 관계식과 귀납법에 의해 각 k에 대하여 명백히 $p_k \in P_k$이고, P_k는 p_0, p_1, $\cdots$, p_k에 의해 생성된다. 따라서 $p_k(x)$는 $xp_{k-1}(x)$와 $k-1$차의 다항식의 합으로 나타낼 수 있고 P_{k-1}은 p_0, p_1, $\cdots$, p_{k-1}의 1차 결합으로 표현되므로 $p_k(x)$를 다음과 같이 쓸 수 있다.

$$\begin{aligned} p_k(x) &= xp_{k-1}(x) + \sum_{j=0}^{k-1} \alpha_j p_j(x) \\ &= xp_{k-1}(x) + \alpha_{k-1}p_{k-1}(x) + \sum_{j=0}^{k-2} \alpha_j p_j(x) \end{aligned}$$

이 식에 내적을 취하면 $i < k-2$에 대해

$$\begin{aligned} < p_k,\ p_i >_\omega &= < xp_{k-1},\ p_i >_\omega + \alpha_{k-1} < p_{k-1},\ p_i >_\omega + \sum_{j=0}^{k-2} \alpha_j < p_j,\ p_i >_\omega \\ &= < p_{k-1},\ xp_i >_\omega + \alpha_i \| p_i \|_\omega^2 \\ &= \alpha_i \| p_i \|_\omega^2 \end{aligned}$$

이다. 여기서 $xp_i(x) \in P_{i+1}$이고 $i+1 < k-1$이므로 $< p_{k-1},\ xp_i >_\omega = 0$임을 이용하였다. 따라서 $< p_k,\ p_i >_\omega = 0$이므로 모든 $i < k-2$에 대해 $\alpha_i = 0$이 된다.
그러므로 (8.4)의 p_k는 다음 형식으로 단순화된다.

$$\begin{aligned} p_k(x) &= xp_{k-1}(x) + \alpha_{k-1}p_{k-1}(x) + \alpha_{k-2}p_{k-2}(x) \\ &= (x + \alpha_{k-1})p_{k-1}(x) + \alpha_{k-2}p_{k-2}(x) \end{aligned}$$

여기서 $c_k := -\alpha_{k-1}$과 $d_k := -\alpha_{k-2}$로 계수를 조정하면 직교다항식 p_k는 그 직전 차수의 두 직교다항식으로 다음과 같이 표현될 수 있다.

$$p_k(x) = (x - c_k)p_{k-1}(x) - d_k p_{k-2}(x)$$

여기서 $< p_k,\ p_{k-1} >_\omega = < p_k,\ p_{k-2} >_\omega = 0$으로부터 계수 c_k와 d_k를 결정한다. 먼저

$$0 = < p_k,\ p_{k-1} >_\omega = < (x - c_k)p_{k-1},\ p_{k-1} >_\omega$$

으로부터

$$c_k = \frac{< xp_{k-1},\ p_{k-1} >_\omega}{\| p_{k-1} \|_\omega^2}$$

가 얻어지고, 다음

$$0 = < p_k,\ p_{k-2} >_\omega = < (x - c_k) p_{k-1},\ p_{k-2} >_\omega - d_k < p_{k-2},\ p_{k-2} >_\omega$$
$$= < x p_{k-1},\ p_{k-2} >_\omega - d_k \| p_{k-2} \|_\omega^2$$

으로부터

$$d_k = \frac{< x p_{k-1},\ p_{k-2} >_\omega}{\| p_{k-2} \|_\omega^2} = \frac{\| p_{k-1} \|_\omega^2}{\| p_{k-2} \|_\omega^2}$$

가 구해진다. ■

예제 8.3 구간 $[a,\ b] = [-1,\ 1]$에서 가중함수 $\omega(x) = 1$에 대한 5차까지의 직교다항식을 구하라.

풀이 정리 8.5를 적용하면

$$p_0(x) = 1, \quad c_1 = \frac{\int_{-1}^{1} x\, dx}{\int_{-1}^{1} dx} = 0$$

이므로 $p_1(x) = x$이다. 또한

$$c_2 = \frac{< x p_1,\ p_1 >}{\| p_1 \|^2} = \frac{\int_{-1}^{1} x^3\, dx}{\int_{-1}^{1} x^2\, dx} = 0,$$

$$d_2 = \frac{\| p_1 \|^2}{\| p_0 \|^2} = \frac{\int_{-1}^{1} x^2\, dx}{\int_{-1}^{1} dx} = \frac{1}{3}$$

이므로 $p_2(x) = (x - c_2) p_1(x) - d_2 p_0(x) = x^2 - \frac{1}{3}$이다.

이와 같이 계산하면 3차, 4차, 5차 직교다항식은 각각

$$p_3(x) = x^3 - \frac{3}{5}x,$$

$$p_4(x) = x^4 - \frac{6}{7}x^2 + \frac{3}{35},$$

$$p_5(x) = x^5 - \frac{10}{9}x^3 + \frac{5}{21}x$$

이다.

예제 8.3에서와 같이 구간 $[-1, 1]$에서 $\omega(x)=1$에 대한 직교다항식을 **Legendre 다항식**(Legendre polynomials)이라고 한다. Legendre 다항식의 근은 Gauss 구적법에 대한 마디점을 생성한다. Gauss 구적법에서 정의한 Legendre 다항식과의 유일한 차이점은 직교화 과정을 통해 얻어진 직교다항식은 표준기저 $\{1, x, x^2, \cdots, x^n\}$를 직교화하여 얻어진 다항식이므로 최고차항의 계수가 1로 통일되어 있다는 점이다.

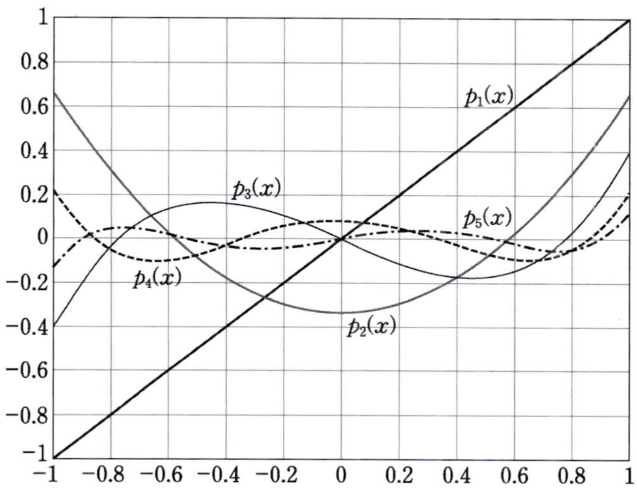

그림 8.2 Legendre 다항식

보조정리 8.6

(8.4) 또는 (8.5)에 의해 얻어진 직교다항식 p_n은 norm $\| p_n \|_\omega$가 최소인 n차 다항식이다.

증명 n차 항의 계수가 1인 모든 n차 다항식은 $p_n - \sum_{j=0}^{n-1} \alpha_j p_j$의 형태로 쓸 수 있다. 모든 $i \neq j$에 대해 $< p_i, p_j >_\omega = 0$이므로

$$\| p_n - \sum_{j=0}^{n-1} \alpha_j p_j \|_\omega^2 = \| p_n \|_\omega^2 - 2\alpha_j \sum_{j=0}^{n-1} < p_n, p_j >_\omega + \sum_{j=0}^{n-1} |\alpha_j|^2 \| p_j \|_\omega^2$$
$$= \| p_n \|_\omega^2 + \sum_{j=0}^{n-1} |\alpha_j|^2 \| p_j \|_\omega^2$$

은 모든 $\alpha_j = 0$일 때 최소값 $\| p_n \|_\omega^2$을 갖는다. ■

연습문제 8.1 EXERCISE

1. 다음 각 주어진 벡터에 의해 생성되는 벡터공간에 대한 정규직교기저를 구하라.

(1) $u=(1,\ -3),\ v=(2,\ 2)$

(2) $u=(1,\ 1),\ v=(3,\ 5)$

(3) $u=(1,\ 0,\ 0),\ v=(1,\ 1,\ 0),\ w=(1,\ 1,\ 1)$

(4) $u=(1,\ 1,\ 0,\ 0),\ v=(0,\ 1,\ 1,\ 0),\ w=(0,\ 0,\ 1,\ 1),\ z=(1,\ 0,\ 1,\ 0)$

2. 3차원 Euclid 공간에서 주어진 벡터 $u=(u_1,\ u_2,\ u_3),\ v=(v_1,\ v_2,\ v_3)$에 대해 내적이 다음과 같이 정의되어 있다.

$$< u,\ v >:= u_1 v_1 + 2u_2 v_2 + 3u_3 v_3$$

벡터 $(1,\ 1,\ 0),\ (1,\ 0,\ 1),\ (0,\ 1,\ 1)$를 이 내적에 대해 정규직교기저로 전환하라.

3. 구간 $[-1,\ 1]$에서 가중함수 $\omega(x)=\dfrac{1}{\sqrt{1-x^2}}$에 대한 3차까지의 직교다항식을 구하여라.

4. $[-1,\ 1]$에서 $< f,\ g >$가 $< f,\ g >:\ = \displaystyle\int_{-1}^{1} x^2 f(x)g(x)dx$로 정의되어 있다.

(1) $C([-1,\ 1])$상에서 $< f,\ g >$가 내적을 이룸을 보여라

(2) 3항 점화식을 이용하여 내적 $< f,\ g >$에 대한 3차까지의 직교다항식 $\{p_0,\ p_1,\ p_2,\ p_3\}$를 구하여라.

5. $p_0(x)=1$이라고 할 때 내적 $< f,\ g >:= \displaystyle\int_{-1}^{1} \frac{f(x)g(x)}{1+x^2}dx$에 관한 2차까지의 직교다항식 $\{p_0,\ p_1,\ p_2\}$를 구하라.

6. $\{p_j(x)\}$를 내적 $< \cdot\ ,\ \cdot >_{\omega}$하에서 $p_j(x) \in P_j$인 직교다항식열이라고 할 때 a_j를 $p_j(x)$의 최고차 항의 계수라면

$$\|p_j\|_{\omega}^2 = a_j < x^j, p_j >_{\omega}$$

가 성립함을 보여라.

7. $\{p_j | j = 0, 1, 2, \cdots\}$을 $(0, 1)$에서 가중함수 $\omega(x) \equiv x^{\alpha}$, $(\alpha > 0)$에 대한 직교다항식열이라고 할 때, 동일한 가중함수에 대해 구간 $(0, 5)$에서 직교인 다항식열을 구하라.

8. 수학적 귀납법을 써서 $0 \le k \le n$에 대해

$$\frac{d^k}{dx^k}(1-x^2)^n = (1-x^2)^{n-k}\phi_k(x), \ (\phi_k \in P_k)$$

가 성립함을 보여라. 이를 이용해서

$$p_k(x) = \frac{1}{2^k k!}\frac{d^k}{dx^k}[(x^2-1)^k]$$

가 k차 다항식이고, 부분적분을 이용해서

$$\int_{-1}^{1} p_k(x)p_j(x)\,dx = 0, \quad (0 \le j < k)$$

인 직교다항식을 이룸을 보여라.
또한 이 관계식에서 $p_0(x) = 1$, $p_1(x) = x$이고, 3항 관계식

$$kp_k(x) = (2k-1)xp_{k-1}(x) - (k-1)p_{k-2}(x)$$

이 성립함을 보여라. 이렇게 얻어진 다항식의 최고차항의 계수를 1로 조정하면 예제 8.3에서 얻어진 직교다항식과 일치함을 보여라.

9. 3항 점화식을 이용하여 Legendre 다항식 $p_k(x)$에 대해 다음이 성립함을 보여라.

$$\int_{-1}^{1} [p_k(x)]^2\,dx = \frac{2}{2k+1}$$

10. 구간 $[a, b] = (0, \infty)$일 때 가중함수 $\omega(x) = e^{-x}$에 대해 직교인 다항식을 **Laguerre 다항식**(Laguerre polynomials)이라고 한다.

(1) 3항 점화관계 (8.5)를 써서 3차까지의 직교다항식을 구하여라.

(2) $p_k(x) = (-1)^k e^x \dfrac{d^k}{dx^k}(x^k e^{-x})$로부터 $p_0(x) = 1$, $p_1(x) = x - 1$가 성립함을 보여라. 또한 $n \ge 2$에 대해 3항 관계식

$$p_k(x) = (-x + 2k - 1)p_{k-1}(x) - (k-1)^2 p_{k-2}(x)$$

을 유도하고 이를 이용하여 p_k는 k차 직교다항식을 이룸을 보여라.

11. 내적 $< f,\ g >_{\omega} := \int_{-a}^{a} \omega(x) f(x) g(x)\, dx$에서 가중함수 $\omega(x)$가 구간 $[-a,\ a]$에서 짝함수라고 하자.

(1) 이 내적하에서 3항 점화식은 다음과 같이 단순화될 수 있음을 보여라.

$$p_k(x) = x\, p_{k-1}(x) - d_k p_{k-2}(x),\quad (k \geq 2)$$

(2) 점 x_j가 $x = 0$에 대해 대칭으로 배열되어 있고, ω_j가 대칭이면, 즉

$$\frac{x_j + x_{m-j}}{2} = 0,\ \omega_j = \omega_{m-j}$$

이 성립하면 (1)에 대한 3항 점화식은 이산 데이터에 대한 내적

$$< f,\ g >_{\tilde{\omega}} := \sum_{j=0}^{m} \omega_j f(x_j) g(x_j)$$

에 대해서도 유효함을 보여라.

8.2 최소제곱방법과 곡선의 적합

보간법은 서로 다른 마디점에 대해서 주어진 데이터 점을 모두 지나는 다항식을 구하는 근사 기법이다. 이때 보간 다항식의 차수는 데이터의 개수에 비례하여 커지므로 데이터가 많으면 지나치게 진동하게 되어 자료의 작은 편차에도 큰 오차를 유발할 수 있다. 이와 같이 데이터가 많거나 데이터의 x-점이 서로 다르지 않은 경우라 할지라도 자료의 해석이나 자료의 일반적인 경향을 추정하기 위해서 주어진 자료를 가장 적합하게 표현할 수 있는 특정한 함수를 구하는 문제를 생각할 수 있다.

주어진 $m+1$개의 데이터 점 $(x_0,\ y_0),\ (x_1,\ y_1),\ \cdots,\ (x_m,\ y_m)$을 특정한 함수 $\phi(x)$로 근사시키고자 할 경우 각 x_j에서 주어진 y-데이터 y_j와 $\phi(y_j)$와의 차이의 제곱을 최소로 하도록 $\phi(x)$를 결정하는 방법을 생각할 수 있다. 이 방법을 **최소제곱방법**(the least squares method)이라고 하고, 이때 근사 함수로 나타낸 곡선 $y=\phi(x)$를 **최적 곡선**(the best fitting curve)이라고 한다.

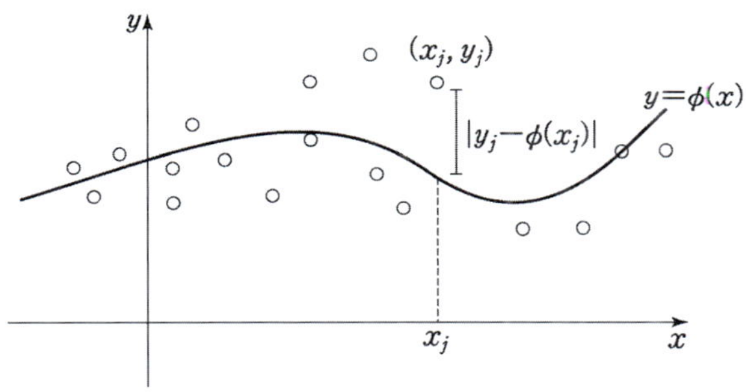

그림 8.3 이산 데이터에 대한 최적 곡선

2차원 이산 데이터에 대한 **이산 최소제곱문제**(the discrete least squares problem)는 다음과 같고, 이때 대응하는 해를 **최소제곱해**(the least squares solution)라고 한다.

> 주어진 데이터 $(x_0,\ y_0),\ (x_1,\ y_1),\ \cdots,\ (x_m,\ y_m)$에 대해서 $\sum_{j=0}^{m}|y_j-\phi(x_j)|^2$을 최소로 하는 함수 ϕ를 구하라. (8.6)

예를 들어, 평면상에 $m+1$개의 데이터 (x_0, y_0), (x_1, y_1), $\cdots$, (x_m, y_m)가 있을 때, 주어진 y-데이터와 거리가 가장 가까운 직선

$$y = p_1(x) = \alpha(x-\overline{x})+\beta, \quad (\text{단, } \overline{x} = \frac{x_0+x_1+\cdots+x_m}{m+1})$$

를 구하는 문제를 생각해보자.

이 문제의 경우 $\sum_{j=0}^{m}(y_j - p_1(x_j))^2$이 최소인 $p_1(x)$를 구하면

$$E(\alpha,\beta):=\sum_{j=0}^{m}(y_j-p_1(x_j))^2=\sum_{j=0}^{m}(y_j-\alpha(x_j-\overline{x})-\beta)^2 \tag{8.7}$$

가 α와 β에 대한 함수로서 최소가 될 필요조건은 임계점이어야 하므로 각각 α와 β에 대해 미분을 취해서 0으로 두면

$$\begin{cases} \alpha\text{에 대해 미분: } 2\sum_{j=0}^{m}(y_j-\alpha(x_j-\overline{x})-\beta)(-(x_j-\overline{x}))=0 \\ \beta\text{에 대해 미분: } 2\sum_{j=0}^{m}(y_j-\alpha(x_j-\overline{x})-\beta)(-1)=0 \end{cases}$$

$$\Rightarrow \begin{cases} \alpha\sum_{j=0}^{m}(x_j-\overline{x})^2+\beta\sum_{j=0}^{m}(x_j-\overline{x})=\sum_{j=0}^{m}(x_j-\overline{x})y_j \\ \alpha\sum_{j=0}^{m}(x_j-\overline{x})+\beta\sum_{j=0}^{m}1=\sum_{j=0}^{m}y_j \end{cases}$$

$$\Rightarrow \begin{bmatrix} \sum_{j=0}^{m}(x_j-\overline{x})^2 & \sum_{j=0}^{m}(x_j-\overline{x}) \\ \sum_{j=0}^{m}(x_j-\overline{x}) & \sum_{j=0}^{m}1 \end{bmatrix}\begin{bmatrix}\alpha \\ \beta\end{bmatrix}=\begin{bmatrix} \sum_{j=0}^{m}(x_j-\overline{x})y_j \\ \sum_{j=0}^{m}y_j \end{bmatrix} \tag{8.8}$$

인 연립방정식을 얻는다. 이 연립방정식을 풀어 근접 직선을 구할 수 있다.

한편 이 문제를 방정식의 문제로 전환하면 $m>1$일 때,

$$p_1(x_j)=y_j, \ (j=0, 1, \cdots, m)$$

로부터 (8.9)의 과결정 시스템이 얻어진다. **과결정 시스템**(over-determined system)은 방정식의 수가 미지수의 수보다 많은 연립방정식을 의미한다.

$\boldsymbol{A}$	$\boldsymbol{x}$	$=$	$\boldsymbol{b}$
$\begin{bmatrix} x_0-\overline{x} & 1 \\ x_1-\overline{x} & 1 \\ \cdots & \cdots \\ x_m-\overline{x} & 1 \end{bmatrix}$	$\begin{bmatrix} \alpha \\ \beta \end{bmatrix}$	$=$	$\begin{bmatrix} y_0 \\ y_1 \\ \cdots \\ y_m \end{bmatrix}$

(8.9)

이때

$$A^tA\boldsymbol{x} = A^t\boldsymbol{b}$$

$$\Rightarrow \begin{bmatrix} x_0-\overline{x} & x_1-\overline{x} \cdots x_m-\overline{x} \\ 1 & 1 \quad \cdots \quad 1 \end{bmatrix} \begin{bmatrix} x_0-\overline{x} & 1 \\ x_1-\overline{x} & 1 \\ \cdots & \cdots \\ x_m-\overline{x} & 1 \end{bmatrix} \begin{bmatrix} \alpha \\ \beta \end{bmatrix} = \begin{bmatrix} x_0-\overline{x} & 1 \\ x_1-\overline{x} & 1 \\ \cdots & \cdots \\ x_m-\overline{x} & 1 \end{bmatrix} \begin{bmatrix} y_0 \\ y_1 \\ \cdots \\ y_m \end{bmatrix}$$

$$\Rightarrow \begin{bmatrix} \sum_{j=0}^{m}(x_j-\overline{x})^2 & \sum_{j=0}^{m}(x_j-\overline{x}) \\ \sum_{j=0}^{m}(x_j-\overline{x}) & \sum_{j=0}^{m}1 \end{bmatrix} \begin{bmatrix} \alpha \\ \beta \end{bmatrix} = \begin{bmatrix} \sum_{j=0}^{m}(x_j-\overline{x})y_j \\ \sum_{j=0}^{m}y_j \end{bmatrix}$$

$$\Rightarrow \alpha = \frac{\sum_{j=0}^{m}(x_j-\overline{x})y_j}{\sum_{j=0}^{m}x_j^2-(m+1)\overline{x}^2}, \quad \beta = \frac{\sum_{j=0}^{m}y_j}{m+1} = \overline{y}.$$

이로서 데이터에 가장 근접한 1차 곡선 $p_1(x) = \alpha(x-\overline{x})+\beta$을 구할 수 있다. 여기서 과결정 시스템 (8.9)에 대해 방정식

$$A^tA\boldsymbol{x} = A^t\boldsymbol{b} \tag{8.10}$$

가 (8.8)과 일치함에 주목하라. 방정식 (8.10)을 과결정 시스템 (8.9)에 대한 **정규방정식**(normal equation)이라고 한다.

예제 8.4 다음 주어진 데이터에 대해서 최소제곱방법을 이용한 최적 직선을 구하라.

x_j	-1	0	1	1	2
y_j	-3	-1	2	3	2

풀이 최적 직선을 $p_1(x) = ax+b$라 두면

$p_1(x_j) = y_j$, $(j=0,\ 1,\ \cdots,\ 4)$로부터 과결정 시스템

$$\begin{bmatrix} -1 & 1 \\ 0 & 1 \\ 1 & 1 \\ 1 & 1 \\ 2 & 1 \end{bmatrix} \begin{bmatrix} a \\ b \end{bmatrix} = \begin{bmatrix} -3 \\ -1 \\ 2 \\ 3 \\ 2 \end{bmatrix}$$

을 얻는다. 이에 대한 정규방정식은

$$\begin{bmatrix} 7 & 3 \\ 3 & 5 \end{bmatrix} \begin{bmatrix} a \\ b \end{bmatrix} = \begin{bmatrix} 12 \\ 3 \end{bmatrix}$$

이고 이를 풀어 $a = 51/26$, $b = -15/26$을 얻는다. 따라서 최적 직선은 $p_1(x) = \frac{51}{26}x - \frac{15}{26}$이다. 데이터와 최적 직선을 예시하면 그림 8.4와 같다.

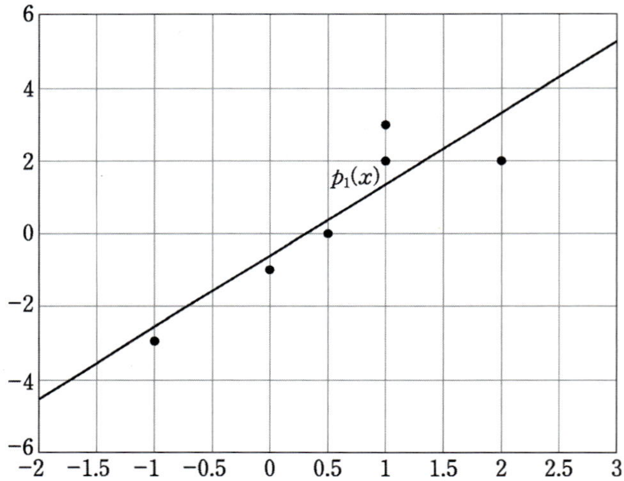

그림 8.4 이산 데이터에 대한 최적 직선

최소제곱문제의 가장 보편적인 유형은 다음과 같이 다항식으로의 최소제곱해를 구하는 것이다.

> 주어진 $m+1$개의 2차원 데이터 (x_0, y_0), (x_1, y_1), $\cdots$, (x_m, y_m)에 대해서
>
> $$\sum_{j=0}^{m} |y_j - p_n(x_j)|^2 \tag{8.11}$$
>
> 을 최소로 하는 n차 다항식 $p_n \in P_n$을 구하라.

(8.11)에서 자료의 해석에 적합하도록 $n < m$이 되도록 택한다.

구하는 n차 다항식을 $p_n(x) = a_0 + a_1 x + a_2 x^2 + \cdots + a_n x^n$이라고 하면 $p_n(x_j) = y_j$, $(j = 0, 1, \cdots, m)$로부터 과결정 시스템

$\boldsymbol{A}$	$\boldsymbol{x}$	$=$	$\boldsymbol{b}$
$\begin{bmatrix} 1 & x_0 & x_0^2 & \cdots & x_0^n \\ 1 & x_1 & x_1^2 & \cdots & x_1^n \\ \vdots & \vdots & \vdots & \cdots & \vdots \\ 1 & x_m & x_m^2 & \cdots & x_m^n \end{bmatrix}$	$\begin{bmatrix} a_0 \\ a_1 \\ \vdots \\ a_n \end{bmatrix}$	$=$	$\begin{bmatrix} y_0 \\ y_1 \\ \vdots \\ y_m \end{bmatrix}$

(8.12)

을 얻는다. 이때 (8.11)에 대한 정규방정식은

$$A^t A\boldsymbol{x} = A^t \boldsymbol{b} \tag{8.13}$$

로 주어지며 정리 8.7로부터 x데이터가 서로 다르면 이 정규방정식의 해는 유일하게 존재하므로 (8.11)에 대한 최소제곱해는 유일하게 결정된다.

한편, 최소화하고자 하는 목표함수를

$$\begin{aligned} E(a_0, a_1, \cdots, a_m) :&= \sum_{j=0}^{m} |y_j - p_n(x_j)|^2 \\ &= \sum_{j=0}^{m} |y_j - (a_0 + a_1 x_j + \cdots + a_m x_j^m)|^2 \end{aligned}$$

로 두고 이를 각 a_k에 대해 미분하면 필요조건

$$\frac{\partial E}{\partial a_k} = -\sum_{j=0}^{m} x_j^k (y_j - (a_0 + a_1 x_j + \cdots + a_m x_j^m)) = 0, \quad (k = 0, 1, \cdots, n)$$

으로부터 계수 $a_0, a_1, \cdots, a_n$에 대한 연립방정식

$$a_0 \sum_{j=0}^{m} x_j^k + a_1 \sum_{j=0}^{m} x_j^{k+1} + \cdots + a_m \sum_{j=0}^{m} x_j^{k+m} = \sum_{j=0}^{m} x_j^k y_j, \quad (k = 0, 1, \cdots, n)$$

이 얻어진다. 이 방정식은 정규방정식 (8.13)과 일치한다.

정리 8.7

$m+1$개 이상의 x데이터 x_j가 서로 다르면 정규방정식 (8.13)의 해는 유일하게 존재한다.

증명 A^tA가 양정치 대칭행렬(positive definite symmetric matrix)임을 보이면 충분하다. A^tA가 대칭행렬임은 자명하다.

이제 $\boldsymbol{c} = (c_0, c_1, \cdots, c_n)^t \neq \boldsymbol{0}$에 대해서 $\boldsymbol{c}^t(A^tA)\boldsymbol{c} = 0$이라고 하면

$$0 = c^t(A^tA)c = (A\boldsymbol{c})^t(A\boldsymbol{c}) = \| A\boldsymbol{c} \|_2^2$$

이므로(여기서 $\| \cdot \|_2$는 2-norm을 나타낸다), $A\boldsymbol{c} = \boldsymbol{0}$이 된다.

이제 $q(x) = c_0 + c_1x + c_2x^2 + \cdots + c_nx^n$을 생각하면 $A\boldsymbol{c} = \boldsymbol{0}$에 의해

$$q(x_j) = 0, \ (j = 0, 1, \cdots, m)$$

이 된다. 이때 서로 다른 x_j가 $m+1$개 이상이므로 이는 $n > m$인 n차 다항식 $q(x)$가 $m+1$개 이상의 근을 갖는다는 것을 의미하므로 모순이 된다. 따라서 A^tA는 양정치인 대칭행렬이므로 방정식 (8.13)은 유일한 해를 갖는다. ■

예제 8.5 예제 8.4의 데이터에 대한 2차 최소제곱해를 구하라.

풀이 최적 2차 다항식을 $p_2(x) = a_0 + a_1x + a_2x^2$라고 하면 $p_2(x_j) = y_j, \ (j = 0, 1, \cdots, 4)$로부터 과결정 시스템

$$\begin{bmatrix} 1 & -1 & 1 \\ 1 & 0 & 0 \\ 1 & 1 & 1 \\ 1 & 1 & 1 \\ 1 & 2 & 4 \end{bmatrix} \begin{bmatrix} a_0 \\ a_1 \\ a_2 \end{bmatrix} = \begin{bmatrix} -3 \\ -1 \\ 2 \\ 3 \\ 2 \end{bmatrix}$$

를 얻고, 이에 대한 정규방정식은

$$\begin{bmatrix} 5 & 3 & 7 \\ 3 & 7 & 9 \\ 7 & 9 & 19 \end{bmatrix} \begin{bmatrix} a_0 \\ a_1 \\ a_2 \end{bmatrix} = \begin{bmatrix} 3 \\ 12 \\ 10 \end{bmatrix}$$

이다. 이를 풀면 $a_0 = 0.06452, \ a_1 = 2.66129, \ a_2 = -0.75806$이므로 구하고자 하는 최적 2차 다항식은

$$p_2(x) = 0.06452 + 2.66129x - 0.75806x^2$$

이고 이 근사 2차 곡선에 의한 최소제곱오차는

$$E = \left(\sum_{j=0}^{4} \left[y_j - (0.06452 + 2.66129x_j - 0.75806\,x_j^2 \right] \right)^{1/2} = 1.56576$$

이다. 자료와 2차 최적곡선을 예시하면 그림 8.5와 같다.

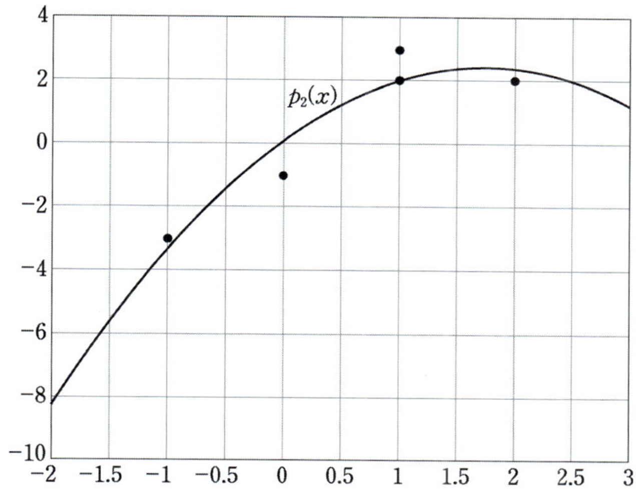

그림 8.5 이산 데이터와 2차 최적 곡선

MATLAB에서는 주어진 데이터에 대한 최적 근사 다항식을 구하기 위해 polyfit을 사용하고, 주어진 점에서의 다항식의 값의 계산을 위해서는 polyval을 사용한다. 예제 8.5를 구현한 결과는 표 8.1과 같다.

표 8.1 최적 2차 근사

x_j	y_j	$p_2(x_j)$	$(y_j - p_2(x_j))^2$
-1.0	-3.0	-3.35484	0.12591
0	-1.0	0.06452	1.13319
1.0	2.0	1.96774	0.00104
1.0	3.0	1.96774	1.06556
2.0	2.0	2.35484	0.12591
			$E = 1.56576$

```
xdat=[-1 0 1 1 2];
ydat=[-3 -1 2 3 2];
p=polyfit(xdat,ydat,2); % 2차 근사다항식
pval=polyval(p,xdat);  % x-데이터에서 근사다항식의 값
```

```
result=[xdat' ydat' pval' (ydat-p_val).^2']
E=sqrt(sum((ydat-pval).^2))   % 최소제곱오차
xx=min(xdat)-1:0.1:max(xdat)+1;
yy=polyval(p,xx);
plot(xdat,ydat,'ro',xx,yy);
grid;
```

이제 위 경우를 연속함수의 경우로 확장해서 연속함수에 대한 최적 근사다항식을 구하는 방법을 알아보자. 2-norm하에서 연속함수에 대한 n차의 최적 다항식을 구하는 문제는 다음과 같다.

> f가 $[a,\ b]$에서 연속인 함수일 때, 가중함수 ω에 대해서
>
> $$\| f - p_n \|_{\omega}^{2} := \int_a^b \omega(x)(f(x) - p_n(x))^2 dx \tag{8.14}$$
>
> 가 최소가 되는 n차 다항식 $p_n \in P_n$을 구하라.

유형 (8.14)를 **연속 최소제곱문제**(the continuous least squares problem)라고 한다.

연속 최소제곱문제에 대한 최적해의 존재성에 대해 살펴보자.
구하고자 하는 n차 최적 다항식을

$$p_n(x) = a_0 + a_1 x + a_2 x^2 + \cdots + a_n x^n$$

이라고 두면, 최소화하고자 하는 목표함수는 $a_0,\ a_1,\ \cdots,\ a_n$의 함수로서

$$\begin{aligned} E(a_0,\ a_1,\ \cdots,\ a_n) &:= \| f - p_n \|_{\omega}^{2} \\ &= \int_a^b \omega(x)(f(x) - (a_0 + a_1 x + a_2 x^2 + \cdots + a_n x^n))^2 dx \end{aligned}$$

로 주어진다. 이를 a_k에 대해 미분하면 필요조건

$$\frac{\partial E}{\partial a_k} = -2\int_a^b \omega(x) x^k (f(x) - \sum_{j=0}^{n} a_j x^j) dx = 0, \quad (k = 0,\ 1,\ \cdots,\ n)$$

으로부터 정규방정식

$$\sum_{j=0}^{n} a_j \int_a^b \omega(x) x^j x^k dx = \int_a^b \omega(x) f(x) x^k dx \tag{8.15}$$

를 얻는다. 이를 내적으로 표현하면 정규방정식은

$$\sum_{j=0}^{n} a_j < x^j,\ x^k >_{\omega} = < f,\ x^k >_{\omega},\quad (k=0,\ 1,\ \cdots,\ n) \tag{8.16}$$

으로 표현된다. 이때 다음과 같이 P_n의 기저를 써서 (8.16)의 계수로 구성된 정규방정식의 시스템 행렬 G를 연속 최소제곱문제 (8.14)에 대한 **Gram 행렬**(Gram matrix)이라고 한다.

$$G = (g_{jk}),\quad g_{jk} = < x^j,\ x^k >_{\omega} \tag{8.17}$$

정리 8.8

연속 최소제곱문제 (8.14)의 해는 유일하게 존재한다.

증명 Gram 행렬 G가 정칙(nonsingular)임을 보이면 정규방정식 (8.16)의 해는 유일하게 존재하므로 증명이 완료된다.

Gram-Schmidt 직교화 과정 (8.4)에 의해서 P_n의 기저를 이루는 각 정규 직교다항식 q_r은

$$q_r(x) = \sum_{j=0}^{r} c_{rj} x^j,\quad (r=0,\ 1,\ \cdots,\ n)$$

으로 표현되므로, $c_{rj}=0,\ (j=r+1,\ \cdots,\ n)$으로 확장해서 행렬 $C=(c_{rj})$를 구성하면 q_r의 정규직교성으로부터

$$\begin{aligned}\delta_{rs} &= < q_r, q_s >_{\omega} = < \sum_{j=0}^{r} c_{rj} x^j,\ \sum_{k=0}^{s} c_{sk} x^k >_{\omega} \\ &= \sum_{j=0}^{n} \sum_{k=0}^{n} c_{rj} < x^j,\ x^k >_{\omega} c_{sk} = \sum_j \sum_k c_{rj} g_{jk} c_{sk}\end{aligned}$$

가 되어 이 식은 $I = CGC^t$의 형태를 갖는다. 따라서 C와 G는 같은 크기의 정방행렬이므로 G는 정칙 행렬이다. ■

예제 8.6 함수 $f(x)=x\sin(\pi x)$에 대해서 $\int_0^1 |f(x)-p_2(x)|^2\,dx$가 최소가 되는 2차 다항식 p_2를 구하라.

풀이 $p_2(x)=a_0+a_1x+a_2x^2$라고 하자.

$\omega(x)=1$에 대해서 내적을 $<f,\ g>:=\int_0^1 f(x)g(x)\,dx$로 정의하면

$$
\begin{aligned}
<x^j,\ x^k> &= \int_0^1 x^{j+k}\,dx = \frac{1}{j+k+1},\\
<f,\ 1> &= \int_0^1 x\sin\pi x\,dx = \frac{1}{\pi},\\
<f,\ x> &= \int_0^1 x^2\sin\pi x\,dx = \frac{\pi^2-4}{\pi^3},\\
<f,\ x^2> &= \int_0^1 x^3\sin\pi x\,dx = \frac{\pi^2-6}{\pi^3}
\end{aligned}
$$

이므로 (8.16)에 의해 정규방정식은

$$
\begin{bmatrix} 1 & \frac{1}{2} & \frac{1}{3} \\ \frac{1}{2} & \frac{1}{3} & \frac{1}{4} \\ \frac{1}{3} & \frac{1}{4} & \frac{1}{5} \end{bmatrix}
\begin{bmatrix} a_0 \\ a_1 \\ a_2 \end{bmatrix}
=
\begin{bmatrix} \frac{1}{\pi} \\ \frac{\pi^2-4}{\pi^3} \\ \frac{\pi^2-6}{\pi^3} \end{bmatrix}
$$

이 된다. 이를 풀면

$$a_0 \approx -0.20613,\ a_1 \approx 2.42304,\ a_2 \approx -2.06126$$

이 되어, 2차 최적 다항식은

$$p_2(x) = -0.20613 + 2.42304x - 2.06126x^2$$

이다(그림 8.6 참조).

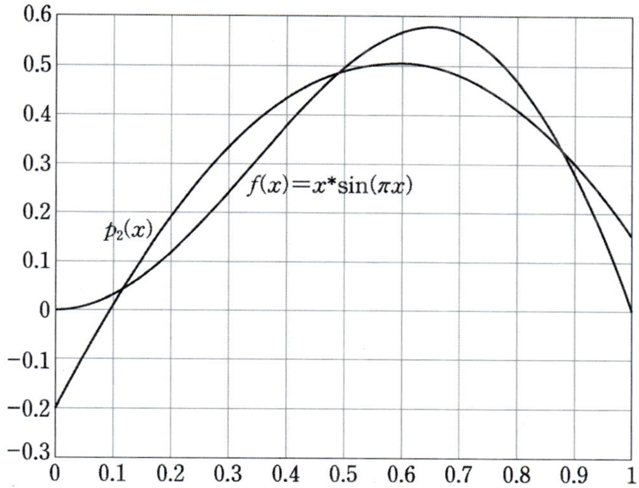

그림 8.6 연속함수에 대한 2차 최적 곡선

일반적으로 가중함수가 $\omega(x)=1$이면 구간 $[0,\ 1]$에서 (8.17)에 의해 Gram 행렬 G는

$$g_{jk}=\ <x^j,\ x^k>\ =\int_0^1 x^{j+k}\,dx=\frac{1}{j+k+1},\ (j,\ k=0,\ 1,\ \cdots,\ n)$$

인 $(n+1)\times(n+1)$인 **Hilbert 행렬**(Hilbert matrix)이다.

Hilbert 행렬은 비정칙이지만 n이 증가할 때 조건수가 급격히 증가하므로 정규방정식 (8.16)의 해는 매우 불안정하게 된다. 아울러 이에 따른 Gram 행렬 G는 모든 원소가 0이 아닌 꽉 찬 행렬이고, 최적 다항식 p_n의 계산 결과를 p_{n+1}을 산정하는데 활용하지 못하는 결함이 있다. 이는 P_n의 기저를 $\{1,\ x,\ x^2,\ \cdots,\ x^n\}$으로 택한 데 그 이유가 있다.

이러한 점을 보완하기 위해 정리 8.4의 Gram-Schmidt 직교화 과정에 의한 정규직교다항식 $\{q_j \in P_j\,|\,j=0,\ 1,\ 2,\ \cdots,\ n\}$을 최적화에 대한 기저함수로 사용해서 n차 다항식을

$$p_n(x)=a_0q_0(x)+a_1q_1(x)+a_2q_2(x)+\ \cdots\ +a_nq_n(x)$$

로 나타내면 정규방정식에 대한 Gram 행렬 $G=(g_{jk})$는

$$g_{jk}=<q_j,\ q_k>_\omega=\delta_{jk}=\begin{cases}1, & (j=k)\\ 0, & (j\neq k)\end{cases} \tag{8.18}$$

가 되어 다항식의 계수는

$$a_j\ =\ <f,\ q_j>_\omega,\quad (j=0,\ 1,\ 2,\ \cdots,\ n)$$

로 유일하게 결정된다.

혼선을 피하기 위하여 이러한 계수를 갖는 n차 다항식을

$$p_n^*(x) = \sum_{j=0}^{n} < f,\ q_j >_\omega q_j(x) \tag{8.19}$$

으로 표기하자.

정리 8.9

f가 $[a, b]$에서 연속이면 (a, b)상에서 양인 가중함수 ω에 대해

$$\| f - p_n^* \|_\omega^2 = \min_{p \in P_n} \| f - p \|_\omega^2$$

인 2-norm에 대한 n차 최적다항식 p_n^*가 유일하게 존재한다.

증명 $p_n^*(x) = \sum_{j=0}^{n} < f,\ q_j >_\omega q_j(x)$의 유일성은 위에서 확인되었으므로 p_n^*가 최적다항식임을 보이면 충분하다. 먼저 $f - p_n^*$가 P_n에 수직임을 보이자.

P_n의 정규 직교기저 q_k에 대해서

$$\begin{aligned} < f - p_n^*,\ q_k >_\omega &= < f - \sum_{j=0}^{n} < f,\ q_j >_\omega q_j,\ q_k >_\omega \\ &= < f,\ q_k >_\omega - \sum_{j=0}^{n} < f,\ q_j >_\omega < q_j,\ q_k >_\omega \\ &= < f,\ q_k >_\omega - \sum_{j=0}^{n} < f,\ q_j >_\omega \delta_{jk} \end{aligned}$$

이므로

$$< f - p_n^*,\ q_k >_\omega = 0,\ \ (k = 0,\ 1,\ \cdots,\ n)$$

이 되어 $f - p_n^*$는 P_n에 수직을 이룬다.

이제 임의의 n차 다항식 p에 대해

$$< f - p_n^*,\ p_n^* - p >_\omega = 0$$

이고,

$$\| f - p \|_\omega^2 = \| (f - p_n^*) + (p_n^* - p) \|_\omega^2$$

$$= \| f - p_n^* \|_\omega^2 + 2 < f - p_n^*, \ p_n^* - p >_\omega + \| p_n^* - p \|_\omega^2$$
$$= \| f - p_n^* \|_\omega^2 + \| p_n^* - p \|_\omega^2$$

이므로

$$\| f - p_n^* \|_\omega^2 \le \| f - p \|_\omega^2, \ (\forall p \in P_n)$$

이다.

따라서 (8.19)의 p_n^*는 최소제곱문제에 대한 유일한 n차 최적다항식이다. ■

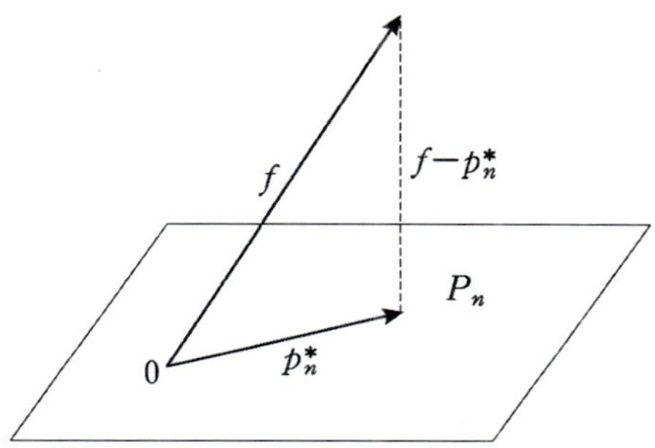

그림 8.7 연속 최적 근사다항식

정리 8.9의 직접적인 결과로서 연속함수 f에 관한 최적다항식 p_n^*에 대해 다음 결과를 얻는다.

보조정리 8.10

f가 $[a, b]$에서 연속인 함수이면 다음 부등식이 성립한다.

$$\| p_n^* \|_\omega^2 = \sum_{j=0}^{n} | < f, \ q_j >_\omega |^2 \le \| f \|_\omega^2 \qquad (8.20)$$

증명 $< q_j, \ q_k >_\omega = \delta_{jk}$이므로

$$< f - \sum_{j=0}^{n} < f, \ q_j >_\omega q_j, \ q_k >_\omega = 0, \ (k = 0, \ 1, \ \cdots, \ n).$$

따라서

$$\| f \|_\omega^2 = \| f - \sum_{j=0}^{n} < f, \ q_j >_\omega q_j + \sum_{j=0}^{n} < f, \ q_j >_\omega q_j \|_\omega^2$$

$$= \| f - \sum_{j=0}^{n} < f, q_j >_\omega q_j \|_\omega^2 + \| \sum_{j=0}^{n} < f, q_j >_\omega q_j \|_\omega^2$$

$$\geq \| \sum_{j=0}^{n} < f, q_j >_\omega q_j \|_\omega^2 = \sum_{j=0}^{n} | < f, q_j >_\omega |^2$$ ■

부등식 (8.20)을 **Bessel 부등식**(Bessel's inequality)이라고 한다.

Gram-Schmidt 직교화 과정에 의한 직교다항식 $p_j \in P_j$를 쓰면 정규다항식은 $q_j = \dfrac{p_j}{\| p_j \|_\omega}$이므로 연속 최소제곱문제에 대한 n차 최적다항식은

$$p_n^*(x) = \sum_{j=0}^{n} \frac{< f, p_j >_\omega}{\| p_j \|_\omega^2} p_j(x) \tag{8.21}$$

로 쓸 수 있다. 이때 직교다항식 p_j를 구하기 위해 정리 8.5의 3항 점화식을 이용한다.

예제 8.7 함수 $f(x) = x \sin(\pi x)$, $-1 \leq x \leq 1$에 대해 Legendre 직교다항식을 이용하여 최소제곱문제에 대한 4차 최적다항식을 구하여라.

풀이 예제 8.3에 의해 3항 점화식에 의한 4차까지의 Legendre 직교다항식은

$$p_0(x) = 1;\ p_1(x) = x;\ p_2(x) = x^2 - \frac{1}{3};$$

$$p_3(x) = x^3 - \frac{3}{5}x;\ \ p_4(x) = x^4 - \frac{6}{7}x^2 + \frac{3}{35}$$

이다.

구간 $[-1, 1]$에서 f가 짝함수이고, p_1과 p_3가 홀함수이므로 fp_1과 fp_3는 각각 홀함수가 되어 $< f, p_1 > = < f, p_3 > = 0$이 되고, fp_0, fp_2와 fp_4는 짝함수이므로 각 계수를 계산하면

$$< f, p_0 > = 2\int_0^1 x \sin \pi x dx = \frac{2}{\pi} \approx 0.63661977$$

$$< f, p_2 > = \int_{-1}^{1} f(x) p_2(x) dx = 2\int_0^1 f(x) p_2(x) dx$$

$$= \frac{4}{3} \frac{\pi^2 - 9}{\pi^3} \approx 0.03739477$$

$$< f, p_4 > = 2\int_0^1 f(x) p_4(x) dx = \frac{16}{35} \frac{\pi^4 - 65\pi^2 + 525}{\pi^5}$$

$$\approx -0.02855494$$

이다. 따라서 4차 최적 근사 다항식은

$$\| p_0 \|^2 = 2, \quad \| p_2 \|^2 = \frac{8}{45}, \quad \| p_4 \|^2 = 0.01160998$$

이므로

$$\begin{aligned} p_4^*(x) &= \frac{< f, p_0 >}{\| p_0 \|^2} p_0(x) + \frac{< f, p_2 >}{\| p_2 \|^2} p_2(x) + \frac{< f, p_4 >}{\| p_4 \|^2} p_4(x) \\ &\approx 0.31830989 + 0.21034557\left(x^2 - \frac{1}{3}\right) - 2.45951761\left(x^4 - \frac{6}{7}x^2 + \frac{3}{35}\right) \end{aligned}$$

이고, 이때의 오차는

$$\| f - p_4^*(x) \|^2 = \int_{-1}^{1} |x \sin(\pi x) - p_4^*(x)|^2 dx \approx 0.00193316$$

이다.

마지막으로 마디점이 서로 다른 이산 데이터에 대한 최소제곱문제를 살펴보자.

$x_0,\ x_1,\ x_2,\ \cdots,\ x_m$이 구간 $[a,\ b]$에서 주어진 서로 다른 마디점이고, ω_j를 각 마디점 x_j에 대한 가중치라고 하면 $m+1$개의 데이터 $\{(x_j,\ y_j)\}$에 대한 최소제곱문제는 다음과 같다.

> $x_0,\ x_1,\ x_2,\ \cdots,\ x_m$이 구간 $[a,\ b]$에서 주어진 서로 다른 마디점일 때,
> 가중치 $\omega_j > 0, (j = 0, 1, \cdots, m)$에 대해서
>
> $$\sum_{j=0}^{m} \omega_j |y_j - p_n(x_j)|^2 \tag{8.22}$$
>
> 을 최소로 하는 n차 다항식 $p_n \in P_n$을 구하라.

$n < m$이면 정리 8.7에 의해 (8.22)의 해는 유일하게 존재한다.

마디점이 서로 다른 이산 데이터에 대한 최적 근사 다항식을 구하는 과정은 연속 최소제곱문제의 경우와 유사한 과정을 거쳐 해결할 수 있다. 먼저 마디점이 서로 다르므로 y데이터를 $[a,\ b]$상에서 연속인 함수 f로부터 얻어진 것으로 간주하여

$$y_j = f(x_j), \quad (j = 0,\ 1,\ \cdots,\ m)$$

으로 설정하면 가중벡터 $\tilde{\omega}=(\omega_0, \omega_1, \cdots, \omega_m)$에 대해

$$< f, g >_{\tilde{\omega}} := \sum_{j=0}^{m} \omega_j f(x_j) g(x_j) \tag{8.23}$$

은 R^{m+1}에서 내적을 이룬다.

그러면 (8.22)에 대한 최적 근사 다항식은 연속 최소제곱문제와 마찬가지 방식으로 이 내적에 대해 직교다항식을 구함으로서 유도할 수 있다.

앞에서 논의한 바와 같이 마디점이 서로 다른 데이터나 연속함수에 대한 최소제곱문제의 최적해는 다음과 같은 과정을 통해 결정할 수 있다.

최적근사 알고리즘

(1) (직교다항식 구하기) 적절한 내적 $<, >_{\omega}$에 대해 3항 점화식을 이용하여 직교다항식 $\{p_j \in P_j | j=0, 1, 2, \cdots, n\}$을 구한다.

(2) (계수 계산) 각 $j=0, 1, \cdots, n$에 대해 $< f, p_j >_{\omega}$를 계산한다.

(3) (최적해 설정) 최적해로 $p_n^*(x) = \sum_{j=0}^{n} \frac{< f, p_j >_{\omega}}{\| p_j \|_{\omega}^2} p_j(x)$를 설정한다.

예제 8.8 다음과 같이 주어진 데이터의 최소제곱문제에 대한 2차 최적 근사다항식을 구하라.

x_j	0	$\frac{1}{3}$	$\frac{2}{3}$	1
y_j	1	2	4	6

풀이 마디점이 서로 다르므로 $f(x_j)=y_j$, $(j=0, 1, 2, 3)$이라 하고, R^4에서의 내적을 $< f, g >:= \sum_{j=0}^{3} f(x_j) g(x_j)$로 설정한다.

[1단계] 내적하에서 2차까지의 직교다항식 $p_0(x)$, $p_1(x)$, $p_2(x)$를 구한다. 먼저 3항 점화식에 의해 $p_0(x)=1$로 설정하고, $p_1(x)=x-c_1$로 두면

$$c_1 = \frac{< xp_0, p_0 >}{\| p_0 \|^2} = \frac{\sum_{j=0}^{3} x_j}{\sum_{j=0}^{3} 1} = \frac{1}{2}$$

로부터 $p_1(x) = x - \frac{1}{2}$ 이다.

다음, $p_2(x) = (x - c_2)p_1(x) - d_2 p_0(x)$이고

$$c_2 = \frac{< xp_1,\ p_1 >}{\| p_1 \|^2} = \frac{\sum_{j=0}^{3} x_j \left(x_j - \frac{1}{2}\right)^2}{\sum_{j=0}^{3} \left(x_j - \frac{1}{2}\right)^2} = \frac{\frac{5}{18}}{\frac{5}{9}} = \frac{1}{2},$$

$$d_2 = \frac{\| p_1 \|^2}{\| p_0 \|^2} = \frac{\frac{5}{9}}{4} = \frac{5}{36}$$

이므로 $p_2(x) = \left(x - \frac{1}{2}\right)^2 - \frac{5}{36} = x^2 - x + \frac{1}{9}$ 이다.

[2단계] 2차 최적 다항식의 계수와 직교다항식의 norm을 구한다.

$$< f,\ p_0 > \ = \sum_{j=0}^{3} y_j = 13,\quad \| p_0 \|^2 = 4,$$

$$< f,\ p_1 > \ = \sum_{j=0}^{3} y_j \left(x_j - \frac{1}{2}\right) = -\frac{1}{6},\quad \| p_1 \|^2 = \frac{5}{9},$$

$$< f,\ p_2 > \ = \sum_{j=0}^{3} y_j \left(x_j^2 - x_j + \frac{1}{9}\right) = \frac{1}{9},$$

$$\| p_2 \|^2 = \sum_{j=0}^{3} \left(x_j - x_j + \frac{1}{9}\right)^2 = \frac{4}{81}$$

[3단계] 2차 최적다항식 $p_2^*(x)$를 설정한다.

$$\begin{aligned} p_2^*(x) &= \frac{< f,\ p_0 >}{\| p_0 \|^2} p_0(x) + \frac{< f,\ p_1 >}{\| p_1 \|^2} p_1(x) + \frac{< f,\ p_2 >}{\| p_2 \|^2} p_2(x) \\ &= \frac{13}{4}(1) + \frac{\left(\frac{-1}{6}\right)}{\left(\frac{5}{9}\right)} \left(x - \frac{1}{2}\right) + \frac{\left(\frac{1}{9}\right)}{\left(\frac{4}{81}\right)} \left(x^2 - x + \frac{1}{9}\right) \\ &= \frac{13}{4} - \frac{3}{10}\left(x - \frac{1}{2}\right) + \frac{9}{4}\left(x^2 - x + \frac{1}{9}\right) \end{aligned}$$

연습문제 8.2 EXERCISE

1. 다음 데이터에 대한 1차, 2차, 3차 최적 곡선을 구하여라.

x	1	2	3	4	5
y	1	3	4	6	5

2. 다음 데이터는 $f(x)=\cos(1/x)$로부터 구한 자료이다. 이 데이터에 대한 3차 최적 다항식과 4차 보간 다항식을 구하고 $f(x)$의 그래프와 비교하여라.

x_j	0.1	0.3	0.5	0.7	0.9
y_j	−0.83907	−0.98167	−0.41615	0.141746	0.44367

3. 주어진 자료 $\{(x_j, y_j) \mid j=0, 1, \cdots, n\}$에 대해

$$\sum_{j=0}^{n}[y_j-(a\cos x_j+b\sin x_j)]^2$$

을 최소로 하는 a와 b를 구하여라.

4. (8.23)이 R^{m+1}에서 내적을 이룸을 보여라.

5. 마디점 $x_0=-1,\ x_1=-\frac{1}{2},\ x_2=0,\ x_3=\frac{1}{2},\ x_4=1$에 대해 내적이

$$< f, g >:=\sum_{j=0}^{4}f(x_j)g(x_j)$$

로 주어져 있다.

(1) $p_0(x)=1,\ p_1(x)=x,\ p_2(x)=x^2-\frac{1}{2}$는 주어진 내적하에서 직교다항식을 이룸을 보여라.

(2) 주어진 내적하에서 2차 최적 근사 다항식을 구하라.

6. 함수 $f(x)=e^x$에 대해서 $\int_{-1}^{1}|f(x)-p_2(x)|^2\,dx$가 최소가 되는 2차 다항식 $p_2(x)$를 구하라.

7. 주어진 함수 $f(x)=\ln(1+x)$에 대해

$$x_j = -1+(0.2)j,\ y_j=f(x_j),\ (j=0,\ 1,\ \cdots,\ 20)$$

라고 하자. 데이터 $\{(x_j,\ y_j)\,|\,j=0,\ 1,\ \cdots,\ 20\}$에 대해

$$\sum_{j=0}^{20}(y_j-p_2(x_j))^2$$

을 최소로 하는 2차 다항식 $p_2(x)=a_0+a_1x+a_2x^2$를 구하려고 한다.

다음 과정을 프로그램에 반영하여 해 $p_2(x)$를 구하고 그 그래프를 데이터와 함께 그려라.

(1) 과결정 시스템에 대한 21×3 행렬 A를 생성한다.

(2) $\boldsymbol{x}=(a_0,\ a_1,\ a_2)^t$와 $\boldsymbol{b}=(y_0,\ y_1,\ \cdots,\ y_{20})^t$에 대해 정규방정식 $A^tA\boldsymbol{x}=A^t\boldsymbol{b}$을 형성한다.

(3) $A^tA=G^tG$인 A^tA의 Cholesky 분해 G를 구한다.

(4) $G^tG\boldsymbol{x}=A^t\boldsymbol{b}$를 전치와 후치대입법으로 푼다.

8. 구간 $[-1,\ 3]$에서 $f(x)=\ln(x+2)$이고, 가중함수 $\omega(x)=1$이라고 하자.

(1) $\{1,\ x,\ x^2\}$에 Gram-Schmidt 직교화 과정을 적용하여 직교다항식 $\{p_0,\ p_1,\ p_2\}$과 정규직교다항식 $\{q_0,\ q_1,\ q_2\}$를 구하라.

(2) 다음 Bessel 부등식이 성립하는지 검증하라.

$$\sum_{j=0}^{2}|<f,\ q_j>|^2\le\|f\|^2$$

(3) 다음 연속 최소제곱문제의 2차 최적해 $p_2^*(x)$를 구하라.

$$\|f-p_2^*\|^2=\min_{p_2\in P_2}\int_{-1}^{3}(f(x)-p_2(x))^2dx$$

(4) 함수 $f(x)$와 $p_2^*(x)$의 그래프를 함께 그려 비교하라.

9. 관측이나 측정에서 드러난 실험 자료의 분석을 위해 다항식으로 적합 곡선을 나타내는 것보다 비선형 함수로 나타내는 것이 더 바람직할 때가 있다. 예를 들면, 자료를 관찰한 결과 자료에 대한 적합 곡선을 $y=ae^{bx}$ 형태의 지수함수로 나타내는 것이 타당하다고 판단

될 경우에도 다음과 같이 선형화 기법을 통해 최적 근사곡선을 구할 수 있다.

양변에 log를 취하면 $\ln y = \ln a + bx$이므로, 여기서 $z = \ln y$, $\alpha = \ln a$, $\beta = b$로 두면 $z = \alpha + \beta u$가 되어 x와 z좌표축에서 직선의 방정식이 된다. 따라서 주어진 데이터를 $(x_j, \ln y_j)$의 형태로 바꾼 후 직선에 대한 최소제곱방법을 이용하여 계수 α와 β를 구한다. 그러면 $a = e^{\alpha}$와 $b = \beta$에 대해서 자료에 대한 최적근사해 $y = ae^{bx} = e^{\alpha + \beta x}$를 구할 수 있다.

다음 주어진 자료에 대한 $y = ae^{bx}$형태의 최적근사해를 구하여라.

x_j	-1	0	1	1	2	3
y_j	0.5	1.2	1.5	2.0	4.2	10

10. 다음에 주어진 데이터를 $y = Ae^{-ax} + Be^{-bx}$의 형태의 함수로 최적 근사시키려고 한다. 상수 A, B와 a, b를 구하여라.

x_j	0.4	0.5	0.6	0.7	0.8	0.9	1.0
y_j	2.32	2.03	1.78	1.56	1.38	1.21	1.08

11. $\int_0^{\frac{\pi}{2}} (p_2(x) - \cos x)^2 \, dx$를 최소로 하는 2차 다항식 $p_2(x)$를 구하여라.

8.3 Chebyshev 다항식과 최적근사

구간 $(-1, 1)$에서 가중함수 $\omega(x)=\dfrac{1}{\sqrt{1-x^2}}$에 대한 직교다항식을 **Chebyshev 다항식** (Chebyshev polynomial)이라고 한다. Chebyshev 다항식은 데이터에 대한 최적 근사 다항식을 추정하거나 보간 오차를 최소화하는 마디점의 설정 등 여러 목적에 유용하게 이용된다. Chebyshev 다항식은 Gram-Schmidt 직교화 과정을 통해서도 구할 수 있지만 간단한 생성함수를 통해서 쉽게 유도할 수 있다.

Chebyshev 다항식의 생성함수는 다음과 같다.

$$T_n(x)=\cos(n\arccos x),\quad -1\le x\le 1,\ (n=0,\ 1,\ 2,\ \cdots) \tag{8.24}$$

T_n은 다항식의 표현을 하고 있지 않지만 차수가 n인 다항식임에 주목하라.

먼저 (8.24)에 $n=0$과 $n=1$을 대입하면

$$T_0(x)=1,\quad T_1(x)=x$$

임에 주목한다. 다음

$$\theta=\arccos x,\ (0\le\theta\le\pi)$$

로 변수치환을 하면 $x=\cos\theta$가 되어 $T_n(\theta)=\cos(n\theta)$가 되고

$$T_{n+1}(\theta)=\cos((n+1)\theta)=\cos(n\theta)\cos(\theta)-\sin(n\theta)\sin(\theta),$$
$$T_{n-1}(\theta)=\cos((n-1)\theta)=\cos(n\theta)\cos(\theta)+\sin(n\theta)\sin(\theta)$$

로부터

$$T_{n+1}(\theta)=2\cos(n\theta)\cos(\theta)-T_{n-1}(\theta)$$

를 얻는다.

이 식을 다시 변수 x로 환원하면 다음 **Chebyshev 다항식의 3항 점화식**을 구할 수 있다.

$$T_0(x)=1;\ T_1(x)=x;$$
$$T_{n+1}(x)=2x\,T_n(x)-T_{n-1}(x),\quad (n=1,\ 2,\ \cdots) \tag{8.25}$$

3항 점화식 (8.25)에 의해 T_n은 n차 다항식이고 최고차항의 계수가 2^{n-1}임을 알 수 있다. Chebyshev 다항식의 처음 몇 항을 열거하면

$$\begin{aligned} T_2(x) &= 2x\,T_1(x) - T_0(x) = 2x^2 - 1, \\ T_3(x) &= 2x\,T_2(x) - T_1(x) = 4x^3 - 3x, \\ T_4(x) &= 2x\,T_3(x) - T_2(x) = 8x^4 - 8x^2 + 1, \\ T_5(x) &= 2x\,T_4(x) - T_3(x) = 16x^5 - 20x^3 + 5x \end{aligned}$$

이고, 이에 대한 그래프는 그림 8.8과 같다.

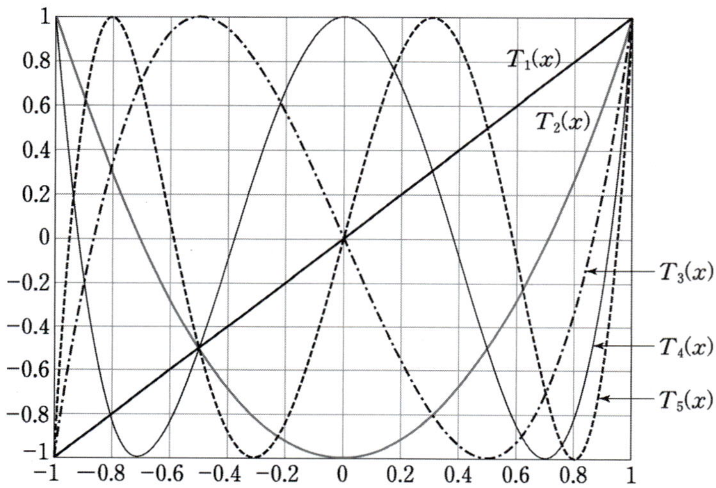

그림 8.8 Chebyshev 다항식

Chebyshev 다항식은 위와 같이 3항 점화식 (8.25)를 통해서 점진적으로 유도해 나갈 수 있지만 Chebyshev에 의한 멱급수 전개 등 여러 응용과제를 해결하기 위해서 다음과 같이 행렬로 구성하는 것이 편리하다.

j차 다항식 $T_j(x)$를

$$T_j(x) = T_{0,j} + T_{1,j}\,x + T_{2,j}\,x^2 + \cdots + T_{j,j}x^j \tag{8.26}$$

로 표현하면, 3항 점화식 (8.25)로부터

$$\begin{aligned} T_j(x) &= 2x\,T_{j-1}(x) - T_{j-2}(x) \\ &= 2x(T_{0,j-1} + T_{1,j-1}x + \cdots + T_{j-1,j-1}x^{j-1}) \end{aligned}$$

$$- (T_{0,j-2} + T_{1,j-2}x + \cdots + T_{j-2,j-2}x^{j-2})$$
$$= -T_{0,j-2} + (2T_{0,j-1} - T_{1,j-2})x + (2T_{1,j-1} - T_{2,j-2})x^2 + \cdots$$

이므로 (8.26)의 계수와 비교하여

$$T_{0,j} = -T_{0,j-2}$$

와

$$T_{k,j} = 2T_{k-1,j-1} - T_{k,j-2} \quad (k = 1,\ 2,\ \cdots,\ n)$$

을 얻는다. 이를 반영하면 n차까지의 Chebyshev 다항식의 계수는 크기가 $(n+1)\times(n+1)$인 **Chebyshev 행렬** $T = (T_{k,j})$에 열별로 저장된다.

다음은 이러한 사항을 반영하여 Chebyshev 행렬을 구현한 프로그램이다.

```
function T=chebymatrix(n)
T=zeros(n+1);
T(1,1)=1;
T(2,2)=1;
for j=3:n+1
    T(1,j)=-T(1,j-2);
    for k=2:n+1
        T(k,j)=2*T(k-1,j-1)-T(k,j-2);
    end
end
```

예를 들어 5차까지의 Chebyshev 다항식의 계수는 T=chebymatrix(5)에 의해 다음과 같이 오름차순의 상부삼각행렬로 저장된다.

$$T = \begin{bmatrix} 1 & 0 & -1 & 0 & 1 & 0 \\ 0 & 1 & 0 & -3 & 0 & 5 \\ 0 & 0 & 2 & 0 & -8 & 0 \\ 0 & 0 & 0 & 4 & 0 & -20 \\ 0 & 0 & 0 & 0 & 8 & 0 \\ 0 & 0 & 0 & 0 & 0 & 16 \end{bmatrix}$$

T_n의 그래프를 통해서 구간 $[-1, 1]$에서 T_n의 치역은 $[-1, 1]$이고, T_{2n}은 짝함수, T_{2n-1}은 홀함수임을 알 수 있다. T_n의 직교성에 대해 알아보자.

정리 8.11

T_n은 구간 $(-1, 1)$에서 $\omega(x)=\dfrac{1}{\sqrt{1-x^2}}$에 대해 직교다항식이다.

증명 적분

$$\int_{-1}^{1}\frac{T_n(x)T_m(x)}{\sqrt{1-x^2}}dx=\int_{-1}^{1}\frac{\cos(n\arccos x)\cos(m\arccos x)}{\sqrt{1-x^2}}dx$$

에서 $x=\cos\theta$로 치환을 하면 $d\theta=-\dfrac{1}{\sqrt{1-x^2}}dx$이고 적분구간은 π에서 0으로 변하므로

$$\begin{aligned}\int_{-1}^{1}\frac{T_n(x)T_m(x)}{\sqrt{1-x^2}}dx&=-\int_{\pi}^{0}\cos(n\theta)\cos(m\theta)d\theta\\&=\int_{0}^{\pi}\cos(n\theta)\cos(m\theta)\,d\theta\end{aligned}$$

가 된다. 이때 $n\neq m$이면

$$\cos(n\theta)\cos(m\theta)=\frac{1}{2}[\cos(n+m)\theta+\cos(n-m)\theta]$$

에 의해 적분은 0이 되고, $n=m$이면

$$\cos^2(n\theta)=\frac{1}{2}[\cos(2n\theta)+1]$$

에 의해 적분은 $\dfrac{\pi}{2}$가 된다. 즉,

$$<T_n,\ T_m>_{\omega}=\int_{-1}^{1}\frac{T_n(x)T_m(x)}{\sqrt{1-x^2}}dx=\begin{cases}0, & (n\neq m)\\ \dfrac{\pi}{2}, & (n=m)\end{cases}$$

이 되어 정리가 성립한다. ■

Chebyshev 다항식은 보간 다항식의 최적화를 위한 마디점의 선정과 오차의 한계를 설정하는데 중요한 역할을 한다.

먼저 Chebyshev 다항식의 근과 극값에 대해 살펴보자.

정리 8.12

$T_n(x)$는 구간 $[-1, 1]$에서 n개의 단순근

$$x_j = \cos\frac{(2j+1)}{2n}\pi, \quad (j=0, 1, 2, \cdots, n-1) \tag{8.27}$$

을 갖고, T_n은

$$t_j = \cos\left(\frac{j\pi}{n}\right), \quad (j=0, 1, 2, \cdots, n) \tag{8.28}$$

에서 극값

$$T_n(t_j) = (-1)^j, \quad (j=0, 1, 2, \cdots, n) \tag{8.29}$$

을 갖는다.

증명 $x=\cos\theta$로 치환하면 $T_n(\theta)=\cos(n\theta)$이고, 모든 정수 j에 대해 $\cos\left(j+\frac{1}{2}\right)\pi = 0$이므로 $n\theta = \left(j+\frac{1}{2}\right)\pi$이라 두고 $0 \le \theta \le \pi$임을 고려하면

$$\theta = \left(\frac{2j+1}{2n}\right)\pi, \quad (j=0, 1, 2, \cdots, n-1)$$

에서 $T_n(\theta)=0$이 된다. 따라서 이를 x변수로 환원하면 (8.27)이 주어진다.

이때 $T_n(x)$가 n차 다항식이므로 (8.27)은 $T_n(x)$의 모든 근이며, 이 근이 단순근이고 구간 $[-1, 1]$에 놓임은 자명하다.

한편, $T_n(\theta)=\cos(n\theta)$는 $n\theta = j\pi$에서 극값 $(-1)^j$를 가지므로

이에 대응하는 변수를 $t_j = \cos\left(\frac{j\pi}{n}\right)$로 두면 T_n의 극값은

$$T_n(t_j) = (-1)^j;\ t_j = \cos\left(\frac{j\pi}{n}\right), \quad (j=0, 1, 2, \cdots, n)$$

이다. ■

정리 8.12의 직접적인 결과로서 $|T_n(x)| \le 1,\ (-1 \le x \le 1)$임을 알 수 있다.

이제 구간 $[-1, 1]$에서 ∞-norm을 최소로 하는 최고차항의 계수가 1인 $n+1$차 다항식을 구하는 문제를 생각해 보자.

정리 8.13

구간 $[-1, 1]$에서 ∞-norm을 최소로 하는 최고차항의 계수가 1인 $n+1$차 다항식은 $\frac{1}{2^n}T_{n+1}(x)$이다.

증명

$$q(x) := \frac{1}{2^n}T_{n+1}(x)$$

이라 두면 q는 최고차 항의 계수가 1인 $n+1$차 다항식이고, 정리 8.12에 의해 $\| q \|_\infty = \frac{1}{2^n}$이다.

최고차항의 계수가 1인 어떤 $n+1$차 다항식 $p(x)$에 대해서

$$\| p \|_\infty < \| q \|_\infty = \frac{1}{2^n}$$

이 성립한다고 가정하자. $r(x) := q(x) - p(x)$라 두면 p와 q가 둘 다 x^{n+1}항의 계수가 1이므로 r은 기껏해야 n차 다항식이다.

(8.28)과 (8.29)에 의해

$$T_{n+1}(t_j) = (-1)^j;\ \ t_j = \cos\left(\frac{j\pi}{n+1}\right),\ \ (j = 0,\ 1,\ 2,\ \cdots,\ n+1)$$

이고, 가정에 의해 모든 $-1 \le x \le 1$에 대해 $|p(x)| < \frac{1}{2^n}$이므로

$$r(t_j) = q(t_j) - p(t_j) = \frac{1}{2^n}(-1)^j - p(t_j),\ (j = 0,\ 1,\ 2,\ \cdots,\ n+1)$$

은 부호가 차례로 교대하게 된다. 따라서 r은 다항식으로서 연속이므로 중간값 정리에 의해 r은 적어도 $n+1$개의 근을 갖게 된다. 그러나 r은 기껏해야 n차 다항식이므로 이는 불가능하다. 따라서 최고차항의 계수가 1인 모든 $n+1$차 다항식 p에 대해

$$\frac{1}{2^n} = \left\| \frac{1}{2^n} T_{n+1} \right\|_\infty \leq \| p \|_\infty$$

이 성립한다. ■

Chebyshev 다항식은 근의 균등성과 -1과 $+1$을 균등하게 교차하는 성질을 이용해서 보간 오차를 최소화하는 문제와 Chebyshev 다항식에 의해 최소제곱문제의 최적 근사해를 구하는 문제, 함수의 멱급수를 최적화하는 문제 등에 적용될 수 있다.

보간 오차의 최소화

보간 다항식의 오차를 최소로 하는 마디점을 결정하기 위해 정리 8.13을 적용할 수 있다.

정리 6.7에 의해 구간 $[-1, 1]$에서 서로 다른 마디점 $x_0, x_1, \cdots, x_n$에서 충분히 연속 미분가능한 함수 f에 대한 n차 보간 다항식을 p_n이라 하면 보간 오차의 한계는

$$|f(x) - p_n(x)| \leq \frac{M_{n+1}}{(n+1)!} |\pi_{n+1}(x)|, \quad M_{n+1} := \| f^{(n+1)} \|_\infty \tag{8.30}$$

로 주어진다. 따라서 보간 오차를 줄이기 위해서 $\| \pi_{n+1} \|_\infty$을 최소로 하는 마디점을 결정하는 문제를 생각할 수 있다. 그런데

$$\pi_{n+1}(x) = (x - x_0)(x - x_1)(x - x_2) \cdots (x - x_n)$$

은 최고차항의 계수가 1인 $n+1$차 다항식이므로 정리 8.13에 의해

$$\pi_{n+1}(x) = \frac{1}{2^n} T_{n+1}(x)$$

로 택할 때 $\| \pi_{n+1} \|_\infty$는 최소가 된다. 따라서 $\| \pi_{n+1} \|_\infty$을 최소로 하는 점은 $n+1$차 Chebyshev 다항식 T_{n+1}의 근

$$x_j = \cos\left(\frac{2j+1}{2(n+1)}\right)\pi, \quad (j = 0, 1, \cdots, n) \tag{8.31}$$

을 마디점으로 택할 때이다. 마디점 (8.31)을 **Chebyshev 마디점**(Chebyshev nodes)이라고 한다.

이에 따라 Chebyshev 마디점에서의 최대 보간 오차의 한계는

$$|f(x) - p_n(x)| \leq \frac{M_{n+1}}{2^n (n+1)!}, \quad M_{n+1} := \| f^{(n+1)} \|_\infty \tag{8.32}$$

로 주어진다.

한편, 일반적인 구간 $[a, b]$에서 정의된 함수에 대한 보간 다항식의 최대오차를 최소화하는 문제는 변수변환을 통해 구간을 $[-1, 1]$에서 $[a, b]$로 이동한 후 이에 대응하는 Chebyshev 마디점을 택해서 해결할 수 있다.

변수변환

$$x = \frac{a+b}{2} + \frac{b-a}{2}t, \ (-1 \le t \le 1) \tag{8.33}$$

에 의해 구간 $[-1, 1]$을 $[a, b]$로 이동하면 $[a, b]$상에서 대응하는 Chebyshev 마디점은

$$x_j = \frac{a+b}{2} + \frac{b-a}{2}\cos\left(\frac{2j+1}{2(n+1)}\pi\right), \ (j = 0, 1, \cdots, n) \tag{8.34}$$

이다.

6.2절에서 등간격 마디점을 택해 보간 다항식을 구하고자 할 경우 마디점이 증가할 때 보간 다항식에 대한 최대오차가 증대하는 Runge 현상을 살펴보았다. 다음 그림 8.9는 함수 $f(x) = \dfrac{1}{1+x^2}$, $-5 \le x \le 5$에 대해 마디점을 Chebyshev 마디점으로 택했을 때의 보간 다항식 p_n에 대해서 $n = 4, 8, 12, 16$에 대한 $f(x)$와 $p_n(x)$의 그래프를 비교한 것이다.

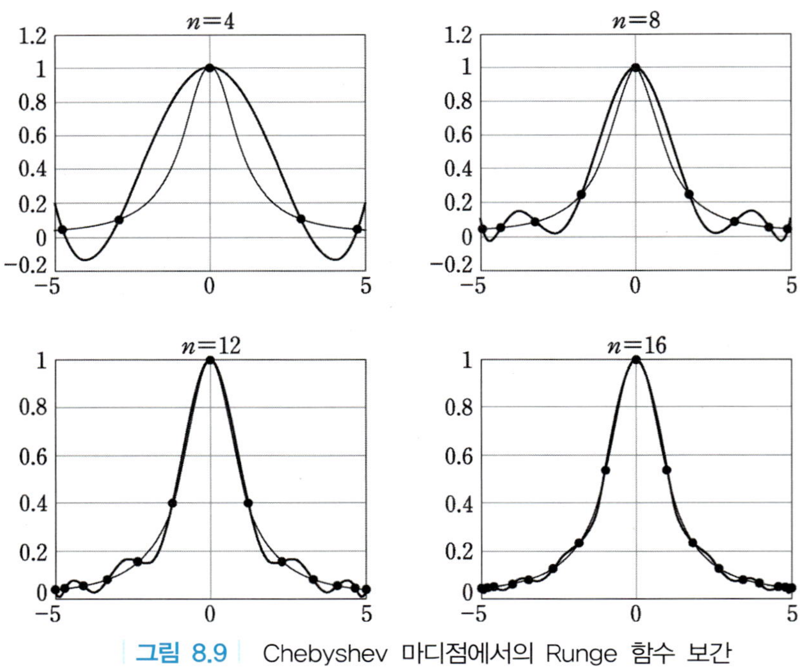

그림 8.9 Chebyshev 마디점에서의 Runge 함수 보간

정리 8.14

f가 $[a, b]$에서 $n+1$차 연속 미분가능하면 구간 $[a, b]$상에서 $n+1$개의 서로 다른 마디점에 대한 n차 보간 다항식 p_n에 대해 최대 보간 오차

$$\| f - p_n \|_\infty = \max_{a \le x \le b} |f(x) - p_n(x)|$$

를 최소로 하는 마디점은 Chebyshev 마디점 (8.34)이며, 이때의 최대 보간 오차의 한계는 다음과 같다.

$$\| f - p_n \|_\infty \le \frac{M_{n+1}}{2^n (n+1)!} \left(\frac{b-a}{2} \right)^{n+1}, \quad (8.35)$$

$$M_{n+1} = \| f^{(n+1)} \|_\infty$$

증명 변수변환 (8.33)에 의해

$$t = \frac{2(x-a)}{b-a} - 1$$

이고 $a \le x \le b$일 때 $-1 \le t \le 1$이므로 구간 $[-1, 1]$에서의 Chebyshev 다항식에 대한 3항 점화식을 구간 $[a, b]$에서의 점화식으로 전환하면

$$\begin{aligned} T_0(x) &= 1; \\ T_1(x) &= T_1(t) = t = \frac{2(x-a)}{b-a} - 1; \\ T_{n+1}(x) &= T_{n+1}(t) = 2t T_n(t) - T_{n-1}(t) \\ &= 2\left(\frac{2(x-a)}{b-a} - 1 \right) T_n(x) - T_{n-1}(x) \end{aligned}$$

이므로 $T_{n+1}(x)$의 최고차 항의 계수는 $2^n \left(\frac{2}{b-a} \right)^{n+1}$이고, 이에 따라

$$\begin{aligned} \pi_{n+1}(x) &= (x-x_0)(x-x_1) \cdots (x-x_n) \\ &= \frac{1}{2^n (2/(b-a))^{n+1}} T_{n+1}(x) \end{aligned}$$

는 마디점 $\{x_j\}$가 Chebyshev 마디점일 때 ∞-norm이 최소가 되며

$$\| \pi_{n+1} \|_\infty = \max_{a \le x \le b} |\pi_{n+1}(x)| \le \frac{1}{2^n} \left(\frac{b-a}{2} \right)^{n+1}$$

이므로 (8.30)에 이를 적용하면 (8.35)가 얻어진다. ■

예제 8.9 함수 $f(x)=x\cos x$, $(0 \le x \le 4)$에 대해 각각 등간격 마디점과 Chebyshev 마디점을 써서 4차 보간 다항식을 구하라.

풀이 (1) 등간격 마디점: 구간 $[0,\ 4]$에 대한 5개의 등간격 마디점은 $x_j = j$, $(j=0,\ 1,\ \cdots,\ 4)$이고 이에 대한 Newton 보간 다항식에 대한 계수는

$$0 \qquad 0.5403 \qquad -0.9564 \qquad 0.1913 \qquad 0.0879$$

이므로 등간격 마디점에 대한 4차 보간 다항식은

$$\begin{aligned} p_4(x) &= 0.5403x - 0.9564x(x-1) + 0.1913x(x-1)(x-2) \\ &\quad + 0.0879x(x-1)(x-2)(x-3) \end{aligned}$$

이다.

(2) Chebyshev 마디점: (8.34)에 의해 구간 $[0,\ 4]$에서의 Chebyshev 마디점은 $x_j = 2 + 2\cos\left(\dfrac{2j+1}{10}\pi\right)$, $(j=0,\ 1,\ \cdots,\ 4)$으로서

$$x_0 = 3.9021,\ x_2 = 3.1756,\ x_3 = 2.0000,\ x_4 = 0.8244,\ x_5 = 0.0979$$

이다. 이에 대한 Newton 보간 다항식에 대한 계수는

$$-2.8270 \qquad 0.4773 \qquad 1.2980 \qquad 0.5334 \qquad 0.0878$$

이므로 Chebyshev 마디점에 대한 4차 보간 다항식은

$$\begin{aligned} p_4(x) &= -2.8270 + 0.4773(x-3.9021) + 1.2980(x-3.9021)(x-3.1756) \\ &\quad + 0.5334(x-3.9021)(x-3.1756)(x-2) \\ &\quad + 0.0878(x-3.9021)(x-3.1756)(x-2)(x-0.8244) \end{aligned}$$

로 주어진다.

예제 8.9에 대해서 등간격 마디점과 Chebyshev 마디점에서의 보간 다항식을 원함수와 비교하여 나타낸 그래프는 그림 8.10과 같고, 이 실험에 대한 프로그램은 다음과 같다.

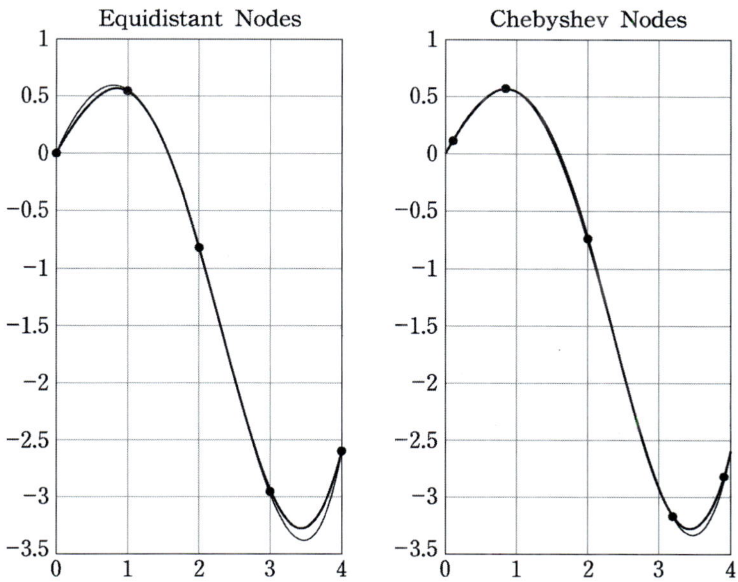

그림 8.10 보간 다항식(등간격 마디점 vs Chebyshev 마디점)

```
n=input('Input the degree of interpolation polynomial: ');
f='x.*cos(x)';
a=0;b=4;
h=(b-a)/n;  % 소구간의 길이
nn=n+1;  % 보간점의 개수
for i=1:nn
    x1(i)=a+(i-1)*h; x=x1(i);y1(i)=eval(f); % 등간격 마디점
    x2(i)=(a+b)/2+(b-a)/2*cos((2*i-1)/(2*n+2)*pi); % Chebyshev 마디점
    x=x2(i);y2(i)=eval(f);
    a1(i)=y1(i);  % 등간격 마디점에 대한 Newton 분할차 초기화
    a2(i)=y2(i);  % Chebyshev 마디점에 대한 Newton 분할차 초기화
end
% Newton 분할차에 의해 보간식의 계수 계산
for j=1:nn
    for i=nn:-1:j+1
        a1(i)=(a1(i)-a1(i-1))/(x1(i)-x1(i-j));
        a2(i)=(a2(i)-a2(i-1))/(x2(i)-x2(i-j));
    end
end
```

```
% 보간점과 보간함수와 보간 다항식의 그래프 그리기
t=min(x1):0.01:max(x1);x=t;ft=eval(f);
nt=length(t);
for i=1:nt
    p1(i)=a1(nn);
    p2(i)=a2(nn);
    for j=nn-1:-1:1
        p1(i)=p1(i)*(t(i)-x1(j))+a1(j);
        p2(i)=p2(i)*(t(i)-x2(j))+a2(j);
    end
end
subplot(1,2,1);
plot(x1,y1,'ro',t,ft,'r',t,p1); grid;
title('Equidistant Nodes');
subplot(1,2,2);
plot(x2,y2,'ro',t,ft,'r',t,p2); grid;
title('Chebyshev Nodes');
```

예제 8.10 함수 $f(x) = \cos x$에 대해서 구간 $[0, \pi/2]$ 위로 보간 다항식에 의한 최대 보간 오차를 10^{-6} 이내로 하고자 할 때, 보간 다항식은 최소 몇 차 다항식이어야 하는가?

풀이 명백히 $|f^{(n+1)}(x)| \le 1, (0 \le x \le \frac{\pi}{2})$이므로 $M_{n+1} = \| f^{(n+1)} \|_\infty = 1$이다. 따라서 (8.35)에 의해

$$\| f - p_n \|_\infty \le \frac{1}{2^n (n+1)!}\left(\frac{b-a}{2}\right)^{n+1}$$
$$= \frac{1}{2^n (n+1)!}\left(\frac{\pi}{4}\right)^{n+1} < 10^{-6}$$

을 만족하는 n을 구하면 $n = 6$이다. 이때 Chebyshev 마디점

$$x_j = \frac{\pi}{4}\left(\frac{\cos(2j+1)\pi}{14} + 1\right), \quad (j = 0, 1, \cdots, 6)$$

에서 6차 보간 다항식 $p_6(x)$를 택했을 때의 보간 오차는

$$|f(x)-p_6(x)| \le \frac{1}{2^6 7!}\left(\frac{\pi}{4}\right)^7 = 5.71\times 10^{-7},\ (0 \le x \le \pi/2)$$

가 되어 조건을 만족한다.

최소제곱문제의 최적해

주어진 $m+1$개의 데이터 점 $\{(x_j,\ y_j) \mid j=0,\ 1,\ 2,\ \cdots,\ m\}$에 대해서

$$\sum_{j=0}^{m} |y_j - p_n(x_j)|^2 \tag{8.36}$$

을 최소로 하는 n차 다항식 p_n을 구하는 최소제곱문제의 해를 구하기 위해 Chebyshev 다항식을 이용하는 문제를 생각해보자.

Chebyshev 다항식을 기저로 해서 P_n을 생성하면 p_n은 $T_0,\ T_1,\ \cdots,\ T_n$의 일차결합으로

$$p_n(x) = \sum_{k=0}^{n} c_j T_j(x) \tag{8.37}$$

로 표현되고 최소제곱문제 (8.36)은

$$E(c_0,\ c_1,\ \cdots,\ c_n) := \sum_{j=0}^{m} |y_j - \sum_{k=0}^{n} c_k T_k(x_j)|^2 \tag{8.38}$$

을 최소화하는 문제로 전환된다.

이때 (8.38)을 c_i에 대해 미분하면 이에 대응하는 정규방정식

$$\sum_{k=0}^{n}\left(\sum_{j=0}^{m} T_i(x_j)T_k(x_j)\right)c_k = \sum_{j=0}^{m} y_j T_i(x_j) \tag{8.39}$$

이 얻어진다. 이 정규방정식으로부터 (8.37)의 계수 $c_0,\ c_1,\ \cdots,\ c_n$을 구해 n차 최적해를 구한다.

한편 주어진 x에 대해서 (8.37)로 주어진 $p_n(x)$를 계산하는 문제는 Chebyshev 다항식에 관한 점화식 (8.25)를 이용해서 다음과 같이 단순화할 수 있다.

정리 8.15

주이진 x에 대해 Chebyshev 다항식을 기저로 하는 n차 다항식

$$p_n(x) = \sum_{k=0}^{n} c_j T_j(x)$$

의 계산은 다음 알고리즘으로 구현할 수 있다.

$$\begin{cases} w_{n+2} = w_{n+1} = 0 \\ w_j = c_j + 2xw_{j+1} - w_{j+2}, \quad (j = n : -1 : 0) \\ p_n(x) = w_0 - xw_1 \end{cases} \tag{8.40}$$

증명 (8.40)에 의해 $c_j = w_j - 2xw_{j+1} + w_{j+2}$이고, $w_{n+1} = w_{n+2} = 0$이므로 지수를 조정하면

$$\begin{aligned} p_n(x) &= \sum_{j=0}^{n} c_j T_j(x) \\ &= \sum_{j=0}^{n} (w_j - 2xw_{j+1} + w_{j+2}) T_j(x) \\ &= \sum_{j=0}^{n} w_j T_j(x) - 2x \sum_{j=0}^{n} w_{j+1} T_j(x) + \sum_{j=0}^{n} w_{j+2} T_j(x) \\ &= \sum_{j=0}^{n} w_j T_j(x) - 2x \sum_{j=1}^{n+1} w_j T_{j-1}(x) + \sum_{j=2}^{n+2} w_j T_{j-2}(x) \\ &= \sum_{j=0}^{n} w_j T_j(x) - 2x \sum_{j=1}^{n} w_j T_{j-1}(x) + \sum_{j=2}^{n} w_j T_{j-2}(x) \\ &= w_0 T_0(x) + w_1 T_1(x) - 2xw_1 T_0(x) \\ &\quad + \sum_{j=2}^{n} w_j (T_j(x) - 2x T_{j-1}(x) + T_{j-2}(x)) \\ &= w_0 - xw_1 \end{aligned}$$

이 되어 증명이 완료된다.

여기서 Chebyshev 다항식에 대한 점화식

$$T_j(x) = 2x T_{j-1}(x) - T_{j-2}(x)$$

를 이용하였다. ■

Chebyshev 다항식에 의한 최적 근사해를 구하기 위해서 구간 $[a,\ b]$에 있는 자료를 변수변환

$$z_j = \frac{2x_j - a - b}{b - a}, \quad (j = 0,\ 1,\ \cdots,\ m) \tag{8.41}$$

을 통해서 구간 $[-1,\ 1]$로 전환하는 것이 필요하다.

그리고 (8.39)의 계산을 위해서 다음과 같이 데이터에 대한 $(m+1)\times(n+1)$ 행렬 G를 생성한다.

$$G := \begin{bmatrix} T_0(z_0) & T_1(z_0) & T_2(z_0) & \cdots & T_n(z_0) \\ T_0(z_1) & T_1(z_1) & T_2(z_1) & \cdots & T_n(z_1) \\ \vdots & \vdots & \vdots & \cdots & \vdots \\ T_0(z_m) & T_1(z_m) & T_2(z_m) & \cdots & T_n(z_m) \end{bmatrix} \tag{8.42}$$

$$= \begin{bmatrix} 1.0 & z_0 & T_2(z_0) & \cdots & T_n(z_0) \\ 1.0 & z_1 & T_2(z_1) & \cdots & T_n(z_1) \\ \vdots & \vdots & \vdots & \cdots & \vdots \\ 1.0 & z_m & T_2(z_m) & \cdots & T_n(z_m) \end{bmatrix}$$

행렬 G의 생성에서 $j \geq 2$에 대해서는 $T_j(z) = 2z\,T_{j-1}(z) - T_{j-2}(z)$임을 반영하도록 한다. 그러면 최적화에 대한 정규방정식 (8.39)는 정칙인 연립방정식

$$G^t G \begin{bmatrix} c_0 \\ c_1 \\ \vdots \\ c_n \end{bmatrix} = G^t \begin{bmatrix} y_0 \\ y_1 \\ \vdots \\ y_m \end{bmatrix} \tag{8.43}$$

으로 귀결된다.

다음은 Chebyshev 다항식을 이용해서 이산 데이터에 대한 최적 근사해를 구하는 알고리즘이다.

Chebyshev 최적 근사 알고리즘

(1) x-데이터에 대한 최소값 $a = \min\{x_j\}$과 최대값 $b = \max\{x_j\}$을 구한다.

(2) 자료를 다음의 변수변환을 통해 구간 $[-1,\ 1]$로 이동한다.

$$z_j = \frac{2x_j - a - b}{b - a}, \quad (0 \leq j \leq m).$$

(3) (8.42)의 데이터 행렬 G를 생성한다.

(4) 연립방정식 (8.43)을 풀어 계수 $c_0,\ c_1,\ \cdots,\ c_n$을 구한다.

(5) 주어진 x를 (8.41)을 통해 $[-1, 1]$상의 대응하는 값 z로 변환한다.

(6) 알고리즘 (8.40)을 적용하여 $p_n(z) = \sum_{j=0}^{n} c_j T_j(z) = w_0 - z w_1$을 계산한다.

실제 적용 예로서 다음과 같이 주어진 16개의 이산 데이터에 대해서 Chebyshev 다항식에 의한 8차, 12차 최적 근사식의 그래프를 그려 근사 정도를 비교해보자.

x_j	-4.1	1.9	3.8	2.8	-3.7	-4.7	-1.5	-2.3
y_j	-3.5	2.0	2.5	6.3	-1.7	-1.6	3.1	2.0
x_j	3.3	0.2	-0.5	1.2	2.1	0.5	1.4	-3.2
y_j	4.5	9.2	7.0	7.5	1.3	7.0	4.0	6.0

다음은 위 알고리즘을 반영한 프로그램과 이를 이용하여 8차와 12차 최적 Chebyshev 다항식을 비교한 그림이다.

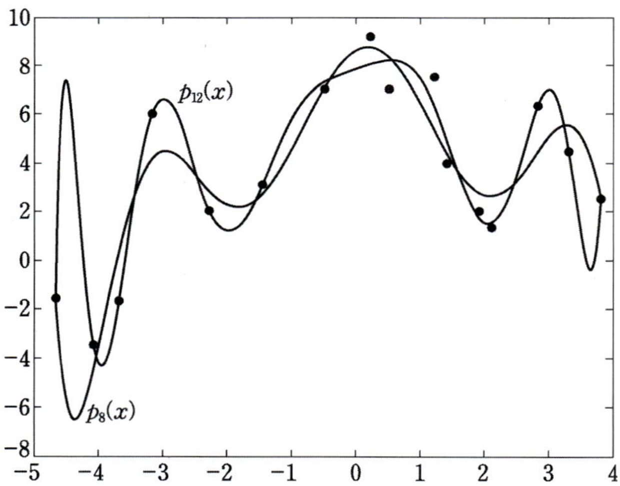

그림 8.11 최적 Chebyshev 다항식

이 예에서 알 수 있듯이 차수가 증가함에 따라 근사식의 정확도는 증가하게 되며 이론적으로는 16개의 서로 다른 x-데이터에 대해 $p_{15}(x)$는 모든 자료점을 지나는 최적 다항식이 된다.

이 예시자료에 대한 다음 샘플 프로그램에서는 MATLAB에서 0 지수를 포함하지 않는다는 점을 반영하여 지수를 1씩 증가시켜 위 알고리즘을 적용하였음에 유의하라.

```
nn=12;n=nn+1;
x=[-4.1  1.9  3.8  2.8  -3.7  -4.7  -1.5  -2.3  3.3  0.2  -0.5  1.2  2.1  0.5  1.4  -3.2]';
y=[ -3.5  2.0  2.5  6.3  -1.7  -1.6   3.1  2.0   4.5  9.2  7.0  7.5  1.3  7.0  4.0  6.0]';
m=length(x);
a=min(x);
b=max(x);
z=(2*x-a-b)/(b-a); % 자료 구간을 [-1,1]로 이동
G=zeros(m,n); % 데이터 행렬의 초기화 및 열별로 입력
G(:,1)=1.0;
G(:,2)=z;
for j=3:n
    G(:,j)=2.0*z.*G(:,j-1)-G(:,j-2);
end
A=G'*G; % 정규방정식의 시스템 행렬
bb=G'*y; % 정규방정식의 입력 벡터
c=gauss_elim(A,bb); % Ac=bb에서 계수 c 구하기
% 주어진 점 xt에서 최적다항식 p_n(xt)의 값 계산
for j=1:101
    xt(j)=a+(j-1)*(b-a)/100;
    zt=(2*xt(j)-a-b)/(b-a); % xt를 구간 [-1,1]로 이동
    w=zeros(n+2,1);
    for k=n:-1:1
            w(k)=c(k)+2*zt*w(k+1)-w(k+2);
    end
    pn(j)=w(1)-zt*w(2);
end
plot(x,y,'ro',xt,pn);
```

멱급수의 최적화

Chebyshev 다항식의 성질을 이용해서 함수 f의 멱급수에 의한 근사다항식의 차수를 최적화하는 문제를 해결할 수 있다. 멱급수에 의한 다항식은 중심점 근방에서는 정확하지만 중심

점에서 멀어질수록 정확도가 급격히 상실된다. Chebyshev 다항식은 오차가 균등하게 분포되어 있기 때문에 허용 오차범위 내에서 멱급수의 차수를 줄이는데 이용할 수 있다.

f가 멱급수

$$f(x) = a_0 + a_1 x + a_2 x^2 + \cdots$$

로 전개된다고 하자. 주어진 허용도 ϵ으로 f를 근사시키고자 할 때, ϵ 이하의 오차로 절단한 멱급수의 근사를

$$f(x) \approx a_0 + a_1 x + a_2 x^2 + \cdots + a_m x^m := p(x) \tag{8.44}$$

라고 가정하면, (8.44)에 의한 최대 오차는 구간 $[-1,\ 1]$에서

$$\| f - p \|_\infty = \frac{\| f^{(m+1)} \|_\infty}{(m+1)!}$$

이다. 따라서 먼저 $\| f - p \|_\infty < \epsilon$이 되도록 차수 m을 택한다.

다음, $\| p - p_{m-1} \|_\infty$가 최소가 되도록 $m-1$차 다항식 p_{m-1}을 택한다. 이때 $(p - p_{m-1})/a_m$은 최고차항의 계수가 1인 m차 다항식이므로 정리 8.13에 의해 $\| (p - p_{m-1})/a_m \|_\infty$은

$$\frac{p(x) - p_{m-1}(x)}{a_m} = \frac{T_m(x)}{2^{m-1}}$$

일 때 최소가 된다. 즉, p_{m-1}을

$$p_{m-1}(x) = p(x) - a_m \frac{T_m(x)}{2^{m-1}} \tag{8.45}$$

로 택하면

$$\| p - p_{m-1} \|_\infty = \frac{|a_m|}{2^{m-1}} \tag{8.46}$$

이 된다. 따라서

$$\| f - p_m \|_\infty + \frac{|a_m|}{2^{m-1}} < \epsilon$$

이 성립하면

$$f(x) \approx p_{m-1}(x) = p(x) - a_m \frac{T_m(x)}{2^{m-1}}$$

이 허용된 ϵ범위 내에서 f를 근사하는 $m-1$차 다항식이 되어 f의 근사다항식에 대한 차수를 1만큼 낮출 수 있게 된다. 이와 같은 과정을 귀납적으로 반복 적용함으로서 허용오차 범위 내에서 f를 근사하는 최소차 항의 다항식을 구할 수 있다. (8.45)는 초기 근사다항식 $p(x)$의 최고차항의 계수 x^m을 대응하는 Chebyshev 다항식으로 치환한 $T_m(x)$의 계수의 크기와 일치한다.

따라서 순차적으로 차수를 낮추어 가면서 x^k를 Chebyshev 다항식으로 치환한 후 $T_k(x)$의 계수의 크기를 측정함으로서 허용오차 범위 내에서 최소차 항의 근사다항식을 결정할 수 있다.

예제 8.11 함수 $f(x)=e^x$에 대해 구간 $[-1,\ 1]$에서

$$\| f-p_m \|_{\infty} < 0.05$$

인 최소 차수의 다항식 p_m을 구하라.

풀이 함수 $f(x)=e^x$에 대한 m차 멱급수 전개는

$$p_m(x) = 1 + x + \frac{x^2}{2!} + \frac{x^3}{3!} + \cdots + \frac{x^m}{m!}$$

이고, 이때 오차는

$$R_m(x) = \frac{e^{\xi}}{(m+1)!}x^{m+1}$$

이다. 구간 $[-1,\ 1]$에서

$$\| R_4 \| \leq \frac{e}{5!} = 0.0227$$

이므로 먼저 구간 $[-1,\ 1]$에서 $f(x)=e^x$에 대해 오차가 $\epsilon=0.05$보다 작은 다항식으로

$$p(x) = 1 + x + \frac{x^2}{2!} + \frac{x^3}{3!} + \frac{x^4}{4!}$$

을 택한다.

4차까지의 $1,\ x,\ x^2, x^3,\ x^4$에 대응하는 Chebyshev 다항식은 프로그램 chebymatrix.m을 이용하여 다음과 같이 구할 수 있다. 이때 대응하는 Chebyshev 다항식의 계수는 행별로 저장됨에 유의하라.

```
>> T=chebymatrix(4);
>> inv(T')
```

5차 항까지 x^k와 Chebyshev 다항식 T_k와의 관계를 나타내면 표 8.2와 같다. 이 표에 따라 x^4을 Chebyshev 다항식으로 치환하면

$$\begin{aligned} p(x) &= 1 + x + \frac{x^2}{2!} + \frac{x^3}{3!} + \frac{1}{4!}\frac{1}{8}(3T_0(x) + 4T_2(x) + T_4(x)) \\ &= \frac{191}{192} + x + \frac{13}{24}x^2 + \frac{1}{6}x^3 + \frac{1}{192}T_4(x) \end{aligned}$$

이다. 여기서

$$\frac{1}{192}\parallel T_4 \parallel_\infty = \frac{1}{192} \approx 0.0053$$

이고,

$$|R_4(x)| + \frac{1}{192}|T_4(x)| \le 0.0227 + 0.0053 = 0.028 < \epsilon = 0.05$$

이므로 f에 대한 근사식으로

$$p_3(x) = \frac{191}{192} + x + \frac{13}{24}x^2 + \frac{1}{6}x^3$$

을 택한다.
마찬가지로 x^3을 Chebyshev 다항식으로 치환하면

$$\begin{aligned} p_3(x) &= \frac{191}{192} + x + \frac{13}{24}x^2 + \frac{1}{6}\frac{1}{4}(3T_1(x) + T_3(x)) \\ &= \frac{191}{192} + \frac{9}{8}x + \frac{13}{14}x^2 + \frac{1}{24}T_3(x) \end{aligned}$$

이고,

$$\frac{1}{24}\parallel T_3 \parallel_\infty = \frac{1}{24} \approx 0.042$$

이다.
이때 위에서 계산한 오차를 누적해서 계산하면 0.07이 되어 허용오차인

$\epsilon = 0.05$를 초과하게 된다.

따라서 구간 $[-1, 1]$에서 허용오차 범위 내에서 $f(x)=e^x$에 대한 최소차 항의 다항식은 3차 다항식 $p_3(x)$이고, 근사

$$f(x)=e^x \approx p_3(x)=\frac{191}{192}+x+\frac{13}{24}x^2+\frac{1}{6}x^3$$

에 따른 오차한계는 0.028이다.

표 8.2 차수별 Chebyshev 다항식

k	x^k	$T_k(x)$
0	T_0	1
1	T_1	x
2	$(T_0+T_2)/2$	$2x^2-1$
3	$(3T_1+T_3)/4$	$4x^3-3x$
4	$(3T_0+4T_2+T_4)/8$	$8x^4-8x^2+1$
5	$(10T_1+5T_3+T^5)/16$	$16x^5-20x^3+5x$

표 8.3은 구간 $[-1, 1]$에서 $f(x)=e^x$에 대한 4차 Taylor 다항식 $p(x)$의 절대오차와 최적 Chebyshev 다항식 $p_3(x)$의 절대오차를 비교한 것이다. 이 표에 의하면 Chebyshev 다항식의 균등성에 의해 최적 근사다항식 $p_3(x)$에 대한 오차가 비교적 균등하게 분포되어 있음을 알 수 있다.

```
x=(-1:0.25:1)'; y=exp(x);
p3=191/192+x+13/24*x.^2+1/6*x.^3;
p=1+x+1/2*x.^2+1/6*x.^3+1/24*x.^4;
[x y abs(y-p) abs(y-p3)]
```

표 8.3 근사 다항식의 오차

x	e^x	$\lvert e^x - p(x) \rvert$	$\lvert e^x - p_3(x) \rvert$
-1.00	$3.6788e-001$	$7.1206e-003$	$1.9122e-003$
-0.75	$4.7237e-001$	$1.7545e-003$	$6.8001e-003$
-0.50	$6.0653e-001$	$2.4017e-004$	$2.8443e-003$
-0.25	$7.7880e-001$	$7.8107e-006$	$2.7591e-003$
0.00	$1.0000e+000$	0	$5.2083e-003$
0.25	$1.2840e+000$	$8.4896e-006$	$2.7754e-003$
0.50	$1.6487e+000$	$2.8377e-004$	$2.3204e-003$
0.75	$2.1170e+000$	$2.2539e-003$	$2.7917e-003$
1.00	$2.7183e+000$	$9.9485e-003$	$1.5157e-002$

연습문제 8.3 EXERCISE

1. 구간 $[-1, 1]$에서 $f(x)=e^x$를 $T_{n+1}(x)$의 근인 Chebyshev 마디점에서 보간하고자 할 때 보간 오차가 $\le 10^{-4}$이 되도록 최소의 n을 구하여라.

2. $q(x)$를 구간 $[0.2, 0.5]$로 전이된 4차 Chebyshev 마디점 ($T_4(x)=0$의 근)에서 $f(x)=\ln x$에 대한 3차 보간 다항식이라고 하자.

(1) $q(x)$를 구하라.

(2) 구간 $[0.2, 0.5]$에서 최대 보간 오차를 구하여라.

3. 각각 주어진 구간 $[a, b]$에서 정의된 함수 $f(x)$를 구간 $[a, b]$로 전이된 $n+1$개의 Chebyshev 마디점에서 보간하려고 한다. 최대 보간 오차를 10^{-6}보다 작게 하려면 필요한 마디점은 최소 몇 개이어야 하는가?

(1) $f(x)=\cos x,\ 0.3 \le x \le 0.6$

(2) $f(x)=\ln x,\ 0.1 \le x \le 1$

4. 구간 $[0.3, 0.6]$에서 $x_0=0.3,\ x_n=0.6$인 $n+1$개의 등간격 마디점 $x_0, x_1, \cdots, x_n$을 택하고 이 마디점에서 함수 $f(x)=\cos x$를 보간할 때 최대 보간 오차를 10^{-6}보다 작게하려면 필요한 마디점의 수는 최소 몇 개일까? 이 결과를 연습문제 3의 (1)의 결과와 비교하여라.

5. $[-1, 3]$에서 정의된 함수 $f(x)=x\ln(x+2)$에 대한 4차 Chebyshev 마디점에서의 보간 다항식을 구하고, 그 그래프를 $f(x)$의 그래프와 함께 그려 비교하라.

6. 주어진 구간에서 정의된 함수의 멱급수나 일반적인 다항식을 Chebyshev 다항식으로 표현할 수 있다. 이때 Chebyshev 다항식은 $[-1, 1]$에서 유효하므로 일차변환에 의해 함수가 정의되는 구간을 $[-1, 1]$로 전환한 후 대응하는 x^k를 표 8.2와 같은 변환식에 의해 순차적으로 Chebyshev 다항식으로 바꾸어서 나타낸다.

(1) 함수 $f(x)=\ln x,\ 0 < x \le 2$의 $x=1$에 대한 3차 Taylor 다항식을 구하고 이에 대응하는 Chebyshev 다항식을 구하라.

(2) $0.5 \le x \le 1.5$에서 3차 Taylor 다항식에 의한 절대오차와 Chebyshev 다항식에 대한 절대오차의 그래프를 그려 두 식에 대한 오차를 비교 분석하여라.

7. 함수 $f(x) = \int_0^x e^{-\frac{t^2}{2}} dt$에 대해 구간 $[-1,\ 1]$에서

$$\| f - p_m \|_\infty < 0.005$$

인 최소 차수의 다항식 p_m을 구하여라.

8. Chebyshev 다항식을 이용하여 $f(x) = \arccos x$에 대한 최소제곱문제의 3차 최적근사해 $p_3^*(x)$를 구하여라.

제9장

미분방정식의 수치해법

독립변수와 그 변수에 관한 함수 및 도함수로 이루어진 방정식을 **미분방정식**(differential equation)이라고 한다. 자연과학이나 공학 등 현상과 연계한 많은 수학적 모델은 미분방정식으로 표현되며, 미분방정식의 해를 통해서 현상을 분석하고 예측하는 것이 가능하므로 미분방정식은 자연과학이나 공학의 많은 문제를 해결하는데 있어서 매우 중요한 도구이다. 그러나 미분방정식의 해석적인 해를 구하는 것은 매우 어려우며, 해가 존재하더라도 해를 명확한 수식으로 나타내는 것이 쉽지 않으므로 수치해석적인 방법을 개발하여 근사해를 구하는 것이 매우 중요하고도 보편적인 대응 수단이 되고 있다. 오늘날 수치해석적인 방법을 통해서 해석적인 해와의 오차를 최소화하면서 높은 정확도로 효율적인 계산을 수행하는 것이 가능하므로 수치해석적인 루틴의 개발을 통해 미분방정식의 근사해를 구하는 것은 현실적으로 매우 중요하고도 의미있는 일이다.

이 장에서는 초기 조건이 주어진 미분방정식에 대한 Euler 방법, Taylor 방법, Runge-Kutta 방법 등의 1단계 방법과 Adams-Bashforth 방법, Adams-Moulton 방법, 예측자-수정자 방법 등 보편적인 다단계 방법에 의한 수치해법을 살펴보고 수치해법의 일관성과 수치해의 수렴성 및 안정성에 대해 논의한다. 아울러 유한차분법과 사격방법 등 경계값 문제의 수치해법에 대해서 알아본다.

9.1 수학적 기초

변수 t와 t에 관한 함수 $y(t)$와 그 도함수로 이루어진 방정식

$$y'(t) = f(t,y),\ \ y(t_0) = y_0 \tag{9.1}$$

를 **초기값 문제**(initial value problem)라고 한다. 이때 **초기점**(initial point) $t = t_0$에서 주어진 조건 $y(t_0) = y_0$를 **초기 조건**(initial condition)이라고 한다. 즉 초기값 문제는 $t > t_0$에서 (9.1)을 만족하는 해 $y = y(t)$를 구하는 문제이다. 초기 조건은 해에 관한 적분에서 얻어지는 임의 상수를 고정시키는 역할을 한다. 이와 같이 미분방정식에서 초기 조건이 반영되지 않은 임의 상수를 포함하는 해를 **일반해**(general solution)라고 하고, 초기 조건이 반영되어 고정된 해를 **특별해**(particular solution)라고 한다. (9.1)을 만족하는 해 $y = y(t)$의 그래프를 미분방정식의 **해곡선**(solution curve) 또는 **적분곡선**(integral curve)이라고 한다.

예제 9.1 다음과 같이 초기 조건이 주어진 미분방정식의 해를 구하라.

$$y' = y - t^2, \quad y(0) = 2$$

풀이 $(ye^{-t})' = (y' - y)e^{-t} = t^2 e^{-t}$이므로 이를 적분하면

$$ye^{-t} = \int t^2 e^{-t}\, dt = (t^2 + 2t + 1)e^{-t} + c$$

이고, 이로부터 임의 상수를 포함하는 일반해

$$y = t^2 + 2t + 1 + ce^t$$

를 얻는다.

여기에 초기 조건 $y(0) = 1$을 반영하면 $c = 1$이 되어 구하는 초기값 문제의 해로

$$y = t^2 + 2t + 1 + 2e^t$$

를 얻는다.

초기값 문제를 풀기 전에 먼저 해의 존재성과 유일성에 대해 알아보자.
해의 존재성에 관해서는 다음의 **Peano-Cauchy 존재 정리**를 적용한다.

정리 9.1

함수 $f(t, y)$가 (t_0, y_0)에 중심을 둔 사각형 영역

$$D = \{(t, y) \mid |t - t_0| \le a, \ |y - y_0| \le b\}$$

에서 연속이면 $K = \max_{(t, y) \in D} |f(t, y)|$라 할 때 초기값 문제 (9.1)은 $|t - t_0| \le \min\{a, b/K\}$에서 해 $y(t)$를 갖는다.

정리 9.1에 의해 해의 존재성은 초기점의 위치와 초기점 근방에서 f의 조건에 의존함을 알 수 있다.

예제 9.2 다음 해가 존재하는 최대의 구간을 결정하라.

$$y' = 1 + y^2, \ y(0) = 0$$

풀이 초기점 $(t_0,\ y_0)=(0,0)$을 중심에 둔 사각영역

$$D=\{(t,\ y)\,|\,|t|\le a,\ |y|\le b\}$$

에서 함수 $|f(t,\ y)|=1+y^2$의 최대값은 $1+b^2$이므로 정리 9.1에 의해 해가 존재하는 구간은 $\min\{a,\ b/(1+b^2)\}$이다.
이때 $b/(1+b^2)$의 최대값은 $b=1$일 때 $\frac{1}{2}$이므로 주어진 미분방정식이 해를 갖는 최대구간은 $|t|\le\frac{1}{2}$이다.

참고로 예제 9.2의 해석적인 해는 $y=\tan t$로서 $t=\frac{\pi}{2}$에서는 $y(t)=+\infty$가 되어 해가 존재하지 않게 된다.

미분방정식의 해의 유일성을 위해서는 함수 f에 관한 다음의 조건이 필요하다. 함수 $f(t,\ y)$와 R^2의 부분영역 D에 대해

$$|f(t,\ y_1)-f(t,\ y_2)|\le M|y_1-y_2|,\ (\forall\ (t,\ y_1),\ (t,\ y_2)\in D) \tag{9.2}$$

를 만족하는 상수 $M>0$이 존재하면 함수 f는 D에서 y에 관한 **Lipschitz 조건**(Lipschitz condition)을 만족한다고 하고, 이 때 상수 M을 **Lipschitz 상수**(Lipschitz constant)라고 한다.

Lipschitz 조건은 y에 관한 편도함수 $\frac{\partial f}{\partial y}$의 연속성보다 약화된 조건이다. 왜냐하면 $\frac{\partial f}{\partial y}$가 D에서 연속이면 평균값 정리에 의해 적당한 상수 η가 y_1과 y_2 사이에 존재하여

$$|f(t,\ y_1)-f(t,\ y_2)|=\left|\frac{\partial f}{\partial y}(t,\ \eta)\,(y_1-y_2)\right|\le M|y_1-y_2|$$

가 성립하기 때문이다.

예제 9.3 $t>0$에서 $y'=y^{\frac{1}{3}},\ y(0)=0$의 해를 구하라.

풀이 명백히 $y=0$은 방정식의 해이다.
한편, $y'=y^{\frac{1}{3}}$을 변수분리법으로 풀어 초기 조건을 반영하면 $y(t)=\left(\frac{2}{3}t\right)^{\frac{3}{2}}$를 얻는다. 이때 $y=0$도 해가 되므로 적당한 $\alpha>0$에 대해

$$y_\alpha(t)=\begin{cases}0, & (0\le t\le\alpha)\\ \pm\left(\frac{2}{3}(t-\alpha)\right)^{\frac{3}{2}}, & (\alpha\le t)\end{cases}$$

로 정의하면 모든 $\alpha > 0$에 대해 y_α는 주어진 초기값 문제의 해가 되므로 해는 무한히 많은 해가 존재하게 된다. 그림 9.1을 참조하라.

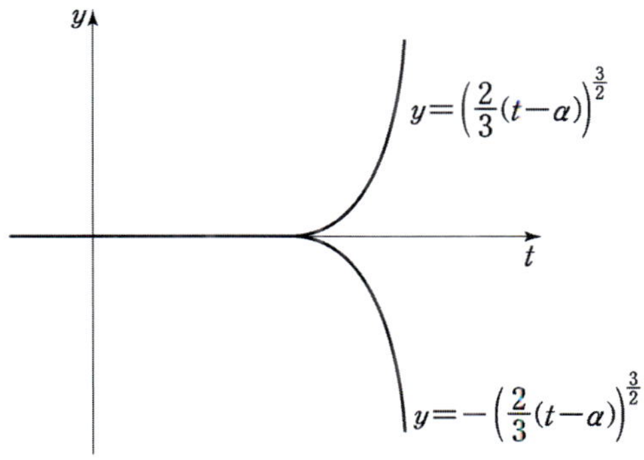

그림 9.1 해곡선 $y = y_\alpha(t)$

예제 9.3에서 함수 $f(t,\ y) = y^{\frac{1}{3}}$은 $y_0 = 0$을 포함하는 영역에서 Lipschitz 연속이 아님에 주목하라. 해의 유일성은 Lipschitz 조건을 필요로 한다.

다음은 피카르(Picard, 1856~1941)에 의한 초기값 문제에 관한 해의 유일성에 관한 정리이다. 이 정리는 **Picard 근사**(Picard approximation)라고 하는 미분방정식의 근사해에 대한 중요한 아이디어를 담고 있으므로 이를 자세하게 증명한다.

정리 9.2

함수 f가 y_0를 중심으로 하는 사각영역

$$D = \{(t,\ y) \mid t_0 \le t \le a,\ |y - y_0| \le b\}$$

에서 연속이고 $|f(t,\ y_0)| \le K$이며, y에 관해 Lipschitz 조건 (9.2)를 충족하면

$$b \ge \frac{K}{M}\left(e^{M(a - t_0)} - 1\right) \tag{9.3}$$

일 때, 초기값 문제

$$y' = f(t,\ y),\ y(t_0) = y_0$$

는 구간 $t_0 \le t \le a$에서 유일한 해를 갖는다.

그리고 해 $y(t)$에 대해

$$|y(t)-y_0| \le b, \quad (t_0 \le t \le a) \tag{9.4}$$

가 성립한다.

증명 먼저 $y' = f(t, y(t))$의 양변을 t에 대해 적분하고 초기 조건 $y(t_0) = y_0$을 반영하면 해는 적분형식으로

$$y(t) = y_0 + \int_{t_0}^{t} f(s, y(s))\,ds$$

로 표현된다. 이제 여기에 아래와 같은 반복법

$$y_{n+1}(t) = y_0 + \int_{t_0}^{t} f(s, y_n(s))\,ds \tag{9.5}$$

을 적용하여 함수열 $\{y_n(t)\}$를 도출한다.

수학적 귀납법을 이용하여 $t_0 \le t \le a$에서

$$|y_n(t) - y_{n-1}(t)| \le \frac{K}{M} \frac{[M(t-t_0)]^n}{n!} \tag{9.6}$$

가 성립하는 것을 어렵지 않게 보일 수 있다.

그러면

$$|y_n(t) - y_0| \le \frac{K}{M} \sum_{j=1}^{n} \frac{[M(t-t_0)]^j}{j!} \tag{9.7}$$

이고, (9.7)과 (9.3)에 의해서

$$|y_n - y_0| \le \frac{K}{M}(e^{M(a-t_0)} - 1) \le b$$

이므로 모든 $t_0 \le t \le a$에 대해 $(t, y_n(t))$는 D에 속하고, (9.6)에 의해 모든 $t_0 \le t \le a$에 대해

$$\sum_{j=1}^{\infty} |y_j(t) - y_{j-1}(t)| \le \frac{K}{M}\left(e^{M(a-t_0)} - 1\right)$$

가 성립하므로 $\sum_{j=1}^{\infty}[y_j(t)-y_{j-1}(t)]$는 구간 $t_0 \le t \le a$에서 평등수렴하게 된다.
따라서

$$y_n(t) = y_0 + \sum_{j=1}^{n}[y_j(t) - y_{j-1}(t)]$$

는 함수 $y(t)$로 평등수렴하며, 이 함수 $y(t)$는 연속이다.
이제 (9.5)에 극한을 취하면 연속함수열의 평등수렴성에 의해

$$\begin{aligned} y(t) &= \lim_{n\to\infty} y_{n+1}(t) = y_0 + \lim_{n\to\infty}\int_{t_0}^{t} f(s,\ y_n(s))\,ds \\ &= y_0 + \int_{t_0}^{t} f(s, y(s))\,ds \end{aligned} \tag{9.8}$$

가 성립하고, 이때 $f(s,\ y(s))$가 $t_0 \le s \le a$에서 연속이므로 (9.8)에 의해 주어진 $y(t)$는 구간 $[t_0,\ a]$에서 연속 미분가능한 함수이고, 이 $y(t)$는 주어진 초기 조건을 만족하는 미분방정식의 해가 된다.
다음으로, 유일성을 보이기 위해서 $y(t)$와 $z(t)$를 초기값 문제의 임의의 두 해라고 하면, Lipschitz 조건에 의해 모든 $t_0 \le t \le a$에 대해

$$\begin{aligned} |y(t) - z(t)| &\le \int_{t_0}^{t} |f(s,\ y(s)) - f(s, z(s))|\,ds \\ &\le M\int_{t_0}^{t} |y(s) - z(s)|\,ds \end{aligned} \tag{9.9}$$

가 성립한다. 이때 $L = \max_{t_0 \le t \le a} |y(t) - z(t)|$라고 하면 (9.9)에 의해

$$|y(t) - z(t)| \le LM(t - t_0), \quad t_0 \le t \le a$$

가 성립하고, 이를 (9.9)에 반복적으로 대입하면

$$|y(t) - z(t)| \le L\frac{[M(t-t_0)]^n}{n!} \le L\frac{[M(a-t_0)]^n}{n!}$$

이 얻어진다.
여기서 $n\to\infty$을 취하면 우변은 0으로 수렴하므로 $y(t) \equiv z(t)$, $(t_0 \le t \le a)$가 성립하여 해는 유일하다. ■

근사 (9.5)를 초기값 문제에 대한 **Picard 근사**(Picard approximation)라고 한다. Picard 근사는 미분방정식의 해의 존재와 유일성에 대한 이론적 토대가 될 뿐만 아니라 그 자체로 해를 구성하는 기본적인 기술을 제공한다. 그러나 Picard의 근사식은 적분 $\int_{t_0}^{t} f(s, y(s))\,ds$의 계산을 전제로 하며, 해에 관한 식이 급수의 형태로 나오거나 해를 명확한 함수의 형태로 기술하는 것이 불가능한 경우가 많아 수치해법으로 이를 전용해서 쓰지는 않는다.

예제 9.4 Picard 근사를 이용하여 다음 미분방정식의 해를 유도하라.

$$y' = y + t,\ \ y(0) = 0$$

풀이 $y_{n+1}(t) = y_0(t) + \int_0^t f(s,\ y_n(s))\,ds = \int_0^t (y_n(s) + s)\,ds$이므로 이를 수행하면 $y_0(t) = 0$에 대해

$$y_1(t) = \int_0^t s\,ds = \frac{t^2}{2},$$

$$y_2(t) = \int_0^t \left(\frac{s^2}{2} + s\right)ds = \frac{t^3}{3!} + \frac{t^2}{2!},$$

$$y_3(t) = \int_0^t \left(\frac{s^3}{3!} + \frac{s^2}{2!} + s\right)ds = \frac{t^4}{4!} + \frac{t^3}{3!} + \frac{t^2}{2!}$$

가 되고, 귀납적으로

$$y_n(t) = \frac{t^{n+1}}{(n+1)!} + \frac{t^n}{n!} + \cdots + \frac{t^2}{2!} = \sum_{j=0}^{n+1} \frac{t^j}{j!} - (t+1)$$

을 얻는다. $\sum_{j=0}^{n+1} \frac{t^j}{j!}$은 e^t의 멱급수에 해당하므로 $n \to \infty$를 취하면

$$y_n(t) \to y(t) = e^t - t - 1$$

이 되어 Picard 근사를 이용하여 주어진 미분방정식의 해석적인 해 $y(t) = e^t - t - 1$을 유도하였다. 이를 주어진 미분방정식에 대입하면 해가 됨을 쉽게 검증할 수 있다.

Picard의 정리 9.2에서 해가 유일하게 존재하는 구간은 $f(t,\ y)$의 연속성과 Lipschitz 조건을 충족하는 사각영역 D를 결정하는 a와 b의 설정에 의존한다.

예제 9.5 다음 미분방정식의 해가 유일하게 존재하는 구간을 결정하라.

$$y' = y^2, \quad y(0) = 1$$

풀이 임의 구간 $[0,\ a]$에서 해가 존재한다고 가정하면 $|f(t,\ y_0)| = |y_0^2| = 1$이고, $y_0 = 0$을 중심으로 하는 사각영역

$$D = \{(t,\ y) | 0 \le t \le a,\ |y| \le b\}$$

에서 상수 $M = 2(1+b)$에 대해

$$|f(t,\ y_1) - f(t,\ y_2)| = |y_1^2 - y_2^2| = |y_1 + y_2|\,|y_1 - y_2| \le M|y_1 - y_2|$$

을 만족한다. 따라서 (9.3)으로부터

$$b \ge \frac{1}{2(1+b)}(e^{2(1+b)a} - 1)$$

을 얻고, 이를 a에 대해서 풀면

$$a \le \frac{1}{2(1+b)} \ln(2b^2 + 2b + 1) := \varphi(b)$$

를 얻는다. 이때 $\varphi(b)$는 $b = 1.7$ 근방에서 극대값을 갖고, 이때 대응하는 최대값이 $\varphi(1.7) \approx 0.43$이므로 a를 $0 \le a \le 0.43$로 택하면 주어진 미분방정식은 $[0, a]$에서 유일한 해를 갖는다.

정리 9.2에 의해 정해지는 구간은 미분방정식의 해의 존재와 유일성을 담보하는 최소의 구간이다. 예제 9.5의 결과는 주어진 유한구간 $[0,\ a]$에서 미분방정식의 해가 존재함을 보여주며, 무한구간에서의 해의 존재성을 보여주지는 않는다.

실제로 미분방정식 $y' = y^2$, $y(0) = 1$의 해석적인 해는

$$y(t) = \frac{1}{1-t}, \quad (0 \le t < 1)$$

이고 $t = 1$을 넘는 구간에서는 연속 미분가능하지 않다.

연습문제 9.1 EXERCISE

1. 수학적 귀납법을 이용하여 (9.6)과 (9.7)이 성립함을 보여라.

2. 다음 함수가 주어진 구간에서 Lipschitz 조건을 충족하는지 보이고, 충족하면 대응하는 Lipschitz 상수를 구하라.

(1) $f(t,\ y)=\dfrac{3y}{t^2},\ \ 1\le t<\infty$

(2) $f(t,\ y)=\dfrac{2y}{1+y^2}(1+e^{-|t|}),\quad -\infty<t<\infty$

(3) $f(t,\ y)=t^2y,\quad -1\le t\le 1$

3. 다음 미분방정식에서 해의 유일성이 성립하지 않는 초기점들을 구하라.

(1) $y'=\dfrac{1}{\sqrt{t^2+y^2-1}}$

(2) $y'=t^2+y^2$

(3) $y'=t^2y^2$

(4) $y'=\sqrt{1-t}$

4. 다음 각 초기값 문제가 유일한 해를 가짐을 보이고 그 해를 구하여라.

(1) $y'=\dfrac{4t^3}{y(1+t^4)},\ \ 0\le t\le 1,\ y(0)=1$

(2) $y'=y\sin t,\ \ 0\le t\le 1,\ y(0)=2$

(3) $y'=t-y,\ 0\le t\le 1,\ y(0)=1$

5. a와 b가 상수일 때 초기값 문제

$$y'=ay+b,\ \ y(0)=1$$

의 해를 Picard 근사를 이용해서 구하라.

6. 미분방정식 $y'=\sqrt{|y(t)|}$에 대해 다음 각 초기 조건이 주어져 있다.

(a) $y(0)=0$ (b) $y(0)=1$ (c) $y(0)=-1$

각각의 경우 $t\ge 0$에 대해 해를 구하고, 각 해가 존재하는 최대구간을 구하라.
아울러, 해의 존재성과 유일성을 조사하라.

9.2 1단계 방법

초기 조건이 주어진 미분방정식

$$y' = f(t,\ y),\ \ t_0 \le t \le a,\ \ y(t_0) = y_0 \tag{9.10}$$

에서 f는 연속성과 y에 관한 Lipschitz 연속성 등 Picard의 조건을 충족한다고 가정하자.

(9.10)의 수치 근사해를 구하기 위해 먼저 미분방정식이 적용되는 구간을 등구간으로 분할한다. 이때 분할된 점을 **분할점**(partition points) 또는 **마디점**(nodal points)라고 하고, 분할된 마디점 사이의 간격을 **눈금 크기**(mesh size) 또는 **단계 크기**(step size)라고 한다. 구간 $[t_0,\ a]$를 N개의 등구간으로 분할하면 단계 크기와 마디점은 각각 다음과 같다.

$$h = \frac{a - t_0}{N},\ \ t_n = t_0 + nh,\ \ (n = 0,\ 1,\ \cdots,\ N) \tag{9.11}$$

초기값 문제 (9.10)에 대한 수치해석적인 방법은 각 마디점 $t = t_n$에서의 해석적인 해의 값 $y(t_n)$에 대한 근사값 y_n을 적절한 알고리즘을 통해 초기값 y_0에서 시작하여 순차적으로 계산하는 과정을 일컫는다.

$y(t_n)$의 근사값 y_n의 순차적인 계산에서 y_{n+1}을 바로 이전의 값 y_n으로부터 추정하는 것을 **1단계 방법**(one step method, 또는 single step method)이라고 하고, 이전의 k개의 값 $y_n,\ y_{n-1},\ \cdots,\ y_{n-k+1}$으로부터 y_{n+1}을 추정하는 것을 ***k*-단계 방법**(k-step method)이라고 한다. $k \ge 2$일 때를 **다단계 방법**(multistep method)이라고 한다.

1단계의 대표적인 수치해법으로는 Euler 방법, Taylor 방법과 Runge-Kutta 방법이 있다.

Euler 방법

$y' = f(t,\ y)$에서 y'을 간단한 전향차분으로 대치하면

$$y'(t_n) \approx \frac{y(t_n + h) - y(t_n)}{h} \approx \frac{y_{n+1} - y_n}{h}$$

이 되어 미분방정식의 해의 근사계산을

$$y_{n+1} = y_n + hf(t_n,\ y_n)$$

을 통해서 수행할 수 있다.

따라서 초기값 문제 (9.10)의 수치해로

$$y_{n+1} = y_n + hf(t_n,\ y_n), \quad y_0 = y(t_0) \tag{9.12}$$

를 설정할 수 있다. 이 방법을 **오일러 방법**(Euler method)이라고 한다. Euler 방법은 1768년 Euler에 의해서 제시된 방법으로 정확도가 떨어지고 수렴속도가 느려 실제 계산에서는 많이 쓰이지는 않지만 아이디어가 매우 단순하고 사용하기 쉬워 미분방정식의 수치해법의 개발을 위한 기초단계로서 뿐만 아니라, 오차분석이나 안정성 등 수치해법의 수학적 분석을 위한 도구로서 많이 활용되고 참조된다.

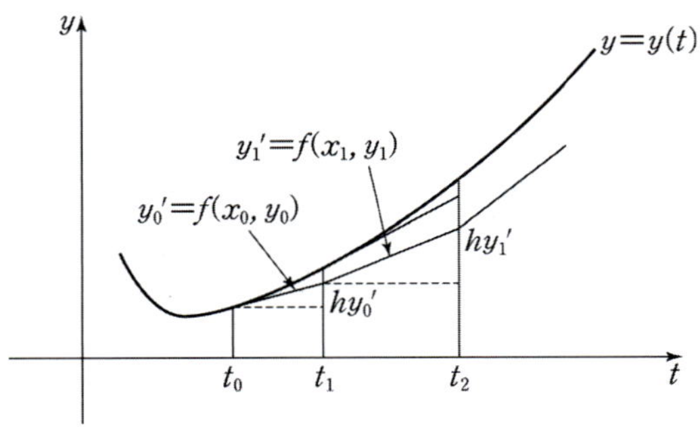

그림 9.2 Euler 방법

Euler 방법을 기하학적인 측면에서 살펴보자.

$$y_1 = y_0 + hf(t_0,\ y_0) = y_0 + hf(t_0,\ y(t_0))$$

이고, $y_0{}' = f(t_0,\ y(t_0))$이므로 그림 9.2에서와 같이 $y(t_1)$에 대한 근사값 y_1은 점 $(t_0,\ y_0)$에서 해곡선 $y = y(t)$에 대한 접선의 $t = t_1$에서의 값이고, 다음 y_2는 $y_2 = y_1 + hf(t_1,\ y_1)$에 의해 점 $(t_1,\ y_1)$에서 기울기가 $f(t_1,\ y_1)$인 직선의 $t = t_2$에서의 값이다. Euler 방법은 이와 같은 과정을 반복해서 수행하므로 해 $y = y(t)$가 단순 증가하거나 감소하면 시점에서 멀어질수록 대체로 오차는 증가하는 경향을 보이게 된다.

Euler 방법을 구현하기 위한 MATLAB 프로그램은 다음과 같다. 여기서 함수 f, 미분방정식에 대한 구간 $[t_0,\ a]$와 초기값 y_0, 눈금의 크기 h는 입력변수이고, 출력변수 t와 y는 마디점과 각 마디점에서의 수치해를 나타낸다.

```
function [t,y]=deuler(f,t0,a,y0,h)
N=fix((a-t0)/h)+1;
t=linspace(t0,a,N)';     % [t0,a]에 대한 N개의 등간격 마디점
y=zeros(N,1); % y값 초기화
y(1)=y0;
for j=2:N
    y(j)=y(j-1)+h*f(t(j-1),y(j-1));     % Euler 방법
end
```

예제 9.6 단계 크기가 $h=0.1$일 때 Euler 방법을 써서 다음 초기값 문제에 대한 수치해의 처음 몇 항을 계산하라.

$$\begin{cases} y' = t-y+2, \quad (0 \le t \le 2), \\ y(0) = 0 \end{cases}$$

그리고 정확한 해를 구해 각각 $h=0.1,\ 0.05,\ 0.025$일 때 $t=0.5,\ 1.0,\ 1.5,\ 2.0$에서의 절대오차를 비교하라.

풀이 $f(t,y)=t-y+2$이므로 Euler 방법은 다음과 같다.

$$\begin{cases} y_{n+1} = y_n + hf(t_n,\ y_n) = y_n + h(t_n - y_n + 2), \\ y_0 = y(0) = 0. \end{cases}$$

$h=0.1$일 때, Euler 방법을 적용하여 처음 몇 항을 구해보면

$$y_1 = y_0 + h(t_0 - y_0 + 2) = 0 + (0.1)(0+0-2) = 0.2$$

이고, $t_1=0.1$이므로

$$y_2 = y_1 + h(t_1 - y_1 + 2) = 0.2 + (0.1)(0.1 - 0.2 + 2) = 0.39$$

이다. 이때 미분방정식의 정확한 해는 $y(t)=t+1-e^{-t}$이므로 대응하는 절대오차는

$$|y(t_1) - y_1| = |(0.1 + 1 - e^{-0.1}) - 0.2| = 0.0048,$$

$$|y(t_2) - y_2| = |(0.2 + 1 - e^{-0.2}) - 0.39| = 0.0087$$

이다. 주어진 미분방정식의 정확한 해는 $y(t)=t+1-e^{-t}$이므로 프로그램을

적용하여 각각 $h=0.1$, 0.05, 0.025일 때 $t=0.5$, 1.0, 1.5, 2.0에서 수치해와 정확한 해의 값을 구하고 절대오차를 비교하면 표 9.1과 같다. 여기서 $y_h(t)$는 단계 크기 h일 때, 주어진 점 t에서의 수치해를 나타낸다.

표 9.1 Euler 방법

단계 크기	t	$y_h(t)$	$y(t)$	절대오차	오차비율
0.1	0.5	0.9095	0.8935	$1.6041e-002$	0.1604
	1.0	1.6513	1.6321	$1.9201e-002$	0.1920
	1.5	2.2854	2.2769	$1.7239e-002$	0.1724
	2.0	2.8784	2.8647	$1.3759e-002$	0.1376
0.05	0.5	0.9013	0.8935	$7.7937e-003$	0.0779
	1.0	1.6415	1.6321	$9.3935e-003$	0.0939
	1.5	2.2854	2.2769	$8.4914e-003$	0.0849
	2.0	2.8715	2.8647	$6.8231e-003$	0.0682
0.025	0.5	0.8973	0.8935	$3.8430e-003$	0.0384
	1.0	1.6368	1.6321	$4.6470e-003$	0.0465
	1.5	2.2811	2.2769	$4.2144e-003$	0.0421
	2.0	2.8681	2.8647	$3.3975e-003$	0.0340

표 9.1에서 h의 크기를 반으로 줄이면 오차가 반씩 줄어들고, 또한 단계 크기에 대한 오차비율이 유계임을 알 수 있다. 이 결과는 Euler 방법이 1차 수렴한다는 것을 보여준다. 단계 크기가 $h=0.1$일 때의 계산은 MATLAB을 이용하여 다음과 같이 실험할 수 있다.

```
>>f=inline('t -y+2');
>>t0=0;a=2;y0=0;h=0.1;
>>[t, y]=deuler(f,t0,a,y0,h);
>>yt=inline('t+1-exp(-t)');   % 정확한 해
>>ytvalue=yt(t);
>>error=abs(ytvalue - y);
>>ratio=error/h;
>>fprintf('%8.4f %8.4f%8.4f %15.4e %8.4f \n',[t,y,ytvalue,error,ratio]');
```

Taylor 방법

초기값 문제

$$y' = f(t,\ y), \quad t_0 \le t \le a, \quad y(t_0) = y_0$$

에 대해 y가 t_n 근방에서 2차 연속미분가능하면 Taylor 정리에 의해

$$\begin{aligned} y(t_{n+1}) &= y(t_n + h) = y(t_n) + h\,y'(t_n) + \frac{1}{2}h^2 y''(\xi_n) \\ &= y(t_n) + h\,f(t_n,\ y(t_n)) + O(h^2) \end{aligned}$$

이므로 $y(t_n)$을 y_n으로 근사시키면 $f(t_n,\ y(t_n)) \approx f(t_n,\ y_n)$이고, 미분방정식은 Euler 방법

$$y_{n+1} = y_n + h\,f(t_n,\ y_n)$$

에 의해 근사시킬 수 있다. Euler 방법의 수렴성은 h에 비례하므로 Taylor 정리를 확대 적용하여 수치해의 정확도를 높이는 방법을 생각할 수 있다.

f가 $(t_n,\ y(t_n))$의 근방에서 k차 연속미분가능하면 y는 t_n의 근방에서 $k+1$차 연속 미분가능하고, Taylor 정리에 의해

$$\begin{aligned} y(t_{n+1}) &= y(t_n + h) = y(t_n) + h\,y'(t_n) + \frac{h^2}{2!}y''(t_n) + \cdots \\ &\quad + \frac{h^k}{k!}y^{(k)}(t_n) + \frac{h^{k+1}}{(k+1)!}y^{(k+1)}(\xi_n) \end{aligned} \tag{9.13}$$

을 만족하는 $t_n < \xi_n < t_{n+1}$이 존재한다. 이때 미분방정식 $y' = f(t,\ y(t))$과 연계하면

$$y^{(j)}(t_n) = \frac{d^j}{dt^j}y(t_n) = \frac{d^{j-1}}{dt^{j-1}}f(t_n,\ y(t_n)), \ (j = 1,\ 2,\ \cdots,\ k)$$

이므로 $y^{(j)}(t_n)$에 대한 근사값을

$$y_n^{(j)} = \frac{d^{j-1}}{dt^{j-1}}f(t_n,\ y_n), \ (j = 1,\ 2,\ \cdots,\ k) \tag{9.14}$$

으로 설정할 수 있다. (9.13)으로부터

$$y(t_{n+1}) \approx y(t_n) + h\,y'(t_n) + \frac{h^2}{2!}y''(t_n) + \cdots + \frac{h^k}{k!}y^{(k)}(t_n)$$

$$\approx y_n + h\left[y_n{}' + \frac{h}{2!}\, y_n{}'' + \cdots + \frac{h^{k-1}}{k!} y_n^{(k)}\right]$$

이므로 우측 항을

$$T_k(t_n,\ y_n;h) := y_n{}' + \frac{h}{2!} y_n{}'' + \cdots + \frac{h^{k-1}}{k!} y_n^{(k)} \tag{9.15}$$

로 정의하면, $y(t_{n+1})$의 수치해 y_{n+1}에 대한 다음의 근사식을 설정할 수 있다.

$$y_{n+1} = y_n + h\,T_k(t_n,\ y_n;h) \tag{9.16}$$

이를 k차 **Taylor 방법**(Taylor method of order k)이라고 한다. Euler 방법은 1차 Taylor 방법과 동일하다.

Taylor 방법에서 $y_n^{(j)} = \dfrac{d^{j-1}}{dt^{j-1}} f(t_n,\ y_n)$의 계산은 f에 대한 전미분을 통해 수행하므로 f에 따라 고차 도함수의 형식이 매우 복잡해 질 수 있고 또한 많은 함수의 계산이 요구되므로 실용적인 측면이나 효율성을 고려하여 고차까지 일반화해서 사용하지는 않고, 2차와 3차 정도를 주로 사용한다.

예를 들어, $y_n{}''$의 경우에는

$$\begin{aligned}\frac{d}{dt} y'(t_n) &= \frac{d}{dt} f(t_n,\ y(t_n)) \\ &= f_t(t_n,\ y(t_n)) + f_y(t_n,\ y(t_n)) y'(t_n)\end{aligned}$$

에 의해

$$y_n{}'' = f_t(t_n, y_n) + f_y(t_n, y_n) f(t_n, y_n)$$

이고, $y_n^{(3)}$의 경우에는

$$\begin{aligned}\frac{d}{dt} y''(t_n) = {} & f_{tt}(t_n,\ y_n) + 2 f_{ty}(t_n,\ y_n) f(t_n,\ y_n) + f_{yy}(t_n,\ y_n) f^2(t_n,\ y_n) \\ & + f_t(t_n,\ y_n) f_y(t_n,\ y_n) + (f_y(t_n,\ y_n))^2 f(t_n,\ y_n)\end{aligned}$$

에 의해 계산한다.

예제 9.7 각각 2차와 3차 Taylor 방법을 써서 $t = 0.1$과 $t = 0.2$에서 다음 초기값 문제에 대한 수치해를 구하라.

$$\begin{cases} y' = t - y + 2, & (0 \le t \le 2), \\ y(0) = 0 \end{cases}$$

그리고 정확한 해를 구해 각각 $h=0.1,\ 0.05,\ 0.025$일 때 $t=0.5,\ 1.0,\ 1.5,\ 2.0$에서의 수치해와 절대오차를 구해 예제 9.6의 Euler 방법과 비교하여라.

풀이 $y'=t-y+2$이므로 2차와 3차 도함수는 각각

$$y''=\frac{d}{dt}(t-y+2)=1-y'=1-(t-y+2)=y-t-1,$$
$$y^{(3)}=\frac{d}{dt}y''(t)=\frac{d}{dt}(y-t-1)=y'-1=t-y+1$$

이다.

따라서 2차 Taylor 방법은

$$\begin{aligned} y_{n+1}&=y_n+h\left[y_n'+\frac{h}{2}y_n''\right] \\ &=y_n+h(t_n-y_n+2)+\frac{h^2}{2}(y_n-t_n-1) \end{aligned}$$

으로 주어진다. 이때 $y_0=1$과 $h=0.1$에 대해

$$\begin{aligned} y(0.1)&\approx y_1=0+(0.1)(0-0+2)+\frac{(0.1)^2}{2}(0-0-1)\approx 0.19500 \\ y(0.2)&\approx y_2=0.195+(0.1)(0.1-0.195+2) \\ &\qquad +\frac{(0.1)^2}{2}(0.195-0.1-1)\approx 0.38098 \end{aligned}$$

이다.

한편, 3차 Taylor 방법은

$$\begin{aligned} y_{n+1}&=y_n+h\left[y_n'+\frac{h}{2}y_n''+\frac{h^2}{6}y_n^{(3)}\right] \\ &=y_n+h(t_n-y_n+2)+\frac{h^2}{2}(y_n-t_n-1)+\frac{h^3}{6}(t_n-y_n+1) \end{aligned}$$

로 주어지며, $y_0=1$과 $h=0.1$에 대해 초기 근사값은

$$\begin{aligned} y_1&=y_0+h(-y_0+t_0-1)+\frac{h^2}{2}(y_0-t_0)+\frac{h^3}{6}(-y_0+t_0-2) \\ &\approx 0.19517 \end{aligned}$$

이고, $y_1=0.1952$와 $t_1=0.1$, $h=0.1$에 대해

$$y_2 = y_1 + h(-y_1 + t_1 - 1) + \frac{h^2}{2}(y_1 - t_1) + \frac{h^3}{6}(-y_1 + t_1 - 2)$$
$$\approx 0.38128$$

이다.

다음은 $h = 0.1$일 때 예제 9.7을 실험하기 위한 샘플 프로그램이다. 주어진 미분방정식의 정확한 해는 $y(t) = t + 1 - e^{-t}$이므로 프로그램을 적용하여 각각 $h = 0.1, 0.05, 0.025$일 때 $t = 0.5,\ 1.0,\ 1.5,\ 2.0$에서 2차와 3차의 Taylor 방법을 적용해서 수치해를 구하고 이에 대한 절대오차를 비교하면 표 9.2와 같다.

표 9.2를 보면 h가 반으로 줄어들 때 2차 Taylor 방법의 오차는 $\frac{1}{4}$ 이상으로 감소하고 3차 Taylor 방법의 오차는 $\frac{1}{8}$ 이상으로 감소하는 것을 알 수 있다.

```
h=0.1;
t0=0;a=2;
y0=0;
N=fix((a-t0)/h)+1;
y2=zeros(N,1);y3=zeros(N,1);
y2(1)=y0;y3(1)=y0;
t=linspace(t0,a,N)';
for j=2:N
    y2(j)=y2(j-1)+h*(t(j-1)-y2(j-1)+2)+h^2/2*(y2(j-1)-t(j-1)-1);
y3(j)=y3(j-1)+h*(t(j-1)-y3(j-1)+2)+h^2/2*(y3(j-1)-t(j-1)-1)+h^3/6*(t(j-1)-y3(j-1)+1);
end
yt=inline('t+1-exp(-t)');
ytvalue=yt(t);
error1=abs(ytvalue-y2);
error2=abs(ytvalue-y3);
fprintf('%8.4f %9.5f%9.5f %9.5f %15.4e %15.4e n',[t,ytvalue,y2,y3,error1,error2]');
```

표 9.2 Taylor 방법

단계 크기	t	$y(t)$	2차 Taylor	3차 Taylor	2차 Taylor 절대오차	3차 Taylor 절대오차
0.1	0.5	0.89347	0.89292	0.89348	$5.4511e-004$	$1.3690e-005$
	1.0	1.63212	1.63146	1.63214	$6.6154e-004$	$1.6607e-005$
	1.5	2.27687	2.27627	2.27688	$6.0214e-004$	$1.5109e-005$
	2.0	2.86466	2.86418	2.86468	$4.8717e-004$	$1.2218e-005$
0.05	0.5	0.89347	0.89334	0.89347	$1.3121e-004$	$1.6440e-006$
	1.0	1.63212	1.63196	1.63212	$1.5918e-004$	$1.9943e-006$
	1.5	2.27687	2.27673	2.27687	$1.4484e-004$	$1.8144e-006$
	2.0	2.86466	2.86455	2.86467	$1.1714e-004$	$1.4673e-006$
0.025	0.5	0.89347	0.89344	0.89347	$3.2189e-005$	$2.0143e-007$
	1.0	1.63212	1.63208	1.63212	$3.9049e-005$	$2.4435e-007$
	1.5	2.27687	2.27683	2.27687	$3.5527e-005$	$2.2230e-007$
	2.0	2.86466	2.86464	2.86466	$2.8732e-005$	$1.7978e-007$

일반적으로 미분방정식의 수치해법에서 1단계 방법은 다음 형식으로 표현된다.

$$\begin{cases} y_{n+1} = y_n + h\phi(t_n,\ y_n;h), & (n=0,\ 1,\ \cdots,\ N-1) \\ y_0 = y(t_0) \end{cases} \tag{9.17}$$

여기서 $\phi(x,\ y;h)$는 단계 크기 h에 의존하는 x, y에 관한 연속함수이다. 이 함수 $\phi(t_n,\ y_n;h)$를 **증분함수**(increment function)라고 하며, $y(t_n)$에 대한 근사값 y_n으로부터 t_n의 증분 $t_{n+1} = t_n + h$에서 $y(t_{n+1})$에 대한 근사값 y_{n+1}을 어떻게 추정할지에 대한 정보를 담고 있다.

예를 들어, Euler 방법에서 증분함수는

$$\phi(t_n,\ y_n;h) = f(t_n,\ y_n)$$

이고 k차 Taylor 방법에 대한 증분함수는

$$\phi(t_n,\ y_n;h) = T_k(t_n,\ y_n;h)$$

이다.

수치해법에서 구한 수치해 y_n에 대해 **광역오차**(global error)를

$$e_n := y(t_n) - y_n \tag{9.18}$$

으로 정의하고, **절단오차**(truncation error)를

$$\tau_n(h) := \frac{y(t_{n+1}) - y(t_n)}{h} - \phi(t_n,\ y(t_n); h) \tag{9.19}$$

로 정의한다.

초기값 문제 (9.10)의 해곡선상의 임의의 두 점 $(t_n,\ y(t_n))$과 $(t_{n+1},\ y(t_{n+1}))$에 대한 절단오차에 대해

$$|\tau_n(h)| \le C h^k,\ (0 < h \le h_0) \tag{9.20}$$

인 상수 C와 h_0가 존재하면 미분방정식의 수치해법 (9.17)은 ***k*차 정확도**(k-th order of accuracy)를 갖는다고 하거나, 수치해가 ***k*차 수렴**(convergence of k-th order)한다고 한다. 예를 들어 k차 Taylor 방법에 대한 절단오차는

$$\begin{aligned}\tau_n(h) &= \frac{y(t_n + h) - y(t_n)}{h} - T_k(t_n,\ y_n; h)\\ &= \frac{h^k}{(k+1)!} y^{(k+1)}(\xi)\end{aligned}$$

이므로 $y^{(k+1)}$가 $[t_0,\ a]$에서 연속이면, $\tau_n(h) = O(h^k)$가 되어 k차 Taylor 방법의 정확도는 k차이다.

다음 정리는 1단계 방법에서 광역오차의 한계가 절단오차에 의해 결정됨을 보여준다.

정리 9.3

일반적인 1단계 방법 (9.17)에서 증분함수 ϕ가 사각영역

$$D = \{(t,\ y) \mid t_0 \le t \le a,\ |y - y_0| \le b\}$$

에서 y에 관한 Lipschitz 조건

$$|\phi(t,\ y_1;\ h) - \phi(t,\ y_2;\ h)| \le M|t_1 - t_2| \tag{9.21}$$

를 만족하면 수치해에 대한 광역오차는 $n = 1,\ 2,\ \cdots,\ N$에 대해서 $|y_n - y_0| \le b$라고 할 때, $\tau = \max_{0 \le n \le N-1} |\tau_n|$에 대해

$$|e_n| \le \frac{\tau}{M}(e^{M(t_n - t_0)} - 1),\quad (n = 0,\ 1,\ \cdots,\ N) \tag{9.22}$$

이다.

증명 (9.19)에 의해

$$y(t_{n+1}) = y(t_n) + h\phi(t_n,\ y(t_n);h) + h\tau_n$$

이다. 이로부터 (9.17)을 빼면

$$e_{n+1} = e_n + h[\phi(t_n,\ y(t_n);h) - \phi(t_n,\ y_n;h)] + h\tau_n$$

이 얻어진다. 여기서 $(t_n,\ y(t_n))$과 (t_n, y_n)이 D에 속하므로 (9.21)을 적용하여

$$|e_{n+1}| \le |e_n| + hM|e_n| + h|\tau_n|,\quad (n = 0,\ 1,\ \cdots,\ N-1)$$

를 얻는다. 따라서

$$|e_{n+1}| \le (1+hM)|e_n| + h\tau$$

이고, $e_0 = 0$임을 반영하면 귀납적으로

$$|e_n| \le \frac{\tau}{M}[(1+hM)^n - 1],\quad (n = 0, 1, \cdots, N)$$

을 유도할 수 있다. 이때 $1 + hM \le e^{hM} \le e^{M(t_n - t_0)}$임을 이용하면 광역오차에 대한 한계 (9.22)가 구해진다. ■

예제 9.8 Euler 방법에 대한 광역오차의 한계를 구하라.

풀이 Euler 방법에 대한 절단오차는

$$\begin{aligned}\tau_n &= \frac{y(t_{n+1}) - y(t_n)}{h} - f(t_n,\ y(t_n)) \\ &= \frac{y(t_{n+1}) - y(t_n)}{h} - y'(t_n)\end{aligned}$$

이므로, y가 $[t_0,\ a]$에서 2차 연속 미분가능하다면

$$\tau_n = \frac{1}{2}hy''(\xi_n),\ (t_n < \xi_n < t_{n+1})$$

이므로 이때 구간 $[t_0,\ a]$에서 y''의 최대값을 $\| y'' \|_\infty = C$로 택하면

$$|\tau_n| \le \frac{1}{2}hC,\ \ (n = 0,\ 1,\ \cdots,\ N)$$

이므로 (9.22)에 의해 Euler 방법의 광역오차의 한계는

$$|e_n| \le \frac{1}{2}\frac{C}{M}(e^{M(a-t_0)}-1)h \tag{9.23}$$

로 주어진다. 여기서 M은 f의 y변수에 대한 Lipschitz 상수이다.

(9.23)에 의해 Euler 방법은 1차 수렴한다는 것을 알 수 있다.

다음 정리는 k차 Taylor 방법에 대한 광역오차에 관한 것이다. 증명은 정리 9.3과 유사하므로 독자에게 연습문제로 남긴다.

정리 9.4

초기값 문제

$$y' = f(t,\ y),\ \ (t_0 \le t \le a),\ \ \ y(t_0) = y_0$$

가 유일한 해 $y = y(t)$를 갖고, $y(t)$가 $k+1$차 연속 미분가능하다고 하자. f가

$$\left| \frac{\partial f}{\partial y}(t,\ y) \right| \le M,\ \ t_0 \le t \le a,\ \ -\infty < y < \infty$$

를 만족하면 k차 Taylor 방법의 수치해 y_n은 다음을 만족한다.

$$|y(t_n) - y_n| \le \frac{1}{(k+1)!\,M} h^k\left(e^{(t_n-t_0)}-1\right) \| y^{(k+1)} \|_\infty \tag{9.24}$$

(9.24)에 의해 Taylor 방법의 광역오차는

$$|e_n| = |y(t_n) - y_n| = O(h^k)$$

이다.

Runge-Kutta 방법

Euler 방법은 1차 수렴하므로 정확도는 떨어지지만 아이디어가 간단하고 $(t_n,\ y_n)$에서 단 한 번의 함수값 $f(t_n,\ y_n)$의 계산만을 요하기 때문에 실행하기에 경제적이다. 한편, Taylor 방법은 정확도를 높일 수 있지만 $f(t,\ y)$에 대한 고차의 편도함수의 값을 계산해야 하므로 일반화하기에는 다소 복잡하고 수치해석적인 면에서도 비효율적이다. 이러한 점을 보완하기 위한

1단계 방법으로 1895년 독일 수학자 룽게(Runge, 1856~1927)에 의해 고안되고 쿠타(Kutta, 1867~1944)에 의해 개발된 Runge-Kutta 방법을 들 수 있다.

일반적인 1단계 방법은

$$y_{n+1} = y_n + h\phi(t_n, y_n; h)$$

의 형태를 취하며, $h\phi(t_n, y_n; h)$를 t_n에서 t_{n+1}으로 경과하는데 따른 해 $y(t)$의 변화량에 대한 근사값으로 간주한다. 해곡선상의 점 $(t_n, y(t_n))$ 근방의 점 (t, y)에서 기울기가 $f(t, y)$인 미분방정식의 벡터장은 t_n과 t_{n+1} 사이에서 해곡선 $y = y(t)$의 변화를 관장하므로 $(t_n, y(t_n))$ 근방의 여러 점에서 벡터장을 샘플링함으로서 미분방정식의 해에 대한 더 좋은 정보를 확보할 수 있다. 실제에서는 $y(t_n)$을 알지 못하므로 y_n을 택하고, (t_n, y_n) 근방의 m개의 점 $(s_1, r_1), \cdots, (s_m, r_m)$에서 벡터장을 샘플링하여 기울기의 가중평균을 취한 값을 증분함수로 택한 다음과 같은 형태의 1단계 방법을 생각할 수 있다.

$$\phi(t_n, y_n; h) = \omega_1 f(s_1, r_1) + \omega_2 f(s_2, r_2) + \cdots + \omega_m f(s_m, r_m) \tag{9.25}$$

(9.25)에서 ω_j는 가중치로서

$$\omega_j > 0, \ (j = 1, 2, \cdots, m), \quad \sum_{j=1}^{m} \omega_j = 1 \tag{9.26}$$

을 만족하도록 택하고, 모든 s_j는

$$t_n \le s_1 \le s_2 \le \cdots \le s_m \le t_{n+1} \tag{9.27}$$

이 되도록 택한다.

특히, 다음과 같은 특수한 점 (s_j, r_j)의 설정에 따라 (9.25) 형태의 증분함수를 가진 미분방정식의 수치해법을 **Runge-Kutta 방법**(Runge-Kutta method)이라고 한다.

$$s_1 = t_n, \ s_j = t_n + \alpha_j h; \ r_1 = y_n, \ r_j = y_n + \sum_{k=1}^{j-1} \beta_k f(s_k, r_k) h; \tag{9.28}$$
$$0 < \alpha_j = \sum_{k=1}^{j-1} \beta_k \le 1$$

이때 절단오차가 $O(h^k)$인 Runge-Kutta 방법을 ***k*차 Runge-Kutta 방법**(Runge-Kutta method of the k-th order)이라고 한다. 가장 많이 이용되는 형식으로는 2차와 4차가 있다.

먼저 2차 Runge-Kutta 방법에 대해서 자세히 알아보자.

(9.25)의 형식에 따라 2차 Runge-Kutta 방법은

$$\phi(t_n,\ y_n;h)=\omega_1 f(t_n,\ y_n)+\omega_2 f(t_n+\alpha h,\ y_n+\alpha f(t_n,\ y_n)h) \tag{9.29}$$

형태를 취하고, 절단오차가 2차이어야 하므로 2차 Taylor 방법

$$\phi(t_n,\ y_n;h)=T_2(t_n,\ y_n;h)+O(h^2) \tag{9.30}$$

과 비교하여 $0<\alpha\leq 1$인 매개상수와 가중치 ω_1, w_2를 결정한다.

f가 2차 연속 미분가능하다면 Taylor 정리에 의해

$$f(t_n+\alpha h,\ y_n+\alpha hf(t_n,\ y_n))=f(t_n,\ y_n)+f_t(t_n,\ y_n)\alpha h+f_y(t_n,\ y_n)\alpha hf(t_n,\ y_n)+O(h^2)$$

이 성립한다. 이를 (9.29)에 대입해서 정리하면

$$\phi(t_n,\ y_n;h)=(\omega_1+\omega_2)f(t_n,\ y_n)+\omega_2\alpha h[f_t(t_n,\ y_n)+f_y(t_n,\ y_n)f(t_n,\ y_n)]+O(h^2)$$

이 되므로, (9.30)에서

$$T_2(t_n,\ y_n;h)=f(t_n,\ y_n)+\frac{h}{2}[f_t(t_n,\ y_n)+f_y(t_n,\ y_n)f(t_n,\ y_n)]$$

와 비교하여 매개상수에 대한 관계식

$$\omega_1+\omega_2=1,\ \omega_2\alpha=\frac{1}{2} \tag{9.31}$$

을 유도할 수 있다. 관계식 (9.31)을 만족하는 상수는 여러 가지가 있으나 $\alpha=\frac{1}{2}$일 경우와 $\alpha=1$일 경우가 자주 쓰인다.

$\alpha=1$이면 $\omega_1=\omega_2=\frac{1}{2}$가 되어 대응하는 2차 Runge-Kutta 방법은

$$y_{n+1}=y_n+\frac{h}{2}[f(t_n,\ y_n)+f(t_n+h,\ y_n+hf(t_n,\ y_n))] \tag{9.32}$$

이다. 이 방법을 흔히 **호인 방법**(Heun method), 또는 **개선된 오일러 방법**(the improved Euler method)이라고 한다.

한편, $\alpha=\frac{1}{2}$이면 $\omega_1=0$, $\omega_2=1$이 되어 대응하는 2차 Runge-Kutta 방법은

$$y_{n+1}=y_n+h\left[f\left(t_n+\frac{1}{2}h,\ y_n+\frac{1}{2}hf(t_n,\ y_n)\right)\right] \tag{9.33}$$

이며, 이를 흔히 **수정 오일러 방법**(the modified Euler method)이라고 한다.

예제 9.9 다음 초기값 문제에 대해서 Heun의 방법과 수정 Euler 방법을 써서 $h=0.1$, 0.05, 0.025일 때 $t=0.5$, 1.0, 1.5, 2.0에서의 수치해와 절대오차를 구하라.

$$\begin{cases} y'=y-t^2+1, & (0\le t\le 2), \\ y(0)=0.5 \end{cases}$$

풀이 함수 $f(t,\ y)=-t^2+y+1$에 대해서 $K_1=f(t_n,\ y_n)=-t_n^2+y_n+1$이라 하면 Heun의 방법은 다음과 같다.

$$\begin{aligned} y_{n+1}&=y_n+\frac{h}{2}[f(t_n,\ y_n)+f(t_n+h,\ y_n+hf(t_n,\ y_n))] \\ &=y_n+\frac{h}{2}[K_1+f(t_{n+1},\ y_n+hK_1)] \end{aligned}$$

한편, 수정 Euler 방법은 다음과 같다.

$$\begin{aligned} y_{n+1}&=y_n+h\left[f\left(t_n+\frac{1}{2}h,\ y_n+\frac{1}{2}hf(t_n,\ y_n)\right)\right] \\ &=y_n+h\left[f\left(t_n+\frac{1}{2}h,\ y_n+\frac{1}{2}hK_1\right)\right] \end{aligned}$$

주어진 초기값 문제의 정확한 해는 $y(t)=(t+1)^2-0.5e^t$이므로, Heun의 방법과 수정 Euler 방법의 절대오차를 구해 정확도를 비교하면, 표 9.3과 같이 절대오차는 $O(h^2)$으로서 2차 Runge-Kutta의 대표적인 방법인 Heun의 방법과 수정 Euler 방법은 2차 Taylor 방법과 마찬가지로 2차 수렴한다는 것을 알 수 있다.

표 9.3 Heun과 수정 Euler 방법

단계 크기	t	$y(t)$	Heun	수정 Euler	Heun의 절대오차	수정 Euler 절대오차
0.1	0.5	1.42564	1.42319	1.42474	$2.4458e-003$	$9.0429e-004$
	1.0	2.64086	2.63480	2.63888	$6.0618e-003$	$1.9807e-003$
	1.5	4.00916	3.99782	4.00608	$1.1337e-002$	$3.0723e-003$
	2.0	5.30547	5.28657	5.30172	$1.8905e-002$	$3.7471e-003$
0.05	0.5	1.42564	1.42501	1.42541	$6.2531e-004$	$2.2995e-004$
	1.0	2.64086	2.63931	2.64036	$1.5487e-003$	$5.0168e-004$
	1.5	4.00916	4.00626	4.00838	$2.8940e-003$	$7.7268e-004$
	2.0	5.30547	5.30065	5.30454	$4.8199e-003$	$9.2771e-004$
0.025	0.5	1.42564	1.42548	1.42558	$1.5806e-004$	$5.7961e-005$
	1.0	2.64086	2.64047	2.64073	$3.9131e-004$	$1.2618e-004$
	1.5	4.00916	4.00842	4.00896	$7.3078e-004$	$1.9359e-004$
	2.0	5.30547	5.30426	5.30524	$1.2161e-003$	$2.3040e-004$

4차 Runge-Kutta 방법은 2차와 유사한 방법으로 (9.25)와 (9.28)에서

$$\phi(t_n,\ y_n;h) = \omega_1 f(s_1,\ r_1) + \omega_2 f(s_2,\ r_2) + \omega_3 f(s_3,\ r_3) + \omega_4 f(s_4,\ r_4)$$

로 설정하고 절단오차가 h^4에 비례하는 4차 Taylor 방법

$$\phi(t_n,\ y_n;h) = T_4(t_n,\ y_n;h) + O(h^4)$$

과 비교하여 매개상수를 구함으로서 유도할 수 있다.

이와 같이 결정되는 4차 Runge-Kutta 방법은 다음과 같다.

$$y_{n+1} = y_n + \frac{h}{6}[K_1 + 2K_2 + 2K_3 + K_4]; \tag{9.34}$$

$$\begin{cases} K_1 = f(t_n,\ y_n), \\ K_2 = f(t_n + \frac{1}{2}h, y_n + \frac{1}{2}hK_1), \\ K_3 = f(t_n + \frac{1}{2}h, y_n + \frac{1}{2}h K_2), \\ K_4 = f(t_n + h, y_n + hK_3) \end{cases} \tag{9.35}$$

```
% 예제 9.9에 대한 프로그램
f=inline('-t^2+y+1');
h=0.1;
t0=0;a=2;
y0=0.5;
N=fix((a-t0)/h)+1;
t=linspace(t0,a,N)';
heun=zeros(N,1); meuler=zeros(N,1);
heun(1)=y0; meuler(1)=y0;
% Heun의 방법
for j=2:N
    K1=f(t(j-1),heun(j-1));
    heun(j)=heun(j-1)+h/2*(K1+f(t(j),heun(j-1)+h*K1));
end
% 수정 Euler 방법
for j=2:N
    K1=f(t(j-1),meuler(j-1));
    meuler(j)=meuler(j-1)+h*(f(t(j-1)+0.5*h,meuler(j-1)+0.5*h*K1));
end
yt=inline('(t+1).^2-0.5*exp(t)');
ytvalue=yt(t);
error1=abs(ytvalue-heun);
error2=abs(ytvalue-meuler);
fprintf('%8.4f %8.5f %8.5f %8.5f %9.4e %9.4e
        \n',[t,ytvalue,heun,meuler,error1,error2]');
```

(9.34)와 (9.35)에서와 같이 4차의 Runge-Kutta 방법은 각 단계마다 연쇄적으로 네 점에서의 함수 f의 계산을 요한다. 보다 고차의 Runge-Kutta 방법도 같은 방식으로 유도할 수 있으나, 많은 함수의 값을 계산해야 하므로 수치해석적인 효율성의 차원에서 특별한 경우 이외에는 자주 쓰이지는 않는다.

참고로 (9.25)에서 5차의 Runge-Kutta 방법에는 $m=6$이 필요하고, 6차의 방법에는 $m=7$이, 그리고 $k \geq 7$인 경우 k차의 방법에는 $m \geq k+2$가 필요하다.

예제 9.10 예제 9.9에 주어진 초기값 문제에 대해서 4차 Runge-Kutta 방법에 의한 수치해와 절대오차를 구하라.

풀이 4차 Runge-Kutta 방법에 의한 수치해와 절대오차를 비교하면 다음 표 9.4와 같다. 여기서 $y_h(t)$는 단계 크기 h일 때, 주어진 점 t에서의 수치해를 나타낸다. 여기서 오차비율 $\dfrac{|y(t_n)-y_n|}{h^4}$가 유계이므로 계산 결과는 4차 Runge-Kutta 방법이 4차 수렴한다는 것을 보여준다.

표 9.4 4차 Runge-Kutta 방법

단계 크기	t	$y(t)$	$y_h(t)$	절대오차	오차비율
0.1	0.5	1.42563936	1.42563840	$9.6900e-007$	0.0097
	1.0	2.64085909	2.64085672	$2.3616e-006$	0.0236
	1.5	4.00915546	4.00915115	$4.3195e-006$	0.0432
	2.0	5.30547195	5.30546496	$6.9903e-006$	0.0699
0.05	0.5	1.42563936	1.42563930	$6.1783e-008$	0.0099
	1.0	2.64085909	2.64085894	$1.5029e-007$	0.0240
	1.5	4.00915546	4.00915519	$2.7418e-007$	0.0439
	2.0	5.30547195	5.30547151	$4.4213e-007$	0.0707
0.025	0.5	1.42563936	1.42563936	$3.8995e-009$	0.0100
	1.0	2.64085909	2.64085908	$9.4763e-009$	0.0243
	1.5	4.00915546	4.00915545	$1.7265e-008$	0.0442
	2.0	5.30547195	5.30547192	$2.7790e-008$	0.0711

정리 9.3으로부터 1단계 방법은 $h\to 0$일 때 절단오차의 최대값이 $\tau\to 0$이면 수렴한다는 것을 알 수 있다. 이 조건을 통상 **일관성 조건**(consistency condition)이라고 한다.

$$\frac{y(t_n+h)-y(t_n)}{h}=\phi(t_n,\ y(t_n);h)+\tau_n$$

으로부터 $h\to 0$일 때 $\tau\to 0$이면 증분함수 ϕ가 연속이므로

$$y'(t_n)=\phi(t_n,\ y(t_n);0)$$

이 된다. 이때, $y'(t_n)=f(t_n,\ y(t_n))$이므로 일관성 조건은

$$\phi(t_n,\ y(t_n);0)=f(t_n,\ y(t_n)) \tag{9.36}$$

임을 의미한다. Taylor 방법이나 Runge-Kutta 방법은 이 조건을 만족한다.

```
% 예제 9.10에 대한 프로그램
 f=inline('-t^2+y+1');
 h=0.1;
 t0=0;a=2;
 y0=0.5;
 N=fix((a-t0)/h)+1;
 t=linspace(t0,a,N)';
 y=zeros(N,1);
 y(1)=y0;
 for j=2:N
     K1=f(t(j-1),y(j-1));
     K2=f(t(j-1)+0.5*h,y(j-1)+0.5*h*K1);
     K3=f(t(j-1)+0.5*h,y(j-1)+0.5*h*K2);
     K4=f(t(j),y(j-1)+h*K3);
     y(j)=y(j-1)+h/6*(K1+2*K2+2*K3+K4);
 end
 yt=inline('(t+1).^2-0.5*exp(t)');
 ytvalue=yt(t);
 error=abs(ytvalue-y);
 ratio=error/h^4;
 fprintf('%8.4f %10.8f %10.8f %9.4e %8.4f \n',[t,ytvalue,y,error ratio]');
```

연습문제 9.2 EXERCISE

1. 단계 크기가 $h=0.1$일 때 Euler 방법을 써서 다음 초기값 문제에 대한 수치해를 구하고 정확한 해 $y=\dfrac{1}{t}$의 그래프와 비교하여라.

$$y' = -y^2,\ (1 \le t \le 2),\ y(1) = 1$$

2. 다음 초기값 문제를 Euler 방법으로 계산하려고 한다.

$$y' = \arctan y,\ \ 0 \le t \le 1,\ \ y(0) = 1$$

(1) 단계 크기가 $h=0.1$일 때 Euler 방법을 써서 수치해를 구하라.

(2) 수치해에 대한 광역오차의 한계를 구하라.

(3) 허용도가 TOL $= 0.01$일 때, 수치해의 오차가 허용도보다 작도록 하려면 단계 크기 h는 얼마여야 할까?

3. 초기값 문제

$$y' = \ln(1+y^2),\ \ 0 \le t \le 1,\ \ y(0) = 1$$

에 대해 단계 크기와 마디점을 다음과 같이 설정한다.

$$h = \frac{1}{N},\ \ t_n = nh,\ \ (n=0,\ 1,\ \cdots,\ N)$$

(1) 초기값 문제에 대한 Euler 방법에 대한 형식을 구하라.

(2) Euler 방법의 절단오차가 $O(h)$임을 보여라.

(3) 허용도가 10^{-4} 이하가 되도록 N을 구하라.

4. 초기값 문제 $y' = y,\ 0 \le t \le 1,\ y(0) = 1$의 정확한 해는 $y(t) = e^t$이다.

(1) 단계 크기 h에 대해 Euler 방법에 의한 수치해 y_h는 다음과 같음을 보여라.

$$y_h(t_n) = C(h)^{t_n},\ \ \ C(h) = (1+h)^{1/h}$$

(2) $\lim_{h \to 0} y_h(t) = e^t$임을 보여라.

(3) 다음이 성립함을 보여라.

$$\max_{0 \le t_n \le 1} |y(t_n) - y_h(t_n)| = e - C(h) \approx \frac{h}{2} e$$

5. 초기값 문제

$$y' = t^2 y^2,\ \ 0 \le t \le 1.5,\ y(0) = 3$$

에 대해 다음을 답하라.

(1) 2차 Taylor 방법에 대한 증분형식 $T_2(t,\ y; h)$를 구하고, $h = 0.5$일 때 2차 Taylor 방법에 의한 수치해를 구하라.

(2) 주어진 초기값 문제의 구간을 $1 \le t \le a,\ (a > 1)$로 확대하면 수치해는 정확도를 상실한다. 그 이유에 대해 알아보라.

6. 수정 Euler 방법 (9.33)은 단계 크기 h와 $\frac{h}{2}$를 사용한 Euler 방법에 Richardson 외삽법을 적용해서 유도될 수 있음을 보여라.

7. 정리 9.4를 증명하라.

8. (1) 다음의 3차 Runge-Kutta 방법을 유도하라.

$$y_{n+1} = y_n + \frac{h}{6}[K_1 + 4K_2 + K_3];$$

$$\begin{cases} K_1 = f(t_n,\ y_n), \\ K_2 = f(t_n + \frac{1}{2}h,\ y_n + \frac{1}{2}hK_1), \\ K_3 = f(t_n + h,\ y_n + h(-K_1 + 2K_2)) \end{cases}$$

(2) $h = 0.05$일 때, 초기값 문제

$$y' = 2ty,\ \ (0 \le t \le 2),\ \ \ y(0) = 1$$

에 3차 Runge-Kutta 방법과 3차 Taylor 방법을 적용하여 그 결과를 비교하라.

9. 4차 Runge-Kutta 방법에 대한 형식 (9.34)~(9.35)를 유도하고 3번 문제에 제시된 초기값 문제에 대해 4차 Runge-Kutta 방법과 4차 Taylor 방법을 적용하여 실험한 결과를 비교하라.

10. 각각 Heun 방법과 수정 Euler 방법에 의한 절단오차를 구하고 그 정확도를 추정하여라.

11. 다음의 각 초기값 문제에 대해 주어진 h에 대해 4차 Runge-Kutta 방법을 적용하여 수치해를 구하라.

(1) $y' = \cos(2t+y)3y,\ (1 \le t \le 2),\ y(1) = 1;\ h = 0.2$

(2) $y' = \dfrac{ty}{\sqrt{t^2+y^2}},\ (1 \le t \le 2),\ y(1) = 1;\ h = 0.2$

12. 2차 Taylor 방법과 2차 Runge-Kutta 방법이 일관성 조건을 가짐을 보여라.

13. 다음은 해석적인 방법으로는 적분을 구할 수 없는 **2종의 타원함수**(elliptic function of the 2nd kind)이다.

$$y(t) = \int_0^t \sqrt{1 - \frac{1}{2}\sin^2\theta}\ d\theta$$

이 함수를 미분방정식의 초기값 문제로 전환하여 근사값에 대한 표를 제작하려고 한다. $h = 0.01$로서 각각 3차 Taylor 방법과 4차 Runge-Kutta 방법을 적용하여 타원함수에 대한 수표를 제작하라.

14. **Sine 적분함수**(Sine integral function) $Si(t)$는 $t > 0$에 대해 적분

$$Si(t) = \int_0^t \frac{\sin u}{u}\, du$$

로 정의되는 함수이다.

각각 Heun 방법과 수정 Euler 방법을 써서 $0 \le t \le 4$에서 단계 크기를 $h = 0.2$로 해서 Sine 적분함수의 근사값에 대한 수표를 제작하라.

15. 미분방정식 $y' = f(t,\ y),\ t_0 \le t \le a,\ y(t_0) = y_0$에 대해 구간의 분할에 의한 마디점 사이의 소구간 $[t_n,\ t_{n+1}]$에 수치적분의 사다리꼴 형식

$$\begin{aligned} y(t_{n+1}) - y(t_n) &= \int_{t_n}^{t_{n+1}} y'(t)\,dt \\ &= \int_{t_n}^{t_{n+1}} f(t,\ y(t))\,dt = \frac{h}{2}\left[f(t_n,\ y(t_n)) + f(t_{n+1},\ y(t_{n+1}))\right] \end{aligned}$$

을 적용하여 얻어진 다음과 같은 형식의 수치해법을 **사다리꼴 방법**(trapezoidal rule method)이라고 한다.

$$y_{n+1} = y_n + \frac{h}{2}\left[f(t_n,\ y_n) + f(t_{n+1},\ y_{n+1})\right] \tag{9.37}$$

(1) 사다리꼴 방법의 정확도를 구하라.

(2) 사다리꼴 방법에 대한 증분함수 $\phi(t_n,\ y_n; h)$를 구하고, f가 y에 대해 Lipschitz 연속이면 증분함수도 y에 대해 Lipschitz 연속임을 보여라.

(3) 사다리꼴 방법의 광역오차는 $O(h^2)$임을 보여라.

(4) $f(t,\ y)$가 y에 대해 Lipschitz 상수 M인 Lipschitz 연속이고 $|y^{(3)}(t)| \le K$이면 $hM < 2$인 단계 크기 h에 대해 사다리꼴 방법의 광역오차는

$$|e_n| \le \frac{h^2 K}{1-M}\left[\left(\frac{1+\frac{1}{2}hM}{1-\frac{1}{2}hM}\right)^n - 1\right]$$

로 주어짐을 보여라.

9.3 다단계 방법

초기값 문제

$$y' = f(t,\ y),\quad y(t_0) = y_0,\quad (t_0 \le t \le a)$$

에서 구간 $[t_0,\ a]$를 N개의 등구간으로 분할한 단계 크기와 분할 마디점을 각각 $h = \dfrac{a - t_0}{N}$와 $t_n = t_0 + nh,\ (n = 0,\ 1,\ \cdots,\ N)$이라고 하자.

초기값 문제에 대한 Taylor 방법이나 Runge-Kutta 방법은 소구간 $t_n \le t \le t_{n+1}$에서 y_n의 값으로 다음 단계의 값 $y_{n+1} \approx y(t_{n+1})$을 추정하는 1단계 방법이다. Taylor 방법에서는 $t = t_n$에서의 Taylor 급수를 가지고 추정하고, Runge-Kutta 방법에서는 구간 $[t_n,\ t_{n+1})$에서 다수의 방향장에 대한 샘플링을 통해서 y_{n+1}을 추정한다. 9.2절에서 살펴본 바와 같이 Runge-Kutta 방법을 결정하는 기본 원리 역시 Taylor 급수에 의존한다.

마디점 t_{n+1}에서 $y(t_{n+1})$의 근사값 y_{n+1}을 추정하기 위해서 $y_n,\ y_{n-1}$ 등 이전에 계산한 여러 값을 가지고 y_{n+1}의 값을 추정하는 것을 **다단계 방법**(multi-step method)이라고 하고, 계산에 사용한 단계의 수가 k일 때 **k단계 방법**(k-step method)라고 한다.

일반적으로 k단계 방법은 다음과 같은 형식으로 표현된다.

$$y_{n+1} = \sum_{j=0}^{k-1} \alpha_j y_{n-j} + h \sum_{j=0}^{k} \beta_j f(t_{(n+1)-j},\ y_{(n+1)-j}) \tag{9.38}$$

(9.38)에서 $\beta_0 \neq 0$이면 식의 우측은 아직 결정되지 않은 y_{n+1}에서의 함수값을 포함하고 있다. 이 경우를 **음의 다단계 방법**(implicit multistep method)이라고 한다. 한편 $\beta_0 = 0$이면, (9.38)은 이미 결정된 $y_n,\ y_{n-1},\ \cdots,\ y_{n-k+1}$에서의 계산을 통해서 y_{n+1}을 추정하는 것을 의미한다. 이 경우를 **양의 다단계 방법**(explicit multistep method)이라고 한다.

예를 들어, $y'(t)$를 수치미분에 대한 중앙차분공식

$$y'(t) \approx \frac{y(t+h) - y(t-h)}{2h}$$

을 $y'(t_n)=f(t_n, y(t_n))$에 적용하면

$$\frac{y(t_{n+1})-y(t_{n-1})}{2h}\approx y'(t_n)=f(t_n, y(t_n))\approx f(t_n,\ y_n)$$

이 되어, 양의 2단계 방법

$$y_{n+1}=y_{n-1}+2hf(t_n,\ y_n)$$

이 유도된다. 또한, 수치적분에 대한 Simpson 공식을 이용하면

$$\begin{aligned} y(t_{n+1})-y(t_{n-1}) &= \int_{t_{n-1}}^{t_{n+1}} y'(t)\,dt \\ &\approx \frac{h}{3}\left[y'(t_{n-1})+4y'(t_n)+y'(t_{n+1})\right] \\ &\approx \frac{h}{3}\left[f(t_{n-1}, y_{n-1})+4f(t_n, y_n)+f(t_{n+1}, y_{n+1})\right] \end{aligned}$$

이 되어 다음과 같은 음형식의 2단계 방법인 **Simpson 방법**(Simpson's method)이 유도된다.

$$y_{n+1}=y_{n-1}+\frac{h}{3}\left[f(t_{n+1},\ y_{n+1})+4f(t_n,\ y_n)+f(t_{n-1},\ y_{n-1})\right] \tag{9.39}$$

다단계 방법의 대표적인 형식으로는 양의 형식인 Adams-Bashforth 방법과 음의 형식인 Adams-Moulton 방법, 그리고 음의 다단계 방법을 반복법을 통해 보완 계산하기 위한 예측자-수정자 방법이 있다.

Adams-Bashforth 방법

소구간 $t_n \le t \le t_{n+1}$에서 미분방정식 $y'(t)=f(t,\ y(t))$를 적분하면

$$y(t_{n+1})-y(t_n)=\int_{t_n}^{t_{n+1}} y'(t)\,dt=\int_{t_n}^{t_{n+1}} f(t,\ y(t))\,dt \tag{9.40}$$

가 얻어진다.

이때, (9.40)의 적분계산을 위해 k개의 마디점 $t_n,\ t_{n-1},\ \cdots,\ t_{n-k+1}$에서

$$g(t)=f(t,\ y(t))=y'(t) \tag{9.41}$$

에 대한 $k-1$차 보간 다항식을 $p_{k-1}(t)$라고 하면 정리 6.7에 의해 $g(t)$는

$$\begin{cases} g(t) = p_{k-1}(t) + r_k(t), \\ r_k(t) = \dfrac{1}{k!} g^{(k)}(\xi)\pi_k(t), \ (t_{n-k+1} < \xi < t_n) \end{cases} \tag{9.42}$$

의 형식으로 쓸 수 있다. (9.40)에서 $\int_{t_n}^{t_{n+1}} f(t, y(t))\,dt$를 $\int_{t_n}^{t_{n+1}} p_{k-1}(t)\,dt$로 근사한 것을 **$k$단계 Adams-Bashforth 방법**(k-step Adams-Bashforth method)이라고 한다. $k-1$차 보간 다항식 $p_{k-1}(t)$는 마디점 $t_n, t_{n-1}, \cdots, t_{n-k+1}$에서 $g(t)$의 정보를 가지고 구성되므로 k단계 Adams-Bashforth 방법은 다음과 같은 형식으로 구성된다.

$$y_{n+1} = y_n + h\left[\beta_1 f_n + \beta_2 f_{n-1} + \cdots + \beta_k f_{n-k+1}\right] \tag{9.43}$$

(9.43)에서 $f_j = f(t_j, y_j)$, $(j = n, n-1, \cdots, n-k+1)$을 나타낸다.

계수 $\beta_1, \cdots, \beta_{k-1}$을 구하기 위해 직접 보간 다항식에 대한 적분계산 $\int_{t_n}^{t_{n+1}} p_{k-1}(t)dt$을 수행하는 것은 단계의 수가 증가하는데 따른 계산이 매우 복잡하다. 이를 간소화하는 방안으로는 수치적분의 정확도를 이용한 미정계수법을 생각할 수 있다. 먼저 (9.42)에 의해 수치적분의 정확도가 $k-1$차임에 주목한다.

이에 따라 변수변환

$$s = \frac{t - t_n}{h} \tag{9.44}$$

을 적용하면 적분이

$$\int_{t_n}^{t_{n+1}} p_{k-1}(t)\,dt = \int_0^1 p_{k-1}(t_n + hs)h\,ds$$

으로 변환되므로, 수치적분형식

$$\int_0^1 p_{k-1}(t_n + hs)\,ds = \beta_1 f_n + \beta_2 f_{n-1} + \cdots + \beta_k f_{n-k+1} \tag{9.45}$$

이 $k-1$차의 정확도를 유지하도록 미정계수 $\beta_1, \cdots, \beta_k$를 결정한다.

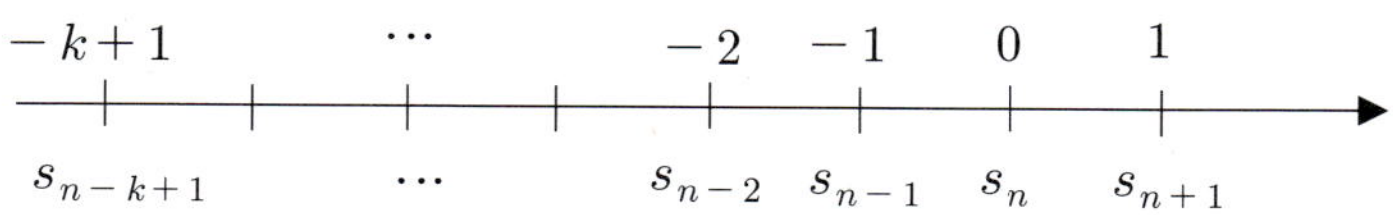

그림 9.3 변환 마디점

변수변환 (9.44)에 의해 그림 9.3과 같이 t_{n+1}, t_n, $\cdots$, t_{n-k+1}에 대응하는 마디점은

$$s_{n-k+1} = -(k-1) < \cdots < s_{n-1} = -1 < s_n = 0 < s_{n+1} = 1$$

이므로 다음과 같은 P_k에 대한 기저

$$\begin{aligned} q_0(s) &= 1 \\ q_1(s) &= s \\ q_2(s) &= s(s+1) \\ q_3(s) &= s(s+1)(s+2) \\ &\vdots \\ q_k(s) &= s(s+1)(s+2)\cdots(s+k-1) \end{aligned} \tag{9.46}$$

를 택해서 수치적분의 정확도로부터 k개의 연립방정식

$$\int_0^1 q_j(s)ds = \beta_1 q_j(0) + \beta_2 q_j(-1) + \cdots + \beta_k q_j(-k+1), \quad (j=0,\ 1,\ \cdots,\ k-1) \tag{9.47}$$

을 유도하여 이로부터 미정계수를 결정한다.

k단계 Adams-Bashforth 방법에 대한 절단오차는 (9.40)과 (9.42)에 의해

$$\begin{aligned} \tau_n &= \frac{y(t_{n+1}) - y(t_n)}{h} - \frac{1}{h}\int_{t_n}^{t_{n+1}} p_{k-1}(t)dt \\ &= \frac{1}{h}\int_{t_n}^{t_{n+1}} \frac{1}{k!} g^{(k)}(\xi)\pi_k(t)\,dt \end{aligned} \tag{9.48}$$

로 표현된다. 이때 $g(t) = y'(t)$로부터 $g^{(k)}(\xi) = y^{(k+1)}(\xi)$이므로 미분방정식의 해가 $k+1$차 연속미분가능하다면 $g^{(k)}(\xi)$를 상수로 간주하면 절단오차는

$$\int_{t_n}^{t_{n+1}} \pi_k(t)\,dt = \int_{t_n}^{t_{n+1}} (t-t_n)(t-t_{n-1})\cdots(t-t_{n-k+1})\,dt \tag{9.49}$$

에 의해 결정된다. 여기에 변수변환 $t = t_n + hs$를 적용하면

$$\int_{t_n}^{t_{n+1}} \pi_k(t)dt = h^{k+1}\int_0^1 s(s+1)(s+2)\cdots(s+k-1)\,ds$$

이므로 k단계 Adams-Bashforth 방법에 대한 절단오차는

$$\frac{1}{k!} y^{(k+1)}(\xi) h^k \int_0^1 s(s+1)(s+2)\cdots(s+k-1)ds \tag{9.50}$$

로 추정할 수 있다. 즉 k단계 Adams-Bashforth 방법의 절단오차는 $O(h^k)$이다. 위 방법을 적용하여 2단계부터 5단계까지의 단계별 Adams-Bashforth 방법과 대응하는 절단오차를 정리하면 표 9.5와 같다.

표 9.5 단계별 Adams-Bashforth 방법과 절단오차

단계	Adams-Bashforth 방법	절단오차
2	$y_{n+1} = y_n + \frac{h}{2}[3f_n - f_{n-1}]$	$\frac{5}{12}h^2 y^{(3)}(\xi)$
3	$y_{n+1} = y_n + \frac{h}{12}[23f_n - 16f_{n-1} + 5f_{n-2}]$	$\frac{3}{8}h^3 y^{(4)}(\xi)$
4	$y_{n+1} = y_n + \frac{h}{24}[55f_n - 59f_{n-1} + 37f_{n-2} - 9f_{n-3}]$	$\frac{251}{720}h^4 y^{(5)}(\xi)$
5	$y_{n+1} = y_n + \frac{h}{720}[1901f_n - 2774f_{n-1} + 2616f_{n-2} - 1274f_{n-3} + 251f_{n-4}]$	$\frac{95}{288}h^5 y^{(6)}(\xi)$

예제 9.11 3단계 Adams-Bashforth 방법을 유도하고 절단오차를 구하라.

풀이 3단계 Adams-Bashforth 방법은 (9.46)에서 P_2의 기저로 q_0, q_1, q_2를 이용하면 연립방정식

$$\begin{cases} \beta_1 + \beta_2 + \beta_3 = \int_0^1 q_0(s)ds = 1 \\ -\beta_2 - 2\beta_3 = \int_0^1 q_1(s)ds = \frac{1}{2} \\ 2\beta_3 = \int_0^1 q_2(s)ds = \frac{5}{6} \end{cases}$$

를 얻고, 이를 거꾸로 풀어 $\beta_1 = \frac{23}{12}$, $\beta_2 = -\frac{16}{12}$, $\beta_3 = \frac{5}{12}$를 구한다. 따라서 다음과 같은 3단계 Adams-Bashforth 방법을 얻는다.

$$y_{n+1} = y_n + \frac{h}{12}[23f(t_n, y_n) - 16f(t_{n-1}, y_{n-1}) + 5f(t_{n-2}, y_{n-2})]$$

3단계 Adams-Bashforth 방법에 대한 절단오차는 (9.50)에 의해

$$\int_0^1 s(s+1)(s+2)ds = \frac{9}{4}$$

이므로 $\frac{1}{3!}\frac{9}{4}h^3 y^{(4)}(\xi) = \frac{3}{8}h^3 y^{(4)}(\xi)$이다.

k단계 Adams-Bashforth 방법은 초기 계산을 위해 $y_0, y_1, \cdots, y_{k-1}$에 대한 값의 설정이 필요하다. 이 초기값이 설정되면 (9.43)에 의해

$$y_k = y_{k-1} + h[\beta_1 f_{k-1} + \beta_2 f_{k-2} + \cdots + \beta_k f_0] \tag{9.51}$$

로 y_k를 계산하고, 다음 $y_1, y_2, \cdots, y_k$의 정보를 가지고 y_{k+1}을 계산해 나가는 방식으로 계산을 진행한다. 초기 조건 $y(0) = y_0$으로부터 필요한 $y_1, y_2, \cdots, y_{k-1}$의 값의 설정을 위해 Taylor 방법이나 Runge-Kutta 방법을 적용할 수 있다.

이때, k차 Adams-Bashforth 방법의 정확도는 k차 이므로 정확도가 같이 일치하도록 균형을 맞추는 것이 필요하다. 예를 들어, 4단계 Adams-Bashforth 방법을 사용하고자 할 때 필요한 초기 계산 y_1, y_2, y_3을 위해서 효율성을 고려하여 광역오차가 $O(h^4)$인 4차 Runge-Kutta 방법을 적용하는 것이 바람직하다.

다음은 4차 Runge-Kutta 방법을 사용하여 초기 데이터를 구하고, 이를 바탕으로 4단계 Adams-Bashforth 방법을 운용하는 과정에 대한 알고리즘이다.

Adams-Bashforth 알고리즘

(1) 미분방정식의 데이터에 대한 초기화

함수 f, 구간 $[t_0, a]$, 초기점 $y(0) = y_0$ 입력

단계 크기 h, 마디점 $t_0, t_1, \cdots, t_N$ 설정

(2) 4차 Runge-Kutta 방법 적용하여 y_1, y_2, y_3 결정

$$y_{n+1} = y_n + \frac{h}{6}[K_1 + 2K_2 + 2K_3 + K_4], \ (n = 0, 1, 2)$$

$$\begin{cases} K_1 = f(t_n, y_n), \\ K_2 = f(t_n + \frac{1}{2}h, y_n + \frac{1}{2}hK_1), \\ K_3 = f(t_n + \frac{1}{2}h, y_n + \frac{1}{2}hK_2), \\ K_4 = f(t_n + h, y_n + hK_3) \end{cases}$$

(3) 4단계 Adams-Bashforth 방법을 적용하여 $y_4, y_5, \cdots, y_N$ 계산

$$y_{n+1} = y_n + \frac{h}{24}[55f_n - 59f_{n-1} + 37f_{n-2} - 9f_{n-3}] \quad (n = 3, 4, \cdots, N)$$

예제 9.12 초기값 문제

$$\begin{cases} y' = y - t^2 + 1, & (0 \le t \le 2), \\ y(0) = 0.5 \end{cases}$$

에 대해 4차 Runge-Kutta 방법을 써서 y_1, y_2, y_3를 구하고 이를 초기 데이터로 이용하여 4단계 Adams-Bashforth 방법을 적용한 수치해를 계산하려고 한다. 단계 크기 h가 각각 $h = 0.1$, 0.05, 0.025일 때 $t = 0.5$, 1.0, 1.5, 2.0에서의 수치해와 절대오차를 구하라.

풀이 미분방정식이 적용되는 구간이 $[0,\ 2]$이므로 단계 크기가 $h = 0.1$이면, 마디점의 수는 21이다.

먼저 4단계 Adams-Bashforth의 초기값을 설정하기 위하여 $y(0) = y_0 = 0.5$를 토대로 4차 Runge-Kutta 방법을 적용하여 y_1, y_2, y_3를 구하면 다음과 같다.

$$y_1 \approx 0.65741,\ y_2 \approx 0.82930,\ y_3 \approx 1.01507$$

이제 4단계 Adams-Bashforth 방법을 순차적으로 적용하여 y_4, $\cdots$, y_N을 계산한다.

예를 들어, y_4의 계산은 $f(t, y) = y - t^2 + 1$이므로,

$$\begin{aligned}
f_0 &= f(t_0,\ y_0) = y_0 - t_0^2 + 1 = 0.5 - 0^2 + 1 = 1.5, \\
f_1 &= f(t_1,\ y_1) = y_1 - t_1^2 + 1 \approx 0.65741 - (0.1)^2 + 1 \approx 1.64741, \\
f_2 &= f(t_2,\ y_2) = y_2 - t_2^2 + 1 \approx 0.82930 - (0.2)^2 + 1 \approx 1.78930, \\
f_3 &= f(t_3,\ y_3) = y_3 - t_3^2 + 1 \approx 1.01507 - (0.3)^2 + 1 \approx 1.92507
\end{aligned}$$

이다. 이제 4단계 Adams-Bashforth 방법을 적용하여 y_4를 계산하면 표 9.5에 의해

$$\begin{aligned}
y_4 &= y_3 + \frac{h}{24}[55f(t_3,\ y_3) - 59f(t_2,\ y_2) + 37f(t_1,\ y_1) - 9f(t_0,\ y_0)] \\
&= y_3 + \frac{h}{24}[55f_3 - 59f_2 + 37f_1 - 9f_0] \\
&\approx 1.01507 + \frac{(0.1)}{24}[55(1.92507) - 59(1.78930) + 37(1.64741) - 9(1.5)] \\
&\approx 1.21409
\end{aligned}$$

를 얻는다. 이와 같이 계산한 수치해와 절대오차를 비교하면 표 9.6과 같다.

여기서 $y_h(t)$는 단계 크기 h일 때, 주어진 점 t에서의 수치해를 나타낸다. 이 표에서 오차비율은 $\frac{|y(t_n)-y_n|}{h^4}$로 계산하였고 계산결과는 이 값이 유계임을 나타내므로 수치실험 결과는 4단계 Adams-Bashforth 방법이 4차 수렴한다는 것을 보여준다.

표 9.6 4단계 Adams-Bashforth 방법

크기 \ 단계	t	$y(t)$	$y_h(t)$	절대오차	오차비율
0.1	0.5	1.42563936	1.42564366	$4.2961e-006$	0.0430
	1.0	2.64085909	2.64088638	$2.7295e-005$	0.2730
	1.5	4.00915546	4.00923394	$7.8473e-005$	0.7847
	2.0	5.30547195	5.30565651	$1.8456e-004$	1.8456
0.05	0.5	1.42563936	1.42563992	$5.5843e-007$	0.0893
	1.0	2.64085909	2.64086138	$2.2910e-006$	0.3666
	1.5	4.00915546	4.00916150	$6.0366e-006$	0.9659
	2.0	5.30547195	5.30548563	$1.3678e-005$	2.1884
0.025	0.5	1.42563936	1.42563941	$4.5129e-008$	0.1155
	1.0	2.64085909	2.64085925	$1.6343e-007$	0.4184
	1.5	4.00915546	4.00915588	$4.1622e-007$	1.0655
	2.0	5.30547195	5.30547288	$9.2821e-007$	2.3762

```
f=inline('-t^2+y+1');
h=0.1;  t0=0;a=2;  y0=0.5;
N=fix((a-t0)/h)+1;t=linspace(t0,a,N)';
y=zeros(N,1);  y(1)=y0;
% 4차 Runge-Kutta 방법
for j=2:4
    K1=f(t(j-1),y(j-1));
    K2=f(t(j-1)+0.5*h,y(j-1)+0.5*h*K1);
    K3=f(t(j-1)+0.5*h,y(j-1)+0.5*h*K2);
    K4=f(t(j),y(j-1)+h*K3);
    y(j)=y(j-1)+h/6*(K1+2*K2+2*K3+K4);
end
```

```
% 4단계 Adams-Bashforth 방법
for j=5:N
    f0=f(t(j-4),y(j-4));  f1=f(t(j-3),y(j-3));
    f2=f(t(j-2),y(j-2));  f3=f(t(j-1),y(j-1));
    y(j)=y(j-1)+h/24*(55*f3-59*f2+37*f1-9*f0);
end
yt=inline('(t+1).^2-0.5*exp(t)');  ytvalue=yt(t);
error=abs(ytvalue-y);  ratio=error/h^4;
fprintf('%8.4f  %10.8f  %10.8f  %9.4e  %8.4f  \n',[t,ytvalue,y,error ratio]');
```

Adams-Moulton 방법

$k+1$개의 마디점 t_{n+1}, t_n, $\cdots$, t_{n-k+1}에서

$$g(t) = f(t,\ y(t)) = y'(t)$$

에 대한 k차 보간 다항식을 $p_k(t)$라고 하면 $g(t)$는

$$\begin{cases} g(t) = p_k(t) + r_{k+1}(t), \\ r_{k+1}(t) = \dfrac{1}{(k+1)!}\, g^{(k+1)}(\xi)\pi_{k+1}(t),\ \ (t_{n-k+1} < \xi < t_n) \end{cases} \tag{9.52}$$

의 형식으로 쓸 수 있으므로

$$y(t_{n+1}) - y(t_n) = \int_{t_n}^{t_{n+1}} f(t, y(t))\, dt = \int_{t_n}^{t_{n+1}} g(t)\, dt$$

에서 $\int_{t_n}^{t_{n+1}} g(t)\, dt$를 $\int_{t_n}^{t_{n+1}} p_k(t)\, dt$로 근사한 형식을 k단계 **Adams-Moulton 방법**(k-step Adams-Moulton method)이라고 한다. k차 보간 다항식 $p_k(t)$는 마디점 t_{n+1}, t_n, $\cdots$, t_{n-k+1}에서 $g(t)$의 정보를 가지고 구성되므로 k단계 Adams-Moulton 방법은 다음과 같은 형식으로 구성된다.

$$y_{n+1} = y_n + h\left[\beta_0 f_{n+1} + \beta_1 f_n + \ \cdots\ + \beta_k f_{n-k+1}\right] \tag{9.53}$$

계수 β_0, β_1, $\cdots$, β_{k-1}의 계산을 위해서 미정계수법을 사용한다. (9.52)에 의해

$$\int_{t_n}^{t_{n+1}} f(t, y(t))\, dt = \int_{t_n}^{t_{n+1}} g(t)\, dt = \int_{t_n}^{t_{n+1}} p_{k+1}(t)\, dt$$

의 정확도가 k차이므로 P_k에 대한 (9.46)의 기저함수 $q_j(s)$를 이용하여 다음과 같은 $k+1$개의 연립방정식을 얻는다.

$$\int_0^1 q_j(s)ds = \beta_0 q_j(1) + \beta_1 q_j(0) + \beta_2 q_j(-1) + \cdots + \beta_k q_j(-k+1),\ (j = 0, 1, \cdots, k) \quad (9.54)$$

k단계 Adams-Moulton 방법은 계수가 (9.54)의 해로 주어지는 (9.53) 형식의 수치해법을 말한다.

k단계 Adams-Moulton 방법에 대한 절단오차는 (9.52)에 의해

$$\begin{aligned}\tau_n &= \frac{y(t_{n+1}) - y(t_n)}{h} - \frac{1}{h}\int_{t_n}^{t_{n+1}} p_k(t)dt \\ &= \frac{1}{h}\int_{t_n}^{t_{n+1}} \frac{1}{(k+1)!} g^{(k+1)}(\xi)\pi_{k+1}(t)\,dt \end{aligned} \quad (9.55)$$

으로 표현된다. 이때 $g(t) = y'(t)$로부터 $g^{(k+1)}(\xi) = y^{(k+2)}(\xi)$이므로 미분방정식의 해 $y = y(t)$가 $k+2$차 연속 미분가능하다면 $g^{(k+1)}(\xi)$를 상수로 간주하면 절단오차는

$$\int_{t_n}^{t_{n+1}} \pi_{k+1}(t)\,dt = \int_{t_n}^{t_{n+1}} (t - t_{n+1})(t - t_n)\cdots(t - t_{n-k+1})\,dt$$

에 의해 결정된다. 여기에 변수변환 $t = t_n + hs$를 적용하면

$$\int_{t_n}^{t_{n+1}} \pi_{k+1}(t)dt = h^{k+2}\int_0^1 (s-1)s(s+1)\cdots(s+k-1)\,ds$$

이므로 k단계 Adams-Moulton 방법에 의한 절단오차는

$$\frac{1}{(k+1)!} y^{(k+2)}(\xi) h^{k+1} \int_0^1 (s-1)s(s+1)\cdots(s+k-1)ds \quad (9.56)$$

로 추정할 수 있다. 이에 따라 k단계 Adams-Moulton 방법의 절단오차는 $O(h^{k+1})$이다. 위 방법을 적용하여 1단계부터 4단계까지의 Adams-Moulton 방법과 대응하는 절단오차를 정리하면 표 9.7과 같다.

표 9.7 Adams-Moulton 방법과 절단오차

단계	Adams-Moulton 방법	절단오차
1	$y_{n+1} = y_n + h\left[f_{n+1} + f_n\right]$	$-\dfrac{1}{12}h^2 y^{(3)}(\xi)$
2	$y_{n+1} = y_n + \dfrac{h}{12}\left[5f_{n+1} + 8f_n - f_{n-1}\right]$	$-\dfrac{1}{24}h^3 y^{(4)}(\xi)$
3	$y_{n+1} = y_n + \dfrac{h}{24}\left[9f_{n+1} + 19f_n - 5f_{n-1} + f_{n-2}\right]$	$-\dfrac{19}{720}h^4 y^{(5)}(\xi)$
4	$y_{n+1} = y_n + \dfrac{h}{720}\left[251f_{n+1} + 646f_n - 264f_{n-1} + 106f_{n-2} - 19f_{n-3}\right]$	$-\dfrac{3}{360}h^5 y^{(6)}(\xi)$

예제 9.13 3단계 Adams-Moulton 방법을 유도하고 절단오차를 구하라.

풀이 3단계 Adams-Moulton 방법은 (9.46)에서 P_3의 기저로 q_0, q_1, q_2, q_3를 이용하면 연립방정식

$$\begin{cases} \beta_0 + \beta_1 + \beta_2 + \beta_3 = \displaystyle\int_0^1 q_0(s)ds = 1 \\ \beta_0 - \beta_2 - 2\beta_3 = \displaystyle\int_0^1 q_1(s)ds = \frac{1}{2} \\ 2\beta_0 + 2\beta_3 = \displaystyle\int_0^1 q_2(s)ds = \frac{5}{6} \\ 6\beta_0 = \displaystyle\int_0^1 q_3(s)ds = \frac{9}{4} \end{cases}$$

를 얻고, 이를 풀어 $\beta_0 = \dfrac{9}{24}$, $\beta_1 = \dfrac{19}{24}$, $\beta_2 = -\dfrac{5}{24}$, $\beta_4 = \dfrac{1}{24}$를 구한다. 따라서 다음과 같은 3단계 Adams-Bashforth 방법을 얻는다.

$$y_{n+1} = y_n + \frac{h}{24}\left[9f_{n+1} + 19f_n - 5f_{n-1} + f_{n-2}\right] \tag{9.57}$$

3단계 Adams-Moulton 방법의 절단오차는 (9.56)에 의해

$$\int_0^1 (s-1)s(s+1)(s+2)ds = -\frac{19}{30}$$

이므로 $-\dfrac{1}{4!}\dfrac{19}{30}h^4 y^{(5)}(\xi) = -\dfrac{19}{720}h^4 y^{(5)}(\xi)$이다.

예제 9.14 예제 9.12에 주어진 초기값 문제에 대해 3단계 Adams-Moulton 방법을 적용하여 수치해를 계산하려고 한다. 단계 크기 h가 각각 $h = 0.1,\ 0.05,\ 0.025$일 때 $t = 0.5, 1.0, 1.5, 2.0$에서의 수치해와 절대오차를 구하라.

풀이 미분방정식에서 $f(t,\ y) = y - t^2 + 1$가 y에 대해서 선형이므로 3단계 Adams-Moulton 방법 (9.57)에서

$$\frac{9h}{24}f_{n+1} = \frac{9h}{24}y_{n+1} - t_{n+1}^2 + 1 = \frac{3h}{8}y_{n+1} + \frac{9h}{24}f(t_{n+1},\ 0)$$

임을 이용하여 (9.57)을 y_{n+1}에 대해 양의 형식으로 고쳐 쓰면

$$y_{n+1} = \frac{8}{8-3h}\left(y_n + \frac{h}{24}\left[9f(t_{n+1},\ 0) + 19f_n - 5f_{n-1} + f_{n-2}\right]\right)$$

이다.

3차 Adams-Moulton 방법을 계산하기 위한 초기 데이터 $y_0,\ y_1,\ y_2$의 설정은 3차 Adams-Moulton 방법의 광역오차가 $O(h^4)$이므로 수렴성을 유지하기 위하여 초기값 $y(0) = y_0 = 0.5$에 대해서 4차 Runge-Kutta 방법을 적용하여 y_1, y_2를 구하고 위의 양의 형식으로 y_k, $(k = 3,\ 4,\ \cdots,\ N)$을 계산한다. 표 9.8은 각 h에 대하여 이 과정을 적용해서 얻은 수치실험 결과이다.

표 9.8 Adams-Moulton 방법

단계 크기	t	$y(t)$	$y_h(t)$	절대오차	오차비율
0.1	0.5	1.42563936	1.42563830	$1.0691e-006$	0.0107
	1.0	2.64085909	2.64085567	$3.4208e-006$	0.0342
	1.5	4.00915546	4.00914709	$8.3737e-006$	0.0837
	2.0	5.30547195	5.30545364	$1.8313e-005$	0.1831
0.05	0.5	1.42563936	1.42563930	$6.8096e-008$	0.0109
	1.0	2.64085909	2.64085887	$2.2003e-007$	0.0352
	1.5	4.00915546	4.00915492	$5.4043e-007$	0.0865
	2.0	5.30547195	5.30547077	$1.1839e-006$	0.1894
0.025	0.5	1.42563936	1.42563936	$4.2642e-009$	0.0109
	1.0	2.64085909	2.64085907	$1.3899e-008$	0.0356
	1.5	4.00915546	4.00915543	$3.4240e-008$	0.0877
	2.0	5.30547195	5.30547188	$7.5122e-008$	0.1923

표 9.6과 비교해 보면 실험결과는 4단계 Adams-Bashforth 방법보다 좋은 수치해를 제공한다는 것을 알 수 있다. 이는 선형 연립방정식의 반복해법에서 Gauss-Seidel 방법이 Jacobi 방법보다 보편적으로 더 좋은 수렴결과를 낳는다는 사실과 유사하다.

```
f=inline('-t^2+y+1');
h=0.05;
t0=0;a=2;
y0=0.5;
N=fix((a-t0)/h)+1;
t=linspace(t0,a,N)';
y=zeros(N,1);
y(1)=y0;
% 4차 Runge-Kutta 방법
for j=2:3
    K1=f(t(j-1),y(j-1));
    K2=f(t(j-1)+0.5*h,y(j-1)+0.5*h*K1);
    K3=f(t(j-1)+0.5*h,y(j-1)+0.5*h*K2);
    K4=f(t(j),y(j-1)+h*K3);
    y(j)=y(j-1)+h/6*(K1+2*K2+2*K3+K4);
end
% 3단계 Adams-Moulton에 대한 양의 형식
for j=4:N
    f0=f(t(j-3),y(j-3));
    f1=f(t(j-2),y(j-2));
    f2=f(t(j-1),y(j-1));
    f3=f(t(j),0);
    y(j)=8/(8-3*h)*(y(j-1)+h/24*(9*f3+19*f2-5*f1+f0));
end
yt=inline('(t+1).^2-0.5*exp(t)');
ytvalue=yt(t);
error=abs(ytvalue-y);
ratio=error/h^4;
fprintf('%8.4f %10.8f %10.8f %9.4e %8.4f \n',[t,ytvalue,y,error ratio]');
```

예측자-수정자 방법

k단계 Adams-Moulton의 방법

$$y_{n+1} = y_n + h\left[\beta_0 f_{n+1} + \beta_1 f_n + \cdots + \beta_k f_{n-k+1}\right] \tag{9.58}$$

은 y_{n+1}의 계산에 $f_{n+1} = f(t_{n+1}, y_{n+1})$의 계산이 필요하므로 음의 형식(implicit form)의 수치해법이다.

예제 9.14에서는 Adams-Moulton 방법을 실험하기 위해서 $f(t, y)$가 y에 대해 선형이므로 (9.58)의 양변을 y_{n+1}에 대해 풀어서 양의 형식으로 두고 계산할 수 있었다. 그러나 f가 비선형이면 (9.58)이 y_{n+1}에 대해서 비선형이므로 직접 y_{n+1}을 구하기 위해서는 제3장에서 다룬 비선형방정식에 대한 반복법을 적용하는 것이 필요하다. 즉, $y_{n-k+1}, y_{n-k}, \cdots, y_n$이 주어진 상황에서 y_{n+1}을 계산하기 위하여 상수 C를 $C = y_n + h\left[\beta_1 f_n + \cdots + \beta_k f_{n-k+1}\right]$라 두고, 고정함수를

$$\phi(z) = \beta_0 h f(t_{n+1}, z) + C \tag{9.59}$$

로 설정하면 y_{n+1}에 충분히 가까운 초기점의 설정 z_0에 대해서 반복법

$$z_{k+1} = \phi(z_k), \quad (k = 0, 1, \cdots) \tag{9.60}$$

에 대한 고정점이 (9.58)에 의한 y_{n+1}과 일치한다.

이때 반복법 (9.60)이 수렴하기 위해서는 초기점 z_0를 $|\phi'(z)| < 1$인 고정점의 근방에서 채택하는 것이 필요하다. (9.59)에 의해

$$\phi'(z) = \beta_0 h \frac{\partial f}{\partial z}(t_{n+1}, z)$$

이므로 f_z가 연속이면 단계 크기 h가 작을 때 반복법 (9.60)은 y_{n+1}으로 수렴하게 된다. 즉 반복법 (9.60)을 통해 고정점 y_{n+1}에 대한 좋은 근사값을 얻기 위해서는 함수 f의 조건과 단계 크기 h와 이에 따른 초기점 z_0의 적절한 설정이 고려되어야 한다. Adams-Moulton의 매 시행 때마다 이러한 것을 반복한다는 것은 매우 복잡하고 어려운 절차임에 틀림없다.

이에 대한 대안으로 같은 차수의 정확도를 갖는 양의 Adams-Bashforth를 가지고 y_{n+1}에 대한 근사값 $\tilde{y}_{n+1}$을 계산하고 이를 토대로 (9.58)에서 f_{n+1}을 $\tilde{f}_{n+1} = f(t_{n+1}, \tilde{y}_{n+1})$로 대치한 Adams-Moulton 방법을 적용하여 $y(t_{n+1})$에 대한 근사값 y_{n+1}을 계산하는 방법을 생각할 수 있다. 이와 같이 미분방정식의 수치해법에 있어서 음의 형식에 대한 근사값을 계산하기

위해 같은 차수의 정확도를 갖는 양의 형식을 이용해 음의 형식을 양의 형식으로 조정하는 기법을 **예측자-수정자 방법**(predictor-corrector)이라고 한다. 이때 양의 형식을 빌어 계산한 $\tilde{y}_{n+1}$을 **예측자**(predictor)라고 하고, 이를 토대로 대응하는 음의 형식을 양의 형식으로 조정한 형식을 **수정자**(corrector)라고 한다.

자주 쓰이는 모형으로 Adams-Bashforth를 예측자로 Adams-Moulton을 수정자로 채택하는 **Adams-Bashforth-Moulton 방법**이 있다. 이때 수렴성을 위해 차수의 균형이 필요하다. 예를 들어, 4차의 정확도를 유지하기 위해 4단계 Adams-Bashforth 방법을 예측자로 사용하고, 3단계 Adams-Moulton 방법을 채용한 4차 Adams-Bashforth-Moulton 방법은 다음과 같다.

$$\tilde{y}_{n+1} = y_n + \frac{h}{24}\left[55f_n - 59f_{n-1} + 37f_{n-2} - 9f_{n-3}\right], \tag{9.61}$$

$$\tilde{f}_{n+1} = f(t_{n+1}, \tilde{y}_{n+1}), \tag{9.62}$$

$$y_{n+1} = y_n + \frac{h}{24}\left[9\tilde{f}_{n+1} + 19f_n - 5f_{n-1} + f_{n-2}\right] \tag{9.63}$$

$y(t_{n+1})$에 대한 더 좋은 근사값을 얻기 위하여 수정자의 계산에서 $\tilde{y}_{n+1}$을 초기점으로 하여 (9.63)에 반복법을 적용하는 방안을 생각할 수 있다. 그러나 이러한 과정의 도입은 매 단계마다 계산량이 과다할 뿐만 아니라 반복법으로 얻어지는 값이 $y(t_{n+1})$ 대신에 Adams-Moulton 방법으로 얻어지는 근사값에 수렴하기 때문에 반복법을 통해 더 좋은 근사값을 얻기 위해서는 단계 크기 h를 줄여나가는 것이 효과적이다. 이러한 방식은 변화하는 단계의 크기를 이용하는 적응 방법의 기초가 된다. 따라서 보편적으로 $\tilde{y}_{n+1}$와 y_{n+1}값이 큰 변동이 없는 한 (9.63)의 1회 계산으로 y_{n+1}을 구한다.

예측자 (9.61)을 계산하기 위한 초기 데이터 y_1, y_2, y_3의 설정을 위해서 4차의 정확도를 갖는 4차 Runge-Kutta 방법을 사용하는 것이 이상적이다.

다음은 4차 Adams-Bashforth-Moulton 방법에 대한 알고리즘을 정리한 것이다.

4차 Adams-Bashforth-Moulton 알고리즘

(1) 미분방정식의 데이터에 대한 초기화

함수 f, 구간 $[t_0,\ a]$, 초기점 $y(0)=y_0$ 입력

단계 크기 h, 마디점 $t_0,\ t_1,\ \cdots,\ t_N$ 설정

(2) 4차 Runge-Kutta 방법 적용하여 $y_1,\ y_2,\ y_3$ 결정

$$y_{n+1}=y_n+\frac{h}{6}\left[K_1+2K_2+2K_3+K_4\right],\ (n=0,\ 1,\ 2)$$

$$\begin{cases} K_1=f(t_n,\ y_n), \\ K_2=f(t_n+\frac{1}{2}h, y_n+\frac{1}{2}hK_1), \\ K_3=f(t_n+\frac{1}{2}h,\ y_n+\frac{1}{2}h\,K_2), \\ K_4=f(t_n+h,\ y_n+hK_3) \end{cases}$$

(3) 예측자를 Adams-Bashforth로, 수정자를 Adams-Moulton으로 채택하여 $y_4,\ y_5,\ \cdots,\ y_N$ 계산

$$w=y_n+\frac{h}{24}\left[55f_n-59f_{n-1}+37f_{n-2}-9f_{n-3}\right] \qquad \text{(예측자)}$$

$$y_{n+1}=y_n+\frac{h}{24}\left[9f(t_{n+1},w)+19f_n-5f_{n-1}+f_{n-2}\right] \quad \text{(수정자)}$$

$(n=3,\ 4,\ \cdots,\ N)$

다음 표 9.9는 예제 9.12에 주어진 초기값 문제에 대해 동일한 조건하에서 4차 Adams-Bashforth-Moulton 방법을 적용하여 얻어진 수치실험 결과이다. 계산 결과를 표 9.6 및 표 9.8과 비교해보면 Adams-Bashforth 방법보다 정확도가 약 10배 정도 개선되었고, Adams-Moulton 방법과 거의 유사한 정확도를 유지하고 있음을 알 수 있다.

표 9.9 Adams-Bashforth-Moulton 방법

단계 크기	t	$y(t)$	$y_h(t)$	절대오차	오차비율
0.1	0.5	1.42563936	1.42563850	$8.6709e-007$	0.0087
	1.0	2.64085909	2.64085679	$2.2941e-006$	0.0229
	1.5	4.00915546	4.00915026	$5.2073e-006$	0.0521
	2.0	5.30547195	5.30546102	$1.0935e-005$	0.1093

0.05	0.5	1.42563936	1.42563931	$5.7194e-008$	0.0092
	1.0	2.64085909	2.64085891	$1.7485e-007$	0.0280
	1.5	4.00915546	4.00915504	$4.2109e-007$	0.0674
	2.0	5.30547195	5.30547104	$9.1324e-007$	0.1461
0.025	0.5	1.42563936	1.42563936	$3.8423e-009$	0.0098
	1.0	2.64085909	2.64085907	$1.2313e-008$	0.0315
	1.5	4.00915546	4.00915543	$3.0156e-008$	0.0772
	2.0	5.30547195	5.30547188	$6.5968e-008$	0.1689

```
f=inline('-t^2+y+1');
h=0.1; t0=0; a=2; y0=0.5;
N=fix((a-t0)/h)+1; t=linspace(t0,a,N)';
y=zeros(N,1); y(1)=y0;
% 4차 Runge-Kutta 방법
for j=2:4
    K1=f(t(j-1),y(j-1)); K2=f(t(j-1)+0.5*h,y(j-1)+0.5*h*K1);
    K3=f(t(j-1)+0.5*h,y(j-1)+0.5*h*K2); K4=f(t(j),y(j-1)+h*K3);
    y(j)=y(j-1)+h/6*(K1+2*K2+2*K3+K4);
end
for j=5:N
    f0=f(t(j-4),y(j-4)); f1=f(t(j-3),y(j-3));
    f2=f(t(j-2),y(j-2)); f3=f(t(j-1),y(j-1));
    w=y(j-1)+h/24*(55*f3-59*f2+37*f1-9*f0); % 예측자
    f4=f(t(j),w);
    y(j)=y(j-1)+h/24*(9*f4+19*f3-5*f2+f1);  % 수정자
end
yt=inline('(t+1).^2-0.5*exp(t)');
ytvalue=yt(t);
error=abs(ytvalue-y); ratio=error/h^4;
fprintf('%8.4f %10.8f %10.8f %9.4e %8.4f \n',[t,ytvalue,y,error ratio]');
```

Adams-Bashforth-Moulton 방법과 같이 여러 형태의 양의 다단계 방법과 음의 다단계 방법을 결합하여 예측자-수정자 방법을 구성할 수 있다.

다음 예를 살펴보자.

초기값 문제 $y' = f(t, y)$에서 함수 $g(t) = f(t, y(t))$에 대해 마디점 t_{n-2}, t_{n-1}, t_n에 대한 보간 다항식을 $p_2(t)$라 하면

$$g(t) = p_2(t) + r_3(t), \quad r_3(t) = \frac{g^{(3)}(\xi)}{k!}\pi_3(t)$$

이므로

$$y(t_{n+1}) - y(t_{n-3}) = \int_{t_{n-3}}^{t_{n+1}} g(t)dt \approx \int_{t_{n-3}}^{t_{n+1}} p_2(t)dt$$

로부터 양의 4단계 방법

$$y_{n+1} = y_{n-3} + \frac{4}{3}h[2f_n - f_{n-1} + 2f_{n-2}] \tag{9.64}$$

이 유도되며, 이때 절단오차는 $\frac{14}{45}h^4 y^{(5)}(\xi)$이다. 이 방법을 **Milne의 방법**(Milne's method)이라고 한다.

한편 (9.39)에서 언급한 Simpson 방법

$$y_{n+1} = y_{n-1} + \frac{h}{3}[f(t_{n+1}, y_{n+1}) + 4f(t_n, y_n) + f(t_{n-1}, y_{n-1})]$$

은 음의 2단계 방법이고 Simpson 방법의 절단오차가 $-\frac{1}{90}h^4 y^{(5)}(\xi)$이므로 정확도가 4차로 일치하는 이 두 방법을 결합하여 예측자–수정자 방법을 구성할 수 있다. 이 방법을 **Milne–Simpson 방법**(Milne-Simpson method)이라고 한다. Milne-Simpson 방법은 Milne의 방법을 예측자로, Simpson의 방법을 수정자로 하는 예측자–수정자 방법이다.

이에 따라 Milne-Simpson 방법은 다음의 형식 (9.65)와 (9.66)의 결합으로 주어진다.

$$\tilde{y}_{n+1} = y_{n-3} + \frac{4}{3}h[2f_n - f_{n-1} + 2f_{n-2}] \tag{9.65}$$

$$y_{n+1} = y_{n-1} + \frac{h}{3}[f(t_{n+1}, \tilde{y}_{n+1}) + 4f(t_n, y_n) + f(t_{n-1}, y_{n-1})] \tag{9.66}$$

이때 주어진 초기값 $y(t_0) = y_0$에 대하여 (9.65)와 (9.66)을 수행하기 위해 필요한 y_1, y_2, y_3의 설정은 정확도의 균형을 맞추기 위해 4차 Runge-Kutta 방법을 사용하는 것이 바람직하다.

Milne-Simpson의 방법은 이론적인 오차도 Adams-Bashforth-Moulton 방법보다 작고 예측자-수정자 방법의 개념을 소개하기 위하여 자주 인용되지만 마무리 오차에 의한 불안정의 가능성 때문에 일반적으로 추천하는 방법은 아니다. 반면에 Adams-Bashforth-Moulton 방법은 안정적이다. 이에 대해서는 9.4절에서 논의할 것이다.

다단계 방법의 차수

9.2절에서 살펴본 바와 같이 미분방정식의 수치해법의 정확성은 절단오차의 정확성을 의미하며 이는 대응하는 알고리즘의 차수에 의해 결정된다. 알고리즘의 차수는 그 방법을 Taylor 급수로 전환하였을 때 단계 크기 h에 대해 몇 차 항까지 사용되어지는가 하는 정도를 나타낸다.

다단계 방법의 차수의 분석을 위해 (9.43)이나 (9.58)의 형식에서 계수를 조정한 다음과 같은 형식의 일반적인 k단계 방법을 생각하자.

$$a_k y_n + a_{k-1} y_{n-1} + \cdots + a_0 y_{n-k} = h\left[b_k f_n + b_{k-1} f_{n-1} + \cdots + b_0 f_{n-k}\right] \tag{9.67}$$

여기에서 각 j에 대하여

$$f_j = f(t_j,\ y_j) \approx f(t_j,\ y(t_j)) = y'(t_j)$$

이므로 (9.67)은

$$\begin{aligned} & a_k y_n + a_{k-1} y_{n-1} + \cdots + a_0 y_{n-k} \\ & \quad \approx h\left[b_k y'(t_n) + b_{k-1} y'(t_{n-1}) + \cdots + b_0 y'(t_{n-k})\right] \end{aligned} \tag{9.68}$$

로 쓸 수 있다. 이때 논의를 간소화하기 위해 시작점을 $t = t_{n-k}$ 대신에 $t = 0$으로 조정하면 단계 크기 h에 대해 $t_{n-k+j} = jh$, $(j = 0,\ 1,\ \cdots,\ k)$이므로 (9.68)로부터 다음과 같은 형식을 정의할 수 있다.

$$Ly = \sum_{j=0}^{k}\left[a_j y(jh) - h b_j y'(jh)\right] \tag{9.69}$$

여기서 연산 L은 미분가능한 함수에 대해 적용되는 미분연산자이다.

y가 초기점 $t = 0$ 근방에서 충분히 미분가능하다면 $t = 0$에서의 Taylor 전개를 통해 Ly를

$$Ly = c_0 y(0) + c_1 h y'(0) + c_2 h^2 y''(0) + \cdots \tag{9.70}$$

형식으로 나타낼 수 있다. (9.69)에서 $y(jh)$와 $y'(jh)$를 Taylor 전개하여 구한

$$y(jh) = \sum_{\ell=0}^{\infty} \frac{(jh)^\ell}{\ell!} y^{(\ell)}(0),$$

$$y'(jh) = \sum_{\ell=0}^{\infty} \frac{(jh)^\ell}{\ell!} y^{(\ell+1)}(0)$$

의 두 식을 (9.69)에 대입하여 양변의 계수를 비교하면 대응하는 계수는 다음과 같다.

$$\begin{cases} c_0 = \displaystyle\sum_{j=0}^{k} a_j, \\ c_\ell = \displaystyle\sum_{j=0}^{k} \left(\frac{j^\ell}{\ell!} a_j - \frac{j^{\ell-1}}{(\ell-1)!} b_j \right), \quad (\ell = 1, 2, \cdots) \end{cases} \tag{9.71}$$

$Ly \in O(h^{m+1})$이면 **다단계 방법의 차수**(order of multi step method)는 m차라고 한다. m차의 다단계 방법은 (9.70)에서

$$c_0 = c_1 = \cdots = c_m = 0 \neq c_{m+1} \tag{9.72}$$

를 만족하는 경우에 해당한다. 따라서 m차 다단계 방법은

$$Ly = c_{m+1} h^{m+1} y^{(m+1)}(0) + O(h^{m+2}) \tag{9.73}$$

의 형식으로 표현된다.

예제 9.15 2단계 Simpson 방법에 대한 차수를 구하라.

풀이 2단계 Simpson 방법을 (9.67)의 형식으로 정리하면

$$y_n - y_{n-2} = \frac{h}{3} [f_n + 4f_{n-1} + f_{n-2}]$$

이므로 $(a_0, a_1, a_2) = (-1, 0, 1)$이고, $(b_0, b_1, b_2) = \left(\frac{1}{3}, \frac{4}{3}, \frac{1}{3}\right)$이다.

(9.71)로부터 계수 c_ℓ을 계산하면

$$c_0 = a_0 + a_1 + a_2 = 0,$$

$$c_1 = \sum_{j=0}^{2} (ja_j - b_j) = -b_0 + (a_1 - b_1) + (2a_2 - b_2) = 0,$$

$$c_2 = \sum_{j=0}^{2} \left(\frac{j^2}{2} a_j - jb_j \right) = \left(\frac{1}{2} a_1 - b_1 \right) + (2a_2 - 2b_2) = 0,$$

$$c_3 = \sum_{j=0}^{2} \left(\frac{j^3}{6} a_j - \frac{j^2}{2} b_j \right) = \left(\frac{1}{6} a_1 - \frac{1}{2} b_1 \right) + \left(\frac{4}{3} a_2 - 2b_2 \right) = 0,$$

$$c_4 = \sum_{j=0}^{2}\left(\frac{j^4}{24}a_j - \frac{j^3}{6}b_j\right) = \left(\frac{1}{24}a_1 - \frac{1}{6}b_1\right) + \left(\frac{2}{3}a_2 - \frac{4}{3}b_2\right) = 0,$$

$$c_5 = \sum_{j=0}^{2}\left(\frac{j^5}{120}a_j - \frac{j^4}{24}b_j\right)$$

$$= \left(\frac{1}{120}a_1 - \frac{1}{24}b_1\right) + \left(\frac{4}{15}a_2 - \frac{2}{3}b_2\right) = -\frac{1}{90}$$

이므로, Simpson 방법은 2차 다단계 방법이다.

정리 9.5

y가 $k+2$차 연속 미분가능하고 f_y가 연속이면, m차 다단계 방법 (9.67)에 대한 광역오차는 다음과 같이 주어진다.

$$y(t_n) - y_n = \left(\frac{c_{m+1}}{a_k}\right) h^{m+1} y^{(m+1)}(t_{n-k}) + O(h^{m+2}) \tag{9.74}$$

증명 $n = k$에 대해 증명하면 충분하다.

k단계 수치해법에 대한 미분 형식 (9.69)로부터

$$Ly = \sum_{j=0}^{k}\left[a_j y(t_j) - hb_j y'(t_j)\right] = \sum_{j=0}^{k}\left[a_j y(t_j) - hb_j f(t_j,\ y(t_j))\right] \tag{9.75}$$

이고, 이에 대한 수치해법은

$$0 = \sum_{j=0}^{k}\left[a_j y_j - h b_j f(t_j,\ y_j)\right] \tag{9.76}$$

를 만족한다. 이때 k개의 초기 데이터는

$$y_j = y(t_j), \quad (j = 0,\ 1,\ \cdots,\ k-1)$$

이므로 (9.75)에서 (9.76)을 빼면 (9.75)는

$$Ly = a_k[y(t_k) - y_k] - hb_k[f(t_k,\ y(t_k)) - f(t_k,\ y_k)] \tag{9.77}$$

로 나타낼 수 있다. 여기에 평균값 정리를 적용하면

$$f(t_k,\ y(t_k)) - f(t_k,\ y_k) = f_y(t_k,\ \xi_k)[y(t_k) - y_k]$$

를 만족하는 ξ_k가 존재하고 f_y가 연속이므로 f_y는 $(t_k,\ y_k)$ 근방에서 유계인 값을 갖는다. 따라서 이를 (9.77)에 반영하여 정리하면

$$Ly = [a_k - hb_k f_y(t_k,\ \xi_k)]\,[y(t_k) - y_k] \tag{9.78}$$

이다. 한편 (9.73)에 의해

$$Ly = c_{m+1}h^{m+1}y^{(m+1)}(t_0) + O(h^{m+2})$$

이므로 이를 (9.78)에 반영하고 충분히 작은 h에 대해 $hb_k f_y(t_k,\ \xi_k)$을 무시하면 (9.74)에 대한 관계식이 얻어진다. ■

참고로 다단계 방법 (9.67)의 절단오차는

$$\tau_n(h) = \frac{\displaystyle\sum_{j=0}^{k}\left[a_j y(t_{n-k+j}) - hb_j f(t_{n-k+j},\ y(t_{n-k+j}))\right]}{h\displaystyle\sum_{j=0}^{k} b_j} \tag{9.79}$$

으로 정의된다.

Ly가 (9.79)의 분자에 해당하므로,

$$\tau_n(h) = O(h^m) \tag{9.80}$$

일 때 다단계 방법의 정확성은 m차가 됨을 알 수 있다. 그리고 1단계 방법에서와 마찬가지로 $h\to 0$일 때, $\max|\tau_n(h)|\to 0$이면 다단계 방법은 일관성을 갖는다고 한다.

연습문제 9.3 EXERCISE

1. 표 9.5의 2단계, 4단계 Adams-Bashforth 방법을 유도하고 절단오차를 구하라.

2. 표 9.7의 1단계, 2단계, 4단계 Adams-Moulton 방법을 유도하고 절단오차를 구하라.

3. 다음 각 물음에 답하라.

(1) 4단계 방법인 Milne의 방법 (9.64)를 유도하고, 이 방법의 절단오차가 $\frac{14}{45}h^4 y^{(5)}(\xi)$임을 보여라.

(2) Simpson 적분을 통해서 2단계 Simpson 방법 (9.39)의 절단오차가 $-\frac{1}{90}h^4 y^{(5)}(\xi)$임을 보여라.

(3) 예제 9.12를 Milne-Simpson 방법으로 실험하고 Adams-Bashforth-Multon의 방법과 비교하라.

4. 미정계수법을 이용하여 다음 각 다단계 방법을 유도하라.

(1) $y_{n+1} = y_n + h[Af_{n+1} + Bf_n + Cf_{n-1}]$

(2) $y_{n+1} = y_n + h[Af_n + Bf_{n-1} + Cf_{n-2}]$

5. (9.40)의 정적분의 근사값을

$$h\int_{t_n}^{t_{n+1}} f(t)\,dt \approx \beta_1 f_n + \beta_2 f_{n-1} + \beta_3 f_{n-2} + \beta_4 f_{n-3}$$

로 구하되 3차의 정확도를 유지하도록 계수 β_1, β_2, β_3, β_4를 정해서 얻어진 방법

$$y_{n+1} = y_n + h[\beta_1 f_n + \beta_2 f_{n-1} + \beta_3 f_{n-2} + \beta_4 f_{n-3}]$$

는 4단계 Adams-Bashforth 방법과 일치함을 보여라. 이를 위해 $f(x)$가 1, x, x^2, x^3일 때 근사값이 정확함을 이용하라.

6. 각각 Milne-Simpson 방법과 4차 Adams-Bashforth-Moulton의 방법을 써서 단계 크기가 $h = 0.1$일 때 다음 초기값 문제의 수치해와 절대오차를 구하고 그 결과를 비교 분석하여라. 이 미분방정식의 정확한 해는 $y = 3e^{-t} - (t^2 + 2t + 2)$이다.

$$y' = t^2 + y, \ (0 \leq t \leq 2), \ y(0) = 1$$

7. 다음 각 수치해법의 차수를 결정하라.

(1) $y_n = y_{n-2} + 2hf_{n-1}$

(2) $y_n = y_{n-3} + \frac{3h}{8}[f_n + 3f_{n-1} + 3f_{n-2} + f_{n-3}]$

9.4 안정성

앞에서 우리는 미분방정식의 초기값 문제에 대한 여러 가지 수치해법을 제시하고 간단한 수치실험을 통해서 정확도가 이론과 일치하는지 살펴보았다. 컴퓨터를 이용한 수치계산에서는 마무리 오차(roundoff error)가 수반되고, 초기 데이터의 편차나 마무리 오차가 파급되어 신뢰할 수 없는 계산결과를 초래하는 일이 자주 발생한다. 수치해법에 의한 수치해의 유효성을 진단하기 위해서는 수치해의 수렴성과 일관성 이외에 컴퓨터 연산의 마무리 오차에 따라 수치해가 큰 편차 없이 정확성을 유지하는지의 여부를 고려하여야 한다. 이를 **수치해법의 안정성**(stability)이라고 한다. 안정적인 수치해법이란 초기 데이터에서 발생하는 작은 편차에 대해 수치해가 작은 변화로 유도되는, 즉 수치해가 초기 데이터에 연속적으로 의존하는 방법을 말한다.

초기값 문제

$$y' = f(t,\ y),\quad y(t_0) = y_0,\quad (t_0 \le t \le a) \tag{9.81}$$

에 대한 k단계 수치해법

$$y_{n+1} = \sum_{j=0}^{k-1} \alpha_j y_{n-j} + h \sum_{j=0}^{k} \beta_j f(t_{(n+1)-j},\ y_{(n+1)-j}) \tag{9.82}$$

의 안정성에 대해 살펴보자.

(9.82)는 k개의 초기 데이터 $y_0,\ y_1,\ \cdots,\ y_{k-1}$에 의해 $y_n,\ (n \ge k)$을 결정한다. 두 쌍의 초기 데이터 $y_0,\ y_1,\ \cdots,\ y_{k-1}$과 $z_0,\ z_1,\ \cdots,\ z_{k-1}$에 대한 (9.82)의 해를 각각 $\{y_n\}$과 $\{z_n\}$이라 하면 h가 0으로 갈 때

$$|y_n - z_n| \le C \max\{|y_0 - z_0|,\ |y_1 - z_1|,\ \cdots,\ |y_{k-1} - z_{k-1}|\} \tag{9.83}$$

을 만족하는 양의 상수 C가 존재하면 (9.82)는 **안정적**(stable)이라고 한다.

수치해법의 안정성에 대한 논의를 간소화하기 위해 (9.81)에서 $f(t,\ y) = 0$인 초기값 문제에 대한 다단계 수치해법을 살펴보자.

$$y' = 0,\quad t_0 \le t \le a,\quad y(t_0) = y_0 \tag{9.84}$$

에 대한 k단계 방법은 차분방정식

$$y_{n+1} = \alpha_0 y_n + \alpha_1 y_{n-1} + \cdots + \alpha_{k-1} y_{n-k+1} \tag{9.85}$$

로 귀결된다. 차분방정식 (9.85)에 대해 $y_j = \lambda^j$, $(\lambda \neq 0)$ 형식의 해를 구하면

$$\lambda^{n+1} = \alpha_0 \lambda^n + \alpha_1 \lambda^{n+1} + \cdots + \alpha_{k-1} \lambda^{n-k+1}$$

을 만족하므로, 이를 정리하면

$$\lambda^{n-k+1}\left[\lambda^k - \alpha_0 \lambda^{k-1} - \alpha_1 \lambda^{k-2} - \cdots - \alpha_{k-1}\right] = 0$$

이다. 따라서 λ는 k차 다항식

$$p(\lambda) = \lambda^k - \alpha_0 \lambda^{k-1} - \alpha_1 \lambda^{k-2} - \cdots - \alpha_{k-1} \tag{9.86}$$

의 근으로부터 얻어진다. (9.86)을 차분방정식 (9.85)에 대한 **특성다항식**(characteristic polynomial)이라고 한다. 수치해법의 안정성은 특성다항식의 근에 의해 결정된다.

먼저 특성다항식이 k개의 서로 다른 근을 갖는 경우를 살펴보자. $\lambda_1, \lambda_2, \cdots, \lambda_k$가 특성다항식의 서로 다른 근이라 하면, 다음 연립방정식의 시스템 행렬은 Vandermonde 행렬로서 그 행렬식은 $\prod_{1 \leq r < s \leq k} (\lambda_s - \lambda_r) \neq 0$이다.

$$\begin{bmatrix} 1 & 1 & \cdots & 1 \\ \lambda_1 & \lambda_2 & \cdots & \lambda_k \\ \vdots & \vdots & \cdots & \vdots \\ \lambda_1^{k-1} & \lambda_2^{k-1} & \cdots & \lambda_k^{k-1} \end{bmatrix} \begin{bmatrix} c_1 \\ c_2 \\ \vdots \\ c_{k-1} \end{bmatrix} = \begin{bmatrix} y_0 \\ y_1 \\ \vdots \\ y_{k-1} \end{bmatrix} \tag{9.87}$$

따라서

$$y_m = c_1 \lambda_1^m + c_2 \lambda_2^m + \cdots + c_k \lambda_k^m, \ (m = 0, 1, \cdots, k-1) \tag{9.88}$$

을 만족하는 상수 $c_1, c_2, \cdots, c_k$가 유일하게 존재한다. 이를 차분방정식과 연계하여 귀납적으로 다음과 같이 확장할 수 있다. (9.85)에서 $n = k-1$로 두면

$$y_k = \alpha_0 y_{k-1} + \alpha_1 y_{k-2} + \cdots + \alpha_0 y_0$$

이므로 (9.88)을 대입하면

$$\begin{aligned} y_k &= \alpha_0 (c_1 \lambda_1^{k-1} + \cdots + c_k \lambda_k^{k-1}) + \cdots \alpha_{k-1} (c_1 \lambda_1^0 + \cdots + c_k \lambda_k^0) \\ &= c_1 (\alpha_0 \lambda_1^{k-1} + \cdots + \alpha_{k-1}) + \cdots + c_k (\alpha_0 \lambda_k^{k-1} + \cdots + \alpha_{k-1}) \\ &= c_1 (\lambda_1^k - p(\lambda_1)) + \cdots + c_k (\lambda_k^k - p(\lambda_k)) \end{aligned}$$

$$= c_1\lambda_1^k + c_2\lambda_2^k + \cdots + c_k\lambda_k^k$$

이고, 이를 일반화하면 y_n은 $\lambda_1^n, \lambda_2^n, \cdots, \lambda_k^n$의 1차 결합

$$y_n = c_1\lambda_1^n + c_2\lambda_2^n + \cdots + c_k\lambda_k^n, \quad (n = 0, 1, \cdots) \tag{9.89}$$

으로 주어진다. 이때 초기값 문제 (9.84)의 정확한 해는 상수해 $y(t) = y_0$, $(t_0 \le t \le a)$이므로 모든 n에 대해 $y_n = y_0$는 (9.85)의 해를 이룬다. 이를 (9.85)에 대입하면

$$\begin{aligned} 0 &= y_0 - \alpha_0 y_0 - \alpha_1 y_0 - \cdots - \alpha_{k-1} y_0 \\ &= y_0[1 - \alpha_0 - \alpha_1 - \cdots - \alpha_{k-1}] \\ &= y_0 p(1) \end{aligned}$$

이다. 따라서 $p(1) = 0$이 되어 $\lambda = 1$이 특성다항식의 한 근임을 알 수 있다.

따라서 (9.89)에서 $\lambda_1 = 1$로 두고 $c_1 = y_0$로 가정하면 차분방정식 (9.85)의 모든 해는

$$y_n = y_0 + \sum_{j=2}^{k} c_j \lambda_j^n \tag{9.90}$$

으로 기술된다. 여기서 $y = y_0$가 미분방정식 (9.84)의 유일한 해이므로 모든 계산이 오차 없이 정확히 이루어진다면

$$c_2 = c_3 = \cdots = c_k = 0$$

이어야 한다. 그러나 컴퓨터를 이용한 실제 계산에서는 마무리 오차에 의해 $c_2, c_3, \cdots, c_k$ 모두가 0이라고 가정할 수는 없다. 그러나 모든 $j = 2, \cdots, k$에 대해 $|\lambda_j| < 1$이면 $n \to 0$일 때 $|\lambda_j|^n \to 0$이므로 (9.90)에서 $y_n \to y_0$가 되어 수치해는 안정적이라고 할 수 있다. 또한 1 이외에 $|\lambda_j| = 1$인 특성다항식의 근이 존재한다 하더라도 모든 근이 단순근이면 (9.90)에 의해 y_n의 편차는 마무리 오차에 의한 $|c_j|$의 값에 의존하기 때문에 수치해의 안정성은 약하게 유지된다.

한편, $\lambda = \tilde{\lambda}$가 $\lambda_2 = \lambda_3 = \cdots = \lambda_{m+1} = \tilde{\lambda}$인 특성다항식의 m중근이면

$$p(\tilde{\lambda}) = p'(\tilde{\lambda}) = \cdots = p^{(m-1)}(\tilde{\lambda}) = 0$$

에 의해 (9.89)에서 $\lambda_2^n, \lambda_3^n, \cdots, \lambda_{m+1}^n$ 대신에

$$\tilde{\lambda}^n, \ n\tilde{\lambda}^n, \ n(n-1)\tilde{\lambda}^n, \ \cdots, \ n(n-1)\cdots(n-m+2)\tilde{\lambda}^n \tag{9.91}$$

이 적용된다. 따라서 $|\tilde{\lambda}| = 1$인 경우에는 수치해 y_n에서 마무리 오차에 의한 $|c_j|$값 이외의 값

의 증폭이 수반되어 해는 불안정해진다. 이와 같이 수치해법의 안정성은 특성다항식의 근의 크기와 형식에 의해 결정된다.

초기 데이터 $y_0,\ y_1,\ \cdots,\ y_{k-1}$이 주어진 k단계 차분방정식

$$y_{n+1}=\sum_{j=0}^{k-1}\alpha_j y_{n-j}+h\sum_{j=0}^{k}\beta_j f(t_{(n+1)-j},\ y_{(n+1)-j}) \tag{9.92}$$

에서 특성다항식

$$p(\lambda)=\lambda^k-\alpha_0\lambda^{k-1}-\alpha_1\lambda^{k-2}-\ \cdots\ -\alpha_{k-1}=0$$

의 근을 $\lambda_1,\ \lambda_2,\ \cdots,\ \lambda_k$라 할 때 $|\lambda_j|\le 1,\ (j=1,\ 2,\ \cdots,\ k)$이고 절대값이 1인 모든 근이 단순근이면 차분방정식 (9.92)는 **근 조건**(root condition)을 만족한다고 한다.

수치해법에 관한 차분방정식이 근 조건을 만족하고 $\lambda=1$이 절대값이 1인 특성다항식의 유일한 근이면 수치해법은 **강하게 안정적**(strongly stable)이라고 하고, 근 조건을 만족하고 특성다항식이 절대값이 1인 두 개 이상의 단순근을 가지면 **약하게 안정적**(weakly stable)이라고 한다. 한편, 근 조건을 충족하지 않으면 수치해법은 **불안정**(unstable)하다고 한다.

다음은 수치해법의 안정성과 수렴성에 관한 정리이다. 증명은 Isaacson과 Keller의 Analysis of numerical methods(1966)을 참고하기 바란다.

정리 9.6

초기 데이터 $y_0,\ y_1,\ \cdots,\ y_{k-1}$이 주어진 k단계 수치해법

$$y_{n+1}=\sum_{j=0}^{k-1}\alpha_j y_{n-j}+h\sum_{j=0}^{k}\beta_j f(t_{(n+1)-j},\ y_{(n+1)-j})$$

이 안정적일 필요충분조건은 근 조건을 충족할 때이다. 아울러 수치해법이 일관성을 갖는다면, 수치해법이 안정적일 필요충분조건은 수렴할 때이다.

예제 9.16 4차 Adams-Bashforth 방법과 Adams-Moulton 방법의 안정성을 조사하라.

풀이 4차 Adams-Bashforth 방법은 4단계 방법으로

$$y_{n+1} = y_n + \frac{h}{24}[55f_n - 59f_{n-1} + 37f_{n-2} - 9f_{n-3}]$$

으로 표현된다. 따라서 (9.92)에서 $\alpha_0 = 1$, $\alpha_1 = \alpha_2 = \alpha_3 = 0$이고 특성다항식은

$$p(\lambda) = \lambda^4 - \lambda^3 = \lambda^3(\lambda - 1)$$

이다. 특성다항식의 근이 $\lambda = 1$(단순근), $\lambda = 0$이므로 4차 Adams-Bashforth 방법은 강하게 안정적이다.

한편, 4차 Adams-Moulton 방법은 3단계 방법으로

$$y_{n+1} = y_n + \frac{h}{24}[9f_{n+1} + 19f_n - 5f_{n-1} + f_{n-2}]$$

으로 표현되며, 특성다항식 $p(\lambda) = \lambda^3 - \lambda^2 = \lambda^2(\lambda - 1)$의 근은 $\lambda = 1$(단순근), $\lambda = 0$으로서 역시 강하게 안정적이다.

예제 9.17 4차 Milne방법과 Simpson 방법의 안정성을 조사하라.

풀이 4차 Milne 방법은 4단계 방법으로서

$$y_{n+1} = y_{n-3} + \frac{4}{3}h[2f_n - f_{n-1} + 2f_{n-2}]$$

으로 표현된다. 이에 대한 특성다항식은 $p(\lambda) = \lambda^4 - 1$이고, 특성다항식의 근이 $\lambda = \pm 1$, $\pm i$인 절대값이 1인 4개의 단순근을 가지므로 4차 Milne 방법은 약하게 안정적이다.

한편, 4차 Simpson 방법은 2단계 방법으로

$$y_{n+1} = y_{n-1} + \frac{h}{3}[f(t_{n+1},\ y_{n+1}) + 4f(t_n,\ y_n) + f(t_{n-1},\ y_{n-1})]$$

으로 표현되며, 특성다항식 $p(\lambda) = \lambda^2 - 1 = 0$의 근이 $\lambda = \pm 1$로서 절대값이 1인 2개의 단순근을 가지므로 역시 약하게 안정적이다.

예제 9.18 다음 초기값 문제에 대해서 4차 Adams-Bashforth-Mouton 방법과 Milne-Simpson 방법을 적용한 수치해를 구해 그 정확도를 비교하라.

$$y' = -3y + 3,\quad 0 \le t \le 1,\quad y(0) = 2$$

풀이 초기값 문제의 정확한 해는 $y(t) = 1 + e^{-3t}$이다. 마디 크기를 $h = 0.1$로 해서 수치해를 구하고, 각각의 방법에 대한 절대오차를 비교하면 표 9.10과 같다.

이 표에서 $t = 0.0,\ 0.1,\ 0.2,\ 0.3$에서의 초기 데이터 $y_0,\ y_1,\ y_2,\ y_3$는 4차 Runge-Kutta 방법을 적용하여 구한 것이므로 이 점에서의 두 방법의 결과는 서로 같다. 그러나 $t = 0.4$ 이후의 결과는 각각 4차 Adams-Bashforth-Moulton 방법과 4차 Milne-Simpson 방법을 적용하여 얻어진 결과이다. 실험에 의하면 강하게 안정적인 Adams-Bashforth-Moulton 방법은 4차의 정확도를 유지하는데 반해, 약하게 안정적인 Milne-Simpson 방법은 정확도가 이론보다 뒤떨어지는 결과를 보인다. 비록 두 방법이 다 수렴하는 결과를 보여주지만 앞에서 살펴본 바와 같이 Milne-Simpson 방법은 마무리 오차에 의한 편차가 확산되어 정확도가 훼손된 결과를 보여준다.

표 9.10 ABM 방법과 Milne-Simpson 방법의 비교

t	$y(t)$	Adams-Bashforth-Moulton 방법		Milne-Simpson 방법	
		$y_h(t)$	절대오차	$y_h(t)$	절대오차
0.00	2.0000000	2.0000000	$0.0000e+000$	2.0000000	$0.0000e+000$
0.10	1.7408182	1.7408375	$1.9279e-005$	1.7408375	$1.9279e-005$
0.20	1.5488116	1.5488402	$2.8565e-005$	1.5488402	$2.8565e-005$
0.30	1.4065697	1.4066014	$3.1743e-005$	1.4066014	$3.1743e-005$
0.40	1.3011942	1.3011349	$5.9313e-005$	1.1840975	$1.1710e-001$
0.50	1.2231302	1.2230261	$1.0408e-004$	1.0648191	$1.5831e-001$
0.60	1.1652989	1.1651800	$1.1892e-004$	1.0155024	$1.4980e-001$
0.70	1.1224564	1.1223357	$1.2068e-004$	0.9978402	$1.2462e-001$
0.80	1.0907180	1.0906044	$1.1358e-004$	0.9921746	$9.8543e-002$
0.90	1.0672055	1.0671036	$1.0195e-004$	0.9905414	$7.6664e-002$
1.00	1.0497871	1.0496983	$8.8744e-005$	0.9901281	$5.9659e-002$

연습문제 9.4 EXERCISE

1. k단계 수치해법에 관한 특성다항식이 $\lambda = \tilde{\lambda}$를 m중근으로 갖는다면 (9.89)에서 y_n은 $\tilde{\lambda}^n$, $n\tilde{\lambda}^n$, $n(n-1)\tilde{\lambda}^n$, $\cdots$, $n(n-1)\cdots(n-m+2)\tilde{\lambda}^n$의 1차 결합을 포함함을 보여라.

2. 초기값 문제 $y' = f(t, y)$, $t_0 \le t \le a$, $y(t_0) = y_0$에 대해 다음을 구하여라.

(1) 각각 Taylor 방법과 보간 다항식을 이용하여

$$y'(t_{n-1}) \approx \frac{-3y(t_{n-1}) + 4y(t_n) - y(t_{n+1})}{2h}$$

임을 보이고, 그 오차가 $\frac{h^2}{3} y^{(3)}(\xi_n)$, $(t_{n-1} < \xi_n < t_{n+1})$로 주어짐을 보여라.

(2) (1)을 초기값 문제에 적용하면 유한차분형식

$$y_{n+1} = 4y_n - 3y_{n-1} - 2hf(t_{n-1},\ y_{n-1})$$

이 얻어진다. 이 방법을 써서 단계 크기 $h = 0.1$일 때 초기 데이터를

$$y_0 = 0,\ y_1 = y(t_1) = 1 - e^{-0.1}$$

로 해서 다음 초기값 문제의 수치해를 계산하라.

$$y' = 1 - y,\ 0 \le t \le 1,\ y(0) = 0$$

(3) 수치해법 (2)의 일관성, 수렴성, 안정성을 조사하라.

(4) 미분방정식 $y' = 0$, $0 \le t \le 1$, $y(0) = 0$은 오직 자명한 해 $y = 0$을 해로 가진다. 컴퓨터의 마무리 오차가 $\epsilon > 0$이라 할 때, 초기 데이터 $y_0 = 0$, $y_1 = \epsilon$에 대해 (2)를 적용하여 수치해를 구하고 그 결과에 대해 논의하라.

3. 세 마디점 t_n, $t_{n+1} = t_n + h$, $t_{n+2} = t_n + 2h$에서 함수 $y = y(t)$가 3차 연속 미분가능할 때 $y(t)$의 2차 보간 다항식을 $p_2(t)$라고 하면

$$y'(t_{n+2}) = p_2'(t_{n+1}) + O(h^2) = \frac{1}{2h}\left[3y(t_{n+2}) - 4y(t_{n+1}) + y(t_n)\right] + O(h^2)$$

의 관계가 성립한다. 이것으로부터 미분방정식 $y' = f(t, y)$에 대해 음의 형식인 다음의 이단계 방법을 유도할 수 있다.

$$3y_{n+2} - 4y_{n+1} + y_n = 2hf_{n+2}$$

이 수치해법의 절단오차와 안정성을 조사하라.

4. 다음 각각의 다단계 수치해법에 대해서 절단오차와 안정성을 조사하라.

(1) $y_{n+1} = -\frac{3}{2}y_n + 3y_{n-1} - \frac{1}{2}y_{n-2} + 3hf_n$

(2) $y_{n+1} = -4y_n + 5y_{n-1} + 2h[f_n + 2hf_{n-1}]$

(3) $y_{n+1} = y_n + \frac{1}{2}h[5f_{n+1} + 8f_n - f_{n-1}]$

(4) $y_{n+1} = y_{n-1} + \frac{1}{3}h[f_{n+1} + 4f_n + f_{n-1}]$

(5) $y_{n+1} = -y_n + 2y_{n-1} + h[f_{n+1} + f_n + f_{n-1}]$

5. 다음 3단계 방법이 4차의 정확도를 갖도록 α와 β를 구하라.

$$y_{n+1} = \alpha(y_{n-1} - y_n) + y_{n-2} + h\beta[f_n + f_{n-1}]$$

그리고 이때 대응하는 수치해법은 안정적이 아님을 보여라.

6. α가 양의 상수인 다음 2단계 방법이 있다.

$$y_{n+1} = \alpha y_{n-1} + \frac{h}{3}[f_{n+1} + 4f_n + f_{n-1}]$$

(1) 수치해법이 안정적이 되도록 α의 값을 결정하라.

(2) 정확도가 최대가 되도록 α의 값을 결정하라. 이때 수치해법은 수렴하는지 여부를 조사하라.

7. 다음 2단계 방법은 일관성은 있으나 불안정하고 수렴하지 않음을 보여라.

$$y_{n+1} = 4y_n - 3y_{n-1} - 2hf_{n-1}$$

8. 다음은 Simpson 3/8 구적 공식을 써서 유도한 3단계 방법이다.

$$y_{n+1} = y_{n-2} + \frac{3h}{8}[f_{n+1} + 3f_n + 3f_{n-1} + f_{n-2}]$$

이 방법의 안정성과 수렴성을 조사하여라.

9.5 경계값 문제의 수치해법

구조물에 보(beam)을 설치해야 할 경우에는 구조물에 주어지는 역학적 상황에 따라 보의 양쪽 끝점에서 보의 상태에 대한 조건을 부여하게 된다. 또는 열전도의 경우 매질의 경계에서 열의 상태나 변화를 측정할 수 있기 때문에 이 조건을 가지고 열의 분포를 측정하는 문제를 생각할 수 있다. 이와 같이 미분방정식이 작용하는 영역의 경계에서 부여된 조건을 가지고 미분방정식의 해를 구하는 문제를 **경계값 문제**(boundary value problem)라고 하고, 영역의 경계에서 부여된 조건을 **경계 조건**(boundary condition)이라고 한다.

이 절에서는 일반적인 2계 미분방정식

$$y'' = f(t,\ y,\ y'),\quad a \le t \le b \tag{9.93}$$

에서 경계 조건

$$y(a) = y_a,\ y(b) = y_b \tag{9.94}$$

이 부여된 경계값 문제에 대해서 유한차분법과 사격방법 등의 수치해법을 다루고자 한다. 미분방정식의 경계 조건으로는 미분방정식이 적용되는 경계에서 해의 상태를 기술하는 (9.94)와 같은 조건을 **Dirichlet 경계 조건**(Dirichlet boundary condition)이라고 하고, 경계에서 해의 변량에 대한 조건을 **Neumann 경계 조건**(Neumann boundary condition)이라고 한다. 또한 Dirichlet 경계 조건과 Neumann 경계 조건이 혼합된 형식을 **혼합형 경계 조건**(mixed type boundary condition)이라고 한다. 이 절에서는 (9.94)의 경계 조건을 중심으로 경계값 문제의 수치해법인 유한차분법과 사격 방법의 원리와 방법에 관해 살펴본다.

경계값 문제 (9.93)과 (9.94)에 대한 해의 존재와 유일성에 대한 조건은 다음 정리와 같다.

정리 9.7

경계값 문제 (9.93)~(9.94)에서 함수 $f,\ \dfrac{\partial f}{\partial y},\ \dfrac{\partial f}{\partial y'}$이 집합

$$D = \{(t,\ y,\ y') \mid a \le t \le b,\ -\infty < y < \infty,\ -\infty < y' < \infty\}$$

에서 연속이고, 다음 두 조건

(1) 모든 $(t,\ y,\ y')\in D$에 대하여 $\dfrac{\partial f}{\partial y}>0$이다.

(2) 모든 $(t,\ y,\ y')\in D$에 대하여 $\left|\dfrac{\partial f}{\partial y'}\right|$가 유계이다.

을 만족하면 경계값 문제는 유일한 해 $y(t)$를 갖는다.

경계값 문제에서 가장 많이 다루어지는 형식은 다음과 같은 변수 계수의 2계 선형미분방정식이다.

$$\begin{cases} y''-p(t)y'-q(t)y=r(t),\ a\le t\le b \\ y(a)=y_a,\ y(b)=y_b \end{cases} \tag{9.95}$$

2계 선형미분방정식은 (9.93)에서

$$f(t,\ y,\ y')=p(t)y'+q(t)y+r(t)$$

인 경우에 해당하므로 정리 9.7에 의해 $p(t),\ q(t),\ r(t)$가 구간 $[a,\ b]$에서 연속이고, 구간 $[a,\ b]$에서 $q(t)>0$이면 (9.95)는 유일한 해를 갖는다.

유한차분법

경계값 문제

$$\begin{cases} y''=f(t,y',y''), \qquad a\le t\le b \\ y(a)=y_a,\ y(b)=y_b \end{cases} \tag{9.96}$$

에서 구간 $[a,b]$를 마디점으로 나눈 후 미분방정식에 나타나는 도함수를 적당한 차분형식으로 대치하면 마디점에서의 해의 값에 대한 연립방정식이 얻어진다. 이 연립방정식을 풀어 경계값 문제에 대한 근사해를 구하는 방법을 **유한차분법**(finite difference method)이라고 한다. 유한차분법에서는 근사계산의 정확도를 높이기 위해 도함수에 대한 근사형식으로 절단오차의 차수가 높은 식을 차분형식으로 채택한다. 가장 많이 이용되는 형식은 다음과 같은 중앙차분형식을 들 수 있다.

먼저 $[a,\ b]$를 N개의 등구간으로 분할한 마디점을

$$t_0=a<t_1<\ \cdots\ <t_N=b$$

이라 하고, 분할에 따른 단계 크기를 h라 하면

$$t_n = a + nh,\ \ h = \frac{b-a}{N},\ \ (n = 0,\ 1,\ \cdots,\ N)$$

이 된다. 그러면 마디점 t_n에서 y의 1차와 2차 미분에 대한 중앙차분형식은

$$y'(t_n) = \frac{y(t_{n+1}) - y(t_{n-1})}{2h} - \frac{h^2}{6} y^{(3)}(\xi_n), \tag{9.97}$$

$$y''(t_n) = \frac{y(t_{n+1}) - 2y(t_n) + y(t_{n-1})}{h^2} - \frac{h^2}{12} y^{(4)}(\eta_n) \tag{9.98}$$

이다. (9.97)과 (9.98)은 절단오차가 각각 $O(h^2)$으로 정확도가 일치한다.

이 식을 (9.93)에 대입하면 $y_n \approx y(t_n)$이라 할 때 미분방정식은 차분방정식

$$\frac{y_{n+1} - 2y_n + y_{n-1}}{h^2} = f\left(t_n,\ y_n,\ \frac{y_{n+1} - y_{n-1}}{2h}\right),\ \ (n = 1,\ 2,\ \cdots,\ N-1) \tag{9.99}$$

로 나타난다. 이때 경계 조건으로부터 $y_0 = y(a) = y_a,\ y_N = y(b) = y_b$이므로 (9.99)로부터 $y_1,\ y_2,\ \cdots,\ y_{N-1}$을 구하는 것이 필요하다. 함수 $f(t,\ y,\ y')$가 비선형이면 차분방정식 (9.99)는 $N-1$개의 비선형 연립방정식으로 이루어진다. 이 비선형 연립방정식을 풀기 위해 제3장에서와 같이 적절한 초기값에 대해 반복법

$$\frac{y_{n+1}^{(k+1)} - 2y_n^{(k+1)} + y_{n-1}^{(k+1)}}{h^2} = f\left(t_n,\ y_n^{(k)},\ \frac{y_{n+1}^{(k)} - y_{n-1}^{(k)}}{2h}\right),\ \ (k = 0,\ 1,\ \cdots) \tag{9.100}$$

을 적용할 수 있다.

Newton 방법을 예로 들어보자.

$N-1$벡터 $\boldsymbol{y} = [y_1,\ y_2,\ \cdots,\ y_{N-1}]^t$에 대해서

$$\phi_n(\boldsymbol{y}) = y_{n+1} - 2y_n + y_{n-1} - h^2 f\left(t_n,\ y_n,\ \frac{y_{n+1} - y_{n-1}}{2h}\right) \tag{9.101}$$

이라 하면 벡터함수 $\Phi(\boldsymbol{y}) = [\phi_1(\boldsymbol{y}),\ \phi_2(\boldsymbol{y}),\ \cdots,\ \phi_{N-1}(\boldsymbol{y})]^t$에 대해서 (9.99)는 비선형방정식

$$\Phi(\boldsymbol{y}) = 0 \tag{9.102}$$

으로 표현된다. 비선형방정식 (9.102)의 해를 구하기 위해서 제3장의 Newton 방법을 적용하면 초기값 $\boldsymbol{y}^{(0)} = [y_1^{(0)},\ y_2^{(0)},\ \cdots,\ y_{N-1}^{(0)}]^t$에 대해 반복법

$$\boldsymbol{y}^{(k+1)} = \boldsymbol{y}^{(k)} - [\Phi'(\boldsymbol{y}^{(k)})]^{-1} \Phi(\boldsymbol{y}^{(k)}),\ \ (k = 0,\ 1,\ \cdots) \tag{9.103}$$

을 적용하여 근사해 $\boldsymbol{y}^{(k)}=[y_1^{(k)},\ y_2^{(k)},\ \cdots,\ y_{N-1}^{(k)}]^t$를 계산할 수 있다.

이때, (9.101)로부터 $j \neq n-1,\ n,\ n+1$이면 $\dfrac{\partial \phi_n}{\partial y_j}=0$이므로 Jacobian 행렬 $\Phi'(\boldsymbol{y})$는 3중 대각행렬임에 유의한다. 반복계산을 위한 초기값 $\boldsymbol{y}^{(0)}$의 설정을 위해서는 다음과 같은 경계 조건에 대한 선형보간 등을 이용할 수 있다.

$$y_n^{(0)} = \frac{1}{b-a}[(t_n-a)y_b+(b-t_n)y_a],\ (n=1,\ 2,\ \cdots,\ N-1) \tag{9.104}$$

예제 9.19 경계값 문제

$$y''=3t-y(y')^2,\ \ 1 \le t \le 3,\ \ y(1)=2,\ \ y(3)=5$$

를 유한차분법으로 풀어 마디점 $t=1.5,\ 2.0,\ 2.5$에서 해를 계산하려고 한다. 관련 연립방정식을 구하라.

풀이 식 (9.97)과 (9.98)을 미분방정식 $y''=3t-y(y')^2$에 대입하면

$$\frac{y_{n+1}-2y_n+y_{n-1}}{h^2}=3t_n-y_n\left(\frac{y_{n+1}-y_{n-1}}{2h}\right)^2,\ \ (n=1,\ 2,\ 3)$$

이 얻어진다. 여기에 경계 조건 $y_0=2$와 $y_4=5$, $h=0.5$을 대입하여 정리하면 마디점 $t_1=1.5$, $t_2=2.0$, $t_3=2.5$에서의 y값 y_1, y_2, y_3에 대한 다음의 비선형 연립방정식을 얻는다.

$$\begin{aligned}
\phi_1(y_1,y_2,y_3) &= y_1(y_2-2)^2+4(2-2y_1+y_2)-4.5=0,\\
\phi_2(y_1,y_2,y_3) &= y_2(y_3-y_1)^2+4(y_1-2y_2+y_3)-6=0,\\
\phi_3(y_1,y_2,y_3) &= y_3(5-y_2)^2+4(y_2-2y_3+5)-7.5=0
\end{aligned}$$

여기에 (9.104)와 같은 초기값을 부여하여 제3장에서와 같은 비선형 연립방정식에 대한 Newton 방법을 적용하면, 마디점에서 주어진 경계값 문제에 대한 해의 근사값을 도출할 수 있다.

다음으로 주어진 변수계수의 2계 선형 미분방정식의 경계값 문제 (9.95)에 대해서 유한차분법을 이용한 수치해와 수렴성에 대해 알아보자.

기술을 간소화하기 위해 다음과 같은 선형 미분연산자를 사용하자.

$$L := \frac{d^2}{dt^2}-p(t)\frac{d}{dt}-q(t) \tag{9.105}$$

$L(y(t)) = y''(t) - p(t)y'(t) - q(t)y(t)$이므로 경계값 문제 (9.95)를

$$\begin{cases} L(y(t)) = r(t), & a \le t \le b \\ y(a) = y_a, & y(b) = y_b \end{cases} \tag{9.106}$$

로 쓸 수 있다. 해의 존재와 유일성을 충족시키기 위하여 변수계수 $p(t)$, $q(t)$, $r(t)$가 구간 $[a, b]$에서 연속이고, 특히 q는 양의 함수라고 가정한다. 즉 적당한 양의 상수 C에 대해

$$q(t) \ge C > 0, \quad a \le t \le b \tag{9.107}$$

의 조건을 가정한다.

미분연산자 L에 마디점 $t = t_n$에서 중앙차분 (9.97)과 (9.98)을 적용한 이산연산자를 L_h라고 하면

$$\begin{aligned} L_h(y(t_n)) := & \frac{y(t_{n+1}) - 2y(t_n) + y(t_{n-1})}{h^2} \\ & - p(t_n)\frac{y(t_{n+1}) - y(t_{n-1})}{2h} - q(t_n)y(t_n) \end{aligned} \tag{9.108}$$

이고, $L_h(y(t_n)) = r(t_n)$이므로 경계값 문제 (9.106)에 이를 적용하면 $p_n = p(t_n)$, $q_n = q(t_n)$, $r_n = r(t_n)$이라 할 때 $n = 1, 2, \cdots, N-1$에 대해 다음 차분방정식을 얻는다.

$$\frac{y_{n+1} - 2y_n + y_{n-1}}{h^2} - p_n\frac{y_{n+1} - y_{n-1}}{2h} - q_n y_n = r_n \tag{9.109}$$

이에 따른 경계 조건은

$$y_0 = y(a) = y_a, \quad y_N = y(b) = y_b \tag{9.110}$$

이다.

정리 9.8

단계 크기 h를

$$\frac{h}{2}|p(t)| \le 1, \quad a \le t \le b \tag{9.111}$$

로 택하면 차분방정식 (9.109)~(9.110)은 유일한 해를 갖는다.

증명 식 (9.109)에 $-\dfrac{h^2}{2}$을 곱하여 정리하면 $1 \le n \le N-1$에 대하여 다음과 같다.

$$-\frac{1}{2}\left[1+\frac{h}{2}p_n\right]y_{n-1}+\left[1+\frac{h^2}{2}q_n\right]y_n-\frac{1}{2}\left[1-\frac{h}{2}p_n\right]y_{n+1}=-\frac{h^2}{2}r_n$$

계수를 각각

$$a_n=\left[1+\frac{h^2}{2}q_n\right],\ b_n=-\frac{1}{2}\left[1+\frac{h}{2}p_n\right],\ c_n=-\frac{1}{2}\left[1-\frac{h}{2}p_n\right],\ d_n=-\frac{h^2}{2}r_n$$

으로 두고, $d_1=d_1-b_1y_a$, $d_{N-1}=d_{N-1}-c_{N-1}y_b$로 두면 이 식은 다음과 같이 3중 대각행렬에 대한 선형 연립방정식 $A\boldsymbol{y}=\boldsymbol{d}$로 정리된다.

$$\begin{bmatrix} a_1 & c_1 & 0 & 0 & \cdots & 0 \\ b_2 & a_2 & c_2 & 0 & \cdots & 0 \\ 0 & b_3 & a_3 & c_3 & \cdots & 0 \\ \vdots & \ddots & \ddots & \ddots & \ddots & \vdots \\ 0 & 0 & \ddots & b_{N-2} & a_{N-2} & c_{N-2} \\ 0 & 0 & \cdots & 0 & b_{N-1} & a_{N-1} \end{bmatrix}\begin{bmatrix} y_1 \\ y_2 \\ y_3 \\ \vdots \\ y_{N-2} \\ y_{N-1} \end{bmatrix}=\begin{bmatrix} d_1 \\ d_2 \\ d_3 \\ \vdots \\ d_{N-2} \\ d_{N-1} \end{bmatrix} \tag{9.112}$$

모든 n에 대해 $a_n=1+\dfrac{h^2}{2}p(t_n)\ge 1+\dfrac{h^2}{2}C>1$이고, 조건 $\dfrac{h}{2}|p(t_n)|\le 1$에 의해 $1\pm\dfrac{h^2}{2}p(t_n)\ge 0$이므로

$$|b_n|+|c_n|=\frac{1}{2}\left[1+\frac{h}{2}p(t_n)\right]+\frac{1}{2}\left[1-\frac{h}{2}p(t_n)\right]=1$$

를 만족한다. 따라서 시스템 행렬 A는

$$|a_n|>|b_n|+|c_n|,\ (n=2,\ \cdots,\ N-2),\ |a_1|>|c_1|,\ |a_{N-1}|>|b_{N-1}|$$

인 강대각 지배행렬이므로 (9.112)는 유일한 해를 갖는다. ■

대각지배인 3중 대각행렬은 피봇팅 전략을 적용하지 않고도 직접 LU분해에 의한 안정적인 해를 얻을 수 있으므로 유한차분법을 이용한 경계값 문제의 수치실험에서 A는 대각원, 하부 대각원과 상부대각원의 세 열벡터의 입력으로 (9.112)의 해를 구하는 것이 효율적이다. 자세한 적용 사례로는 예제 9.20을 위해 작성한 프로그램을 참조하라.

각 마디점 $t=t_n$에서 근사식에 대한 절단오차를

$$\tau_n=L_h(y(t_n))-L(y(t_n)),\ (n=1,\ 2,\ \cdots,\ N-1) \tag{9.113}$$

으로 정의하면, 절단오차 τ_n은 마디점 t_n에서 $h \to 0$일 때 이산연산자가 미분연산자로 수렴하는지에 대한 지표를 나타낸다. 다음 정리는 절단오차의 상한에 대한 추정을 나타내며, 이 결과로부터 중앙차분에 의한 수치해의 수렴속도가 h^2에 비례함을 알 수 있다.

정리 9.9

경계값 문제 (9.106)의 해 $y = y(t)$가 구간 $[a, b]$에서 4차 연속 미분가능하면 절단오차는 (t_{n-1}, t_{n+1})에서의 적당한 점 ξ_n, η_n에 대해

$$\tau_n = \frac{h^2}{12} y^{(4)}(\eta_n) - p(t_n)\frac{h^2}{6} y^{(3)}(\xi_n), \quad (n = 1, 2, \cdots, N-1) \tag{9.114}$$

로 쓸 수 있다. 이때 $p^* = \max_{a \le t \le b} |p(t)|$이고,

$$M_3 = \max_{a \le t \le b} |y^{(3)}(t)|, \quad M_4 = \max_{a \le t \le b} |y^{(4)}(t)| \tag{9.115}$$

라고 하면 절단오차의 최대값 $\tau = \max|\tau_n|$의 상한은 다음과 같다.

$$\tau \le \frac{h^2}{12}(M_4 + 2p^* M_3) \tag{9.116}$$

증명 (9.113)에 의해

$$\tau_n = \left[\frac{y(t_{n+1}) - 2y(t_n) + y(t_{n-1})}{h^2} - y''(t_n)\right] - p(t_n)\left[\frac{y(t_{n+1}) - y(t_{n-1})}{2h} - y'(t_n)\right]$$

이므로 (9.97)~(9.98)을 반영하면 (9.114)가 얻어진다. (9.116)은 (9.114)에 대해 최대값을 추정한 결과이다. ■

정리 9.10

계수 p와 q가 (9.107)과 (9.111)을 만족하고, 해 $y(t)$가 구간 $[a, b]$에서 4차 연속 미분가능하면 유한차분 (9.109)에 의한 광역오차는

$$|y_n - y(t_n)| \le h^2\left[\frac{M_4 + 2p^* M_3}{12C}\right], \quad (n = 1, 2, \cdots, N-1) \tag{9.117}$$

을 만족한다.

증명 $e_n = y_n - y(t_n)$이라 두면 $L_h(y(t_n)) = L(y(t_n)) + \tau_n = r_n + \tau_n$으로부터 $r_n - L_h(y(t_n)) = -\tau_n$이다. r_n을 (9.109)에 따라 치환하면

$$\frac{e_{n+1} - 2e_n + e_{n-1}}{h^2} - p_n \frac{e_{n+1} - e_{n-1}}{2h} - q_n e_n = -\tau_n \tag{9.118}$$

이 얻어진다. 이 식에 $-\frac{h^2}{2}$를 곱하여 정리하면

$$a_n e_n = -b_n e_{n-1} - c_n e_{n+1} + \frac{h^2}{2}\tau_n$$

으로 주어진다. 여기서 a_n, b_n, c_n은 정리 9.8에서와 같이 정의된 계수이다.
이때, $\frac{h}{2}|p(t)| \le 1$, $(a \le t \le b)$이면 $|b_n| + |c_n| = 1$이고,

$$|a_n| = \left|1 + \frac{h^2}{2} q(t_n)\right| \ge 1 + \frac{h^2}{2} C$$

이므로 $e = \max|e_n|$, $\tau = \max|\tau_n|$이라 할 때, (9.118)로부터

$$|a_n||e_n| \le (|b_n| + |c_n|)e + \frac{h^2}{2}\tau = e + \frac{h^2}{2}\tau, \quad (n = 1,\ 2,\ \cdots,\ N-1)$$

이다. 따라서

$$(1 + \frac{h^2}{2} C)|e_n| \le e + \frac{h^2}{2}\tau$$

이고, 이것과 (9.116)으로부터

$$e \le \frac{\tau}{C} \le h^2 \left[\frac{M_4 + 2p^* M_3}{12C}\right]$$

가 얻어진다. ■

예제 9.20 $y = \frac{4}{t} - \frac{2}{t^2} + \ln(t) - \frac{3}{2}$는 다음 경계값 문제의 해임을 보여라.

$$t^2 y'' + 4t y' + 2y = 2\ln t, \quad y(1) = 0.5, \ y(2) = \ln 2$$

그리고 단계 크기 h가 각각 $h = 0.1,\ 0.05,\ 0.025$일 때 유한차분법을 이용한 수치해를 구하고, $t = 1.2,\ 1.4,\ 1.6,\ 1.8$에서의 수치해와 절대오차를 구하라.

풀이 $y(t) = \frac{4}{t} - \frac{2}{t^2} + \ln t - \frac{3}{2}$은 명백히 경계 조건 $y(1) = 0.5$, $y(2) = \ln 2$를 만족

시킨다. 한편 y를 t에 관해서 미분하면

$$y' = -\frac{4}{t^2} + \frac{4}{t^3} + \frac{1}{t},\quad y'' = \frac{8}{t^3} - \frac{12}{t^4} - \frac{1}{t^2}$$

이고 이를 주어진 미분방정식에 대입하면 등식이 성립하므로 y는 경계값 문제의 해이다.

수치해를 구하기 위해 먼저 양변을 t^2으로 나누어 표준형으로 고치면 미분방정식은

$$y'' + \frac{4}{t}y' + \frac{2}{t^2}y = \frac{2}{t^2}\ln t$$

로 쓸 수 있다. 따라서 미분방정식의 계수는 각각

$$p(t) = -\frac{4}{t},\quad q(t) = -\frac{2}{t^2},\quad r(t) = \frac{2}{t^2}\ln t$$

이다. $h = 0.1,\ 0.05,\ 0.025$일 때의 수치해와 절대오차는 표 9.11과 같다. 표 9.11의 결과는 h의 크기가 반으로 줄면 오차는 1/4씩 줄어드는 것을 알 수 있다.

표 9.11 경계값 문제의 유한차분법

단계 크기	t	$y(t)$	$y_h(t)$	절대오차	오차비율
0.1	1.2	0.62676600	0.62733151	$5.6551e-004$	0.0566
	1.4	0.67320693	0.67364844	$4.4151e-004$	0.0442
	1.6	0.68875363	0.68900406	$2.5043e-004$	0.0250
	1.8	0.69272494	0.69282608	$1.0115e-004$	0.0101
0.05	1.2	0.62676600	0.62690662	$1.4062e-004$	0.0562
	1.4	0.67320693	0.67331687	$1.0994e-004$	0.0440
	1.6	0.68875363	0.68881604	$6.2414e-005$	0.0250
	1.8	0.69272494	0.69275016	$2.5223e-005$	0.0101
0.025	1.2	0.62676600	0.62680111	$3.5109e-005$	0.0562
	1.4	0.67320693	0.67323439	$2.7458e-005$	0.0439
	1.6	0.68875363	0.68876922	$1.5591e-005$	0.0249
	1.8	0.69272494	0.69273124	$6.3019e-006$	0.0101

사격 방법

경계값 문제에 대한 유한차분법은 선형 미분방정식이나 비선형인 경우에도 적용될 수 있지만 앞에서 살펴본 바와 같이 비선형인 경우에는 적절한 초기값을 설정하여 적절한 반복법으로 해를 구한 뒤 수정하는 절차를 거쳐야 한다. 또한 반복법을 적용하는데 따른 프로그래밍의 복잡함과 수렴성을 담보할 수 없는 어려움이 있다. 이에 대한 대체 수단으로 아이디어가 비교적 간단하고 선형이나 비선형 모두에 적용될 수 있는 사격 방법을 들 수 있다. 사격 방법은 경계값 문제를 적절한 초기값의 설정을 통한 초기값 문제로 전환하여 해를 구하는 방법이다.

사격 방법(shooting method)은 경계값 문제

$$y'' = f(t,\ y,\ y'),\ a \le t \le b,\ y(a) = y_a,\ y(b) = y_b \tag{9.119}$$

를 초기값 문제

$$y'' = f(t,\ y,\ y'),\ a \le t \le b,\ y(a) = y_a,\ y'(a) = v \tag{9.120}$$

로 전환하고 (9.120)의 해가 $t = b$에서 y_b가 되도록 v를 조절하는 방법이다.

이는 경계값 문제 (9.119)를 질점의 위치에 대한 방정식으로 간주할 때 초기 속도 v를 어떻게 설정해야 목표 지점인 $t = b$에서 y_b를 명중시킬 수 있을까하는 사격의 모습과 유사하여 사격 방법이라는 명칭으로 불린다.

```
% 예제 9.20에 관한 유한차분법 프로그램
h=0.1; a=1; b=2;     % 단계 크기와 구간
ya=0.5;yb=log(2);    % 경계 조건
N=fix((b-a)/h); t=linspace(a+h,b-h,N-1)'; % 내부 마디점
y=zeros(N-1,1);
pt=inline('-4./t');qt=inline('-2./(t.^2)');rt=inline('(2./t.^2).*log(t)'); % 계수함수
p=pt(t);q=qt(t);r=rt(t);
    a=1+(h^2/2)*q;           % 주대각원
    b=-0.5*(1+(h/2)*p);      % 하부대각원
    c=-0.5*(1-(h/2)*p);      % 상부대각원
    d=-(h^2/2)*r;
d(1)=d(1)-b(1)*ya;
d(N-1)=d(N-1)-c(N-1)*yb;
```

```
% 3중 대각행렬의 Gauss 소거
for n=1:N-2
    gm=b(n+1)/a(n);      % 가우스 승수
    a(n+1)=a(n+1)-gm*c(n);
    d(n+1)=d(n+1)-gm*d(n);
end
% 후치법으로 풀기
y(N-1)=d(N-1)/a(N-1);
for n=N-2:-1:1
    y(n)=(d(n)-c(n)*y(n+1))/a(n);
end
yt=inline('4./t-2./(t.^2)+log(t)-3/2'); ytvalue=yt(t);  % 실제 해
error=abs(ytvalue-y); ratio=error/h^2; % 절대오차와 수렴비율
fprintf('%8.4f %10.8f %10.8f %9.4e %8.4f \n',[t,ytvalue,y,error ratio]');
```

초기값 문제 (9.120)의 해는 초기 속도 v에 의존하므로 (9.120)의 해를 $y = y(t\,; v)$로 둘 수 있다. 그러면 v의 함수

$$\phi(v) := y(b\,; v) - y_b \tag{9.121}$$

에 대해 경계값 문제 (9.119)는

$$\phi(v) = 0 \tag{9.122}$$

이 되도록 초기 속도 v를 설정하는 문제로 귀결된다.

(9.122)의 해를 구하기 위해 제3장에서 다룬 방법들을 실험할 수 있다. 일반적으로 Newton 방법이 비선형방정식의 해를 구하는 효율적인 방법이므로 $\phi(v) = 0$의 해를 구하기 위하여 다음과 같은 Newton 반복법을 적용할 수 있다.

$$v_{n+1} = v_n - \frac{\phi(v_n)}{\phi'(v_n)}, \ \ (n = 0,\ 1,\ 2,\ \cdots) \tag{9.123}$$

여기서 $\phi'(v)$는 v에 관한 $\phi(v)$의 도함수를 나타낸다.

주어진 v_n에 대하여 $\phi(v_n)$은

$$y'' = f(t,\ y,\ y'),\ y(a) = y_a,\ y'(a) = v_n$$

의 해 $y=y(t;v_n)$을 구함으로써 얻을 수 있다.

한편 $\phi'(v_n)$을 구하기 위해 함수 $\omega=\omega(t;v)$를

$$\omega(t;v)=\frac{\partial y}{\partial v}(t;v) \tag{9.124}$$

로 정의하면

$$\omega(b;v)=\frac{\partial y}{\partial v}(b;v)=\phi'(v) \tag{9.125}$$

임에 주목한다. 미분방정식

$$y''(t;v)=f(t,\ y(t;v),\ y'(t;v)),\ y(a;v)=y_a,\ y'(a;v)=v \tag{9.126}$$

을 v에 대해서 미분하면

$$\frac{\partial y''}{\partial v}=\frac{\partial f}{\partial y}\frac{\partial y}{\partial v}+\frac{\partial f}{\partial y'}\frac{\partial y'}{\partial v},\ \frac{\partial y}{\partial v}(a;v)=0,\ \frac{\partial y'}{\partial v}(a;v)=1$$

이 성립하므로 지정된 v에 대하여 $\omega=\omega(t;v)$는 초기값 문제

$$\omega''=\frac{\partial f}{\partial y}\omega+\frac{\partial f}{\partial y'}\omega',\ \omega(a;v)=0,\ \omega'(a;v)=1 \tag{9.127}$$

를 만족한다. 방정식 (9.127)을 (9.120)에 대한 **변분방정식**(variational equation)이라고 한다. (9.120)과 (9.127)에 의한 2계 연립미분방정식

$$\begin{cases} y''=f(t,y,y'),\ y(a)=y_a,\ y'(a)=v_n \\ \omega''=\dfrac{\partial f}{\partial y}\omega+\dfrac{\partial f}{\partial y'}\omega',\ \omega(a;v_n)=0,\ \omega'(a;v_n)=1 \end{cases} \tag{9.128}$$

의 해 $y=y(t;v_n)$과 $\omega=\omega(t;v_n)$을 구하면 반복법에 필요한 정보

$$\phi(v_n)=y(b;v_n)-y_b,\ \phi'(v_n)=\omega(b;v) \tag{9.129}$$

가 얻어진다. 이것을 반복법 (9.123)에 적용하여 주어진 허용도 ϵ의 범위 내에서

$$|\phi(v_n)|<\epsilon$$

인 v_n을 구하면

$$y=y(t;v_n) \tag{9.130}$$

이 경계값 문제 (9.119)의 근사해로서 유효하게 될 것이다.

2계 연립방정식 (9.128)의 수치해를 구하기 위해 이를 다음과 같이 1계 연립방정식의 초기값 문제로 전환한다.

먼저, $yp := y'$으로 설정하면 (9.120)은 초기조건

$$y(a) = y_a, \ yp(a) = v \tag{9.131}$$

를 갖는 1계 연립미분방정식

$$\begin{cases} y' &= yp \\ yp' &= f(t, \ y, \ yp) \end{cases} \tag{9.132}$$

으로 전환된다.

한편, $u_1 = \omega$로 두면 $u_2{}' = u_1{}' = \omega'$이므로 변분방정식 (9.127)은 초기조건

$$u_1(a) = 0, \ u_2(a) = 1 \tag{9.133}$$

을 갖는 1계 연립미분방정식

$$\begin{cases} u_1{}' &= u_2 \\ u_2{}' &= f_y(t, \ y, \ y')u_1 + f_{y'}(t, \ y, \ y')u_2 \end{cases} \tag{9.134}$$

으로 전환된다. 이에 따라 Newton 반복법 (9.123)은

$$v_{n+1} = v_n - \frac{y(b\,;v_n) - y_b}{u_1(b\,;v_n)}, \ \ (n = 0, \ 1, \ 2, \ \cdots \ ) \tag{9.135}$$

로서 산정한다. Newton 반복법 (9.135)를 시행하기 위해 초기값으로 구간에서의 평균변화율

$$v_0 = \frac{y_b - y_a}{b - a} \tag{9.136}$$

를 택하는 것이 바람직하다.

1계 연립방정식 (9.132)를 풀기 위해 9장의 2절에서 논의한 수치해법을 적용해서 실험할 수 있다. 수치해법의 정확도와 안정성 면에서 Runge-Kutta 방법이 자주 권장된다. 4차 Runge-Kutta 방법과 결합하여 사격방법에 대한 Newton 반복법 (9.135)를 추정하는 알고리즘은 다음과 같다.

경계값 문제

$$y'' = f(t, \ y, \ y'), \ \ (a \le t \le b), \ \ y(a) = y_a, \ \ y(b) = y_b$$

의 수치해를 구하기 위해 다음의 과정을 수행한다.

사격방법에 대한 Newton 반복알고리즘

(1) 구간 $[a, b]$를 N개의 소구간으로 분할하고, 단계 크기와 (9.145)에 대한 초기값을

$$h = \frac{b-a}{N}, \ v = \frac{y_b - y_a}{b-a}$$

으로 설정한다.

(2) 연립미분방정식 (9.131)~(9.134)에 4차 Runge-Kutta 방법을 적용하여 마디점 $t_i = a + ih, (i = 0, 1, 2, \cdots, N)$에서의 수치해

$$y_i, \ yp_i, \ u_{1,i}, \ u_{2,i}$$

를 구한다. 이때, $y_i \approx y(t_i)$이고, $yp_i \approx y'(t_i)$임에 유의한다.

(3) 주어진 허용도 $\epsilon > 0$에 대하여 $|y_N - y_b| < \epsilon$이면 자료값

$$(t_i, \ y_i, \ yp_i), \ (i = 0, 1, 2, \cdots, N)$$

을 출력하고 프로그램을 종료한다.

(4) $|y_N - y_b| \geq \epsilon$이면 다음의 Newton 반복법을 적용하여 v를 갱신한다.

$$v = v - \frac{y_N - y_b}{u_{1,N}}$$

위 알고리즘에서 $u_{1,i}$, $u_{2,i}$, $(i = 0, 1, 2, \cdots, N)$는 $u_{1,N}$의 계산을 위해서만 필요하므로 효율성을 위해 배열이 아닌 상수변수 u_1과 u_2에 덮어쓰기로 계산을 대체하는 것이 편리하다.

예제 9.21 $y = \dfrac{1}{t+1}$은 다음 경계값 문제의 해이다. $h = 0.1$일 때 사격방법을 적용하여 각 마디점에서의 수치해와 절대오차를 구하라.

$$y'' = y^3 - yy', \ (1 \leq t \leq 2), \ y(1) = \frac{1}{2}, \ y(2) = \frac{1}{3}$$

풀이 위 경계값 문제의 변분방정식은 다음과 같다.

$$\omega'' = (3y^2 - y')\omega - y\omega', \ \omega(1) = 0, \ \omega'(1) = 1$$

허용도를 10^{-5}, 사격방법에 대한 Newton 반복법의 초기속도를 $v = -\dfrac{1}{6}$으로 하고, $h = 0.1$인 4차 Runge-Kutta 방법을 적용하면 적합한 속도는 5회 반

복 후에 $v \approx -0.249991$이고 이때 $|y(b;v)-y_b| < 10^{-5}$인 결과가 얻어진다. 이 v에 대한 수치계산 결과는 표 9.12와 같다.

표 9.12 사격 방법

t	$y(t)$	$y_h(t)$	$y_h{}'(t)$	절대오차
1.0000	0.500000	0.500000	−0.249991	0.0000e+000
1.1000	0.476190	0.476191	−0.226749	9.2763e−007
1.2000	0.454545	0.454547	−0.206603	1.8088e−006
1.3000	0.434783	0.434785	−0.189028	2.6570e−006
1.4000	0.416667	0.416670	−0.173603	3.4827e−006
1.5000	0.400000	0.400004	−0.159992	4.2939e−006
1.6000	0.384615	0.384620	−0.147921	5.0969e−006
1.7000	0.370370	0.370376	−0.137166	5.8966e−006
1.8000	0.357143	0.357150	−0.127543	6.6970e−006
1.9000	0.344828	0.344835	−0.118898	7.5013e−006
2.0000	0.333333	0.333342	−0.111103	8.3123e−006

```
f=inline('0*t+v^3-v*w');
fv=inline('0*t+3*v^2-w');
fw=inline('-1+0*t+0*v+0*w');
yt=inline('1./(t+1)'); % 해석적인 해
nmax=1000;      % 최대 반복 회수
TOL=10^(-5);  % 허용도
h=0.1;        % 단계 크기
a=1;b=2;    % 구간
ya=1/2;yb=1/3;    % 경계 조건
N=fix((b-a)/h)+1;
t=linspace(a,b,N)';    % 마디점
y=zeros(N,1);
yp=zeros(N,1);
v=(yb-ya)/(b-a);    % 초기속도 설정
k=1;
while k<=nmax
  % 미분방정식에 대한 4차 Runge-Kutta 방법
    y(1)=ya;
    yp(1)=v;
    u1(1)=0;
```

```
    u2(1)=1;
    for j=2:N
        K11=h*yp(j-1);
        K12=h*f(t(j-1),y(j-1),yp(j-1));
        K21=h*(yp(j-1)+0.5*K12);
        K22=h*f(t(j-1)+h/2,y(j-1)+0.5*K11,yp(j-1)+0.5*K12);
        K31=h*(yp(j-1)+0.5*K22);
        K32=h*f(t(j-1)+h/2,y(j-1)+0.5*K21,yp(j-1)+0.5*K22);
        K41=h*(yp(j-1)+K32);
        K42=h*f(t(j-1)+h,y(j-1)+K31,yp(j-1)+K32);
        y(j)=y(j-1)+(K11+2*K21+2*K31+K41)/6;
        yp(j)=yp(j-1)+(K12+2*K22+2*K32+K42)/6;
  % 변분방정식에 대한 4차 Runge-Kutta 방법
        M11=h*u2;
        M12=h*(fv(t(j-1),y(j-1),yp(j-1))*u1+fw(t(j-1),y(j-1),yp(j-1))*u2);
        M21=h*(u2+0.5*M12);
        M22=h*(fv(t(j-1)+0.5*h,y(j-1),yp(j-1))*(u1+0.5*M11)+...
               +fw(t(j-1)+0.5*h,y(j-1),yp(j-1))*(u2+0.5*M12));
        M31=h*(u2+0.5*M22);
        M32=h*(fv(t(j-1)+0.5*h,y(j-1),yp(j-1))*(u1+0.5*M21)+...
               +fw(t(j-1)+0.5*h,y(j-1),yp(j-1))*(u2*0.5*M22));
        M41=h*(u2+M32);
        M42=h*(fv(t(j-1)+h,y(j-1),yp(j-1))*(u1+M31)+...
               +fw(t(j-1)+h,y(j-1),yp(j-1))*(u2+M32));
        u1=u1+(M11+2*M21+2*M31+M41)/6;
        u2=u2+(M12+2*M22+2*M32+M42)/6;
    end
    if abs(y(N)-yb)<TOL
        for j=1:N
            ytvalue=yt(t);
            error=abs(ytvalue-y);
            result=[t,ytvalue,y,yp,error]';
            fprintf('%8.4f %10.6f %10.6f %10.6f %12.4e\n',result);
            return;
        end
    else
        v=v-(y(N)-yb)/u1;    % Newton 반복법 갱신
        k=k+1;
    end
end
```

연습문제 9.5 EXERCISE

1. 비선형방정식에 대한 Newton 방법을 적용하여 예제 9.19에 제시된 해를 구하여라.

2. 중앙차분 공식을 적용한 유한차분법에 Newton 방법을 적용하여 단계 크기가 $h=0.2$일 때 마디점에서 다음 초기값 문제의 근사해를 구하라.

$$y''=t+y^2,\ (0\le t\le 1),\ y(0)=y(1)=1$$

3. 다음 경계값 문제를 중앙차분을 적용한 유한차분법을 써서 수치해를 구하려고 할 때 얻어지는 연립방정식 $\boldsymbol{A}\,\boldsymbol{y}=\boldsymbol{d}$를 구하여라.

$$y''=ty,\ y(0)=0,\ y(1)=1$$

4. $y=t+2\sin t$가 다음 경계값 문제의 해임을 보이고, 단계 크기 h가 각각 $h=0.1,\ 0.05,\ 0.025$일 때 유한차분법을 이용한 수치해와 $t=0.5,\ 1.0,\ 1.5,\ 2.0,\ 2.5,\ 3.0$에서 절대오차를 구해 정리 9.10의 광역오차의 한계와 비교하여라.

$$y''-ty'+y=-2t\cos t,\quad y(0)=0,\ y(\pi)=\pi$$

5. y가 구간 $[x-h,\ x+h]$에서 6차 연속 미분가능하면 $x-h<\xi<x+h$에 대해 다음 관계식이 성립함을 보여라.

$$\frac{y(x+h)-2y(x)+y(x-h)}{h^2}=y''(x)+\frac{1}{12}h^2y^{(4)}(x)+\frac{1}{360}h^4f^{(6)}(\xi)$$

6. 2계 선형 미분방정식에 의해 주어진 다음 각 경계값 문제의 해석적인 해를 구하고, 유한차분법을 써서 구한 수치해와 비교하여라.

(1) $t^2y''-3ty'-y=t^2,\ (1\le t\le 2),\ y(1)=0,\ y(2)=0$

(2) $y''=-e^t+\cos t-2y'+y,\ (0\le t\le 1),\ y(0)=-1,\ y(1)=1$

7. (9.106)에서 $p(t)\equiv 0$일 경우 경계값 문제는

$$\begin{cases} y''-q(t)y=r(t), & a\le t\le b \\ y(a)=y_a,\ y(b)=y_b \end{cases} \tag{9.137}$$

로 전환된다. 중앙차분공식을 이용한 유한차분법을 적용하면 (9.109)에 대응하는 차분방정식은

$$\frac{y_{n+1}-2y_n+y_{n-1}}{h^2}-q_n y_n=r_n,\ (n=1:N-1), \tag{9.138}$$
$$y_0=y_a,\ y_N=y_b$$

로 나타난다.

(1) (9.138)을 연립방정식 $\boldsymbol{A}\boldsymbol{y}=\boldsymbol{d}$ 형태로 나타내고, $q(t)\geq 0,\ (a\leq t\leq b)$이면 (9.138)은 유일한 해를 가짐을 보여라.

(2) $y=y(t)$가 구간 $[a,\ b]$에서 4차 연속 미분가능하면 절단오차는 각 $n=1,\ 2,\ \cdots,N-1$에 대해

$$\tau_n=\frac{h^2}{12}y^{(4)}(\xi_n),\ \ (t_{n-1}<\xi_n<t_{n+1})$$

로 쓸 수 있음을 보여라.

(3) (9.138)에 의한 광역오차는

$$\max_{0\leq n\leq N}|y(t_n)-y_n|\leq\frac{h^2}{96}(b-a)^2M_4,\ \ (M_4=\|y^{(4)}\|_\infty)$$

을 만족함을 보여라.

(4) $y=\dfrac{1}{1+t}$는 다음 경계값 문제의 해임을 보여라.

$$y''-\frac{1-t}{(1+t)^2}y=\frac{1}{(1+t)^2},\ \ y(0)=1,\ y(1)=\frac{1}{2}$$

단계 크기 h가 각각 $h=0.1,\ 0.05,\ 0.025$일 때 유한차분법을 이용한 수치해를 구하고 $t=0.2,\ 0.4,\ 0.6,\ 0.8$에서의 절대오차가 (3)의 광역오차를 만족하는지 검증하여라.

8. (9.137)에서 Dirichlet 경계 조건을 혼합 경계 조건으로 바꾼 아래와 같은 형태의 경계값 문제를 유한차분법으로 근사시키고자 한다.

$$\begin{cases} y''-q(t)y=r(t),\ a\leq t\leq b \\ y'(a)-\alpha y(a)=A,\ y(b)=B \end{cases} \tag{9.139}$$

이에 유한차분법을 적용하면 Dirichlet 경계 조건과는 달리 $y(a)=y_0$가 미지수이므로 (9.138)은

$$\frac{y_{n+1}-2y_n+y_{n-1}}{h^2}-q_n y_n=r_n,\ (n=0:N-1) \tag{9.140}$$

로 전환된다. 여기서 $n=0$일 때 y_{-1}이 발생하므로 가상 마디점 $t_{-1}=a-h$를 설정하고 $y_{-1} \approx y(t_{-1})$으로 두자. 혼합 경계 조건 $y'(a)-\alpha y(a)=A$에 중앙 차분 공식을 적용하면

$$\frac{y_1-y_{-1}}{2h}-\alpha y_0=A$$

을 얻고 이를 y_{-1}에 대해 풀어

$$y_{-1}=y_1-2h\,\alpha y_0-2h\,A$$

를 얻는다. 이를 $n=0$일 때 (9.140)에 대입하면 대응하는 유한차분은

$$\left[\frac{2(1+\alpha h)}{h^2}+q_0\right]y_0-\frac{2}{h^2}y_1=-r_0-\frac{2}{h}A$$

으로 정리된다. 이때 $q_0 \geq 0$이므로 $\alpha > 0$이면 (9.140)에 의해 생성되는 연립방정식은 강대각 지배인 시스템 행렬을 가지므로 (9.140)은 유일한 해를 갖는다.

(1) (9.139)의 해 $y=y(t)$가 구간 $[a-h,\ b]$에서 4차 연속 미분가능하면 절단오차는

$$\tau_0=\frac{h^2}{12}y^{(4)}(\xi_0)+\frac{h}{3}y^{(3)}(\eta_0),\ \ (t_{-1}<\xi_0,\ \eta_0<t_1)$$

$$\tau_n=\frac{h^2}{12}f^{(4)}(\xi_n),\ \ (t_{n-1}<\xi_n<t_{n+1}),\ \ (n=1:N-1)$$

으로 쓸 수 있음을 보여라.

(2) (9.139)의 해 $y=y(t)$가 $[a-h,\ b]$에서 4차 연속 미분가능하면 유한차분법에 의한 수치해의 광역오차는 $[a-h,\ a]$에서 $|f^{(3)}|$와 $|f^{(4)}|$의 최대치 M_3와 M_4에 대해

$$\max_{0\leq n\leq N}|y(t_n)-y_n| \leq h^2\left[\frac{(b-a)^2}{24}M_4+\frac{(b-a)}{6}M_3\right]$$

로 주어짐을 보여라.

(3) $y=e^t-e^{-t}$는 다음 혼합 경계 조건을 가진 다음 경계값 문제의 해이다.

$$y''-y=0,\ y'(0)-y(0)=1,\ y(1)=0$$

단계 크기 h가 각각 $h=0.1,\ 0.05,\ 0.025$일 때 유한차분법을 이용한 수치해를 구하고 $t=0.2,\ 0.4,\ 0.6,\ 0.8$에서의 절대오차가 (2)의 광역오차를 만족하는지 검증하여라.

9. Newton 반복법 (9.123)을 할선법(secant method)으로 대치하여 적용한 사격방법의 알고리즘을 작성하고, 이를 예제 9.21에 적용하여 그 결과를 비교하여라.

10. $y = \ln t$는 다음 경계값 문제의 해임을 보이고, $h = 0.1$일 때 사격방법을 적용하여 각 마디점에서의 수치해와 절대오차를 구하라.

$$y'' = -(y')^2 - y + \ln t,\ (1 \le t \le 2),\ y(1) = 0,\ y(2) = \ln(2)$$

11. 다음 **Van del Pol 방정식**은 내부에 3개의 진동자를 갖는 진공관에서 전류의 흐름을 나타내는 방정식이다.

$$y'' - \mu(1 - y^2)y' + y = 0,\ (\mu > 0\text{인 상수})$$

여기서 $-\mu(1-y^2)y'$은 저항을 나타내는 항으로서 μ가 크면 진폭을 줄이고 μ가 작으면 진폭을 상승시킨다.
경계 조건이 다음과 같이 주어져 있다.

$$y(0) = 0,\ y(2) = 1$$

(1) Van der Pol 방정식에 대한 변분방정식을 구하라.
(2) μ가 각각 0.2, 1.0, 5.0일 때 사격방법을 써서 단계 크기가 $h = 0.1$인 수치해를 구해 비교하여라.

참고문헌

[1] 김창근, Matlab을 이용한 수치해석, 교우사, 2005.

[2] Burden and Faires, *Numerical Analysis, 5th Edition*, PWS, 1993.

[3] W. Cheney, W. & Kincaid, D., *Numerical Mathematics and Computing, 3rd Edition*, Brooks/Cole, 1994.

[4] Cleve B. Moler, *Numerical Computing with MATLAB*, SIAM, 2004.

[5] E. A. Coddington and Norman Levinson, *Theory of Ordinary Differential Equations*, Krieger, 1983.

[6] Conte, S. D. and de Boor, C., *Elementary Numerical Analysis*, McGraw-Hill, 1980.

[7] Endre Suli and David F. Mayers, *An Introduction to Numerical Analysis*, Cambridge, 2003.

[8] Golub, G. H. and C. F. Van Loan, *Matrix Computations, 3rd Edition*, Johns Hopkins, 1996.

[9] Hall, C. A., On error bounds for spline interpolation, J. Approx, Theory 1, 1968.

[10] Isaacson, E. and H. B. Keller, *Analysis of Numerical Methods*, John Wesley and Sons, 1966.

[11] L. W. Johnson and R. Dean Riess, *Numerical Analysis*, Addison-Wesley, 1982.

[12] Keller, H.B., *Numerical Solution of Two-Point Boundary Value Problems, 4th Printing*, SIAM, 1990.

[13] Kincaid, D. and W. Cheney, *Numerical Analysis, 2nd Edition*, Brooks/Cole, 1996.

찾아보기

ㅈ

ㅊ

ㅌ

S

T

V

Z

수치해석 -MATLAB 활용- 제2판

지은이 김홍철 · 손성익
펴낸이 조경희
펴낸곳 경문사
펴낸날 2011년 3월 5일 1판 1쇄
2021년 3월 2일 2판 1쇄
등 록 1979년 11월 9일 제1979-000023호
주 소 04057, 서울특별시 마포구 와우산로 174
전 화 (02)332-2004 팩스 (02)336-5193
이메일 kyungmoon@kyungmoon.com

값 29,000원

ISBN 979-11-6073-416-4